福島第一原発事故の法的責任論❷

低線量被曝と健康被害の
因果関係を問う

丸山輝久

明石書店

目　次

はじめに　7

1章　原発事故被害の特徴と放射線被曝 10

1　原発事故被害の特徴　10

2　原発と放射線被曝　12

（1）放射線被曝とは　12

（2）放射線の測定単位　19

3　内部被曝の危険性　20

4　ペトカウ効果について　27

2章　放射線被曝と原発事故の歴史 35

1　放射線被曝の歴史　35

2　原発事故の歴史　40

3章　低線量被爆の問題点 51

1　低線量被曝の問題点　51

2　放射線防護の考え方の推移　56

（1）LNT仮説（直線しきい値なし仮説）の推移　56

（2）被曝大国アメリカ　70

（3）LNT仮説に関するわが国のスタンス　76

（4）労災認定基準は5mSv　79

3　広島・長崎の原爆被爆調査・研究の問題点　82

3

(1) 調査・研究の組織と目的　83

(2) 研究・調査結果の見直し　86

(3) 継続されている「寿命調査」(LSS)　94

(4) 『中国新聞』の特集記事から　98

4　チェルノブイリ事故との比較　106

(1) 放射性物質の放出量の比較　106

(2) 被曝防護措置の比較　110

5　ICRP 2007 年勧告　123

6　国連人権理事会特別報告と日本政府の反論　151

(1) 国連人権理事会特別報告　151

(2) 日本政府の反論　161

(3) 政府の反論に対する批判　163

(4) 私見　174

7　その他の国際機関の見解　174

(1) 原子放射線の影響に関する国連科学委員会（UNSCEAR）報告書　174

(2) 世界保健機関（WHO）の見解　185

8　低線量被曝の健康影響リスクに関する科学者等の見解　186

(1) 『人間と環境への低レベル放射能の威嚇』の指摘　187

(2) アメリカの統計学者の論考　194

(3) David J. Brenner 博士ら（アメリカ）の論文　200

(4) ベルン大学の研究論文　206

(5) 原子力産業労働者の低線量被曝の影響に関する調査・研究結果　209

(6) 米科学アカデミーも低線量被曝の健康への影響を肯定　212

(7) 岡山大学の教授らの論文　213

(8) 聖路加国際病院医師野崎太希氏の論文　214

(9) 京都大学今中哲二助教の論文　217

(10) 東京理科大学高橋希之教授の論文　221

(11) BEIR-Ⅶ報告書　223

(12) 反核医師の論考　234

(13) 国内の相反する 2 つの動物実験　237

目　次

4章　本件原発事故における低線量被曝対応 ………………………… 248

1　WG 報告書と批判　248

（1）WG 報告書の内容　248

（2）WG 報告書に対する批判　266

（3）私見　276

2　低線量被曝の健康影響に関する総括　277

5章　福島で続く低線量被曝被害の危惧 ……………………………… 283

1　『中国新聞』の特集記事から　283

2　子どもの甲状腺ガンの多発　293

（1）津田敏英教授の論文　293

（2）津田教授の論文に対する批判　297

（3）津田教授の反論　298

（4）ウィリアムソン准教授の論文　303

（5）福島県の県民健康調査の実態　323

（6）宗川吉汪京都工芸繊維大学名誉教授の論考　327

（7）医療問題研究会の指摘　330

（8）子どもの甲状腺ガン多発の現実　336

3　除染後の再汚染　343

4　原賠法による低線量被曝に対する救済　345

6章　判例の趨勢と司法に課された責任 ……………………………… 349

1　原発差止め訴訟における被曝被害に対する司法のスタンス　349

2　本件原発事故に関連する判例の概要　350

（1）平成 25 年 10 月 25 日付東京地裁判決　350

（2）平成 26 年 8 月 26 日付福島地裁判決　352

（3）平成 27 年 2 月 25 日付東京地裁判決　353

（4）平成 27 年 3 月 31 日付東京地裁判決及び同事件の控訴審東京高裁判決　355

（5）平成 28 年 3 月 9 日付東京高裁判決　358

5

(6) 平成 27 年 6 月 30 日付福島地裁判決　360

(7) 平成 27 年 9 月 15 日付福島地裁判決　363

(8) 平成 28 年 2 月 18 日付京都地裁判決　364

(9) 平成 29 年 3 月 22 日付前橋地裁判決　367

(10) 平成 29 年 3 月 29 日付東京地裁判決　368

(11) 平成 29 年 9 月 22 日付千葉地裁判決　374

(12) 平成 29 年 10 月 10 日付福島地裁判決（生業訴訟）　394

3　直近の 3 つの判決の比較検討　412

(1) 国の責任　412

(2) 東京電力の責任　413

(3) 低線量被曝と健康被害との因果関係　414

(4) 雑感と司法への期待　417

おわりに　421

はじめに

　放射線が細胞を破壊することは科学的に明らかになっている。したがって、放射線被曝が人体に悪影響を与えることは争いようがない。しかし、科学的に100mSv以上被曝すればガンや白血病などになる可能性が高いことは明らかになっているが、100mSv未満の被曝について、「細胞には修復機能が備わっているので、一定値以下の被曝では健康被害は起きない、その値は100mSvである」とする暴論が存在するが、20mSvが健康被害の起きない「しきい値」であるという見解も強く主張されている。

　2017（平成29）年3月17日に言い渡された前橋地方裁判所判決は、低線量被曝の健康被害について、「現在利用可能な科学的方法では将来の疾病統計において被曝による発生率の上昇を証明できない可能性が高いという趣旨にとどまるのであって、リスクがないとか、被曝による疾患の症例の今後の発生の可能性を排除するものではないというべきであるから、直線しきい値なしモデルと矛盾するものということもできない」、「低線量被曝による確率的影響の有無及び程度は、科学的には明らかではないと言わざるを得ないものの、国際放射線防護委員会（ICRP）という国際的な委員会において、直線しきい値なしモデルが採用され、科学的にも説得力がある旨の勧告がなされているのであるから、当該移転者（避難者）において、国等による避難指示の基準となる年間20mSvを下回る低線量被曝による健康被害を懸念することが科学的に不適切であるとまでいうことはできない」、「食物の出荷制限が続き復旧の目途もついていないといった不安を募らせることも無理のないような報道がされていた状況にあっては、国及び福島県が低線量被曝について人体への悪影響はない旨の情報提供をしているなどを踏まえても、通常人ないし一般人において、科学的に不適切とまで言えない見解を基礎として、その生活において被曝すると想定

される放射線量が、本件事故によって相当なものへと高まったと考えられる地域に居住し続けることで生じる、本件事故によって放出された放射性物質による健康被害の危険を、単なる不安感や危惧感にとどまらない重いものと受け止めることも無理のないものといわなければならない」として、避難指示区域外から避難したことの合理性を認め、限定的ではあるが慰謝料等の損害賠償請求を認めた。

　世界で最初に大規模な被曝被害を蒙ったのは、原爆を投下された広島・長崎の人たちであり、その後はチェルノブイリ原発事故が起きたソビエト連邦（現ウクライナ）の人たちであり、次が本件原発事故によって被曝被害を被った福島県浜通り、中通り地区の住民を中心とする人たちである。ところが、『内部被曝の脅威』という本を読んで、アメリカが、原爆実験、ウラン濃縮工場、原発等による被曝大国であることを知り驚いた。すなわち、最も多くの核兵器を保持し、最も積極的に原子力産業を推し進めてきたアメリカが被曝大国なのである。[1]

　『中国新聞』の2016（平成28）年3月2日の「グレーゾーン低線量被曝の影響」、「甲状腺ガン『数十倍に』　福島の子ども県健康調査　事故影響意見割れる」「甲状腺ガン　波紋広がる」の記事をスタートに、同年11月7日の「取材を振り返って」までの25回に及ぶ連載記事をインターネットで検索できた。本件原発事故による被曝問題を柱にし、広島・長崎の被爆被害調査・研究や低線量被曝の健康影響に関する世界的な動向などに及ぶ連載記事である。さすが被爆都市広島市に本社を構える新聞社である。本書ではその一部を紹介させてもらう。

　低線量被曝問題は、安い電気料金で豊かな生活ができ、かつ、地球温暖化対策になるという原子力発電所（以下「原発」という）の有効性と、原発による放射能被曝によって生命、健康、生活環境が蒙る被害とを秤にかけて、国民にどの程度のがまんを強いるかという選択を迫る問題である。また、現在生存している我々の生活の豊かさのために、我々の将来を託す子孫に被曝という負荷

を背負わせることを許容するのかという、人類の存亡の問題でもある。それは、「どこまで人権擁護、人道主義に反しても社会正義があると言えるか」という原理的価値判断に直面する問題である。そして、人権擁護、社会正義の防護壁である司法の存在意義が問われている。

　本書は、ICRP勧告を含む国際的な機関の意見書、わが国の公的意見、低線量被曝に関する書物及び報道などを適宜引用するとともに、いくつかの裁判例にも触れて、低線量被曝の健康影響、すなわち、低線量被曝と健康被害の因果関係について検討することが主たるテーマである。

　なお、前巻の『福島第一原発事故の法的責任論1』と同様、現在、訴訟で証拠提出されている資料は使用せず、専ら訴訟外で公表されている書籍、論文、資料等を参考にして書いたものである。

【注】

1　肥田舜太郎／鎌仲ひとみ著『内部被曝の脅威──原爆から劣化ウランまで』（ちくま新書）

1章　原発事故被害の特徴と放射線被曝

1　原発事故被害の特徴

　原発事故の被害の特徴は、加害者と被害者の非交替制（被害者が加害者になることはありえない）、被害の回避困難性、被害の広範囲性、加害行為の利潤性、加害行為の長期間継続性などの点で、公害や薬害と共通する点がある。

　さらに付け加えるなら、原発は、万が一事故が発生しても被害ができるだけ少なくて済む地域、すなわち、人口密度が低い地域が選定されて設置されている。それは、多数の国民のために人口密度の低い少数の国民を犠牲にしても止むを得ないという考え方の上に存在していることを意味している。特に、福島第一原発（以下「本件原発」という）の被災者の殆どは、本件原発からの電力を全く享受していない福島県民である。ただ、設置場所の地方自治体は原発を受け入れる代償として国や東京電力から多額の補助金や寄付金、固定資産税等を受け取るなど、当該自治体の財政を潤し、その地域の住民も間接的に利益を享受してはいる。また、設置自体によって不利益を受けることが予想される業種に携わっていた住民（例えば漁業従事者など）は補償金を受け取っている。そのことは、原発設置自治体の住民が、原発設置を認める代償として上記経済的利益を得ることと引き換えに、原発事故が起きた場合に蒙る被害、すなわち、被曝で害される個々人の命と健康、生活環境の被害ばかりではなく、生活共同体自体が崩壊し、故郷をも失うというリスクを引き受けることを選択したと判断されかねない。誤解を恐れずに言うなら、もしそうだとすると、原発設置を受け入れた当該自治体及びその住民は、起こるかもしれない原発事故によって侵害される命と健康、生活環境などに対するリスクをカネで売り渡した、そし

て、今の自分たちの生活の豊かさのために将来の子孫が犠牲になることも致し方ないという選択をしたと判断されても止むを得ないのではないかということになる。

しかし、そう判断されても止むを得ないとするには、原発受け入れを了解した住民が、原発に内在する危険性、及び万が一事故が発生した場合には被害を最小限に食い止める方策、及びその場合の補償などについてきちんと説明を受けた上で同意したことが前提となっていなければならない。本件原発の設置について、そのような前提手続きがきちんと取られていたかは極めて疑問である。むしろ原発の「安全神話」を信じ込まされた結果の同意であったのではないか。そうであるとすれば、原発事業者及び国は、原発に関する知識と情報を持ち合わせていない住民に対し、安全神話を喧伝し、カネを餌に納得させたにすぎず、原発の安全性についての真実を告げていなかった、すなわち騙し討ちにしたと判断されても止むを得ない。そうであるとすれば国及び東京電力の責任は極めて重い。

さらに、原発事故による被害はそのような狭い領域の住民だけではない。原発受け入れ同意の代償的利益すら受けていない、立地自治体の外側にある自治体及びそこに住む住民にまで被害が及び、それらの被害者は原発の設置について意見を言う機会すら与えられていなかった。これは想定される被害の範囲の広範囲性、被害の重大性に比して極めて不公平であり、非民主的である。

また、日本国民は、広島・長崎の原爆、及び 1954 年 3 月 1 日にアメリカ軍の水爆実験によって発生した第五福竜丸事件を体験している唯一の被爆国であり、「核兵器を持たず、作らず、持ち込ませず」の非核三原則を国是としている国である。そのような国が、核の平和利用という名目の下に国策として推進している原発によって、自国民に被曝被害を与えるようなことがあってはならないはずである。

核情報というサイトによると、本件原発事故による被害者は、2014 年 3 月時点の避難者数が約 10 万 2000 人、そのうち帰還困難区域、居住制限区、避難指示解除準備区域などの避難者は約 8 万 1000 人とされている。その他に、特

定避難勧奨地点がある区域、緊急時避難準備区域、自主避難区域などで避難しなかった住民、その他の東北、関東圏で被曝不安を持った者など、被災者は膨大な数になるし、風評被害による営業損害を受けた事業者も少なくない。それらを加えると被害者は数十万人に達する。

避難指示を受けて避難し、自分の地区が帰還困難地域とされた被災者の被害には、生活基盤を根こそぎ全部ないしは一定期間奪われたのであるから、避難に伴う費用、生活費の増加分、留守にしている自宅の維持のために避難先から一時帰宅した費用、不動産の全損ないし価値減少損、得られたであろう農業や商業などの事業収入が事故により得られなくなった事故発生から将来にわたる逸失利益などの財産的損害があり、その間の肉体的・精神的苦痛に対する慰謝料があり、避難せずに居住地に留まって長期間被曝不安に苦しんでいる人々らの損害には、不動産の価値減損、生活費の増加などの財産的損害と慰謝料などがある。

その他に、被災地の多くは里山であり、地域の共同体を基盤にした互助とそれによる精神的安定の中で、平和で安心できる生活をしてきたが、本件原発事故によって、依拠していたそれらの地域共同体が崩壊させられ、ふるさとを失ったことによる生活上及び精神上の損害がある。

しかし、本稿では損害論には言及はしない。訴訟では、それらの損害発生の前提となっている本件原発事故による低線量被曝と生命、健康、生活環境に与える影響、すなわち、低線量被曝と健康被害等との因果関係を論ずることとする。

事故を起こしてしまった以上、被害を最小限にとどめるために万全の防護対策を実施し、被害に対しては十分な賠償がなされなければならない。

2　原発と放射線被曝

(1)　放射線被曝とは

文部科学省は、インターネット上で、本件原発事故による放射能に対する不安に答えるために高校生用副読本として、「知っておきたい放射線のこと」という文章を公表している。それによると、放射能について概略次のように説明

されている。

　放射線は、大きく二つの種類に分けられる。「高速の粒子」と「波長が短い電磁波」であり、放射線を出す物質を「放射性物質」、放射線を出す能力を「放射能」といい、電球に例えると、放射性物質が電球、放射能が光を出す能力、放射線が光といえる。

　「電磁波」とは、電界（電場）と磁界（磁場）が相互に作用しながら空間を伝播する波のことであり、電流が時間的に変化したり、電界や磁界が空間的に変化したりすると電磁波が発生し、電磁波は、光と同じ速度（約 3×10^5 km/s）で進む。また、隣り合う波の山と山の間または隣り合う谷と谷の間の長さのことを「波長」という。1 秒間に一周期の波が伝播する回数を「周波数」（単位：ヘルツ・Hz）という。電磁波の性質は、波長または周波数によって大きく異なる。太陽光線の紫外線や赤外線も電磁波の一種である。波長が短いものから順に、①電離放射線（ガンマ〔γ〕線やエックス〔X〕線）、②紫外線、③可視光線（人間の目で見える光）、④赤外線、⑤電波（携帯電話などが発している電磁波）となる。

　放射線には、アルファ（α）線、ベータ（β）線、ガンマ（γ）線、エックス（X）線、中性子線などの種類があり、どれも物質を透過する能力を持っているが、その能力は放射線によって違う。α 線は紙 1 枚、β 線はアルミニウム板などの薄い金属板、γ 線・X 線は鉛や厚い鉄の板、中性子線は水やコンクリートなど、材料や厚さを選ぶことにより遮（さえぎ）ることができる。放射線を遮ることを「遮へい」（しゃ）という。

　放射線が人体に影響を及ぼす影響の一つは、被曝をした人の体に現れる身体的な影響で、急性障害、胎児発生の障害及び晩発性障害（長期間の潜伏期間を経てガンなどが発生する）などに分類される。また、被曝をした本人には現れず、その子孫に現れる遺伝性影響についても研究されているが、遺伝性影響が人に現れたとする証拠は、これまでのところ報告されていない。

　国際的な機関である国際放射線防護委員会（ICRP）は、一度に 100 ミリシーベルト（mSv）まで、あるいは 1 年間に 100mSv までの放射線量を積算として受けた場合、線量とガンの死亡率との間に比例関係があると考えて、達成できる範囲で線量を低く保つよう勧告している。また、色々な研究の成果から、このような低

い線量やゆっくりと放射線を受ける場合について、ガンになる人の割合が原爆の放射線のような急激に受けた場合と比べて2分の1になるとしている。ICRPでは、仮に蓄積で100mSvを1000人が受けたとすると、およそ5人がガンで亡くなる可能性があると計算している。現在の日本人は、およそ30%の人が生涯でガンにより亡くなっているので、1000人のうちおよそ300人だが、100mSvを受けると300人がおよそ5人増えて、305人がガンで亡くなる計算になる。

放射性物質が体の外部にあり、体外から被曝する（放射線を受ける）ことを「外部被曝」という。一方、放射性物質が身体の内部にあり、体内から被曝することを「内部被曝」という。外部被曝は、大地からの放射線や宇宙線などの自然放射線とエックス（X）線撮影などの人工放射線を受けたり、着ている服や体の表面（皮膚）に放射性物質が付着（汚染）して放射線を受けたりすることである。放射線は、体を通り抜けるため、体にとどまることはなく、放射線を受けたことが原因で人や物が放射線を出すことはない。内部被曝は、空気を吸ったり、水や食物などを摂取したりすることにより、それに含まれている放射性物質が体内に取り込まれることによって起こる。

私たちの体を形づくる細胞は、DNA（デオキシリボ核酸）に記録された遺伝情報を使って生きており、DNAは物理的な原因や化学的な原因などで傷付けられるが、放射線もDNAを傷付ける原因の一つである。しかし、細胞には傷付いたDNAを修復する能力があるため、細胞の中では、常にDNAの損傷と修復が繰り返されている（筆者注：細胞修復機能）。DNAが傷付くと遺伝子情報が誤って伝えられることがあり、誤った遺伝子情報をきちんと修復できなかった細胞は死んでしまうが、ごくまれに生き残る変異細胞の中から、さらに変異を繰り返したものがガン細胞に変わることがある。放射線を受ける量をできるだけ少なくすることが大切である。

被曝による放射線障害には、被曝線量に応じて確定的影響と確率的影響の二つに分類される。確定的影響は、一定線量値以下の被曝では確定的な障害は発生しないという概念である（その値を「しきい値」という）。そして、確率的影響は、しきい値以下の被曝でもガンなどが発生する可能性（確率）は残り、動物実験、放射線療法を受けた患者の調査、広島・長崎の原爆被爆者の追跡調査、その他の被曝に関する疫学的調査などの統計的裏付けなどによって、線量に応じて死亡リ

スクが増加するという直線しきい値なし仮説（LNT 仮説あるいは LNT モデル）と呼ばれるモデルが採られている。LNT モデルは、1977 年の ICRP 勧告 26 号において、人間の健康を護るために放射線を管理するには最も合理的なモデルとして採用された。この勧告では、個人の被曝線量は確定的影響（急性放射線障害）については発生しない程度、確率論的影響（ガンや白血病など）については LNT モデルでの計算によるリスクが受容可能なレベルを超えてはならず、かつ合理的に達成可能な限り低く管理するべきであり、同時に、被曝はその導入が正味の利益を生むものでなければならないと定め、前述のしきい値を 100mSv とした。なお、このモデルに基づく全世代を通じたガンのリスク係数は、100mSv 当たり 0.0055（生涯のガン死亡リスクを 0.55％ 上乗せする）に相当する。

　この解説は、一方で LNT 仮説が国際的基準であるといいながら、それとなく 100mSv 以下の被曝影響は確率論的に極めて小さいということを印象付けようとしている。被曝影響に感受性が強い高校生に対する解説としては極めて無責任である。
　前掲の『内部被曝の脅威』によると、被曝について次のように説明されている。[2]

　　放射線は、高速で発射される物質（α 線〔ヘリウム原子核〕と β 線〔電子〕と高エネルギーの光〔γ 線〕）である。この放射線を浴びることを被曝するという。
　　放射線の物質との相互作用は物質を構成する原子の電子を吹き飛ばすことであり、これを「電離」という。電離は DNA 等の分子を切断する。α 線と β 線は物質との相互作用が大きく高密度で電離を行い、射程距離が短い。内部被曝では大きな被曝被害を与える。γ 線は物質との相互作用が小さいのでまばらに電離を行い、透過力が大きい。放射性物質からの対外被曝は γ 線が主といえる。最近の分子生物学の進歩によって電離作用が細胞等に影響する仕方が解明されつつある。

　前掲の『中国新聞』2016 年 7 月 26 日朝刊「『グレーゾーン　低線量被曝の影響』ガンリスクとのかかわりは」という記事には次のように記載されている。

どんなに少ない被曝でも、線量に応じた健康への影響があると仮定し、これ以下なら安全という数値（しきい値）は存在しない。放射線から身を守る放射線防護の考え方は、この仮定に従って「しきい値なし直線（LNT）モデル」が国際的に使用されている。ただ、実際の影響を巡っては、研究者の間でLNTを科学的な仮説として支持する意見と、疑問視する意見の双方が根強くある。放射線に、危険と安全の「境界」は存在するのか。議論と研究が続いている。（中略）

放射線防護の研究者でつくる保健物理学会が、6月末に青森県弘前市で開いた研究発表会のパネル討論は、低線量被曝の健康影響に関して、研究者同士がいかに認識を共有するかが議論になった。（中略）

東京工業大学の松本義久准教授（放射線科学）は、LNTを踏まえて「ガンにしきい値が存在するかどうかはコンセンサス（合意形成）は得られていない」と強調。他のパネリストからは「防護目的のみに有効」との意見が出た。

100mSv以下の低線量被曝の影響は、放射線影響研究所（放影研、広島市南区）による被爆者ら約12万人の追跡調査でも、はっきり見えてきてはいない。影響が小さいため、喫煙などの生活習慣や食生活といった他のリスクに隠れてしまうからだといわれている。

LNTは、はっきり分からない影響を「より安全側に立って身を守る」という防護モデルとしては、科学者から広く支持されている。しかし、低線量域で見られる特有の現象から、実際の影響が直線になる（比例関係にある）との仮説には、異論も目立つ。

細胞の自己修復能力に着目したDNA損傷・修復の研究では、一定の線量以下では「健康に問題はない」と主張されている。かつては「少しの放射線なら体に良い」と考えるホルミシス説の研究が、盛んに行われた。放射線損傷を受けた細胞が、周辺の細胞にも同じような影響を及ぼすバイスタンダー（傍観者）効果から「低線量被曝の方が体に悪い」との見方もある。（中略）

海外の権威ある研究機関がまとめた報告書でも、結論は一致していない。

フランスの医学アカデミーと科学アカデミーが2005年に発表した報告書は、低線量ではガンや白血病などは実際には発症しないとし、100mSv以下でのLNT適用には否定的だ。わずかな放射線を浴びると細胞が抵抗力を付ける「適応応答」

などの発見を根拠に、「低線量での体への影響は高線量の場合とそもそも異なる」とした。

逆に、06年に米科学アカデミーの委員会が低線量被曝に関してまとめた報告書は、疫学、動物実験などのデータを合わせて検討し、低線量でも「しきい値なし」モデルに沿って考えることが科学的に妥当だと結論づけている。

そんな中、昨年、国際ガン研究機関（フランス・リヨン）の研究チームが発表した疫学論文が注目された。フランスと英国、米国の原発や核燃料施設などで1年以上働いた約30万人の健康状態と被曝線量の関係を分析。100mSv以下でも白血病やガンのリスクはなくならないとし、LNTを支持する結果を示した。

（ロバート・ウーリック放影研副理事長は）、米科学アカデミーの2006年報告書にコロラド州立大の研究者（放射線腫瘍学）として関わり、専門家委員を務めた。放射線防護の面から「真実ではないかもしれないが、念のため採用すべきだ」という意味ではなく、低線量被曝とガンリスクの関係を疫学や動物実験、ガン発生のメカニズム研究などから「LNTは科学的に妥当だ」との結果を導いた。

その際、最も信頼できる根拠としたのが、放影研の被曝者の「寿命調査」データだった。これに核兵器関連施設の労働者や医療被曝の疫学データ、さらに動物実験から得たデータなども合わせて検討した。

とはいえ、ごく低線量でも健康影響が見られることを実際に測定できたわけではない。信頼性あるデータを根拠に、理論的に結果を得たものだ。

生物学的に言うと、放射線が細胞を貫いただけでも修復不可能なDNAダメージは起き得る。そこから、ガン発生までは複雑な経路をたどるが、問題が生じる可能性は排除できない。

そうした観点から、被曝者データで明らかな「線量とガンリスクの間には直線的な関係がある」という知見を100mSv以下でも適用できるとした。

「しきい値」があると考える人たちからは反発された。報告書では100人の集団を仮定し、1人は放射線が原因、42人はたばこなど他の原因で、ガンになると推定した。逆に「過小評価」という意見もあろう。放射線研究は科学だが、実際は政治も絡み、最初から結論ありきの議論も見られるところに難しさがある。（中略）

LNTは、放射線のリスクを考える上で生まれたものだが特殊ではない。例えば、ガソリンに含まれる発ガン性物質のベンゼン。環境省は、規制基準にLNTを採用

している。放射線が他の物質より不安を増大させるのは、機器があれば誰でも比較的容易に微量まで測れることに一因がある。

そもそもLNTを科学的に否定し、「ここからは安全」というしきい値モデルをつくることは難しい。その水準を正確に証明しなければならないからだ。それができない限り、規制などでLNTを前提に物事を考えざるを得ない。

科学者の立場からすれば、LNT仮説を標的にした研究に走りすぎた反省がある。肯定派と否定派が批判し合い、しきい値の存否の議論に固執した。しきい値を具体的に示せないのに「LNTは間違っている」と指摘しても、社会はどうしていいか分からない。

私はかつて、低線量の問題を取り上げたときに喫煙のリスクと比較し、バッシングされた経験がある。人間の健康という観点で考えれば、比べてもおかしくない。しかし、原発の是非や喫煙の嗜好性など複雑な背景が存在し、単純な科学の議論はできないと実感した。

放射線の影響研究が「原子力利用と一体となって進められた」という指摘は、否定はしない。使う以上、安全研究をするのは当然だ。低線量被曝の議論は、科学的な側面だけでは語れない。社会や価値観の問題も絡むことを認識しなければ、問題の本質は見えてこない。人々の不安を減らすこともできない。

本件原発事故における国の対応は、20mSvをしきい値とし、事故時にはそれ以上の線量の地域に対して避難指示を出した。そして、事故から6年経過した現在は避難指示を出した地域について20mSv未満に回復したとして帰還促進を勧めている。これは、20mSv未満では健康影響はないとして20mSvをしきい値としていることを意味し、20mSv以下についてはICRP勧告の考え方を否定していることになる。

ところで、冒頭でふれた前橋地裁判決が判示するように、20mSv以下は健康被害がないと科学的に証明されている訳ではなく、現時点では影響があることが証明できておらず、今後の研究結果を待っているのである。すなわち、低線量被曝にしきい値を設けて、それ以下は健康影響はないという考え方は科学的根拠に基づくものではなく、原子力開発推進の障害になるという政治的な理由によるものである。[3]

1章　原発事故被害の特徴と放射線被曝

このことは、後述の ICRP の LNT 仮説に対するスタンスの推移をみれば明らかである（3 章 2（1）参照）。

放射線が細胞を貫いただけでも修復不可能な DNA ダメージは起こる。しかし、現在のところ、そのダメージがガンや白血病などの晩発性疾病に至る線量の値及びそのメカニズムが科学的に解明できていないだけである。したがって、「安全寄り」に考えて、放射線が DNA にダメージを与える以上、人命尊重の観点から、これ以下なら健康被害は絶対にないという科学的証明が出るまでは何らかの有害な影響を与えるとの前提で考えるべきである。

（2）放射線の測定単位

放射線量の測定単位は以下のとおりである。[4]

ベクレル（Bq・旧単位はキュリー）：放射線を出す激しさを表す単位で、1 秒あたりに出る放射線の数を表す。毎秒 1 個の放射線を出す割合を 1Bq という。放射性物質は α 線や β 線を出しながら別の物質へと変化する。これが崩壊である。たとえば、プルトニウムは何回でも α 線（時には β 線）を出し次々と別の物質になって、最終的には鉛になる。放射線は原子核から出て別の物質になるので元の物質は減少する。その量が半分になるまでの時間を半減期という。プルトニウムの半減期は 2 万 4,000 年である。

グレイ（Gy・旧単位はラド）：放射線の量を測る単位で吸収線量ともいう。放射線が物質に衝突した時、そのエネルギーがどれだけ物質に吸収されるかを示す値である。電離を行うことによってエネルギーは吸収される。1Gy は、物質 1kg 当たり 1 ジュールのエネルギーを吸収した時の単位。1 ジュールは 1 ワットの電力を 1 秒間使用したときのエネルギーで、0.24 カロリーに相当する。1Gy（×修正係数）＝ 1Sv。

シーベルト（Sv・旧単位はレム）：どれだけ「被曝」をしたかを測る単位。実効線量。同一の吸収線量でも放射線の種類や放射線のエネルギーにより人体に対する影響が違う。また人間の身体は場所によって放射線への感受性が違う。そのため、それぞれの臓器や組織の感受性を表した数値で定められている。人体が放射線を外部から浴びた時、その吸収量が同じでも、放射線の種類や浴びた臓

19

器によって影響が異なる。このような違いを考慮して計算された「被曝」量の単位がシーベルト（Sv）である。

1Sv = 1,000mSv = 1,000,000 μ Sv（マイクロシーベルト）。

放射線の強さは通常、たとえば毎時 3mSv というように、どれだけの時間浴びたかということもあわせて計算される。毎時 10mSv の放射線が存在する場所に 30 分間いた場合、浴びた放射線の量は 5mSv になる。さまざまなデータから、人間が被曝後、30 日以内に半数が死ぬ被曝量は 4Sv（4,000mSv）と推定されている。7Sv（7000mSv）では 100% が死亡する。

3　内部被曝の危険性

放射性物質が口から体内に入ると、腸管から吸収され、血液やリンパに乗って全身に運ばれる。そして吸入されると、直接に気管や気管支などの肺組織に放射線を浴びせる。放射性物質は、核種によって取り込まれる臓器が異なり、ヨウ素は主に甲状腺に、セシウムは筋肉などに、ストロンチウムは骨に、それぞれ取り込まれる。臓器に取り込まれた放射性物質は、それぞれの臓器の細胞に至近距離から放射線を浴びせる。臓器との関係で特に強い影響を与える放射線は α 線と β 線で、直近の細胞、特にその染色体に著しい障害を与える。

本件原発事故での被曝被害問題では、内部被曝が軽視されている。内部被曝の危険性を無視してはならないという警告がなされている。前掲の『内部被曝の脅威』には、概略以下のとおり説明されている。

（自然放射線と人工放射線）

人類は微量な自然放射線の充満する宇宙に住んできた。自然放射線は、放射線にもっとも弱い胎児の 10 万人に 2 人を先天性奇形で殺してきた。しかし、700 万年の間、自然放射線とともに生きてきた人類の身体はそれと上手に対応する能力を育て、被害をそれ以上に増加させてはこなかった。自然放射線を出す物質を体内で認知し、体外に排出するというメカニズムを持ったのである。ところが、工場で生産される人工放射線は新たに突然現れた人体にとって全く未知の物質であり、人類が自然放射線との間に結んできたルールに関係なく、気ままに行動し、

同じ微量でも細胞に致命的な影響を与え得る危険を絶えず持っている。しかも、自然界のミネラルや金属と非常によく似ているので、人体は間違えて体内に取り込み、新陳代謝のメカニズムに混乱を起こしてしまう。人体は微量元素を濃縮する作用と機構を持っているので、本来なら栄養を吸収するメカニズムが放射性物質を濃縮する結果となってしまう。

（臓器への沈着）

　セシウム 137 は骨、肝臓、腎臓、肺、筋肉に多く沈着する。トリチウムの場合は全身の臓器に、コバルトも全身に（一部は肺に）沈着する。ヨウ素 131 は甲状腺に集まり、甲状腺機能障害、甲状腺ガンを引き起こす。このヨウ素は空気中から植物体内に入って 200 ～ 1000 万倍にも濃縮されることが分かっている。ミルクの中では 62 万倍に濃縮される。他方、ストロンチウム 900 は骨に沈着して最も排出されにくいことで知られている。そして、造血機能を破壊して白血病を引き起こす元凶になる。

　空中に浮遊している放射性物質から出される γ 線はどんな微量でも、生命体の中で濃縮されることによって被曝線量は飛躍的に増大する。このような生体内濃縮による被曝の危険は一般市民に十分知らされていない。かえって、自然の放射線があるのだから、人工のものも人体にとって大丈夫であるというキャンペーンが行われている。たとえば、経済産業省のホームページ、「原子力情報なび」では次のように説明されている。

　「内部被曝（食物や呼吸等により体内に入った放射性物質による被曝）も、外部被曝（体外にある種々の放射線源からの被曝）も、受ける放射線量の値が同じであれば影響も同じです」。

　「人間が自然界から受けている外部被曝は、1 年間で宇宙線から約 0.39mSv、大地からは約 0.48mSv です。植物等を通じて体内に入ったカリウム等による内部被曝は約 0.29mSv です。この他にも空気中のラドンなどの吸収によって平均 1.26mSv 程度の放射線を受けています」。

　日本人の場合、一般に成人の体内に存在しているカリウム 40 の放射能の総量は、約 4000 ベクレルである。だから、「ほら、人間の体内にはもともと放射能があるのですよ。怖がる必要はありません」と言われる。しかし、放射線の生物に与え

る影響を研究する遺伝学者は「カリウムの代謝は早く、どんな生物もカリウム濃度をほぼ一定に保つ機能を持っているため、カリウム40が体内に蓄積することはない」「カリウムを蓄積するような生物が仮に現れたとしても、蓄積部位の体内被曝が大きくなり、そのような生物が不利を負うことになるから、進化の途上で淘汰されたであろう」と述べている。前出のような公共性の高いホームページにおいてすら体外被曝、体内被曝、自然放射線と人工放射線の情報が正しく伝えられていないのだ。

（内部被曝は外部被曝より危険）

　残留放射線の体外からの影響が微弱であり、無視できる低線量の放射線であるから影響がないとされる根拠は、放射性物質の飛距離が短く（α線が約0.13mm、β線が約1cm）、しかも皮膚を透過する力がないからだとされる。しかし、いったん体内に取り込まれると直径$1mm^2$の射程距離内には直径7〜8ミクロンの細胞が少なくとも30〜50個は優に存在し得る。当然α、β両放射線はこれらの細胞に到達できる。

　人間の肉体の生命活動を作り出す細胞内の新陳代謝活動は、酸素、水素、窒素、炭素など多数の分子が行う化学反応によって維持されているが、そのエネルギーはすべて電子ボルトという単位で表される。これに対して放射性物質の持つエネルギーは100万倍のメガ電子ボルトで表すほど桁違いに大きい。低線量放射線が体内から放射されると、重大な障害を引き越すのは、100万倍もの桁違いに大きいエネルギーによるといわれている。

　従来、生体内では0.25〜7.9電子ボルトという小さな単位のエネルギーによるといわれている。ところが細胞内に飛び込んでくる放射性物質、たとえば、広島原爆のウラン235が放出するα線は1個の粒子が420万電子ボルトのエネルギーを持って新陳代謝の中へ割り込んでくる。しかも、これらの放射線は至近距離から発射されている。たとえばα線を出す核物質の場合、放射線の強さは距離の2乗に反比例する。ある臓器から5m離れた位置にある時と5cmの部位に沈着した場合を比較すれば、この臓器が受ける線量は1万倍に増えてしまう。

（遺伝子修復機能）

1章　原発事故被害の特徴と放射線被曝

　微量放射線の内部被曝の影響が過小評価されている大きな理由の1つに人間が持っている遺伝子修復能力がある。放射線がDNA（デオキシリボ核酸）を直撃して、DNA損傷を起こすことは知られている。DNAは糖とリン酸が交互に並んでできている鎖が2本、互いに右巻きに巻き合っている。この鎖の切断と、DNAを構成する4つの物質（塩基）が損傷することの2つのケースが想定されている。しかし、DNAには非常に優れた修復機能があって、そのような損傷が起きてもすみやかに修復され、修復されなければその細胞が死ぬとされている。誤って修復されないか、あるいは誤って修復された時にのみ、突然変異が起こる可能性が生じる。

　DNAに付けられた傷、突然変異がガンに発展するには、その突然変異を促進し、刺激する因子が働く必要がある。このようにガンへ移行するために必要とされるプロセスの複雑なメカニズムが内部被曝を解明する障害となっている。余りにも多様な因子が考えられるため、放射線による影響だけを特定することは非常に困難になる。また、このようなメカニズムがあるのでガンが発症するまでに時間がかかる（晩発性）。「時間」もまた内部被曝のメカニズムを分りにくくさせている一因である。

　ここで、2つの問題提起ができる。1つ目は、体外被曝であればそれがα線であり、強い貫通力で身体を突き抜ける1回だけでの被曝と考えられる。そうであれば傷付いたDNAが修復する可能性は十分にある。しかし、体内に取り込まれた放射性物質から放射され続ける場合はどうだろうか。

　2つ目は、人間の細胞が場所によって分裂の速度が違うことである。生殖腺や造血組織（骨髄）、それに胎児は細胞分裂の速度が速い。これら、細胞が若返りを必要とする機関では非常に早いサイクルで細胞分裂を繰り返す。すると、被曝した細胞の微小な傷の修復が追いつかないまま、細胞が複製され、細胞分裂のたびに損傷した細胞が自然拡大する可能性がある。これが突然変異の原因となる。これもまた体外被曝と内部被曝では違うのではないか。

（アポトーシス）

　ウィキペディアによると、アポトーシスとは、「多細胞生物の体を構成する細胞の死に方の一種で、個体をより良い状態に保つために積極的に引き起こされる、

管理・調節された細胞の自殺すなわちプログラムされた細胞死（狭義にはその中の、カスパーゼに依存する型）のこと」。「多細胞生物の生体内では、ガン化した細胞（その他内部に異常を起こした細胞）のほとんどは、アポトーシスによって取り除かれ続けており、これにより、ほとんどの腫瘍の成長は未然に防がれている。また、生物の発生過程では、あらかじめ決まった時期に決まった場所で細胞死が起こり（プログラムされた細胞死）、これが生物の形態変化などの原動力として働いているが、この細胞死もアポトーシスの仕組みによって起こる。例えばオタマジャクシからカエルに変態する際に尻尾がなくなるのはアポトーシスによる。ヒトの指の形成過程も、最初は指の間が埋まった状態で形成され、後にアポトーシスによって指の間の細胞が死滅することで完成する。さらに免疫系でも自己抗原に反応する細胞の除去など重要な役割を果たす」。「シドニー・ブレナー、ロバート・ホロビッツ、ジョン・サルストンはこの業績により2002年のノーベル生理学・医学賞を受賞している」。

（ペトカウ効果）

　人体の細胞は全て体液という液体に包まれている。体内で放射されるα線、β線などの低線量放射線は体液中に浮遊する酸素分子に衝突して、電気を帯びた活性酸素に変化させる。これをペトカウ効果と呼んでいる。荷電して有害になった活性酸素は、電気的エネルギーで内部を守っている細胞膜を破壊し、大きな穴を開ける。その穴から放射性物質が細胞内に飛び込み、細胞内で行われている新陳代謝（命を作る活動）を混乱させ、細胞核の中にある遺伝子に傷をつける。遺伝子を傷つけられた細胞が死ねば何事も起こらないが、生き延びると細胞は分裂して、同じところに同じ傷を持つ細胞がたえず生まれ変わって生き続けるが、傷もそのまま受け継がれ、何かの機会に突然変異を起こす。細胞が内臓、諸臓器を構成する体細胞なら白血病、ガン、血液疾患などの重篤な晩発性の疾患を起こして死に至らしめる。また、生殖に関わる細胞なら代々、子孫の生殖細胞に傷が受け継がれ、何代目かの子孫に障害を発生させる。これがペトカウ効果説に導かれた低線量放射線の内部被曝の実相である。この説は、実験で「液体内に置かれた細胞は、高線量放射線による頻回の反復放射よりも、低線量放射線を長時間、放射することによって容易に細胞膜を破壊することができる」ということを発見した。

すなわち、「長時間、低線量放射線を照射する方が、高線量放射線を瞬間放射するよりたやすく細胞膜を破壊する」のである。

（フリーラジカル化）

　放射線物資が酸素の溶け込んだ体液の中で酸素分子に衝突し、電気を帯びた毒性の高い活性酸素を作り出すことをフリーラジカル化という。フリーラジカルは数が少ないほど、細胞を損傷する力が大きくなることはよく知られている。低線量放射線は少数のフリーラジカルしか作らないので、それぞれが充分に活性化された力で細胞膜を破壊し、障害を与えることになる。フリーラジカルは最近、一般的なガンの発症と関係ある活性酸素として知られている。細胞膜にはさまざまなものがある。こうした膜が、一般に脂質の二重層を持っているのはよく知られているが、この脂質の主成分が不飽和脂肪酸で、これが活性酸素の攻撃を受けると、容易に脂質ラジカル（注：脂質が過酸化されて生成する遊離の基）に変身する。これが脂質の過酸化であり、生命現象に欠くことの出来ない細胞膜に与えるダメージは、病気との係わりで極めて重要とされている。このように現在ではフリーラジカルが細胞を破壊し、さまざまな病気の発症と密接な関係があることは広く知られるようになっている。

　発ガンという現象は、いわば酸素ラジカルを中心とした内部環境の破綻の結果と定義づけることもできる。ヒトのガンの大部分を占める偶発ガンは、このような生体内ラジカルのアンバランスに由来すると考えられている。

　また、フリーラジカルが老化を促進することも明らかになっており、老化は免疫力と抗酸化力の低下を促す。これら、フリーラジカルがもたらすとされている身体的影響は、現在、被曝者が訴えている身体的症状とも不思議に一致している。

　ピッツバーク大学医学部放射線科のスターングラス教授は、ペトカウ説を基礎として研究をさらに深め、次のような結論に到達したという。

① 放射線の線量が非常に低い低線量域では生物への影響はかえって大きくなる。

② 低線量放射線の健康への危険度は ICRP が主張する値より大きく、乳児死亡の場合に当たる線量は 4.5mSv である。

③ アメリカや中国の核爆発実験の放射線降下物によって乳幼児の死亡率が増加した。

④ 放射性降下物に胎児期被曝した子どもに知能低下（学習適性検査の成績低下）が生じた。

⑤ スリーマイル島原発事故によって放出された放射能によって胎児死亡率が増加した。

こうしたスターングラスの理論に対して、アメリカ国内では多くの反論が提起された。その主要なものとしては次のようなものが挙げられる。ⅰ）電離放射線の影響に関する委員会（BEIR）はペトカウのモデル細胞膜を用いた実験の成果を科学的に認めたが、モデル細胞膜で起こった放射線損傷が生体の細胞膜でも起こるかどうかは明らかでなく、また、動物実験でも低線量放射線で発ガン誘発率が高まるという結果は認められない。ⅱ）核実験の死の灰や原発事故による放射能によって乳児の死亡率が高まったという説に対しては、統計処理に問題があり、他の政府機関などの解析ではそのような結果は認められていない、ⅲ）胎児期被曝と知能低下に関し、1980年に広島・長崎原爆被爆者のデータから胎児期被曝によって知能低下が起こること、その線量関係にはしきい値が認められていること（国際放射線防護委員会〔ICRP〕1980年勧告）、したがってスターングラスの仮説は理論的にはあり得るが、胎児の被曝線量が確認されていないので推測の域を出ない、というものである。

しかし、広島・長崎で爆発後に市内に入った多数の内部被曝者を調査した結果、その人らが経験したいわゆる「急性症状」と、数カ月から数年、数十年後にその人たちに発症したぶらぶら病症候群は、内部被曝による低線量放射線の影響とみると最もよく説明できるので、ペトカウ効果とそれを基盤にしたスターングラスを初めとする多くの学者、研究者の低線量放射線有害説を裏付けている。

（ホルミシス効果論による反論）

ホルミシス効果論(5)による反論は、低線量放射線であれば、人体に対して影響を及ぼさず、それどころか有益である。ラドンのような弱い放射線を微量受けることで細胞が刺激を受け身体の細胞を活性化させ毛細血管が拡張し、新陳代謝が向上、免疫力や自然治癒力を高めるという考え方である。しかし、この説については ICRP「BEIR報告Ⅴ（1990）」で「現在入手し得るホルミシスに関するデータは、放射線防護に関して考慮に加えるには十分ではない」として採用していない。

4 ペトカウ効果について

『人間と環境への低レベル放射能の脅威』という本にペトカウ効果の怖さが書かれている。[(6)]その概要は以下のとおりである。

　医療用 X 線の利用が成功した経験から、第二次世界大戦中に原子爆弾の開発に関わった科学者は、γ 線と中性子線の短時間の放射があったにしても核爆発の主要な影響は爆風と高熱であると信じていた。また、漂う放射能雲からの放射性物質の降下物は（爆心が地上付近である場合を除いて）、環境放射線の年間線量より低い極めて少ない放射線量を照射すると信じていた。核実験が環境や人間の健康に対して、確かな影響を与えると考える明らかな理由はまったくなかった。軍部は核兵器の爆発地点から遠く離れた地域に、生物学的障害が起こる可能性など心配していなかったので、この問題の全容は、議会が死の灰に対する避難所の必要性について公聴会を開いた 1957 年までは極秘扱いされていた。（中略）環境放射線の年間線量の 500 ～ 1,000 倍である 0.5 ～ 1Sv という安全しきい値が存在していると思われていた。研究所で次々と行われたガンを発症させる動物実験で、時間をかけた放射線の照射は、同じ放射線の全量の短時間照射よりもガンの発症率が少ないことが示された。こうして、酸性雨を作り出した硫黄を充満させ、大気汚染を引き起こす石炭火力発電所に代わって、きれいなエネルギーを供給する大規模な原発を推進することは、まったく安全であるかのように見えた。原発はいかなる核分裂生成物も環境中に放出しない、と広く信じられていたのである。

　その後、英国のオックスフォード大学の医師アリス・スチュワートの調査によって、低線量の放射線にも問題があるということが最初に指摘された。第二次世界大戦以来、英国では小児白血病の異常な増加が起こっているという事実が明らかにされた（1958 年『イギリス医師会雑誌』に掲載）。（中略）最初は、医学会の誰一人、彼女の調査結果を信じたがらなかった。しかし、ハーバード大学のブライアン・マクマホン医師が彼女の調査結果を確かめるために研究を行い、1962 年に米国の国立ガン研究所の機関誌に論文が掲載されると、保健関連機関の中でも憂慮する人々が出てきた。筆者スターングラスがスチュワートの調査結果を知っ

たのは、ソビエトによる 50 メガトン級の水爆実験をもって核実験一時停止の解除がなされた後、ピッツバーグの科学者グループと核戦争によって起こり得る結末について研究をしていた時だった。スターングラスは一発の爆発から世界規模の放射性降下物が、北半球に住む 20 億の人間に X 線腹部照射時の約 2 〜 3mSv（当時の X 線は高線量だった）に等しい線量を与えうることを明らかにした。もし、スチュウート医師のデータを放射性降下物による被曝に適用すると、この一発の爆発からだけでも小児白血病を 25% も増加させるという事実が明らかになり、核実験を終わらせることに役立つことを願って、スターングラスは 1963 年 6 月、『サイエンス』誌に論文を発表した。

1950 年代末に、核実験の結果百万人が死ぬだろうとの予測がライナス・ポーリングとアンドレイ・サハロフから発信された。広まりつつあったミルクと食物中放射性降下物に対する心配の声は、1963 年末の大気圏内核実験停止を定めた条約の締結によって鎮静化した。しかし、核兵器開発と核弾頭を運ぶ大陸間弾道ミサイルシステム構築計画は引き続き行われていたため、スターングラスは、死の灰による白血病の増加が実際に起きているかどうかの調査に着手しようと決意した。

この調査を行う中で、スターングラスは、ニューヨーク州のアルバニからトロイの地域にかけて、ネバダ実験場からの核爆発による放射能雲が、ちょうど両地域の上空を通過した時に降った大雨の後、白血病の発生率が高くなっている証拠を発見した。また、自然流産と乳児死亡がこの死の灰事件の 1 年以内に顕著に増加していたが、この調査結果は 1969 年 4 月に『ブレティン・オブ・ジ・アトミック・サイエンティスツ』誌に発表された。あらゆる原因で死亡する乳児の数は、白血病の死亡数より 10 倍も多いので、世界規模で降る死の灰による白血病以外の障害を含めた健康に対する威嚇はかなり大きかった。

公衆衛生統計における乳児死亡数では、全米で 1 年当たり 4% ずつ確実に下降する傾向に対し上方の偏差があったが、この偏差は米国、旧ソ連及び英国による大気圏内核実験中止の 1960 年代後半には見られなくなった。さらに、この異常な増加はあらゆる社会経済グループに見られたことであるが、3、4 年前にさかのぼった全米各州におけるミルク中のストロンチウム 90 の濃度のデータに大変密接に相関していた。貧しい非白人の乳児は、より良好な食事や出産前のケア、医療への連絡手段に恵まれていた白人グループより死亡率が 2 倍も高かった。1945 〜 1965

年の統計では、合衆国だけで約40万人の乳児が通常の期待値を超えて過剰に死亡していることを示していた。

　科学界では、そのような少量の放射線が白血病、乳児死亡や低体重児出産の要因になり得ることには、幅広く不信感を持たれていた。（中略）しかし、スターングラスの上記研究論文に対する批判を準備しようとした原子力委員会のリバモア研究所のジョン・ゴフマン博士とアーサー・タンブリン博士は、遺伝傷害のリスクを基礎としたうえで、より小さなスケールではあるが過去の核実験にはおそらくそのような影響があったであろうと評価した。彼らはまた、1969年11月の地下の原子力発電所に関する委員会の公聴会で、現在の商業用原発が一般大衆に放出する許容線量の1.7mGyは、米国で年間32,000人のガン死亡を増加させるだろうと指摘した。

　1970年までに、スチュワート医師は彼女の研究を大きく発展させていた。『ランセット』誌に発表されたその研究結果は、安全なしきい値に関する証拠はなく、撮影されたX線の回数に従って、直接リスクが増加することを示した。それはまた、死の灰有害説と原発からの秘密裏の放射能放出への憂慮を後押しするものだった。さらに、女性の数％が妊娠の最初の3カ月にX線を受けていたことから、スチュワート博士は、そのような妊娠初期の被曝は、出産直前の被曝より10倍から15倍もリスクが高いことを発見していた。このことは、おおよそ環境放射線の年間線量と同等か、あるいは0.5〜1mGyの少線量でも、小児ガンと白血病のリスクを倍加するのに十分で、この線量は広島・長崎の被爆者の調査から考えられた倍加線量の1,000倍も少なかった。

　その頃、スターングラスはシカゴ市郊外のドレスデン原発の周辺で乳児死亡率が上昇し、低体重児の出生が増加していることを発見した。これらの数値は、核実験の死の灰からの線量に匹敵する原発からの気体放出物の放射線量と並行していた。他の7カ所の原発施設の乳児死亡率における類似した影響と合わせ、1971年、バークレーのカリフォルニア大学で開催された「汚染と健康会議」の会議録に、これらの調査結果が掲載された。（中略）（この論文の要旨は）ⅰ）1952年のネバダ核実験後に生じたユタ州における先天性奇形による死亡の急上昇、ⅱ）ユタ州の近隣と遠く離れたミネソタ州における小児白血病の増加、ⅲ）核実験の開始後、遠く離れたニューメキシコ、ワイオミング、ニューヨーク、イリノイの各

州で、気管支炎、肺気腫、気管支喘息などの非感染性呼吸器疾患による死亡の急激な上昇、iv）放射性雲が到達したユタ州、ニューヨーク州ロングアイランドのナッソウ郡での白血病の増加、であった。年間の放射線の降下物の線量測定がされているナッソウ郡での全年齢層での白血病死については、0.01mGy 当たり 0.48%のリスクの上昇があり、スチュワート博士が発見した胎児発達中の妊娠初期 3 カ月における X 線の研究の値に匹敵していた。

　1950 年代、全米では乳児死亡率に異常上昇がみられただけでなく、成人死亡率も全年齢層で同じ異常上昇が見られた。このことは I・M・モリヤマによって既に指摘され、論文は 1964 年の米国保健統計センター発行の論文と 1980 年の『公衆衛生報告』に公表されている。しかし、ここでは死の灰の低線量放射線に関した生物学的な作用メカニズムには触れられていない。つまり、後にペトカウが偶然発見し、1972 年 3 月の『保健物理学』誌上に、「リン脂質細胞膜に対するナトリウム 22 の影響」という平凡なタイトルの論文で発表した内容である。

　ペトカウは、X 線の短時間における大量照射にも破壊されず、何百 Gy の放射線量に耐え得ることができる細胞膜が、放射性化学物質による弱く長時間持続する 10mGy 以下の放射線照射によってたやすく破壊される、と書いている。この発見は、放射線が組織へ到達する率にほとんど依存性を示さなかった遺伝傷害や先天性奇形、実験室での動物実験や人間へのガンの誘発など、放射線による生物学的障害についてのこれまでのあらゆる知見とまったく対照的であった。事実、それまでの多くの実験研究の結果は、線量率が下がると、おそらく遺伝情報を運ぶ細胞核の中にある DNA の大変能率的な修復機能により、高線量率の時に比べて遺伝子に対する恒久的な影響が少なくなることを示唆していた。

　ラルフ・グロイブは次のように記述している。すなわち、ペトカウと彼の助手たちの一連の研究は、放射線によって細胞膜の障害が起こることを示した、この細胞膜の障害は、核兵器の爆発や医療被曝の高線量時に見られる細胞核中の DNA に直接打撃を与えるやり方とは、完全に異なる生物学的メカニズムである。細胞膜は、活性酸素と呼ばれるマイナスの電気を帯びた短命な酸素分子の活動により破壊される。活性酸素は、放射線が体液に溶け込んでいる生命の基になる酸素に衝突してできたものである。この非常に毒性のある酸素が細胞膜の外側まで拡散し、そこで連鎖反応を起こして数分から数時間で細胞膜を溶かす。その結果、細

胞内部が漏れ出してその細胞は死ぬ。

1個の活性酸素分子は、優に1個の細胞（体積は約6兆倍）を破壊する力を持っていて、極めて低い線量率であっても、わずかな量の活性酸素が1つの細胞を破壊してしまうのだ。しかし、高線量時には、同じ空間と分子の寿命の期間に、何百もの活性酸素が作られてしまう。これは過剰殺傷力型と言われ、風船の場合に喩えられる。すなわち、破壊するのに投げ矢1本で間に合うところ、百万本の矢を投げることはエネルギーの無駄に過ぎない。事実、活性酸素が同じ場所にたくさん作られれば作られるほど、彼らは互いにぶつかり合って元の無害な酸素分子になり、非活性化されてしまう。こうして細胞で構成された生物組織内にある単位エネルギー当たりでは、毎分100Gyの高線量率は、我々の環境放射線量である毎分10万分の1Gyの低線量率に比べて、細胞を破壊するのに1千億倍も効率が低いことが発見されている。

このように、高線量放射線の場合と比較して低線量放射線は桁はずれに大きな効果があり、線量降下曲線は低線量の環境放射線に近い線量の時に極めて急速に立ち上がり、高線量及び高線量率への曝露時は水平化する。放射能が環境に放出される場合のように、異なる線量の放射線に一定期間被曝する個人にとっては、数学用語で言うと被曝線量と生物学的反応は対数の関係になる。これとは逆に、一連の医療用放射線に短時間被曝した個人の場合は、受ける放射線の線量率はすべての個人にとって同じである、線量と反応関係が極めて緩い直線型の影響を受ける。つまり、成人が胸部X線撮影から受ける0.05mSv程度の低線量は、乳児や成人の体内に数週間も、何カ月も、何年にも渡って蓄積する死の灰からの同じ線量より何千倍も危険は少ない。

ジョン・ゴフマンが1990年に、その著書『低線量被曝による放射線起因のガン』の中で再考した広島、長崎のデータは上向きに凸の曲線で、小数点以下における数のべき乗法則、つまり対数曲線に従う形で低線量時に急上昇し、高線量で緩やかになるガンのリスクを示した。線量の高さから言えば、遠距離で被爆した者が受けた低線量と比べ、1分あたりのグレイ数が高い被爆をした者が、最も高い線量の被曝を受けている。しかし、遠距離被爆者も水や食物の中に入った「黒い雨」から死の灰を浴び、何百mSvもの追加線量を受けたが、それはデータ分析の際には考慮に入れられず、線量降下曲線の最初の急上昇部分が隠されて、代わりにほ

とんど水平になった部分に当てはめられた。環境レベルの放射線量に近い範囲でのガンのリスクにおいては、線量曲線を当てはめることにより推定された。しかし、ゴフマンが使った対数曲線ではなく高線量における「直線型」の線量曲線を当てはめることによって、長期にわたる低線量被曝の真のリスクをかなり過小評価してしまうことは明らかである。

グロイブが議論したように、低線量放射線において威力を振るう間接的な活性酸素の障害は、骨髄の中で前駆細胞から常に新しく生まれ変わらなければならない免疫系の細胞にとっては、特に深刻である。このことは、骨に沈着し、比較的飛距離の長い β 線または電子を放出する化学物質にカルシウムとよく似たストロンチウム 90 や、他の親骨性の同位元素にとってはなおさらである。これらの放出物は、環境中で自然発生するラジウムから放射される α 線粒子よりも、高い効率で骨髄に到達する。ストロンチウムを与えた動物実験では、1968 年にストッケと彼の協力者がオスロー大学で発表した研究は、0.01mGy 範囲の線量で即座に骨髄細胞への障害が高度に達し、それから水平域に達して横ばいになることを示した。さらに、1977 年に、ヘラーとウィグゼルがウプサラ大学で発見したのが、放射性ストロンチウムがバクテリアとガン細胞に対する防御に必要な骨髄で作られるナチュラル・キラー細胞の正常な機能を妨げる活動をする、ということだった。

同様に深刻なリスクといえるのが、母親の免疫機能が阻害され、胎児を異物として排除してしまうことだ。この生物学的仕組みは、妊娠の何年も前から母親の胎内で蓄積された、ミルク中のストロンチウム 90 の遅発的な影響を説明しており、最近まで予想もできないことであった。脳の正常な発達を遅らせる放射性ヨウ素の影響に加えて、正常体重以下で生まれた乳児の脳内で起こる血管の小さな破裂は、神経障害の確率を大いに増加させる。（学習障害リスク、犯罪的暴力の増加などの報告についても記述されているが略す）。

グロイブが明確に述べているように、人間の体内での人工放射能の間接的な化学作用によるホルモン系と免疫組織への微妙な影響が、早産、乳児死亡率、感染症及び発ガンに対し、予期しない大きな影響を及ぼしている。

ペトカウ効果によって、より増大した生物学的障害のリスクを示す全年齢層にわたる死亡率の増加は、非常に注意深く計画実行された疫学調査によって確認された。調査には、核実験によって環境に出された低線量放射線や原発からの放出

物に被曝した人々、政府の核施設で働く労働者が含まれ、全米アカデミーの電離放射線の生物学的影響に関する委員会による 1990 年の BEIR Ⅴ報告に総括されている。（中略）体内もしくは幼児期に放射線に被曝した子どもの知能や学業成績に深刻な影響があった、という証拠を確認した。（中略）

　危険は人間と動物だけにとどまらない。グロイブは原発が酸性雨、地表面のオゾン、森林の死を作り出すという、非常に重要だが、あまり知られていない事実を示している。グロイブが指摘するように、樹木の死はヨーロッパだけに止まらず、合衆国でも一般の発電所と原発の風下など、多くの地域で蔓延している。これは従来の大気汚染源に加え、植物の細胞へのフリーラジカルの生成を通した放射線の間接影響を示しているものであり、なぜ、低線量の放射線が、高線量の研究からの推定をはるかに上回る大きな障害を与えるかの根拠であるように思われる。

　この本には、原子爆弾の実験や原発から蒙る低線量被曝による生物学的影響について、しきい値は存在しないこと、特に低線量被曝が与える被害の深刻さが、多くの研究論文に基づいて書かれている。なお、「低線量の方が高線量よりリスクが大きい」という点について書かれている「酸素が溶け込んだ細胞液の中で、放射線は酸素分子に衝突して毒性の強い、不安定な酸素を作る作用をする」、「細胞の原形質内にあるフリーラジカルの数は、少なければ少ないほど損傷を起こす効率は高くなる。これはフリーラジカルが多いと衝突し合ってお互いを非活性化し、普通の酸素分子に戻ってしまうからである。一定の空間に放射線によって作られたフリーラジカルが少ないほど（低線量であれば少なくなる）、上記の普通の酸素分子に戻る再結合をせず、ゴールである細胞膜に到達する機会が多くなる」という点は、注目しなければならない。

【注】

2　前掲『内部被曝の脅威』77 頁。ジョン・W・ゴフマン著『人間と放射線』（明石書店）56 頁以下参照。

3　中川保雄著『放射線被曝の歴史』（明石書店）205 頁以下には、チェルノブイリ原発事故以降、低線量被曝線量の考え方が原発推進側との政治的な妥協の中で変更

されてきたことが書かれている。中川氏は科学史専攻の神戸大学教養部教授。

4 『科学』2012・10月号（Vol.82, No.10、岩波書店）1078頁以下に掲載されている井上達（日本大学医学部・機能形態学系、生体構造医学分野）・平林容子（国立医薬品食品衛生研究所　安全性生物試験研究センター）「放射線に対する生体の"確率的"応答——遺伝子発現の網羅的解析」。

5 ウィキペディアによると、ホルミシス効果について次のように説明されている。「放射線ホルミシス（英：radiation hormesis）とは、大きな量（高線量）では有害な電離放射線が、小さな量（低線量）では生物活性を刺激したり、あるいは以後の高線量照射に対しての抵抗性をもたらす適応応答を起こすという仮説である」。「1978年にミズーリ大学のトーマス・D・ラッキーは『電離放射線によるホルミシス』において低線量の放射線照射は生物の成長・発育の促進、繁殖力の増進および寿命の延長という効果をもたらしうると主張して注目された。また翌1979年春に東京で開催された国際放射線研究会議において中国では『自然放射線の非常に高い地区に住んでいる住民の肺ガンの発生率が低い』ことが発表されると、スリーマイル島原子力発電所事故調査委員長のFabricantが興味を示し、国際調査団Citizen Ambassadorを中国に派遣して以降、放射線ホルミシス研究が盛んになった」。ラドン温泉なども例に出される。

6 ラルフ・グロイブ／アーネスト・スターングラス著『人間と環境への低レベル放射能の威嚇——福島第一原発事故放射能汚染を考えるために』（肥田俊太郎／竹野内真理訳、あけび書房）30頁以下。

　　ラルフ・グロイブ氏はチューリッヒ工科大学で化学工学を学んだ後、開発エンジニアとして働きながら、多くの国際環境保護委員会で活躍。40年近く、原子力のリスクについてのコメンテーター、執筆など専門家として活動してきた。

　　アーネスト・J・スターングラス氏は、ピッツバーク大学医学部放射線科名誉教授。専門は放射線物理。米国議会、米国アカデミー等で証言。何百もの科学論文の他、『死に過ぎた赤ん坊——低レベル放射線の恐怖』（肥田俊太郎訳、時事通信社発行）、『赤ん坊をおそう放射能——ヒロシマからスリーマイルまで』（反原発科学者連合訳、新泉社）などの著書がある。

2章 放射線被曝と原発事故の歴史

1 放射線被曝の歴史

ウィキペディアの「放射線障害の歴史」には次のように書かれている。

放射線障害の歴史は以下に示す四つの時期に区分される。
急性放射線障害の発生した時期
晩発性放射線障害の発生した時期
リスクが問題とされるようになった時期
デトリメント（detriment：損害）が問題とされるようになった時期

この区分にしたがって、前掲『放射線被曝の歴史』という著書を参考にすると、各時期について概略次のようにまとめられる[7]。

① 急性放射線障害の発生した時期

人工的に放射線が利用されるようになったのは、1895年のヴィルヘルム・レントゲンによるX線の発見から始まる。X線が物質を透過する性質をもつことが人びとの強い関心を引き付け、当時の医学をはじめ、物理学その他に大きな影響を及ぼした。しかし、レントゲンの助手の手は、X線撮影に長年従事したために原型をとどめぬほど変形し、その助手が放射線障害の初の犠牲者の一人となった。

1898年には、これまた有名なキュリー夫妻が放射性元素のラジウムを発見した。夫はラジウムやボロニウムという放射性元素の研究により、白血病にかかって亡くなった。彼もまた、放射線による職業病の犠牲者の一人であった。

35

この時期においては、そもそも放射線によって人体に障害が発生するという放射線障害の認識自体が希薄であり基準も存在しなかった。この時期以降の放射線防護とは概ね X 線などの放射線を一気にしきい線量以上に浴びない（早期の確定的影響を避ける）ということであったといえる。

② 晩発性放射線障害が発生した時期

　第一次世界大戦後から第二次世界大戦までは、X 線装置や放射性同位元素の利用が急速に拡大したが、その過程で放射線作業従事者の間で放射線による犠牲者が多く生み出された。同時に、X 線装置や放射性物質を使った診断や治療を受けた人たちの間からも、多くの放射線被害者が生まれたが、これらが放射線被害の初期の犠牲者の例であった。

　急性放射線障害とまではいかなくとも、放射線診療の従事者は継続的に X 線被曝をしていたため慢性の放射線皮膚障害、あるいは再生不良性貧血や白血病などの造血臓器の晩発性の障害が発生することが徐々に明らかとなった。

　さらに、1927 年にはハーマン・J・マラー がショウジョウバエへの X 線照射による遺伝的影響を明らかにし、これ以降放射線による遺伝的影響も問題にされるようになった。

　この時期以降に認知されたのが晩発的影響及び遺伝的影響である。つまり、一度にしきい線量を超えない線量被曝に抑えれば早期の確定的影響は防げても、その後に晩発的影響及び遺伝的影響が発生してしまうということが明らかとなった。すなわち、この時期以降の放射線防護とは、とりあえずその時点で判明している知見を基に、しきい線量というものがないという前提で、放射線誘発ガンや遺伝的影響が現れないと思われる量以下の放射線被曝に抑えるというものであったといえる。

③ リスクが問題とされるようになった時期

　放射線被害者は第二次世界大戦の開始とともに急速に広がった。核兵器製造に従事した労働者たちの被害であった。アメリカの原爆製造計画に従事した労働者たちは、ポケット線量計やフィルムバッジといった個人の被曝線量をモニターする装置を身につけ、1 日 0.1 レントゲン以内という制限値のもとで放射線管理員に

よって日々の放射線被曝を管理された。いわば、今日の原子力発電所での被曝管理の原型がこの原爆製造計画のもとで確立されたのであるが、そこで働く労働者たちは、年間にすれば25レム（250mSv）の被曝にさらされる危険性があった。アメリカ原子力委員会は、マンハッタン計画について重大な放射線事故は一度も起こらなかったし、犠牲者も出なかったと主張し続けたが、ハンフォードの原子力施設の労働者を中心に多数の労働者がガン、白血病で死亡したことを明らかにしたマンキューソの調査が1970年に発表されるにおよび、ようやくマンハッタン計画とその後の核兵器製造に従事した労働者の被害が明らかになりだしたのである。

　放射線被害の犠牲者は、1945年に広島・長崎に原爆が投下されることによって一気に拡大した。広島で14万人、長崎で7万人、さらに朝鮮人が4万人と合計25万人以上の人々が死亡したのをはじめ、40万人を超える原爆被爆者が生み出された。これら原爆被害者が放射線被害の第三の範疇を形作ることになったが、これにはマーシャル諸島の核実験被害者、アメリカ・ネバダ周辺の核実験被害者が含まれる。マーシャル諸島の被害者及びネバダ周辺の被害者の大きな特徴は、少数民族が多大な被害を受けたということである。それら先住民の放射線被曝の被害は彼らが受けてきた社会的、政治的抑圧を反映して、1970年ころまでほとんど明らかにされなかった。

　さらに先住民の間での放射線被曝の被害は核兵器材料のウランを採掘する過程においても生み出された。そして、ウラン採掘、ウランの精錬過程における放射線被曝の被害は、原子力発電の推進とともに世界の各地にも拡大した。アメリカのニューメキシコなど、ウラン採掘地域に住むアメリカインディアン、同じくカナダのウラン採掘地帯に住むカナダインディアン、オーストラリアの先住民アボリジニー、そしてアフリカのナミビアや南アメリカの黒人たちはウラン採掘労働によって、そしてまた、その過程で生み出された放射性廃棄物によって、その家族たちも放射線被曝を免れることはできなかった。それらは第四の範疇に入れることができる。これらの放射線被曝の被害の様子については、最近ようやくその一端が知られるようになった。しかし、ウラン坑夫やその家族、先住民の放射線被害の現状は多くの場合調査すらされず、ましてや医療保障からも切り捨てられてきた。ウラン採掘に伴う先住民の被害の中で相対的に知られているのはアメリカのナバホインディアンの例であるが、最近知られるようになったことは、ウラ

37

ン坑夫として働いてきた男たちの間で高い割合で肺ガンが発生していること、また、その家族の間では出産異常が非常に高い割合で見られること、低体重児や成長を阻害された赤ん坊、あるいは心臓や肺などに欠陥を有していたり、知能停滞児の割合が高いことが知られるようになってきた。ウラン坑夫の労働条件に関しては、アメリカの場合、1967年までは、なんらの安全対策もとられてこなかったことを指摘しなければならない。同年9月に連邦放射線審議会は初めて鉱山内の換気を行い、坑夫の被曝線量のモニタリングを実施して、その記録を取ることを勧告したのである。

　放射線被曝によって確定的影響のみならずしきい線量以下でも確率的影響（放射線誘発ガンや遺伝的影響など）が発生し得るということが認識された。しかしながら、そのしきい線量以下の放射線被曝と障害の発生する確率（リスク）との間にはどのような相関関係があるのか、リスクは具体的にどの程度なのか、などについてはまとまった疫学的データが存在しなかったため不明であった。

　1945年の広島・長崎への原爆投下において日本の医療機関の他にアメリカは広島と長崎にABCC（後の放射線影響研究所）を設置し、原爆被爆生存者の診断・治療とともに健康調査、寿命調査などの疫学的調査を行った。この調査によって多くの知見が得られ放射線障害の研究が進むこととなった。

④ デトリメントが問題とされるようになった時期

　「デトリメント（損害）」は、ICRPが放射線被曝に伴って生じる有害な健康影響を定量化するために導入した概念で、ICRP 1990年勧告における線量制限体系の基礎をなす主要な考え方の一つである。「損害」は、被曝した人々の集団において、誘発されるガン及び遺伝的影響の発生確率とその重さの程度を考慮にいれた統計的な量である。すなわち、損害は、低線量放射線被曝による致死ガン及び遺伝的影響の成分だけでなく、非致死ガンに相当する成分を含んでいる。また、ガンの種類で決まる平均の寿命損失期間に対する重みづけがなされ、また遺伝的影響に対する成分も考慮され、実効線量と関連づけられている。

　損害は確定的影響が起きるような高い線量では用いられず、低線量・低線量率（低線量全身被曝で0.2Gy以下の吸収線量、または、線量率が0.1Gy毎時未満）で用いられる考えである。

職業被曝について ICRP は、死亡あるいは重篤な遺伝性疾病が放射線によって起こる確率は損害の主要な因子であるとした上で、損害を十分に表現するため、死亡による寿命損失と非致死性の疾病を含む他の因子も線量限度の数値を決めるために取り上げた。これらの互いに関係のある因子は、属性（attribute）と呼ばれている。死亡と関連する属性には①放射線被曝による死亡（寄与死亡）の生涯期間における発生確率、②寄与死亡が起こった場合の損失期間、③平均余命の減少（上記2つの属性の組合せ）、④寄与死亡確率の年分布、年齢別死亡率の増加、すなわち、その年齢まで生きることを条件として、任意の年齢で1年に死亡する確率の増加、とされた。

また、線量限度の根拠となりうる値として検討のために選ばれたのが年実効線量の試行値（10mSv、20mSv、30mSv、50mSv）であり、参考のために 1977 年勧告の致死ガンの発生確率のデータから求められた結果が付け加えられている。

疫学調査のデータの集積によりそれまで判明していた赤色骨髄以外の臓器における放射線誘発ガンの発生確率が明らかになった。ICRP の 1977 年勧告はこれを反映して、それまで主要な臓器に対してのみ定義されていた防護のための基準量に加えて、実効線量当量（現：実効線量）という被曝したすべての臓器の影響を考慮した量（個人の被曝によるリスク量）を定義することができるようになった。

原発の増加とともに、そこで働く原発労働者も増加してきた。39 基の原発が稼働する日本の 1989 年度の原発労働者の数はおよそ5万5,000人に達している。労働者の総数の増加とともに彼らがあびる放射線の総量もまた増大しており、現在では年間の総被曝線量がおよそ1万人・レム（100人・Sv）の規模に達している。この値は、やがてそれらの労働者の間で毎年、ガン、白血病で亡くなる人の数がおよそ 10 人にのぼっていることを教えている。そして原発労働者のあびる放射線量の最近の特徴は、電力会社の社員など正社員のあびる年間被曝線量と、下請け労働者があびる被曝線量との格差が年々増大していることである。1989 年度に正社員一人当たりの被曝線量は 50 ミリレム（0.5mSv）であったが、下請け労働者のそれは 170 ミリレム（1.7mSv）で、正社員の 3.4 倍も被曝をさせられていたのである。その結果、原発労働者があびる総被曝線量の 95% 以上が下請け労働者に集中させられているのである。下請労働者の多くは1年近くでおよそ半数の人が仕事を辞め、辞めた人たちのその約半数はなんらかの病気をもっているということで

ある。原発の運転そのものが、このような下請け労働者の存在をぬきにはなりたたないのである。

　商業用原発が今日 100 基を超える規模に達したアメリカでは、原発労働者の数はおよそ 10 数万人に達しており、その総被曝線量も 45 万人・レム（4,500 人・Sv）の規模にのぼっており、少数民族の労働者が多い。アメリカではこれまで核兵器製造施設で働いた労働者の数はおよそ 60 万人に達している。また、ネバダなどでの核実験に従事させられた被曝者の数も 25 〜 35 万人にのぼると推定されている。さらに、その核実験の死の灰をあびた風下地区の被曝者は、ユタ州だけでもおよそ 10 万人に達している。また、ウラン採掘や精錬に伴う放射線被害を受けた、アメリカインディアンなどの先住民の数も多数にのぼる。それら放射線被曝者の数はアメリカだけでも 100 万人を超える規模に達している。

アメリカが現在の被曝大国であることは、後に詳述する。

2　原発事故の歴史

ウィキペディアの「原発事故の一覧」によると、世界の原発の数は 29 カ国 431 基に達しており、起こった原発事故は以下の通りである（太字は日本での事故を示す）。

　1990 年代以降、わが国での原発事故発生数が異常に増加していることが注目される。これは、「安全神話」という虚構の上に安住して安全性防護対策を怠っていることに起因しているのではないかとの疑念を持たせる。

1940 年代

1945 年 8 月 21 日　デーモン・コア事故（米国ニューメキシコ州ロスアラモス）。
1946 年 5 月 21 日　同上。

　ロスアラモス研究所で各種の実験に使われ、後に原子爆弾に組み込まれてクロスロード作戦に使用された約 14 ポンド（6.2kg）の未臨界量のプルトニウムの塊が、不注意な取り扱いのために 1945 年と 1946 年にそれぞれ臨界状態に達する事故を起こし、2 人の科学者の命を奪ったことから「デーモン・コア（悪魔の

2章　放射線被曝と原発事故の歴史

コア)」のあだ名がつけられた。

1950 年代

1952 年 12 月 12 日　チョーク・リバー研究所、原子炉爆発事故（カナダ、オンタ
リオ州）。

　試験原子炉 NRX で原子炉が暴走、燃料棒が溶融する事故が発生。後年、国際
原子力事象評価尺度（INE）レベル 5（以下のレベル表示は同じ）。

1957 年 9 月 29 日　ウラル核惨事（ソ連、現ロシア）。レベル 6。

　冷却装置が故障。タンク内の温度は急上昇し、内部の調整器具の火花により、
300m³ のタンクにあった結晶化した硝酸塩と再利用の際に出てきた残留物も一緒
に爆発を起こし、大量の放射性物質が大気中に放出される事態となった。その
中には半減期が長い同位元素、例えばストロンチウム 90（^{90}Sr・29 年）、セシウ
ム 137（^{137}Cs・30 年）、プルトニウム 239（^{239}Pu・24、110 年）があった。核爆発
ではない、この化学的爆発の規模は TNT 火薬 70t 相当で、約 1,000m 上空まで舞
い上がった放射性廃棄物は南西の風に乗り、北東方向に幅約 9km、長さ 105km
の帯状の地域を汚染、約 1 万人が避難した。避難した人々は 1 週間に 0.025 〜
0.5Sv、合計で平均 0.52Sv、最高 0.72Sv を被曝した。特に事故現場に近かった
1,054 人は骨髄に 0.57Sv を被曝した。

　マヤーク会社と官庁によれば、事故後に全体として 400 PBq（4 × 10^{17} B）の
放射能が 2 万 km² の範囲にわたって撒き散らされたという。27 万人が高い放射能
にさらされた。官庁が公表した放射能汚染をもとにして比較計算すると、事故
により新たに 100 人がガンになると予想された。

1957 年 10 月 7 日　ウィンズケール原子炉火災事故（イギリス・現在のセラフィー
ルド施設）。レベル 5。

　英国史上最悪の原子力事故。事故はカンブリア州にある原子力施設のウィン
ズケール（現在のセラフィールド）の敷地にある原子炉 1 号基の炉心で火災が
発生したもので、多大な放射能が周囲に撒き散らされた。事故による直接的な
死者はいないとされている一方で、事故が原因とされるガンで 12 人が死亡とい
う報告や 100 人が死んだあるいはそれ以上という試算もあり、調査ごとに数字
が異なっている。周辺のシースケール村で生まれた子どもは、白血病で死ぬ割

41

合が平均の9倍に達しているとの調査が1987年になされたが、放射線による影響はないとされた。一方、住民はガンの多発を訴えていた。

1958年5月24日　チョーク・リバー研究所で燃料損傷（カナダ、オンタリオ州）。レベル？

1958年10月25日　臨界暴走、人員の被曝（ユーゴスラビア、現セルビア・ヴィニツァ）。レベル？

1959年7月26日　サンタスザーナ野外実験所、部分的炉心溶融（米国カリフォルニア州）。レベル？

　2週間にわたり、テトラリンの漏洩から冷却不能となり燃料棒が溶融した。カリフォルニア州議会の委託を受けた公的研究によると、43本中13本が溶融し、1,500 〜 6,500キュリーのヨウ素131と1,300キュリーのセシウム137が環境中に放出されたとされる。スリーマイル島事故では17キュリーのヨウ素131と大量の放射性希ガスを放出したが、セシウムは放出しなかった。この事故は世界最大の原子力事故のひとつだといえる。ずっと機密にされたが、1979年にUCLAの学生が資料を調べ事故を発見した。1989年に米エネルギー省が報告書を作成したが詳しい記録がないため、2011年現在まで一切の詳細は不明である。

1960 年代

1960年4月3日　ウェスティングハウス社実験炉、炉心溶融（米国ペンシルベニア州）。レベル？

1961年1月3日　SL-1爆発事故（米国アイダホ州）。レベル4。

　海軍の軍事用の試験炉で起こった事故。当事者が死亡してしまったため事故の原因ははっきりとは分かっていないが、制御棒を運転員が誤って引き抜き、原子炉の暴走が起きたと考えられている。10cmまでしか引き出してはいけない制御棒が50cmも引き出されていたが、この制御棒は引き出すときにハウジングに引っかかることが事故前の映像からもわかっており、運転員が力まかせに引っ張ったものと考えられている。その結果大量の水蒸気が瞬時に発生し炉内が高圧になって炉が破壊された。この暴走により、13トンの原子炉容器が3m近く飛び上がった。事故で放出されたエネルギーは約50 MJに相当し、炉内にあった約100万キュリーの核分裂生成物のうち約1%が放出されたと考えられてい

る。なお原子炉は暴走したものの、その後減速材である軽水が失われたため自然に停止したと考えられている。

1964 年 7 月 24 日　燃料施設での臨界事故（米国ロードアイランド州）。レベル？

1966 年 10 月 5 日　エンリコ・フェルミ炉炉心溶融（米国ミシガン州）。レベル？

事故の原因は炉内の流路に張り付けた耐熱板が剥がれて冷却材の流路を閉塞したためである。原子炉の炉心溶融事故が実際に発生した最初の例とされている。

1966-1967 年冬（日付不詳）　ソ連初の原子力砕氷船レーニンが冷却材喪失事故（場所不詳）。レベル？

1967 年 5 月　チャペルクロス原子力発電所、部分的炉心溶融（スコットランド）。レベル？

商業炉計画のための評価中であった 2 号機の燃料棒が挿入された 1 個のチャネルの燃料が黒鉛の破片によって部分的に閉塞された。燃料はオーバーヒートし、マグノックス被覆が破損し、原子炉の一部に汚染が堆積された。原子炉は 1969 年のクリーンアウト操作の成功後再開され、最終的に 2004 年 2 月まで運用を続けた。

1969 年 1 月 21 日　実験炉の爆発事故（スイス、ヴォー州）。レベル？

1970 年代

1975 年 12 月 7 日　グライフスヴァルト発電所 1 号機の火災（東ドイツ、現ドイツ）。レベル 3。

1977 年 2 月 22 日　ボフニチェ発電所で A1 炉の燃料溶融事故（チェコスロバキア、現スロバキア）。レベル 4。

1979 年 3 月 28 日　スリーマイル島原子力発電所事故（米国ペンシルベニア州）。レベル 5。

二次系の脱塩塔のイオン交換樹脂を再生するために移送する作業が続けられていたが、この移送鞄管に樹脂が詰まり、作業は難航していた。この時に、樹脂移送用の水が、弁等を制御する計装用空気系に混入したために異常を検知した脱塩塔出入口の弁が閉じ、この結果主給水ポンプが停止し、ほとんど同時にタービンが停止した。二次冷却水の給水ポンプが止まったため、蒸気発生器へ

の二次冷却水の供給が行われず、除熱ができないことになり、一次冷却系を含む炉心の圧力が上昇し加圧器逃し安全弁が開いた。このとき弁が開いたまま固着し圧力が下がってもなお弁が開いたままとなっていたので蒸気の形で大量の原子炉冷却材が失われていった。原子炉は自動的にスクラムし非常用炉心冷却装置（ECCS）が動作したが、すでに原子炉内の圧力が低下していて冷却水が沸騰しておりボイド（蒸気泡）が水位計に流入して指示を押し上げたため加圧器水位計が正しい水位を示さなかった。このため運転員が冷却水過剰と誤判断し、非常用炉心冷却装置は手動で停止されてしまう。このあと一次系の給水ポンプも停止されてしまったため、結局 2 時間 20 分開いたままになっていた安全弁から 500 トンの冷却水が流出し、炉心上部 3 分の 2 が蒸気中にむき出しとなり、崩壊熱によって燃料棒が破損した。このため周辺住民の大規模避難が行われた。運転員による給水回復措置が取られ、事故は終息した。結局、炉心溶融（メルトダウン）で、燃料の 45%、62 トンが溶融し、うち 20 トンが原子炉圧力容器の底に溜まった。 給水回復の急激な冷却によって、炉心溶解が予想より大きかったとされている。

1980 年代

1980 年 3 月 13 日　サン＝ローラン＝デ＝ゾー原子力発電所 2 号機の燃料溶融、放射性物質漏洩事故（フランス、オルレアン）。レベル 4。

　　所内にある黒鉛減速ガス冷却炉 1 号機で燃料挿入中にウラン 50kg が溶けだした。これは 2012 年までのフランス原子力史上最も大きな事故であった。

1981 年 3 月 **敦賀原子力発電所（福井県）、放射性物質を日本海に放出、作業員超**過被曝。レベル 2。

　　福井県の定期モニタリング調査で、海藻から異常に高い放射能が検出された。調査の結果、1 号機の一般排水溝から放射性物質が漏洩したことが分かった。漏れた放射性物質はコバルト 60 であり、平常時の約 10 倍の量が検出された。さらに調査を進めたところ、一般排水路の出口に積もった土砂からも高濃度のコバルト 60 とマンガン 54 が検出された。しかし、一般排水路は放射能とは関係のない配水系統であり、ここからは放射性物質が検出されるはずがない場所であった。結局、放射性物質が検出された原因は、原子力安全委員会の調査によ

ると放射性廃棄物処理旧建屋の設計・施工管理上の問題に、運転上のミスが重なったからとされた。

しかし、コバルト60とマンガン54が検出された原因は、この漏出が判明する前月に大量の放射性廃液がタンクからあふれるという事故が起きていたからであった。そして敦賀発電所はその事実を隠蔽していたことも同時に明らかとなった。つまりいわゆる「事故隠し」が行われていたのだ。この「事故隠し」によって、これ以降の日本での原発に対する不信感が大きく芽生えるきっかけになったと考えられている。

1983年9月23日　臨界1980年代事故（アルゼンチン、ブエノスアイレス）。レベル4。

1986年4月26日　チェルノブイリ原子力発電所事故（ウクライナ）。レベル7。

事故当時、爆発した4号炉は操業休止中であり、外部電源喪失を想定した非常用発電系統の実験を行っていた。この実験中に制御不能に陥り、炉心が融解、爆発したとされる。爆発により、原子炉内の放射性物質が大気中に量にして推定10t前後、14エクサベクレルに及ぶ放射性物質が放出された。これに関しては、広島市に投下された原子爆弾（リトルボーイ）による放出量の約400倍とする国際原子力機関（IAEA）による記録が残されている。

当初、ソ連政府はパニックや機密漏洩を恐れこの事故を内外に公表せず、施設周辺住民の避難措置も取られなかったため、彼らは数日間、事実を知らぬまま通常の生活を送り、高線量の放射性物質を浴び被曝した。しかし、翌4月27日にスウェーデンのフォルスマルク原子力発電所でこの事故が原因の特定核種、高線量の放射性物質が検出され、近隣国からも同様の報告があったためスウェーデン当局が調査を開始、この調査結果について事実確認を受けたソ連は4月28日にその内容を認め、事故が世界中に発覚。

日本においても、5月3日に雨水中から放射性物質が確認された。爆発後も火災は止まらず、消火活動が続いた。アメリカの軍事衛星からも、赤く燃える原子炉中心部の様子が観察されたという。

ソ連当局は応急措置として火災の鎮火と、放射線の遮断のためにホウ素を混入させた砂5,000トンを直上からヘリコプターで4号炉に投下を行った。水蒸気爆発（2次爆発）を防ぐため下部水槽（圧力抑制プール）の排水（後日、一部

の溶融燃料の水槽到達を確認したが水蒸気爆発という規模の現象は起きなかった）。減速材として炉心内へ鉛を大量投入（炉心にはほとんど到達しなかった）。液体窒素を注入して周囲から冷却、炉心温度を低下させる（注入したときには既に炉心から燃料が流出していた）。この策が功を奏したのか、一時制御不能に陥っていた炉心内の核燃料の活動も次第に落ち着き、5月6日までに大規模な放射性物質の漏出は終わったとの見解をソ連政府は発表している。

　砂の投下作業に使用されたヘリコプターと乗員には特別な防護措置は施されず、砂は乗員が砂袋をキャビンから直接手で投下した。作業員は大量の放射線を直接浴びたものと思われるが不明。

　下部水槽（サプレッション・プール）の排水は、放射性物質を多く含んだ水中へ原発職員3名が潜水し、手動でバルブを開栓する作業だが不動により失敗（作業員は大量に被曝したがその後の消息は不明とされる）。これを受け消防隊12名がプール排水のためポンプとホースの設置作業を行いこちらはおおむね成功した。爆発した4号炉をコンクリートで封じ込めるために、延べ80万人の労働者が動員された。4号炉を封じ込めるための構造物は石棺（せきかん/せっかん）と呼ばれている。

　事故による高濃度の放射性物質で汚染されたチェルノブイリ周辺は居住が不可能になり、約16万人が移住を余儀なくされた。避難は4月27日から5月6日にかけて行われ、事故発生から1カ月後までに原発から30km以内に居住する約11万6,000人全てが移住したとソ連によって発表されている。しかし、生まれた地を離れるのを望まなかった老人などの一部の住民は、移住せずに生活を続けた。放射性物質による汚染は、現場付近のウクライナだけでなく、隣のベラルーシ、ロシアにも拡大した。

　ソ連政府の発表による死者数は、運転員・消防士合わせて33名だが、事故の処理にあたった予備兵・軍人、トンネルの掘削を行った炭鉱労働者に多数の死者が確認されている。長期的な観点から見た場合の死者数は数百人とも数十万人ともいわれるが、事故の放射線被曝とガンや白血病との因果関係を直接的に証明する手段はなく、科学的根拠のある数字としては議論の余地がある。事故後、この地で小児甲状腺ガンなどの放射線由来と考えられる病気が急増しているという調査結果もある。

2章　放射線被曝と原発事故の歴史

　1986 年 8 月のウィーンでプレスとオブザーバーなしで行われた IAEA 非公開
会議で、ソ連側の事故処理責任者のヴァレリー・レガソフが、当時放射線医学
の根拠とされていた唯一のサンプル調査であった広島原爆での結果から、4 万人
がガンで死亡するという推計を発表した。しかし、広島での原爆から試算した
理論上の数字に過ぎないとして会議では 4,000 人と結論され、この数字が IAEA
の公式見解となった。ミハイル・ゴルバチョフはレガソフに IAEA に全てを報
告するように命じていたが、彼が会場で行った説明は非常に細部まで踏み込ん
でおり、会場の全員にショックを与えたと回想している。結果的に、西側諸国
は当事国による原発事故の評価を受け入れなかった。2005 年 9 月にウィーンの
IAEA 本部でチェルノブイリ・フォーラムの主催で開催された国際会議において
も 4,000 人という数字が踏襲され公式発表された。報告書はベラルーシやウクラ
イナの専門家、ベラルーシ政府などからの抗議を受け、表現を変えた修正版を
出すことになった。

　事故から 20 年後の 2006 年を迎え、ガン死亡者数の見積もりは調査機関によ
っても変動し、世界保健機関（WHO）はリクビダートルと呼ばれる事故処理の
従事者と最汚染地域および避難住民を対象にした 4,000 件に、その他の汚染地域
住民を対象にした 5,000 件を加えた 9,000 件との推計を発表した。これはウクラ
イナ、ロシア、ベラルーシの 3 カ国のみによる値で、WHO の M. Repacholi によ
れば、前回 4,000 件としたのは低汚染地域を含めてまで推定するのは科学的では
ないと判断したためとしており、事実上のしきい値を設けていたことが分かっ
た。WHO の国際ガン研究機関（IARC）は、ヨーロッパ諸国全体（40 カ国）の
住民も含めて、1 万 6,000 件との推計を示し、米国科学アカデミー傘下の米国学
術研究会議（NRC）による「電離放射線の生物学的影響」第 7 次報告書（BEIR-
VII）に基づき、全体の致死リスク係数は 10%/Sv から 5.1%/Sv に引き下げられた
が、対象範囲を広げたために死亡予測数の増加となった。

　WHO は、1959 年に IAEA と世界保健総会決議（WHA）において WHA12-40
という協定に署名しており、IAEA の合意なしには核の健康被害についての研究
結果等を発表できないとする批判もあり、核戦争防止国際医師会議のドイツ支
部がまとめた報告書には、WHO の独立性と信頼性に対する疑問が呈示されてい
る。

47

欧州緑の党による要請を受けて報告された TORCH report によると、事故による全世界の集団線量は約 60 万［人・Sv］、過剰ガン死亡数を約 3 万から 6 万件と推定している。環境団体グリーンピースは 9 万 3,000 件を推計し、さらに将来的には追加で 14 万件が加算されると予測している。ロシア医科学アカデミーでは、21 万 2,000 件という値を推計している。2007 年にはロシアの AleXey V. Yablokov らが英語に限らずロシア語などのスラブ系の諸言語の文献をまとめた総説の中で、1986 年から 2004 年の間で 98 万 5,000 件を推計、2009 年にはロシア語から英訳されて出版された。ウクライナのチェルノブイリ連合（NGO）は、現在までの事故による死亡者数を約 73 万 4,000 件と見積もっている。京都大学原子炉実験所の今中哲二助教の話によれば、チェルノブイリ事故の被曝の影響による全世界のガン死者数の見積りとして 2 万件から 6 万件が妥当なところとの見解を示しているが、たとえ直接の被曝を受けなくとも避難などに伴う心理面・物理面での間接的な健康被害への影響に対する責任が免責されるわけではないと指摘している。

　ウクライナ国立科学アカデミーの Ivan Godlevsky らの調査によると、チェルノブイリ事故前のウクライナにおける Lugyny 地区の平均寿命は 75 歳であったが、事故後、65 歳にまで低下しており、特に高齢者の死亡率が高まっていることが分かった。これは放射線およびストレスのかかる状況が長期化したことが大きな要因と見られる。1991 年に独立した当時のウクライナの人口は約 5,200 万人だったが、2010 年には約 4,500 万人にまで減少している。

1986 年 5 月 4 日　en：THTR-300 燃料損傷事故、（西ドイツ、現ドイツ Hamm-Uentrop）。レベル？

1987 年 9 月　ゴイアニア被曝事故（ブラジル）。レベル 5。

　同市内にあった廃病院跡に放置されていた放射線療法用の医療機器から放射線源格納容器が盗難により持ち出され、その後廃品業者などの人手を通しているうちに格納容器が解体されてガンマ線源の ^{137}Cs が露出。光る特性に興味を持った住人が接触した結果、被曝者は 249 人に達し、このうち 20 名が急性障害の症状が認められ 4 名が放射線障害で死亡した。レベル 5。

1989 年 10 月 19 日　バンデリョス原子力発電所、タービン火災（スペイン）。レベル 3。

1990 年代

1991 年 2 月 9 日　美浜発電所 2 号機蒸気発生器伝熱細管破断。レベル 2。

　　2 号機の蒸気発生器の伝熱管 1 本が破断し、原子炉が自動停止、緊急炉心冷却装置（ECCS）が作動する事故が発生した。この事故で日本の原発において初めて ECCS が実際に作動した。事故の原因は、伝熱管の振動を抑制する金具が設計通りに挿入されておらず、そのため伝熱管に異常な振動が発生し、高サイクル疲労（金属疲労）により破断に至ったものと判明した。

　　この事故により微量の放射性物質が外部に漏れたが、周辺環境への影響はなかったと発表されている。また、美浜沖の海水から、通常なら数 Bq/L より少ないトリチウムが、2 月 10 日に 470Bq/L、2 月 18 日にも 490Bq/L 検出された。レベル 2。

1991 年 4 月 4 日　浜岡原子力発電所 3 号機原子炉給水量減少。レベル 2。

1993 年 4 月 6 日　セヴェルスク（トムスク -7）爆発事故（ロシア連邦トムスク州）。レベル 4。

1995 年 12 月 8 日　もんじゅナトリウム漏洩火災事故。レベル 1。

1997 年 3 月 11 日　動燃東海事業所火災爆発事故。レベル 3。

1999 年 6 月 18 日　志賀原子力発電所 1 号機、臨界事故。レベル 2。

1999 年 9 月 30 日　東海村 JCO 臨界事故。レベル 4。

2000 年代

2003 年 4 月 10 日　パクシュ原子力発電所、燃料損傷（ハンガリー）。レベル 3

2004 年 8 月 9 日　関西電力美浜原子力発電所 3 号機・2 次冷却水配管蒸気噴出。レベル 1。

2005 年 4 月 19 日　セラフィールド再処理施設、放射性物質漏洩（イギリス）。レベル 3。

2005 年 11 月　ブレイドウッド原子力施設での放射性物質漏洩（米イリノイ州）。レベル ?

2006 年 3 月 6 日　アーウィン（米国テネシー州）での放射性物質漏洩。レベル 2。

2006 年 3 月 11 日　フルーリュス放射性物質研究所ガス漏れ事故（ベルギー）。レベル 4。

2010 年代

2011 年 3 月 11 日　福島第一原子力発電所事故。レベル 7（暫定）。

2011 年 3 月 11 日　福島第二原子力発電所冷却機能一時喪失。レベル 3（暫定）。

2011 年 3 月 18 日　東海第二発電所非常用ディーゼル発電機用海水ポンプの自動停止。レベル 1。

2011 年 3 月 29 日　女川原子力発電所原子炉補機冷却水ポンプ等の故障。レベル 2。

2012 年 2 月 6 日　カットノン原子力発電所欠陥建築（フランス）。レベル 2。

2012 年 2 月 9 日　古里原子力発電所全電源喪失（韓国）。レベル 2。

2012 年 9 月 6 日　東海再処理施設冷却機能一時喪失。レベル 1。

2013 年 5 月 23 日　東海村にある大強度陽子加速器施設 1 つであるハドロン実験施設で発生した放射性同位体の漏洩事故。レベル 1。

【注】

7　前掲『放射線被曝の歴史』218 頁以下。

8　ブリタニカによると、「造血機能を営む骨髄は赤色骨髄（細胞髄）といい、白血球形成が強いと灰黄色を帯びてくる。子どもの骨髄はすべて赤色骨髄であるが、発育とともに、長管骨では黄色の脂肪骨髄（黄色骨髄）におきかわり、短骨や扁平骨にだけ赤色骨髄が残る」と説明されている。

3章　低線量被爆の問題点

1　低線量被曝の問題点

　前述のとおり、100mSv 以下の被曝にも、一定数値以下の被曝には晩発性被害が生じないしきい値があり、その数値が 20mSv 以下であり、それ以下の被曝線量は健康に影響しないとする考え方が根強く主張されている。前述したとおり、わが国政府は、20mSv を基準として本件事故直後の避難指示を出し、本件原発事故から 6 年後の 2017 年、避難指示解除及び帰還指示を出している。したがって、わが国は 20mSv を実質上、しきい値としていることになる。しかし、前述したように、科学的には、20mSv 以下でもなんらかの健康被害があると考えるべきであるが、そのことが科学的に証明できていないだけである。

　インターネットで、『毎日新聞』2017 年 2 月 7 日地方版に掲載されている「東日本大震災福島第一原発事故　避難解除 5 市町村、住民帰還率 13%　／福島」という見出しの、次のような記事を検索できた。

　　東京電力福島第一原発事故の避難指示が 2014 年 4 月以降に解除された田村市、川内村、楢葉町、葛尾村、南相馬市の 5 市町村で、解除された地域への住民の帰還率が全体で約 13% にとどまることが各自治体への取材で分かった。
　　生活インフラが十分にある避難先での定住が進んだことや、子どもを持つ親が放射線の影響による健康への不安を考慮した結果、帰還が進んでいないとみられる。今春、さらに 4 市町村の避難指示解除が控えているが、実際にどのくらいの住民が戻るのかは不明だ。（中略）

51

原発事故から6年近くが過ぎ、古里に戻ることをためらう住民も多く、各自治体は頭を悩ませる。中でも将来街づくりに欠かせない若者や子どもをいかに定住させるかは大きな課題となっている。

　かつて一部が避難指示区域だった川内村。村内全域で暮らす1,878人（1月1日現在）のうち40％が65歳以上の高齢者だ。山間部の村は以前から過疎に苦しんでいたが、原発事故により若者の離村に拍車が掛かった。（中略）

　楢葉町では、いわき市の仮設校舎で授業を続けてきた小・中学校が4月から町内で授業を再開する。現時点で仮校舎に通う子どもの7割に当たる約99人が町の学校に通う意向を示している。町はさらに多くの子どもに通学してもらおうと、町内に通う子どもの給食費や、避難先からの通学費を全額無料にする方向で検討。担当者は「多くの子どもが戻れば町が活気づき、復興にも良い影響を与える」と語る。（中略）

　南相馬市では昨年7月、1万人超の規模で避難が解除された。解除区のすぐ近くに位置する市中心部は、商業施設や病院といったインフラが比較的整備されていることもあり、今年1月時点で約1,300人が戻った。市は「帰還は順調」との認識で、解除区域にも商業施設を整備するなど、住民の利便性向上に努める方針。解除1年で、3,000人程度の帰還を目指している。

　20mSv以下の「自主避難地域」の被災者を中心として、低線量被曝に対する不安、及び、それに対する防護対策に対する不安が蔓延している。特に、子どもを持つ親及びその祖父母にその不安が強く、帰還しない者が少なくない。福島の被災地は、自然豊かな里山での地域共同体の中で共助の精神が育まれ、日本が世界に誇る「思いやり」や「おもてなし」の心が育まれてきた原点であった。本件原発事故前は祖父母、両親、子どもの3世代同居の家族が多かったが、祖父母しか帰還しないという例が多い。被災地の小、中学校では帰還児童が少なく、学校の統廃合が進んでいる。また、事故前は、里山で自然との共生を夢見て都会から移住した人たちが少なくなかったが、その人たちも戻るか否かを決めかねているし、もはや新たな移住者は現れなくなっている。帰還を促進しても老人のみが帰還し、地域共同体の再生を担うべき成年、将来の希望を託すべき青少年・子どもの帰還が極めて少ないという現象が起きている。ま

さに、日本の原風景であった里山は姥捨て山になってしまうのではないかという危惧が生じている。そして、山林の除染が放棄されたため、山林に囲まれた被災地里山は、山林に滞留している放射性物質が風雨によって運ばれて、除染した住宅地等の線量を再び高めている。日本政府は、帰還を求めている被災者たちを人体実験の対象にしているのではないかとの疑念さえ沸く。

　インターネットで、GERP ホームページに 2016 年 5 月 23 日付けで掲載された、日本原子力学会シニアネットワークと河合将義・高エネルギー加速器研究機構名誉教授が高木毅復興担当大臣に提出した「除染目標、年 5mSv に引き上げるべき――福島帰還促進のための提案」という表題の、次のような要望書が検索できた。

　東日本大震災から 5 年余が経過した。その時の東京電力福島第一原子力発電所の事故によって、福島県及び周辺都県の環境が汚染された。その後の除染によって福島県の環境放射能はずいぶんと減衰し、福島県の大半の地域で追加被曝線量が年間 1mSv を下回るようになった。

　放射線量が高く、国が特別除染する特別除染区域でもこれまでに避難指示が解除された田村市、川内村、楢葉町では個人総線量計による実測値ベースで概ね年間 1mSv を下回っている。それにもかかわらず、今年 2 月時点の避難者が 9 万9,000 人（県内避難 5 万 6,000 人、県外避難 4 万 3,000 人）と報告されているように、かつての避難指示区域のみならず福島県全体の避難住民の帰還が円滑に進んでいない。

　その原因は、避難指示解除を考慮しうる現実的な目標線量（ICRP 勧告でいう参考レベル）が提示されていないことにあると推察する。その問題解決を促進するために、以下の 3 点を提案した。

　① 避難指示解除の条件として「年間 5mSv」の目標線量の特定を

　　従来、避難指示の解除は年間 20mSv とされていた。このため避難指示解除が出ても住民は疑心暗鬼にとらわれた。したがって、避難指示解除の条件の目標線量として健康影響上心配する必要がないことが明白な「年間 5mSv」を提案する。（中略）

② 強力な放射線リスクコミュニケーションの実施を

　この参考レベルを住民の方々に受け入れていただいて帰還を促進することが福島県外で風評をなくすため、国は地域住民の方々はもとより、全国民に対して放射線リスクコミュニケーションを関係省庁と連携して強力に推し進めるべきである。

（1）この「約5mSv」は十分安全側の目標値であることを関係住民レベルでの認識の共有化を図るため、

　　・住民自身の納得感を構成するための学習の場を積極的かつ戦略的に設ける。

　　・上述目安値について、全国広報活動を通じ国民レベルでこの認識の拡大共有化をはかる。

（2）放射線専門家をまじえて帰還問題を検討する核となる住民グループの形成と、以下に示すような継続的、段階的討議を促す（中略）。

③ 関連要望事項

（1）避難住民の多くは、事故直後の自らの被爆量が不明なため、それ以上の被曝を避けたいという気持ちがある。したがって、各自が事故直後の被曝量を把握できるシステムを構築し、住民の便に役立てる。

（2）青少年が遊び入る居住環境の隣接山野や通学路のホットスポットなどをモニタリングして、結果を地図化して、生活に役立ててもらう。当然、ホットスポット等への対応についての注意を書きつける。

（3）0.2mSv/時間（年換算約1mSv）を上回る地域での生活することの不安解消のため、既に多くの市町村で行われているが、希望者に個人被曝線量計の全員貸出を行う。定期的にその結果を集計することで、放射線影響についての研究の基礎データとして活用できる。

（4）除染終了後も通学路や住環境周辺の里山など、住民が随時立ち入る場所への除染の希望がある。その際の除染については、立ち入り時間が短く累積被曝量の少なさを考慮して空間線量率が毎時1mSvを除染の参考レベルとすることを進める。これは、追加被曝として年間5mSvとなるレベルである。

　これは「空間線量5mSv」をしきい値とせよという提案である。しかし、この提案は、科学的根拠が示されていないばかりか、ICRP勧告にも反する。こ

れは、「5mSv 以下は絶対安全」という、根拠のない「安全神話」を被災者に
喧伝せよ、洗脳せよと提案しているに等しい。福島の被災者を人体実験せよと
推奨するに等しいものである。科学者の良心が問題となる。

　ただ、最後の「関連事項」の、各個人の事故直後の被曝量を把握できるシス
テムを構築すること、希望者全員に被曝線量計の貸し出しを行い定期的にその
結果を集計すること、子どもが立ち入る居住環境の隣接山野や通学路のホット
スポットなどをモニタリングして、結果を地図化して住民に提示すること、住
民が立ち入る里山の除染をし、立ち入る時間を制限することなどの対策を取る
べきという提案は傾聴に値する。

　しかし、政府がこの提案を受け入れた形跡は全くない。また、帰還した被災
者の健康を追跡調査している形跡もない。したがって、現在の政府の被爆保護
対策はこの提言以下の状態で帰還を促進していることになる。

　訴訟提起している約 1 万 2,000 人を超える被害者のうち、低線量被曝の被害
に対する慰謝料請求が極めて多く、中には国に対して被曝量を 1mSv まで低減
する方策を講ずることを求めている訴訟もある。後者について福島地裁郡山支
部が 2017 年 4 月 15 日、「放射性物質の除去方法が技術的に確立されていない
ので（実行方法が特定できないから適正な請求とはいえないとして）請求自体が失
当である」として訴えを却下した。[9]

　現在提起されている訴訟では、健康被害のない線量は 100mSv 以下なのか、
20mSv 以下なのか、20mSv 以下は絶対に健康被害が無いという政府や一部学
者の主張に科学的根拠があるのか、ということが重要な争点となっている。

　しかし、これらの訴訟で問題になっている線量は外部被曝、すなわち、空間
線量であり、内部被曝は軽視されている。私が属している弁護団では、山菜な
どの食物の線量、土壌の線量に着目し、延べ 100 人を超える弁護団員が被災者
（原告）の人たちと一緒に、被災地の山菜や土の採取を実施し、福島大学に線
量検査を依頼することを行っている。本書執筆時点ではその結果はまだ出てい
ない。

　20mSv 以下、さらに 100mSv 以下は健康に影響がないと主張する側は、①
ICRP の考え方と、②広島・長崎の原爆投下による被害調査・研究結果では

20mSv 以下の地域では被曝による晩発性被害は生じていないということを根拠にしており、もう一つの理由として、③チェルノブイリ事故との比較を挙げている。

ICRP の考え方については、原子力開発推進のためにリスク－ベネフィット論を始めとする低線量被曝の被害を矮小化してきた歴史的経緯は後述する。ICRP は、現在、100mSv 以下にしきい値を設けない LNT モデルを取っており、20mSv 以下は健康に影響がないとする根拠に ICRP の見解を挙げるのは明らかな誤りである。

本章では、LNT 仮説が修正、変質されてきた経緯、広島・長崎の被爆被害の調査・研究の実態がどういうものであったかということ、本件原発事故とチェルノブイリ事故との放出線量と放射線防護対策の比較などについて検討することにする。

2 放射線防護の考え方の推移

(1) LNT 仮説（直線しきい値なし仮説）の推移

前掲『放射線被曝の歴史』は、放射線防護対策の歴史を次のように 4 つの時期に区分している。以下、同書を基にしてその推移を概略する（末尾の数字は頁数）

① 職業病としての放射線障害防止を目的とした時期（1928 ～ 1950 年）（37 頁以下）

国際 X 線ラジウム防護委員会を設立し、放射線医師・技師などを対象に、職業病としての放射線障害を防ぐために、主として放射線の急性障害を考慮した「耐容線量基準」を生み出した。

1940 年代末のアメリカは、原爆を増産しながら水爆の開発に乗り出そうとしていたが、他方で、そこで働く労働者の被曝問題を抱えていた。放射線被曝の許容線量を厳しくするとコストを押し上げる。その限界線をどう決めるかについて、全米放射線防護委員会（NPRC）は次のような考えを示して、許容線量を週あたり0.3 レム（3mSv）とした。

「①放射線被曝は少なければ少ないほど望ましいが、かといって重要な業務を

3章　低線量被爆の問題点

甚だしく妨げるほどまで限度を低くすることはできない。人間のいかなる活動においても、あらゆる害から完全に免れることを期待するのは不合理である。②したがって、いかなる実用的な被曝線量限度も、害をもたらす何がしかのリスクを含む。問題は、そのリスクを、平均的な普通の個人に容易に受け入れられる程度に小さくすることである。すなわち、そのリスクを放射線被曝を伴わない普通の職業のそれと同程度に小さくすることである。リスクがどの程度受け入れられるか。それは、主として障害を免れる可能性に依存している。③放射線障害に対する感受性は、人によって大きく異なるが、誰が放射線に最も大きな感受性を有するかを前もって決めるわけにはいかないので、平均的な人間をもって考えることにする。④許容線量は、有害だとわかっている高い線量から、避けようのない自然放射線量までの両端のどこかにある。それは、今日までの経験で安全であることが示されている1日あたり0.1レントゲン（1mSv）の近傍であろうが、この線量での被曝の影響を多数の人びとについて観察した年数が余りにも短すぎるので、そう断定はできない。現在のところ、人の生涯線量について厳密に言い得るのは、自然放射線よりもかなり高いレベルで人の生涯中、目に見える障害が現れることは全くありそうにないということである。もし仮にあっても、最も感受性の高い人にのみ現れるだけであろう。⑤遺伝的影響については、突然変異の発生率が線量に比例してはいるが、遺伝的異常の自然発生率と比べてその発現が大きすぎないように被曝量を制御することが主要である。全人口のきわめて小さい部分が被曝する限り、現在も将来も、将来の世代に発現する遺伝的障害が許容線量のレベルを設定する上での制限的要因となることはない。しかし被曝人口の割合が増える場合は、この要因がいっそう重要になることを心にとどめる必要がある。個人の生涯およびその第一世代に発現する新しい遺伝的障害を考慮すると、すべての個人の被曝量を制限する必要があることは明白である。⑥動物実験の結果は、かなりの被曝量では寿命の短縮が起こることを示している。しかし低線量の1日あたりの被曝量への外挿では、不確かで定量的な結果は得られない。全身被曝の場合、最も損傷を受け易いのは、放射線に最も敏感な組織である。それを決定組織と呼ぶ。過去の経験では、造血臓器が決定組織である。⑦許容線量という概念は、ある「しきい線量」以下なら安全という仮定を含む。しかし放射線による突然変異にはそのようなしきいとなる線量がないので、厳密な意味では耐容線量は存在

57

しない。もっとも放射線防護の立場から耐容線量という表現は、耐容可能な有害な影響のみが発生するかもしれない線量の意味で用いられてきた。しかし曖昧さを避けるためには、許容線量という表現の方が望ましい。⑧許容線量という概念は、被曝した本人とそれに続く世代の生涯に放射線障害が発現する可能性を含意するものであるが、そのような障害が発生する可能性は極めて小さいので、そのリスクは平均的な人間には容易に受け入れられるであろう。したがって許容線量とは、その生涯のいかなる時点においても平均的人間に目に見える身体的障害を生じない電離放射線の線量と定義できる。

このような考え方の下に、許容線量は週あたりの線量が 0.3 レム（3mSv）に引き下げられた。

② 核兵器開発・核軍拡政策に沿う被曝管理を最大目的とした時期（1950 ～ 1958 年）

アメリカの原子力委員会の主導の下に ICRP が作られ、戦後の国際的被曝防護体制が再編された。核兵器の放射線による遺伝的影響の問題が、社会的かつ科学的に大問題となり、「安全線量」の存在を認める耐容線量の考え方の放棄を迫られたが、新たに「許容線量」の考え方を導入して「安全線量」があることを主張。

1949 年に、ソ連が原爆実験に成功して核保有国になったことを公表したため、アメリカは核軍拡へと突き進むこととなり、1950 年 1 月、水爆開発に着手することを公表するとともに、国内的に核シェルター造りを含む民間防衛計画を全面的に展開し始めた。そして、遠く離れたビキニよりもコストが安く済む国内のネバダでの核実験開始の準備を開始し、1951 年 1 月にネバダでの最初の実験を行った。これに対し、ヨーロッパやカナダでは、広島・長崎の原爆投下による被害の結果に加えて、アメリカのトルーマン大統領が朝鮮戦争で原爆を使用する可能性があると声明したことも加わって強い反核運動が起こっていた。アメリカを除く ICRP 委員はその影響を強く受け、放射線による遺伝的影響を重視し、放射線の影響が回復不能で蓄積的であることを積極的に認め、遺伝的影響を少なくするには、被曝人口を少なくするとともに、公衆に対しても被曝線量の限度を設定することにより、個々人の被曝量の総合計である総被曝線量を抑える必要があるとの考えが支配していた。これに対し、アメリカ原子力委員会は、公衆に対する許容線量を設定することは軍拡競争の障害となるとの考えから、公衆に対する許容線量の導

入を受け入れ難かった。しかし、ネバダでの核実験による自国民への被曝問題を抱えることになった。

ICRP 1950 年勧告は、このような状況の中で、アメリカと ICRP の妥協点として、「被曝を可能な最低レベルまで引き下げるあらゆる努力を払うべきである」という表現となった。したがって、リスク受忍論は排斥されたのである。（43 ～ 48 頁）

1954 年にアメリカがビキニで行った水爆実験による死の灰によって、付近の島民に対する被曝被害のみならず、地球的な放射能汚染が生じ、反核運動は世界的な高まりとなった。1957 年、ソ連は人類初の人工衛星スプートニクを打ち上げた。他方、核実験反対運動も世界的な高まりとなっていた。1958 年 3 月、ソ連は一方的に核実験を停止すると声明した上で、米、英、仏に核実験の即時停止を求めた。1963 年に部分的核実験禁止条約（大気圏内、宇宙空間及び水中での核兵器実験禁止）が締結されることになり、追い込まれたアイゼンハワー政権は、翌 1959 年秋に核実験を一時停止すると声明し、停止前の 1958 年に駆け込み実験を集中的に行った。このため、アメリカ全土で死の灰の降下量が急増し、放射能汚染が急速に進行したことを、原子力委員会も否定できなくなった。その結果、死の灰のフォールアウト（放射性降下物）への批判は極めて高くなった。しかし、アイゼンハワー政権は、その批判が核軍拡政策にあるとは考えず、放射能防護問題で国民の合意を得ることに失敗したのが原因であると考えた。そして、放射線被曝防護政策を大幅に手直しする方途に出た。その概要は、①放射能問題の扱いを原子力委員会から他の機関に移し、フォールアウトに関する情報は機密事項を除いてできるだけ公開して国民の不安を鎮めること、②議会内の核軍拡・原子力開発の推進派と手を組んで公聴会を開催して推進派の学者を総動員し、フォールアウト批判を抑え込むこと、③加えて学術会議の権威を使って、放射能不安が根拠のないものであるという評判を定着させること、というものであった。

①については、原子力委員会や原子力産業との妥協を図りながら「連邦放射線審議会（FRC）」が新設された。②については、1959 年 5 月に公聴会が開催され、原子力委員会派の科学者達を総動員して「フォールアウトによる低線量被曝ではガン・白血病の心配はない」という論陣を張った。③については、全米アカデミー会長に根回しし、「BEAR 報告」の改訂版を出すことにした。（以上は 79 頁以下）

③ 核開発に加えて原発が被曝管理の大きな目的となった時期（1958 ～ 1977 年）

核実験による死の灰の降下に対する国際的な不安と反対の高まりによって、ICRP は被曝線量限度の引き下げを余儀なくされた。そのために原発推進策に添うような被曝防護の考え方を手直しするため、リスク−ベネフィット論を導入した。ICRP 1958 年の勧告は、放射線防護の基本的考え方として、ALAP（実行可能な限り低く）と呼ばれる概念を導入した。これはまったく安全な放射線の線量というものは存在せず、低線量でも障害の危険があると仮定することを前提にして、「被曝線量は実行可能な限り低くすべきである」という考え方である。（以上は 82 頁以下）

しかし、アメリカはこの考え方には満足せず、1959 年、NCRP は新しいリスク論をまとめた。その意味するところは「核兵器・原子力開発から得られる利益を受けようとすると、その開発に伴う何らかの放射線被曝による生物学的リスクを受け入れることが求められる。許容線量値を、その利益とリスクとのバランスがとれるように定めることが必要である。社会的・経済的な利益と生物学的な放射線のリスクとのバランスをとることは、目下のところ限られた知識からは正確にはできないが、しかし欠陥は欠陥として認めるなら、現時点で最良の評価を下すことは可能である。そのような意味で低線量被曝のリスクを評価するなら、このリスクの大きさを決める要因である公衆の許容量を、人類が歴史を通じて曝され続けてきた自然放射線のレベルと関係づけて考えるべきである。リスクと利益（ベネフィット）のバランスをとった公衆の許容線量は、自然放射線の年間 100 レム（1Sv）をあまり大きく超えないようにすべきである」というものであった。

しかし、この論理は、核軍拡及び原子力開発の利益とはなにか、それを直接受けるのは政府・原子力委員会や原子力産業であるにもかかわらず、放射線被曝の被害を押しつけられるのは労働者や一般人である。しかも、社会的・経済的利益と、生命と健康上の損失という質の異なるものを比べることは、およそ原理的に損得勘定ができない二つのもののバランスをとることであるが、そのようなことが許されるのかという本質的な問題に対する回答にはなっていない。しかし、この理論はリスク−ベネフィット論と称されて、以降およそ 10 年、核軍拡・原子力推進派のバイブルとなる。（以上は 116 頁以下）

他方、1960 年、「連邦放射線審議会の報告」は政府に対して次のような勧告を

行った。その内容は、ⅰ）強い批判を浴びている許容線量という用語に代えて「放射線保護指針」を用いること、ⅱ）その値として、公衆の場は従来の 0.5 レム（5mSv）の許容線量値を超えぬようにしながら、多数の公衆が被爆する場合はその 3 分の 1 の年 0.17 レム（1.7mSv）に引き下げること、ⅲ）労働者の場合は経済的要因を考慮して、引き下げてはならないこと、④被曝許容線量値そのものは、医療、社会、経済、政治などの種々の要求に基づく決定であって、数学的公式にもとづいて決定できるような性格ではない。したがってバランスのとれたリスクの決定とは、労働者の場合には他の産業でのリスクと比較する方法が有効で、公衆の場合は、自然放射線からの被曝量も考え得るが、むしろ交通事故のリスクや家で火災に遭うリスク、あるいは産業廃棄物からの汚染のリスクと比較するのがよい、というのが概略であった。

　この勧告は、リスク－ベネフィット論を一層明確に打ち出したものである。次に、原発産業に巨大な投資をしていたロックフェラー財団が 50 万ドルを提供して全米科学者アカデミーに要請して、1955 年に設立させた「原子放射線の生物学的影響に関する委員会（BEAR 委員会）」に、1960 年「BEAR 報告」を出させた。その内容は、「ICRP 勧告」や「国連科学委員会報告」などと調子を合わせながら、核実験の放射能は問題ではなく、むしろ医療上の被曝線量を減らすことの方が重要であると問題をすり替え、許容線量体系を擁護する姿勢を強調した。そして、遺伝的影響について、「核軍拡と原子力開発の推進は社会に利益をもたらすが、その利益の程度に応じて放射線被曝量も増大し、遺伝的影響も増大する。しかし、遺伝的影響をよくみれば、その中には個人的に望ましくない影響であっても、容易に耐えうる影響や社会的な費用の支出が不要のものや、出生前に死亡して社会的にはコストがほとんどかからないものも含まれている。言い換えれば、以前は遺伝的影響について強調しすぎたきらいがある、遺伝的影響といっても、救済その他で社会に大きな経済的損害をもたらすものは避けねばならないが、コストのかからないものは容認できる。遺伝的影響についても、社会的なコストとベネフィットの観点から再評価すべきである」。（以上は 120 頁以下）

　しかし、この考え方は、被害を受ける個人ではなく、被害を受ける個人にかかる社会的費用を比較考量するという驚くべき内容である。しかし、こうしてアメリカの放射線被曝問題は、リスク－ベネフィット論で統一された。そして、この

アメリカの基本的な考え方は、「ICRP 1965 年勧告」で世界的に認知された。その主な点は、①公衆の場合に限ってではあるが、許容線量という用語を使うことを改め、それに代えて「線量当量限度」という用語を用いるよう勧告したこと、②それと同時に、「容認できる線量」をリスク－ベネフィット論にもとづいて正当化したこと、であった。しかし、アメリカのリスク－ベネフィット論は、原子力開発等に伴うベネフィットを受ける者とリスクを受ける者とが別々で、リスクを受ける者はベネフィットには無縁であるという本質的な矛盾に対する答えにはならないという批判に答える必要があった。そこで、同勧告は、「経済的および社会的な考慮を計算に入れたうえ、すべての線量を容易に達成できる限り低く保つべきである」という短い文言を付け加えた。

　1960 年代は、次々と大型の原発が設置され、原子力産業にとって隆盛の時代であった。しかし、運転を開始した原発は、次々と事故を起こした。そのため原発は危険であるという考えが次第に強くなり始め、反原発の運動は全アメリカに広がりはじめた。そして、イギリスのスチュアートが、小児の白血病とガンとの関係について、疫学的研究によって母親が妊娠中にレントゲン診断を受けて胎児期に放射線を浴びたことが原因であるとの報告を発表し、アメリカのマクメイアンによっても同様の研究が発表された。この研究結果は数百ミリレム（数 mSv）でガン・白血病が発生することを証明しており、ICRP、BAEA 委員会、国連科学委員会などがそろって採用してきた「ガン・白血病は 100 レム（1Sv）以上の高線量では発生するが、それ以下では不明で、しきい値があるかも知れない」という主張を真っ向から否定するものであった。（以上は 125 頁以下）

　しかし、ICRP は、この研究結果を「起こり得るとの仮定を一見正当化する証拠」にすぎないと決めつけ、原爆傷害調査委員会（ABCC）の広島・長崎のデータに基づいて、「ガン・白血病のリスクは、100 レム（1Sv）以上」の結果が低線量でもあてはまると仮定するならば、「100 万人が 1 レム（10mSv）浴びた場合、発生期間の 10 〜 20 年間に白血病が 20 例、他のガンも 20 例程度である」と極めて過小に評価して無視した。しかし、アメリカ政府系研究機関の学者も含めた多くの科学者から、放射線のリスク評価が 10 〜 20 倍も過小評価されていることを論証する意見が出るなど、厳しい批判が相次いだ。

　1970 年代は、アメリカの反原発運動が大いに高揚し、それに呼応した反原発

の科学者達の批判は一層強くなり、それに加えて反原発運動は環境保護運動と連動した。アメリカの原発推進政策ははじめて暗礁に乗り上げた。そして、インフレ、高金利、経済的停滞による電力需要の落ち込みなどの経済的要因も加わって、1970年代後半には原発産業は厳しい状況に陥った。原子力産業は、コスト高となる放射線被曝の問題を抱えながら、一層のコスト低減に奔走した。

　原発推進派は、原発の安全問題、すなわち放射能の問題を経済性の問題にすり替え、「原発がかかえる本質的な困難点は、コスト問題のみである」と主張した。これは全てをカネに帰着させようとするアメリカ特有の風土を前提にしなければ理解は難しい。推進派は、科学的な問題である放射線被曝問題を科学的に根拠付けるために、「第三者機関」である全米科学アカデミーのBEAR委員を使った。放射線審議会は、自分たちの決めた放射線防護の基本方針を、改めて評価し直すよう全米科学アカデミーに依頼した。その一方で、原子力委員会はIAEAをニューヨークに呼んで、環境問題国際シンポジウムを開催し、原発推進のベネフィットを高く謳いあげて、以降のアメリカでのこの問題についての議論の枠組みを固めてしまった。このような流れの中で、全米科学アカデミーの「電離放射線の生物学的影響に関する諮問委員会（BEIR）」が1970年に発足した。（以上は132頁以下）

　原子力委員会は1970年に、「公衆衛生上の利益や安全及び公衆に利益をもたらす原子力の利用に関連した諸改良において、技術水準及び経済性を考慮すること」という被曝防護の経済原則を取り入れた。BEIRは、リスク－ベネフィット論の一般的な原則について、（1）いかなる放射線被曝も、それに見合う利益が期待されぬなら認められるべきではない、（2）公衆は放射線から防護されなければならないが、その防護の程度は、放射線を避けるために一層大きな害を生じさせるようなものであってはならない、また他に費やされたならばより大きな利益を生み出すほど多額の金額をかけて、小さなリスクの引き下げが追求されてはならない、（3）公衆の一人ひとりには、医療を除いて、人工放射線からの被曝に対してある上限値を設定すべきだが、それは、個人に及ぶ放射線による重篤な身体的影響の障害のリスクが、一般に受け入れられている他のリスクに比べて小さくなければならない、（4）原子力産業に対しては、リスク－ベネフィット分析を基礎にして、利用可能な他の技術による生物学上及び環境上のリスクを減少させる場合のコストを考慮に入れるように指導すべきである、と説明した。そして、「実行可能な限

り低く」という考え、及び社会の福祉への総合的利益という考えを基に定量化することを急ぐべきであるとした。これは「BEIR-1報告」とも呼ばれている。

　ICRPは当初はリスク－ベネフィット論の導入に慎重であった。しかし、本格的な原発時代に突入し始めたが、世界的な環境保護運動、反原発運動の高まりによって原発の建設費と発電コストが急激に増加しはじめた。このような状況の中で、ICRPは、1972年に、リスク値を1レム（10mSv）あたり10^{-4}、すなわち1万人が平均して1レム浴びると1人のガン・白血病死が起こるという具体的基準を設定してリスク－ベネフィット論を取り入れることを決定した。ICRPの新しい放射線防護の一般原則は、「経済的および社会的な要因を考慮に入れながら、合理的に達成できる限り低く（引用者注：as low as reasonably achievable）保つ」と成文化された（ALARA原則）。

　1975年に原子力委員会の規制部門が原子力規制委員会（NRC）へと衣替えしたが、この基準は引き継がれた。日本でもこの値を採用した。

　このリスク－ベネフィット論は、LNT仮説を前提にしてどこまで我慢を強いるか、裏を返すと原発コストをどの程度までなら受け入れるかというもので、被曝量をカネに置き換えるものである。NCRPは、1971年に「利益を最大に、損害を最小にするためには、合理的な損害は容認する」必要があるという考え方を「放射線防護の基本基準」として打ち出した。これは、放射線防護問題は科学的問題であるはずなのに、社会・経済的な基準へと転換させたことを意味する。これに科学的装いを施すために、BEIRは1972年に「BEIR-1報告」を出した。その報告書の要旨は、①いかなる放射線被曝も、それに見合う利益が期待されないなら、認めるべきではない、②公衆は放射線から防護されねばならないが、その防護の程度は、放射線を避けるために一層大きな害を生じさせるようなものであってはならない、また他に費やされたならばより大きな利益を生み出すほど多額の金額をかけて、小さなリスクの引き下げが追求されてはならない、③公衆の一人ひとりには、医療を除いて、人工放射線からの被曝に対してある上限値を設定すべきだが、それは、その個人に及ぶ放射線による重篤な身体的影響の障害のリスクが、一般に受け入れられている他のリスクに比べて小さくなければならない、④原子力産業に対しては、リスク－ベネフィット分析を基礎にして、利用可能な他の技術による生物学上及び環境上のリスクを減少させる場合のコストを考慮に入れる

ように指導すべきである、「実行可能な限り低く」という考え、及び社会の福祉への総合的利益という考えを基に定量化することを急ぐべきである、というものであった。

「リスク－ベネフィット」論は、従来の、生物・医学的な危険性を基にした被曝防護理論では、強くなっていく反軍拡・反原発の流れによって、時代とともに引き下げなければならないことになるという危機意識の下に、それを回避する新たな理論として考え出されたものである。（以上は136頁以下）

ICRPは、このリスク－ベネフィット論を導入することにも慎重であった。しかし、ICRPの委員は先進工業国から選出されており、反原発運動の高まりによって原発の建設費と発電のコストが急激に増加しはじめたため、原発産業の圧力に抗し切れなくなった。そして、1972年頃から、リスク－ベネフィット論を検討し始め、同年、リスク値を1レム（10mSv）あたり10のマイナス4乗、すなわち、1万人が平均して1レム（10mSv）浴びると1人のガン・白血病が起こると確認し直し、1966年のリスク評価を変更する必要はないと申し合わせた。その上で、1965年勧告に「経済的・社会的な考慮を計算に入れたうえ、すべての線量を容易に達成しうる限り低く保つ」という規定を盛り込んだ。この結果、従来の科学的基準に重きを置いた考え方が、社会的・経済的基準も重視することになったため、より曖昧になってしまった。そして、この経済的な要因を重視した考え方を具体的に実行する委員会を設立した。その委員長は、アメリカのリスク－ベネフィット論を主導したNCRP委員のロジャーズであり、それを補佐したのは、イギリスで原発の運転や放射線被曝を管理する部門の副責任者であったダンスターであった。両名とも、科学者とはほど遠い行政的実務者であった。

その委員会は、1973年4月、最終的な結論を出した。それによると、新しい放射線防護の一般原則は、「経済的および社会的な要因を考慮に入れながら、合理的に達成できる限り低く保つ」とされた。これは「容易に」を「合理的に」に変えただけであるが、極めて大きな意味を持っていた。すなわち、経済的損得勘定に従って放射線の防護を行うことが明記され、放射線被曝は経済的条件を満たす場合に限って低くすることができる、と変えられ、アメリカの考え方と同じになったのである。これによって、ICRPも、放射線被曝によって失われる人の命をカネに換算してそれに係る費用と、それを避けるために原発のコストがどれほど高く

なるかを計算しなければならなくなった。人の命をカネで買うという、あってはならない非人道的な考え方がまかり通ることとなったのである。（以上は136頁以下）

ICRPのリスク評価に従うと、1人のガン死は、1万人・レム（100人・Sv）の被曝総量で起こることになるので、1万人・レム（100人・Sv）が10万〜100万ドルに相当することになる。すなわち、人・レム（人10mSv）あたり10〜100ドルとなる。ICRPは、このような試算の結果が「10ドルから100ドルの間にすべておさまっている」と、まるで一大法則を発見したかのように主張してこの換算式を、「リスク−ベネフィット解析に直に使うことができる」という結論を下した。次に、命の金勘定を基礎にしたリスク−ベネフィット解析の方法が決定された。それは、一般の工業製品の生産において、企業の利益を最大にするために採用されているリスク−ベネフィット解析方法そのものであった。少々異なるのは、放射線被曝を伴う場合の費用の考え方であった。例えば放射線廃棄物の処分費用は、普通のゴミとして捨ててしまえば企業にとって最も少ない費用で済むが、政府はその後始末の費用を肩代わりしなければならなくなる。このためICRPは、リスク−ベネフィット解析を適用する費用に、経済的費用だけでなく社会的費用を含めることにした。そのうえでICRPは、被爆線量の人・レム（人・10mSv）をある値にするための防護費用等の総費用と、その人・レム（人・10mSv）に付随する人命等の損害の総費用との合計が最小になるようにすれば、利益を最大にすることができると考えた。以上の「経済的及び社会的な要因を考慮に入れながら、合理的に達成できるかぎり低く」ということがICRPのALARA原則の具体的意味合いである。このALARA原則の具体的適用方法は、その後「最適化」と呼ばれるようになった。原発の推進を図るものは、この最適化の意味を、被曝をできるだけ少なくすることであると説明している。

日本の科学技術庁等もまた、そのように主張している。しかし、ICRPの説明自体が語るように、最適化とは原子力産業や政府の社会的・経済的利益を最大にすること以外のなにものをも意味しない。最適化の方法を導入するのは「危険をそれ以上減らすためにさらに努力する必要があるとは考えられない」にもかかわらず、被曝をできるだけ低くしようとして「放射線からの損害の低減量を上まわる経済的及び社会的な不利益」を被らないようにしなければならないと、ICRPは正

直に語っている。そうしないと、原発のコストを下げることはできないと力説している。このまともな意味を語らないで、被曝を少なくすることを意味するなどと、でたらめな説明をするのが原発推進派の国民に向けた宣伝のやり方である。もっとも、彼らが正直に語ろうとしないのもよくわかる。ICRP が防護するのは、人びとの生命と健康ではなくて、原子力産業や行政の利益であるのだからだ。（以上は 148 ～ 149 頁）

　さらに、内容をより明確に表すため、1973 年勧告において「合理的に達成できる限り低く」という表現に変更した。これは、低線量被曝の受忍限度は「社会的、経済的要因を考慮に入れながら合理的に達成可能な限り低く抑えるべきである」という基本的精神に則って被曝線量を制限するという考え方である。これは「できるだけ被曝線量は低く抑えようと努力すべきであるが、その努力がその効果に対して不釣り合いに大きな費用や制約、犠牲を伴う場合には被曝はやむを得ない」ということを意味する。

④ 反原発運動が拡大して原発の経済的行き詰まりが現れはじめ、原発推進策を経済的・政治的に補強する被曝防護策が必要となった時期（1977 年以降）

　原発・核燃料サイクルの経済的行き詰まりが、アメリカを筆頭に顕在化しはじめた。加えてアメリカのスリーマイル島およびソ連のチェルノブイリ原発事故が発生し、反原発運動の世界的高まりによって、原発・核燃料サイクルの経済的・政治的困難性が一層明瞭になった。ICRP などは、被曝の防護という建前を明らかに犠牲にしてまで、原子力産業を擁護しなければならない価値を主張するまでになった。社会的・経済的要因を重視するリスク－ベネフィット論を導入して、経済的観点から被曝の防護を行うこと、命の金勘定を行うことを公然と主張し始めた。

　RCRP の 1977 年勧告の基本的な考え方は次のようなものである。（以下は 152 頁以下）

　ⅰ）「放射線防護は、個人、その子孫および人類全体の防護に関するものであるが、同時に放射線被曝を結果として生ずるかもしれない必要な諸活動も許されている」という視点を冒頭に提示した。すなわち、人類の滅亡という結果をもたらすかもしれない放射線被曝がある程度は容認されるという前提を明

確にした。

ⅱ）そして、放射線のリスク、被曝の容認レベル、被曝の上限値について、社会・経済的観点を重視した新しい会計を打ち出し、それを①正当化、②適正化、③線量限度と呼んで、「三位一体の体系」とした。まず、放射線のリスク、すなわちガン・白血病の発生率については、ABCC の過小評価されたデータを使い、被曝労働者と一般の人々の放射線被曝による被害を、ALARA 原則に基づいて決められた従来の基準を容認すべきとした。

ⅲ）「リスク－ベネフィット解析」という経済的手法に従って、人の生命の価値をカネの価値で量ることを取り入れた。これは、人の生命と被曝の防護を秤にかけ、人の生命の値段を値切ることによって放射線防護にかかる経費を削減しようとする「死の商人」を許容することを意味する。

ⅳ）その金勘定は放射線の影響を過小評価することであり、そのことは随所に盛り込まれた。たとえば、労働者の被曝について計画的被曝という名称の下に、それまでは 12 カ月で 5 レム（50mSv）以内であったものが年 5 レム（50mSv）以内と改められ、年度の変わり目をはさむような短期日に 10 レム（100mSv）を浴びてもよいとされた。そして、年間 0.5 レム（5mSv）未満の被曝量はゼロ線量として扱い、測定結果を記録したり保管したりする必要がなく、年間被曝線量が 1.5 レム（15mSv）未満の作業区域においては一人ひとりの被曝量を測らなくてもよいとされた。健康診断も回数や検査項目が大幅に縮小された。

ⅴ）被曝の基準を緩和するために、質的に違った形で行うために許容線量に代えて実効線量当量という新しい概念が導入され、「科学的操作」が複雑に行われるだけ実際の被曝量との誤差が生じやすくなった。たとえば、原発の建屋内等の空気中を漂う放射能の濃度基準は、マンガン 54 の場合 1,000Bq 吸収すると被曝量は従来なら 1.95 レム（19.5mSv）とされていたのが、実効線量当量ではわずか 0.147 レム（1.47mSv）とされ、実に 13 倍も過小評価されることになった。また、放射能の水中濃度基準も同じように緩和され、ストロンチウム 90 の場合だと 1,000Bq が体内に取り入れたときの被曝量は、従来なら44.4 レム（444mSv）とされていたのが、実効線量当量ではたった 3.85 レム（38.5mSv）となり、これもまた 11.5 倍も緩和された。このため、過去との比

3章　低線量被爆の問題点

較も簡単にはできなくなってしまった。

vi）原発などの放射能の危険性は、放射能自体が危険であることについては何も触れられず、他の危険性と比較して相対的な大きさの違いに矮小化された。線量当量限度被曝させられた一般人のリスクは、鉄道やバスなどの公共輸送機関を利用したときの事故死のリスクと同程度だから、後者のリスクと同じように容認されるべきである、と主張した。これは、知らない間に一方的に浴びせられた被曝を甘受せよという権力者の論理である。

vii）ICRP のこのリスクの考え方は、リスクを「容認」するものはどこまでもリスクを押し付けられることになり、社会的弱者に放射線の被害が転嫁される結果になる。原発が設置される所は、大部分が経済的、社会的に差別されてきた地域である。経済的な遅れに付け込んで札びらで頬をたたいて、現地の住民に被曝のリスクを受忍せよと迫る。そして、被害が出ると、自分たちで過小評価した放射線のリスク評価を用いて「科学的」には因果関係が証明されないからその被害は原発の放射能が原因ではない、と被害者を切り捨てる。

　放射線からの被害を防ぐというのであれば、放射線に最も弱い人を基準にして防護策を講じなければならないが、ICRP は逆である。基準とするのは成人で、放射線に一番敏感な胎児や赤ん坊はまともに評価すらされないことになる。同じ量の放射線でも、胎児期に浴びると成人よりもガン・白血病で死亡する割合が数百倍も高くなり、幼児でも数十倍高くなるという事実が知られているにもかかわらず、ICRP は胎児の場合わずか 2 倍ばかり高いだけである。

　さらに ICRP は、2007 年勧告において「計画／現存／緊急時」という 3 つの被曝状況と呼ばれるものを導入し、それら被曝状況に応じた防御の最適化方法などについて定めた。その内容は、平常時における被曝である計画被曝状況では、線量限度を定めた上でそれを遵守しなければならない（例えば、法令などによって定められている公衆の被曝総量の被曝線量を 1mSv ／年など）。

　また、緊急時被曝状況が過ぎ去った後の現存被曝状況においては、線量限度は定めず、代わりに「参考レベル」として年間 1 ～ 20mSv の間の線量を提唱した。このように、ICRP は、原子力産業で働く労働者や一般市民の命と健

69

康を第一とした立場ではなく、原子力開発、原発を推進するために、原子力産業のコストを低減させるために、秤の片方に人の命が犠牲になった場合に必要な費用を載せて均衡を図ろうとするものである。人権擁護を標榜している先進民主主義国がこのような放射線防護の考え方に立っていることを肝に銘じておかなければならない。

　なお、2007年勧告については、後述の3章の5を参照されたい。

　LNT仮説は、当初、どのように低い線量であっても放射線被曝は人体に対してリスクをもたらし、放射線の被曝量と健康への影響の間には、しきい値がなく直線的な関係が成り立つという仮説であった。しかし、100mSv以下の低線量域における人体への影響が「科学的」に確定されていないことから、100mSv以下の線量域に、これ以下は確率的影響による健康被害を無視してもよいという「しきい値」が存在し、それ以下の被曝は安全だ（リスク0）という意見が原子力事故のたびに主張されてきた。この主張の中心は、原発推進で世界をリードしてきたアメリカの原発推進派である。他方、反核、反原発運動の高まりに影響されて、人の健康に与える影響を重視せざるを得ないヨーロッパのイギリス、ドイツ、フランスなどはLNT仮説を維持しながら原発推進を図らなければならない状況にあった。また、アメリカにおいても、国内で反核運動や反原発運動が次第に強くなってきたが、原子力産業の利益を優先する立場を維持し続け、ヨーロッパ諸国との調整、およびアメリカ国民を説得するために変質させてきたというのが、LNT仮説の変質の歴史であったと言える。

（2）被曝大国アメリカ

　アメリカ自身が被曝大国であるということは、既に述べてきた。さらに、前掲の『放射線被曝の歴史』『低線量内部被曝の脅威』に記載されている要旨を追加して紹介する。[10]

① 放射性物質が初めて人工的に作られたのは、1941年、カリフォルニア大学の研究室だった。破壊の大王を意味する「プルートー（Pluto、冥王星）」にちなんで、

プルトニウムと名付けられた。天然ウランを原子炉で核反応させることで、プルトニウムという地球上に存在しなかった人工の核種が作られ、そしてそれが途方もないエネルギーを出す物質であると分かってきた時、折しもナチス支配下のドイツで原爆が製造されているという情報が入ってきた。アメリカは膨大な予算を投じて、ドイツより先に、秘密裏に、この爆弾を完成させる事業にとりかかった。

② オッペンハイマーらが指揮するマンハッタン計画が開始され、ワシントン州シアトルからおよそ350km東方の砂漠の真ん中に、世界で初めて大型原子炉が建設された。3年がかりで建設されたこの原子炉が長崎に投下された原爆のプルトニウムを抽出した。オッペンハイマーは、内部被曝対策として、体内のフリーラジカル（活性酸素生成）を消し、重金属を排出させるための「キレーション」という大量のビタミンを配合した点滴治療を受けながら指揮を続けた。そして、プルトニウム工場に就職したリッチランドの住民の多くがガンで死亡した。現在もなお、同地区の住民には「キレーション」点滴が行われている。

③ 1945年、アリゾナのトリニティサイトで行われた世界ではじめての原爆実験以来、大気圏内原爆実験は1,200回にも及び、放射性降下物質による放射能汚染は広範囲にもたらされた。実験が最も盛んだった1950年代に生まれた子どもたちが成長し、ある特殊な病気がこの年代に生まれた人に多いことが最近分かってきた。「エプスタイン・バール」と呼ばれるレトロ・ウィルスの感染だ。このウイルスに感染すると朝から毛布をかぶせられたような倦怠感があり、疲れやすく、微熱が出て、やる気が失われるという。長崎の被曝者にみられた「長崎ぶらぶら病」に酷似している（他の各施設周辺にもこの感染者が多い）。しかし、その事実はまったく知らされていない。

④ 米兵ジョン・スミザーマンは、1947年7月1日にアメリカが行ったビキニ海域でのエイブル原爆実験（広島型と同型）の際、30km離れた駆逐艦サムナーの甲板上で被曝した上に、爆発直後、彼は爆心海面に入り、島に上陸、消火作業に従事した。さらに7月25日、原爆の水中爆発実験に参加し、きのこ雲から落下する海水その他の放射性物質を浴びた。1カ月後、両側脚関節から下方にかけて浮腫がはじまり、ひざ下にそれぞれ5、6個ずつ、手掌大の紅斑があらわれた。発熱、疼痛があった。両脚の腫れが悪化し、ホノルル海軍病院に入院して放射

線被曝を訴えたが問題にされなかった。1カ月半、腎炎の治療後、カリフォルニア海軍病院に転院、腎炎の治療をしたが改善せず、海軍を除隊して4カ月後退院した。その後症状は一進一退で、1974年、下肢血行不全になり、両側腸骨動脈副側路形成手術を受け、翌年に激痛、動脈硬化性閉塞で再度、腹側路形成手術。1976年血栓静脈炎、難治性潰瘍で左下肢を膝上で切断される。翌1977年、右下肢も増悪し、膝下で切断される。最後に、筆者である肥田氏を頼って来日したが、疼痛を抑える治療ができたのみであった。同肥田氏は放射線被曝が原因であるとする診断書を作成した。肥田氏は、1991年12月30日早朝のTBSラジオニュースでアメリカ復員軍人局がはじめて核実験の責任を認め、この被曝米兵の未亡人に対し、およそ600ドル（約7万4000円）の補償金を支払うことが決まったことを知った。

⑤ ピッツバーグ大学医学部放射線科のスターングラス教授は、1953年のネバダ核実験（サイモン）の放射性降下物（死の灰）が各地に大量に降って、専門家の多大な関心を呼び起こして以降、1963年まで続いた大気圏核実験と、スリーマイル島原発事故、サバンナリバー原爆工場事故に代表される核施設の大事故により、空中、水中に放出された低線量放射線の危険性、有害性について、膨大な資料をあげて警告し続けている（時事通信社発行の『死にすぎた赤ん坊——低レベル放射線の恐怖』参照）。

⑥ 冷戦時代、アメリカはプルトニウムの量産体制に入り、ハンフォード・エリアには9つの原子炉がコロンビア川のほとりに建設された。1950年代、ハンフォード核施設の風下に広がる広大な砂漠が政府によって開拓され、第二次世界大戦や朝鮮戦争で闘った兵士に土地が分譲された。砂漠は緑の穀倉地帯へと変貌した。1954年、ハンフォードから放射性ヨウ素131を乗せた気象観測用の気球が飛ばされて、風下に放射性物質をばらまいた。1987年に公開されたハンフォードに関する膨大な機密資料から、後に起きたスリーマイル原発事故の1万倍にも相当する放射性物質が排出されていたことが明らかになった。ガンで死亡した者や、たくさんの子どもが死亡し、ほとんどの女性が甲状腺障害を患い、流産が多発し、障害を持って生まれた子どもが何人もいた。大量に生まれた家畜の奇形、白い宇宙服のような防護服を着て畑の中で死んだうさぎなど。これらの事象の原因がハンフォードのプルトニウム工場が排出した放射性物質にあ

72

ることが判明した。

　ハンフォードの風下地区で生産された作物は、もっぱら輸出される。その大部分を買っているのはファーストフード産業と日本の商社である。その農地に1本の鉄条網が引かれている。その手前と後方で危険と安全が分けられていた。汚染されているという向こう側の土地は、1950年代、通常の450倍の放射線が検出されている。一方安全とされている手前側の土地では、巨大な灌漑システムで水がまかれ穀物が作られている。アメリカ政府が安全とした根拠は体外被曝の許容線量を基準にしたものであり、放射性物質が体内に入ってから先は考慮に入れていない。汚染作物は世界を巡り続けてきたし、これからもそうだ。

⑦　ハンフォードの放射能汚染は風下地区だけではなかった。敷地内に単に穴を掘って投げ捨てておくという杜撰な管理の下に、大量の核廃棄物が溜まっていた。1985年、新たに赴任してきた監督官が、ボーリング調査し、地下水が高い濃度で汚染されていることを発見した。その汚染は200億ガロンに及んでいた。また、長年の操業で原子炉からコロンビア川に大量に核物質が投棄されていたことも分かった。同川沿いに住むネイティブ・アメリカンの人々は、この川から鮭を捕って食べていた。彼らの中には甲状腺障害やガンが増えているという訴えがあったが無視されていた。赴任した管理官の内部告発によって大問題になり、ハンフォード核施設はプルトニウムの生産を永久に止めた。しかし膨大な汚染が後に残された。その監督官は解雇されたが、訴訟を起こし勝訴してハンフォードの浄化作業の監督官となった。2002年に再び浄化作業の杜撰さを告発して再び解雇された。しかし、ワシントン州の環境監督官として浄化作業を継続した。しかし、14年間の浄化作業の成果は0.3%に過ぎず、地下汚染はコロンビア川に向かって進み続けている。彼は「世界中の資金を集めても浄化は不可能」と断言した。一旦汚染された大地と水を浄化する技術はまだ開発されていない。コロンビア川流域の6,000万人の住民が影響を受け続けていることになる。また、この川をさかのぼり産卵する鮭はアラスかを回遊する。汚染は国境を越えて拡散している。

⑧　十分すぎるほどのプルトニウムを生産し、圧倒的な数の核爆弾を造った後、プルトニウム余剰の時代がやってきた。そして兵器から商業的な利用へと核エネルギーの用途は変貌した。2005年現在、111基の原発がアメリカ国内で操業して

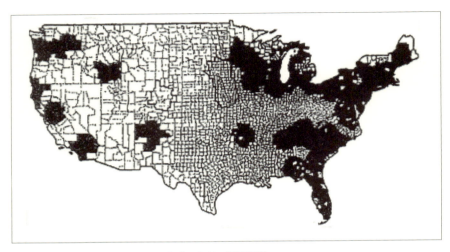

図1　アメリカの原子力施設と乳がん患者の相関関係

アメリカの 3,000 の郡は原子力施設（原子力発電所と核兵器工場、核廃棄物貯蔵所）から 160km 以内に位置している。1985 〜 89 年までのアメリカの乳がん死亡者のうち 3 人に 2 人がこれら 3,000 郡（黒い部分）の住民である。

出典：J・M・グールド著『低線量内部被曝の脅威』(139 頁) より

　いる。原子炉から日常的に微量の放射性物質が放出される。

　ガンの発生率が、原子炉の近隣に存在するか否かでいかに違うか、J・M・グールドが行った調査を見れば一目瞭然だ。図1に示されているとおり、地図中で黒く塗りつぶされた州には原子炉が存在し、他の地域の 5 〜 6 倍、ガンの発症が増えている。

　グールドは内部被曝に関する情報統制が行き届いているアメリカでは稀有の存在であるといえるだろう。彼が発表した内部被曝に関する報告はことごとくメインストリームの科学者たちに反論され疑問が投げかけられている。学会のメインストリームにいる学者が発表する論文は圧倒的な経済的サポートを受けている。(中略) 原子力のネガティブな研究には決して経済的サポートがないばかりか学会全体からの攻撃が待っている。

⑨　天然ウランから濃縮ウランを作る過程で大量の劣化ウランが出てくる。劣化ウランはウラン 238 であり、通常天然ウランの中に 9% 以上含まれている。ウラン 235 の濃度を上げるために粉末にした天然ウランからどんどんウラン 238 を取り

除いて、ウラン 235 が 3 ～ 4% に濃縮されたものを原発の燃料にしている。30
トンの濃縮ウランを作る過程で 160 トンの劣化ウランが排出される。世界中で
この劣化ウランが毎年 6 万トン近くも出てくる。（中略）たとえば、日本がこの
まま原発を 15 年間維持すると、新たに出てくる劣化ウランを保管するために幅
100m、長さ 3km の建屋が必要となる。

　1950 年代、アメリカのエネルギー省はすでにこの溜まり続ける、やっかいな
劣化ウランを使って新しい兵器を作ることを思いついた。開発はニューメキシ
コ州ソコロ、インディアンが住む町の近くにある軍事研究施設で行われた。製
造された劣化ウラン弾は戦闘機に搭載され、あるいは対空砲、地対地砲で射爆
場に撃ち込む実験が続けられた。8,000 人が住む小さなソコロの町で、ニューメ
キシコ全体で 194 例しかない水頭症の子どもが 1984 年から 88 年にかけて 3 人
生まれた。研究所を辞めさせられた科学者が腹いせに自分が持っていた資料を、
この町の住人ロペスの庭に投げ捨てた。ロペスはこれを読破して、この異常な
発症は劣化ウランの影響ではないかと考えた。そして、劣化ウラン弾の使用を
禁止する条約を作るために活動を国際的に続けている。

⑩ 1990 年 8 月 2 日のイラクのクウェート侵攻に端を発し、翌 91 年 1 月に米欧軍
を主とする多国籍軍のイラク攻撃によって起こった湾岸戦争で、米軍は、クウ
ェートから撤退するイラクの戦車隊を劣化ウラン弾で壊滅させた。多くのイラ
クの子どもが被爆し死に続けている。そればかりか、湾岸戦争に従軍した米兵
60 万人のうち、実際の戦闘で死亡したのは 300 人足らずだったが、帰還してか
らこれまですでに 1 万人が死亡し、20 万人近くが湾岸戦争症候群を病んでいる
という。いまや劣化ウラン弾を製造、研究、試射、貯蔵、廃棄等をする施設は
全米で 55 におよび、近隣の住民にも放射能汚染の被害をもたらしている。

　以上のとおり、アメリカは、原爆投下によって広島・長崎に膨大な被爆者を
作り出し、ビキニ諸島での原爆実験によって付近の島民、日本の第五福竜丸な
どに被爆被害を与え、また湾岸戦争での劣化ウラン弾使用によってイラクの子
どもたちなどに放射線による被曝被害を与えてきた。アメリカは、他国の膨大
な数の人々に対して被曝加害国であり続けてきた。そればかりか、自国内での
ウラン工場、原爆の実験、核兵器の製造、原発などによって、膨大な数の自国

民に対しても被曝被害を与えてきたし、今もなお与え続けている。アメリカは現代の被曝大国でもある。

　これが、人権擁護を高らかに唱え、最も民主主義が尊重されていると誇り、民主主義を全世界に広めようとし、他国の人権侵害を厳しく追及しているアメリカの持つ裏側の一面である。LNT 仮説の変節に象徴される低線量被曝の健康への影響に関する考え方の変遷と合わせて考えると、暗澹たる気持ちにさせられる。

(3) LNT 仮説に関するわが国のスタンス

　日本原子力文化振興財団のホームページには、概略次のように説明されている。

　　ICRP は、「余分な被曝はできるだけ少なくするべき」という考え方のもと、放射線防護について議論し、勧告を行っています。日本でもその勧告の多くを法律に取り入れ、一般の人が平常時に受ける放射線については、自然界からの被曝や医療での被曝を除いて年間 1mSv を線量限度としています。この年間 1mSv は、原子力発電所を含む放射線源を導入・運用するものに厳格な管理を求める趣旨から日本で採用された放射線防護のための目安であり、安全と危険の境界を示すものではありません。

　　ICRP では、原子力発電所の事故のような緊急時には線量限度を設けず、目安として年間または一度に 20 ～ 100mSv の範囲を示しています。その後、緊急事態が収束しても通常より高い放射線量が継続する場合は、状況に応じて年間 1 ～ 20mSv としています。避難や除染によって被曝を低減する際には、社会的・経済的要因を考慮して、放射線防護を行うよう勧告をしているわけです。

　　また、疫学的には年間 100mSv 以下の被曝では発ガンリスクに統計的な有意差は認められていません。放射線防護の基準は、実際の被曝が基準を多少超えても健康に影響を与えないレベルで決められているということもできます。人の健康との関係で安全と考えられる被曝量の基準について、ICPR は 100mSv としていることを銘記すべきです。

民間事故調は、ICRP は「低線量領域の効果は、高線量における効果をゼロ線量まで直線外挿で推定するものである（LNT モデル）」としており、「その他、全米科学アカデミーの電離放射線の生物影響に関する委員会（BEIRUT）や国連・原子放射線の影響に関する科学委員会（UNSCEAR）等」も「LNT モデルを用いている」。したがって、現在では、LNT モデルは国際的に認知されていると判断すべきである、と説明している。[11]

したがって、上記財団の説明は、明らかに ICRP 勧告に反しており、「100mSv」以下は健康に無害という根拠のない非科学的な広報をしていることになる。

前掲『中国新聞』の連載の 2016 年 7 月 26 日朝刊「グレーゾーン　低線量被曝の影響　ガンリスクとの関わり」には、次のように記載されている。

　　LNT モデルについて、世界の中で異論があり、（「海外の権威ある研究機関がまとめた報告書でも結論は一致していない」ことを前提にして）「米科学アカデミーの 2006 年報告書に、コロラド州立大の研究者（放射線腫瘍学）として関わり、専門会委員を務めたロバート・ウーリック放影研副理事長は、「放射線防護の面から『真実ではないかもしれないが、念のため採用すべきだ』という意味ではなく、低線量被曝とガンリスクの関係を疫学や動物実験、ガン発生のメカニズム研究などから『LNT は科学的に妥当』との結果を導いた」。「その際、最も信頼できる根拠としたのが、放影研の被爆者の『寿命調査』データだった。これに核兵器関連施設の労働者や医療被曝の疫学データ、さらに動物実験から得たデータなども合わせて検討した」。「とはいえ、ごく低線量でも健康影響がみられることを実際に測定できるわけではない。信頼性あるデータを根拠に、理論的に結果を得たものだ」。「生物学的に言うと、放射線が細胞を貫いただけでも修復不可能な DNA ダメージは起き得る。そこから、ガン発生までは複雑な経路をたどるが、問題が生じる可能性は排除できない」。「そうした観点から、被爆者データで明らかな『線量とガンリスクの間には直線的な関係がある』という知見を 100mSv 以下でも適用できるとした」。「『しきい値』があると考える人たちから反発された。報告書では 100 人の集団を仮定し、1 人は放射線が原因

で、42 人はたばこなどの他の原因で、ガンになると推定した。逆に『過小評価』という意見もあるという。放射線研究は科学だが、実際に政治も絡み、最初から結論ありきの結論も見られるところに難しさがある」。

「放射線の影響研究が『原子力利用と一体となって進められた』という指摘は、否定しない。使う以上、安全研究をするのは当然だ。低線量被曝の実験は、科学的な側面だけでは語れない。社会や価値観の問題も絡むことを認識しなければ、問題の本質は見えてこない。人々の不安を減らすこともできない」。

低線量被曝にしきい値はないが、現に目に見える程度の健康被害の影響があることは科学的に証明されていない。原発の有用性を考えて、ある程度の被曝はがまんすべきであるか否か、がまんすべきであるとしてもその限度はどの程度かという点についての考え方の違いは、極めて倫理的、人道的な価値観の違いが根底にある。そして、放射能汚染が一時的なものではなく百年単位の将来にまで影響を及ぼすことを考慮すると、現在に生きる我々が今の自分たちの豊かさを維持するために、子孫に原発の危険性や、事故の結果生じた放射能汚染という負荷を背負わせてよいのかという、人類の存亡をかけた選択を求められていることでもある。

また、ある程度のがまんをするとしてもその利益の大半を享受するのは独占的に利益を保証されている原発関連事業者であって、放射線被曝の被害を蒙る者は「相対的に安い」電気量を支払って電力の供給を受けられるというささやかな利益しかない（しかし、「相対的に安い」か否かは不確定である。しかも、本件原発事故では被害者である福島県民は本件原発からそのささやかな利益すら受けていない）。これは公平と言えるのだろうか。

間接民主主義制度下の日本では、国民の選挙による多数決で政権を付託された政権が最終決定権限を持っているということになる。しかし、「がまんとは、自ら耐え忍ぶことである」が、多数決によって有無を言わせずに国民の一部に対して、命や健康に被害が及ぶというがまんを強いることは人権擁護の原理に反し、不公平であるとともに、不正義であり、民主主義制度の醸成の障害になる。

わが国の政府は、公式には ICRP の LNT 仮説を採用しているとされている。

しかし、再三述べてきたように、本件原発事故発生時には 20mSv 以上の地域に対しては避難指示を出すという限定的な LNT 仮説を取り入れ、除染目標を 1mSv としたが、事故から 5 年を経過後は 20mSv 以下の地域に対して帰還促進政策を採った。これは 20mSv をしきい値としそれ以下では健康影響はないことを前提としていることになる。それなのに、帰還する被災者が低線量被曝を避けるために採るべき健康管理の方法や、もし低線量被曝による健康影響があった場合にどのような措置を取るべきかなどについて、明確なガイダンスをしていない。そして、帰還者の健康管理もしているとは思えない。これは、20mSv をしきい値とし、それ以下については LNT モデルの適用を否定していることになる。わが国の低線量被曝対策は、国際基準以下であることが明白である。

（4）労災認定基準は 5mSv

2011 年 9 月 13 日付『朝日新聞』に次のような記事が掲載されている。

わが国での原発被曝で病気、労災認定基準を策定へ　厚労省

　厚生労働省は、原発での作業中の被曝が原因でガンなどの病気になった場合、労災にあたるかどうか判断する認定基準作りに乗り出す。現在は白血病や急性放射線症などしか基準がなく、他の病気についても被曝との関係を調べる。東京電力福島第一原発の復旧にあたる作業員の労災申請の増加が長期的に見込まれるため、体制を整える。

　労災の認定基準は厚労省の通達で決められている。原発作業などで長期間被曝すると、被曝線量に比例して発ガンリスクがわずかに上昇するとされる。白血病の基準は、旧労働省が 1976 年に出した通達で「年 5mSv 以上被曝」、「被曝開始後 1 年を超えた後に発病」としている。これらの条件を満たせば原則として労災が認められる。

　この基準は白血病の発病と被曝線量の因果関係を医学的に証明したものではない。当時の一般人の被曝限度が年 5mSv だったため、その数値を労災の基準にしたとされる。

急性放射線症の基準は「比較的短い期間に250mSv以上の被曝」などとなっている。また、通達による基準ではないが、悪性リンパ腫や多発性骨髄腫については、労災と認めた「判例」がある。

　肺ガンや胃ガンなど、そのほかの病気では、そうした基準や判例がなく、労災申請しても被曝との関係を個別に明らかにしなければならなかった。厚労省は「（ほかの病気は）労災申請自体が少なかったため」としている。被曝を原因とした労災が認められた原発作業員は、これまでに10人にとどまっている。

　1976年基発810号「電離放射線に係る疾病の業務上外の認定基準について」で、対象が白血病とすべての固形ガンに限定され、認定基準は、①相当量の電離放射線に被曝した事実があること、②被爆開始後少なくとも1年を超える期間を経た後に発生した疾病であること（当時は一般人の被曝限度基準が年間5mSvとされていたのでその数値が基準とされて、相当量の被曝とは5mSv×（電離放射線被曝を受ける業務に従事した年数）以上であることとされていた。

　2010年の労働基準法施行規則35条別表第1の2「第七号10」改正で、疾病対象に白血病、肺ガン、皮膚ガン、骨肉腫、甲状腺ガン、多発性骨髄腫、悪性リンパ腫（ヒホジキンリンパ腫）が加えられた。

　前掲『中国新聞』特集記事の2016年4月30日朝刊の「グレーゾーン　低線量被曝の影響　第2部フクシマの作業員（上）初の労災認定」という見出しの、概略下記の内容の記事を紹介する。

　東京電力福島第一原発事故後の作業で、急性骨髄性白血病を発症した北九州市在住の元作業員男性（41）が昨年10月、労働災害（労災）と認められた。同原発事故で被曝による労災が認められたのは初めてだった。累積の被爆線量は19.8mSv。白血病の労災認定基準である年5mSv以上は満たす一方で、ガンのリスクが高まる100mSvは下回り、厚生労働省は「科学的に被曝と健康影響の因果関係が証明されたものではない」との異例の見解を示した。低線量被曝という「グレーゾーン」は、廃炉に取り組む原発作業員にも影響を及ぼしている。

　男性は、北九州市内の溶接工事会社に勤務、福島第二や九州電力玄海原発（佐

賀県）での仕事を経て、（中略）2010年10月から福島第一原発で約1年1カ月間働いた。（中略）累積被曝線量19.8mSvのうち、福島第一原発での被曝は15.7mSv。しかし、実際は「もっと浴びていたのではないか」と感じている。測定に使っていた線量計は、金属製ベストの下にあった。ある日、防護していない腕にも線量計を巻いて仕事をすると、ベストの下は0.4mSvだったのに、腕は3倍の1.2mSvだった。（中略）

東電によると、福島第一原発で事故後に働いた作業員は今年2月末時点で4万6,758人に上る。累積の被曝線量は平均12.75mSvで、うち約48%の2万2,285人が5mSvを超え、174人はガンのリスクが高まる100mSvを超えている。ただ白血病を含むガンの労災申請はこれまで9人しかいない。3人は不認定で、1人は申請を取り下げた。4人は審査が継続中で、認定を受けたのは白血病の男性が唯一だ。

（厚労省見解は）労災認定を公表する際の補足説明として出された。白血病認定基準を説明したうえで、100mSv以下の低線量被曝によるガンのリスクが「他の要因に隠れてしまうほど小さい」と強調。認定基準年5mSv以上の被曝は「（白血病を）発症する境界を表すものではなく、科学的に被曝と健康影響の因果関係が証明されたものではない」と記した。これに対し、原発作業員を支援する全国労働安全衛生センター連絡会議は、厚労省の説明が「あたかも今回の認定が科学的根拠がないという印象を世の中に与える」と問題視。3月30日に提出した塩崎恭久厚労相宛ての要望者の中で文書の撤回を求めた。（中略）

補足の文書を作成した理由について、厚労省は、「社会的な関心が高く、放射線を不安に感じている住民もいる。より分かりやすい説明のため必要だった」としている。

白血病を年5mSv以上とする根拠について、厚労省は「当時の会議資料が散逸しており、詳細は不明」と説明。その上で「当時の国際放射線防護委員会（ICRP）が勧告した一般公衆（住民）の被曝限度などに基づいたのではないか」（厚労省）として、省内の医学専門家による検討会が審議する。被曝の状況、ウイルス性や遺伝性による発症の可能性などを話し合う。その他のガンは原発事故の後、同じ検討会が議論。胃、食道、結腸、ぼうこう、咽頭、肺の6種類のガンは、①100mSv以上、②被曝から発症までの期間が5年以上、③被曝以外の要因が考えにくいの3項目を踏まえて総合判断するという「労災補償の考え方」を示した。

その後、『朝日新聞』電子版に 2016 年 8 月 20 日付で、及び『産経新聞』電子版同月 8 月 19 日付で、概略次のような記事が掲載されている。

東京電力福島第一原発事故後の作業で被曝した後に白血病になった元作業員の 50 代男性について、厚生労働省は 19 日、労災を認定したと発表した。原発事故後の作業従事者で、被曝による「ガン」で労災が認められたのは、昨年 10 月の事例に続いて 2 人目となる。

発表によると、男性は東電の協力会社に勤め、2011 年 4 月〜 15 年 1 月に原発内でがれき撤去や汚染水の処理に使う機械の修理に従事。15 年 1 月に白血病と診断され、福島労働基準監督署に労災を申請していた。累積の被曝線量は 54.4mSv だった。（以下略）

放射線被曝による白血病については、年間 5mSv 以上被曝し被曝から 1 年を超えて発症した場合、他の要因が明らかでなければ労災認定するとの基準がある。福島原発事故に絡み、作業後にガンになり労災を申請した人は今回を含めて 11 人おり、3 人が不支給、5 人が調査中、1 人が申請取り下げとなっている。

上記報道の労働者の被曝量はいずれも 100mSv 以下である。したがって、しきい値が 100mSv であり、それ以下はガン等との因果関係が不明とする見解は明らかに誤りである。

また、労災認定の基準が 5mSv 以上の被曝量を条件としているのであるから、本件原発事故の被害者について、20mSv 以下の被曝量では健康被害はないという見解は正当性も科学的根拠もないことは明らかである。

3　広島・長崎の原爆被爆調査・研究の問題点

低線量被曝の健康影響を否定ないしは軽視する立場の論拠の 1 つに、広島・長崎の原爆による被爆者の調査・研究結果が挙げられている。そこで、その調査・研究結果についても検討しなければならない。前掲の『放射線被曝の歴

史』によると、概略次のように記載されている（段落末尾の数字は該当頁）。

(1) 調査・研究の組織と目的

① 広島・長崎の原爆投下による被爆者の調査・研究は、アメリカの「原爆障害調査委員会」（ABCC）が行った。1946 年 11 月 26 日、トルーマン大統領の指示で、公式的には「全米科学アカデミー・学術会議と日本の国立予防衛生研究所との共同の純粋な学術的事業」として開始された。しかし、日米合同調査団を指揮した人たちはアメリカ陸軍及び海軍の各軍医総監であり、マンハッタン計画（注：第二次世界大戦中のアメリカの原子爆弾製造計画）の推進時の当初から、原爆障害研究に関する包括的契約研究の中に長期的な軍用的計画日程として、広島・長崎の後遺症、放射線による晩発的影響研究の組織化も含まれていた。そのため両軍医総監は密接な協力関係にあった全米科学アカデミー・学術会議に上記 ABCC を作らせた。メンバーは軍やアメリカ原子力委員会と密接な関係を持つ人たちで組織され、その支配下にあると位置づけられた。そして、原爆投下国の軍関係者が被害を受けた国で、その被害者を対象に、治療は一切行うことなく、新たな核戦争に利用するために原爆の被害実態や威力のデータを得ようとする調査であった。そのために、日本政府と日本人科学者の協力を得ながら行う「日米合同調査団」という体面が必要だった。共同研究とは名ばかりで ABCC の実態は、財政面も含めて名実ともにアメリカ軍関係者とアメリカ原子力委員会の支配下にあった。原爆投下直後から行われていた日本の学者が行っていた調査結果はそのままアメリカ側調査団に渡された。

被害実態については翌 1947 年 1 月報告書にまとめられ、以降、1958 年まで遺伝的影響の追跡調査が続けられた。しかし、この遺伝調査は、放射線による遺伝的影響がないことを示して大衆の不安を抑えるという政治的意図が最優先されたもので、調査結果は「原爆被爆者に生まれた子どもたちには放射性物質による遺伝的影響があるともないとも言えない」というものであった。この報告を基に、アメリカ原子力委員会、ABCC の調査研究では「遺伝的影響はなかった」と大々的に宣伝した。

このように ABCC の調査研究は、調査主体及び調査目的から見て、原発投下及び軍拡・原発のために放射線の影響を過小評価する意図があったことが窺わ

れる。（以上は 49 頁以下）

② 調査研究の方法及び内容にも次のような疑問がある。（99 頁以下）

　　放射線の晩発的影響（ガン、白血病など）の研究は、ABCC の調査に先立つ
アメリカ軍合同調査委員会の 2 つの結論を前提にしていた。その 1 つは放射線
急性死には「しきい線量」が存在し、その値は 100 レム（1Sv）で、それ以下の
線量を浴びても死ぬことはない、その 2 つは放射線障害にも「しきい線量」が
存在し、その値は 25 レム（250mSv）で、それ以下の被曝なら人体になんらの影
響はない、であった。

　　このような影響下で行われた ABCC の調査研究には次のような問題があった。

　　第 1 に、アメリカ軍合同調査委員会が原爆投下 1 カ月後の 1945 年 9 月初めま
での急性死のみを対象として引き出した結論であって、同年 10 月以降数年の間
に放射線被曝の影響で高い死亡率を示した被爆者の存在がすべて除外された。

　　第 2 に、被爆者が示した急性障害には脱毛、皮膚出血斑（紫斑）、口内炎、歯
茎からの出血、下痢、食欲不振、悪心、嘔吐、倦怠感、発熱、出血等があった
が、アメリカ軍合同調査委員会は、それらのうちの脱毛、紫斑、口内炎のみを
放射線急性障害と恣意的に定義した。それは、そのいずれの症状も爆心地から
2km 以内では高い割合で発生したが、2km を過ぎた当たりから急減し、さらに
以遠ではほとんど見出されないという調査結果が得られたことを根拠にしてい
る。爆心地から 2km 地点での被曝線量はおよそ 25 レムと推定されたので、その
被爆者のみを有意な放射線量を浴びた被爆者として調査研究対象とし、その数
値をしきい線量としたのである。言い換えれば、ABCC は、2km 以遠の被爆者
を実質上放射線の影響を受けなかった「非被爆者」として扱った。

　　さらに、死の灰を含んだ黒い雨が降った地域の人びと、原爆投下後の早い時
期に入市し残留放射能から放射線を浴びた人びとなどの放射線被曝者もまた「非
被爆者」として扱った。すなわち、調査研究対象は、1950 年 10 月 1 日に広島・
長崎の両市に在住し、両市とその近郊に本籍を有する者として行政的に狭く限
定された。

　　第 3 に、ABCC は、「有意な線量」を浴びた被爆者と比較対照すべきものとし
て、同じような社会条件にあったものとして、2km 以遠で被爆した低線量被爆
者を選び、高線量被爆者と低線量被爆者を比較して放射線の影響を見出そうと

する方法を採用した。これは放射線の影響を過小評価することにならざるをえないと同時に、低線量被爆者を切り捨てるという不当な結果になる。

第4に、「非被爆者」を対象とする調査研究においても、低線量被爆者に生じた白血病の発生率は有意なものではなく日本全国平均の発生率とほぼ同一水準であると主張した。しかし、具体的に見ると、広島市の白血病による死亡率は、原爆投下より前の死亡率は全国平均の約半分程度であったのが、原爆投下後は全国平均の約2倍、原爆投下前の広島市の水準の3倍に急増している。そして1960年になってようやく全国平均の半分程度になり、原爆投下前の状態に戻ったのである。

しかし、1970年代に入ると、広島の「非被爆者」の白血病死亡率が急増した。その理由は、1971年以降周辺地域を合併し、その地域に黒い雨が降った地域も含まれていたことが原因であった。すなわち、それまで「非被爆者」として調査研究対象から除外されていた地域の人びとが加えられたからである。

第5に、アメリカ軍合同調査委員会とABCCは、放射線による急性死は原爆投下後40日ほどで終息したと評価したが、それ以降もおよそ3カ月間引き続いたのにそれは切り捨てられた。それは、急性死しきい線量100レム（1Sv）以下の被爆であったにもかかわらず、放射線被曝が原因となって高い死亡率を示した人びとが存在したこと、自死を無視したことを意味する。また、急性死と急性障害の時期を生き抜いたとしても、放射線被曝による骨髄の損傷が完全に回復することはなく、骨髄中の幹細胞の減少によるリンパ球、白血球の減少は避けられないので、免疫機能の低下をもたらし、その結果感染症等による死亡の増加となって現れたり、晩発的影響である白血病などの血液・造血系の疾患が発生してこれらが原因での死者は全く考慮されていない。

第6に、調査対象を、広島、長崎両市に在住した被爆者に限定し、原爆投下後に爆心地近くから移って行った者等が対象外とされた。それらの中には若年層が多かった。放射線の影響を受けやすい若年層が調査対象には異常に少ないのはこのことも影響している。これらのことは、放射線の影響の過小評価に繋がる。

ABCCは、広島・長崎の原爆被爆者を対象として放射線の晩発的影響に関する研究は、10万人規模の集団を30年以上にわたって追跡調査した唯一無二にし

て精緻な研究であると誇ってきた。しかし、上記のような欠陥があった。

(2) 研究・調査結果の見直し（161頁以下）

① 1960年代から調査方法及び調査結果に対するさまざまな批判が起こり、次第に高まってきた。アメリカ原子力委員会は、自分たちの独自のデータを用いて許容線量以下の低線量被曝の「安全性」を証明しようという、信じがたいほどの「科学的」な計画を立てた。アメリカの核兵器の製造工場で働く原子力労働者には放射線被害など皆目ないと力説していた。その建前を証明するために、1965年に、同委員会の生物・医学部は、核施設で働く労働者の放射線被曝に関する長期的な疫学的研究を、トーマス・マンキューソという研究者に委託した。

　ところが、その研究中の1974年に、核施設の中心ハンフォードの核施設をかかえるワシントン州の社会・保健サービス局の医師で、人口研究班の責任者であったミラムが、1950年から1971年の間にワシントン州で死亡した30万7,828人を調査して、ハンフォードの核施設で働いたことのある労働者の死亡率が、他より25%も高いという重大な事実を発見した。原子力委員会は、ミラムをはじめとする研究者に、この研究結果を一切漏らしてはならないと命じて外部にもれないような措置をとった。その上で、マンキューソに原子力労働者に被曝被害はないという結果を急ぐよう圧力をかけた。マンキューソは全国に散らばった労働者を追跡調査してその結果を集積中に、ミラムと異なる結果を得た。しかし、マンキューソは、科学者の良心から、完成していない研究の途中結果であることを理由に発表することを頑なに拒否した。1975年3月、原子力委員会は本部のマークスという人物の名前でその暫定的な研究結果を引用発表し、ミラムの発見を否定するという荒っぽい挙に出た。そして、命令に従わないマンキューソに研究費の打ち切りを通告した。マンキューソは、原子力委員会の圧力に屈することなく、ハンフォードの被曝労働者に関する研究結果をまとめ、イギリスのスチュアート等の協力を得て、1976年に、10数年に及ぶ研究の結果を発表した。およそ2万8,000人を対象とした調査結果によると放射線のリスクは、ICRPなどの評価値のおよそ10倍であった。ハンフォードのデータは、原爆被爆者のデータと異なり被曝線量が測定されているという長所を持っていた。

　（以降は173頁以下）さらに、1976年に、アメリカの核兵器開発センターの1

つであるロスアラモス国立研究所のプリーグが、私信という形で、秘密にされていた広島・長崎の原爆放射線の放出のスペクトルを公表した。それによって、原爆被爆者の調査・研究の線量測定が正しいのかが研究者の俎上に載せられることになった。これが、線量見直しの、そして放射線のリスク見直し問題の発端とされている。

② これらの出来事によって、アメリカの原子力推進派は、自分たちが依拠するリスク評価を支持する新たなデータを探さなければならなくなった。

　折しもシュレジンジャー国務長官が1974年に「限定核戦略構想」を打ち出した。そして、実際に使用するための新型核兵器としての中性子爆弾の開発を開始していた。中性子の殺傷能力を知るために、広島・長崎のデータを利用する必要があった。このこともあって彼らは、広島・長崎のデータを洗い直す研究も開始した。その再検討は、国防総省で核実験を所管する「核防衛局」が、いくつかのグループに委託して進めた。

　その結果、1975年の秋に重大なことが判明した。ロスアラモスで開発した核兵器の出力を推定するコンピュータ・コードを使って広島と長崎の爆発を再現したところ、原爆の放射線とりわけ中性子スペクトルが、従来の推定値と大きく異なることが分かった。それまでの推定値は「T65D」[12]と呼ばれ、1965年に求められたものであった。広島原爆の放射線を推定しようにも、同じ型の原爆を使った実験ができなかったため、原子炉などを用いて放射線のスペクトルが求められていた。T65Dの推定を行ったアメリカのオークリッジ国立研究所（ORAL）は、ABCCを通じて日本の科学技術庁の放射線医学総合研究所に協力を求め、日本が「独自」に調査した結果がアメリカの結果と一致し、原爆総量のデータは科学的な評価に基づくものである、という「定説」を作り上げた。

　これに関係した日本の科学者たちは、アメリカの軍事機密の保持を前提として、それには触れないまま原爆放射の問題を「科学的」に議論するという、いわゆる"科学的偽装工作"の片棒をかつぐこととなり、この加担の代償として、日本の原発推進の科学的体制に磨きをかけることができたと言える。

③ （以降は170頁以下）1975年、アメリカも日本もそろって絶対正しいとしてきたT65Dが間違っていたと分かった。その結果、広島・長崎での放射線のリスク評価は当然として、それを支えてきたアメリカの核兵器研究所の関連部門の権

87

威と体制をはじめ、NCRP、ICRP などの勧告・報告やその体制がすべて大きく揺らぐことになる。軍事機密の厚いベールにとざされた、少数の関係者以外はほとんど誰も知らないことであったが、この発見を秘密にして従来の評価を維持し続けられなくなった。そして、中性子爆弾の殺傷能力が、はたして正しく評価されているのか、という疑問が生じた。それとともに、中性子爆弾がソ連やヨーロッパの核武装国で開発されると、中性子の放出スペクトルや過去の原爆の放出スペクトルが間違っていたことが問題になり、その間違いが何らかの形で公になることも否定できない。

　アメリカ国防省と原子力委員会のトップは、正しい結果を「公表」せざるを得ないと決断した。その方法は、広島・長崎の原爆放射線のスペクトルのデータを故意に漏らして、それを知った科学者たちの"自浄作用"で線量の見直しとしてリスク問題を落ちつかせるのが最良の選択であると考えた。

　この戦略の最初の作戦が、1976 年ロスアラモス国立研究所のブリーフによる広島・長崎のベクトル値の「公表」であった。そして、核研究者に密かに見直しを指示した。このことは、ICRP と BEIR にも大きな衝撃を与えた。1977 年の「BEIR-2 報告」や「ICRP 勧告」は、リスク評価では具体的なデータを何一つ示さず、その評価は 1978 年以降に先延ばしにした。そして、原子力推進派の科学者たちは、広島・長崎の原爆の放射線量の間違いを隠し、手段を選ばずに放射線の危険性を否定することに奔走し、多くの人びとの憤激を買うこととなった。

　1979 年 3 月にスリーマイル島原発の事故が起こり、原発と放射能の危険性に対する不安が、アメリカはもちろん世界中に一気に広がった。その後、アメリカでは、T65D の手直しをめぐって激しいバトルが展開され、その間、1983 年に長崎で日米合同ワークショップが開催された。しかし、ここでもこれに参加した日本の科学者たちは、かつて偽装された T65D に誤りがないと主張したことには口をつぐんで、ただひたすら新しいことにまい進し、今度もアメリカの原子力推進派に対して「間違いない」と協力をした。

　そして、1986 年に広島・長崎の新しい原爆線量は確定し、翌 1987 年に公表された。原爆線量が改められたことにより、放射線の危険性についての従来からの"当局見解"は、大きく揺るがされることになった。放射線のリスクを過小評価していたことが明らかになったからである。ICRP や原子力開発推進派は、

自らの内部から明るみに出たこの問題を契機に、それまでかたくなに拒んできたリスクの再評価を問題にせざるをえなくなった。まさに、それに時を合わせたかのように、チェルノブイリで歴史上最大の原発重大事故が発生した。

④（以降は 183 頁以下）1990 年 11 月、ICRP は、13 年振りにその主勧告の見直しに着手にした。

見直された広島・長崎の原爆の放射線量は、従来考えられていたよりも大幅に低いことが明らかになった。広島の爆心地から 2km 地点での室内で被爆した人の被爆線量は、γ 線はほとんど変わらないで、中性子線が 10 分の 1 以下になった。長崎では、中性子線がほとんど変わらずに、γ 線が 3 分の 1 に減少した。このため ICRP などが公的に認めてきた放射線被曝によるガン・白血病死のリスクの推定値が、過小評価されていたことが明らかになり、放射線のリスクの見直しは従来の 2 倍になることが分かった。

さらに、被爆者の間でのガン・白血病の調査からは、その発生から 40 数年たっても衰えないばかりか、逆に増加していたことが判明した。放射線に敏感な幼い時期に被爆した人たちが老年期に入って、それまで潜伏していたガンに襲われだしたのである。その急増は 1970 年代末に現れ始めていたが、1980 年代半ばにはきわめて顕著なものとなり、原発推進派といえども否定できないものとなった。この被爆者のガン・白血病の急増も、原爆線量の再評価値が公表された 1987 年にいたってようやく明らかにされた。このことは 100mSv 以下ではガン・白血病は発生しないとして 100mSv が「しきい線量」であるという従来の考えが誤りであること、しきい値のない LNT 仮説が正しいことを裏付けていた。

（以降は 189 頁以下）1985 年のパリ会議で ICRP は、公衆の線量について「主たる限度は 1 年につき 1mSv（100 ミリレム）である」と声明した。これは従来の 0.5 レム（5mSv）から 0.1 レム（1mSv）へ、5 分の 1 に引き下げられたように見える。しかし、原発推進派の圧力で「1 年につき 5mSv という補助的線量限度を数年にわたって用いることが許される」という声明も出して、1977 年の「1 年 5mSv」を残したのである。

ICRP は 1987 年に、イタリアのコモで重要な会議を開催した。ICRP は、チェルノブイリ原発事故後、イギリスの「地球の友」や西ドイツの「緑の党」などを中心に集められたヨーロッパの科学者、及び 1987 年にニューヨークで開かれ

た「第1回世界核被害者大会」に参加した、総数およそ1,000名に近い科学者が署名した、リスクの見直しを求める要望書を突きつけられていた。また、イギリスのアリス・スチュアートが、独自に公開質問状を出して、大幅見直しを迫った。ICRPは、コモ会議でリスク見直し問題を中心とした「声明」をとりまとめた。その内容は1977年勧告を柱とするICRPの基本的慣行を改定する作業を進めていること、それには総量限度を含む線量制限体系全体の再検討と再評価が含まれること、その作業は1990年までに終える予定であることというものであった。そして、見直しの基本的な方向性を「リスク推定値は全体として2倍程度に大きくなる」にすぎないと考えていることを明らかにした。さらに、被曝者データを用いたリスク評価は若年で被曝した人びとを含むものであるから、「職業上の被曝に関する線量制限を変えるべき理由としては十分であるとは考えられない」として、被曝労働に従事する年齢層に対するリスクは2倍にもならないのであるから大幅な見直しをするつもりはないと表明し、一般の人びとに対する線量限度についても、1985年に「主限度を1mSvに下げた」ので、引き続いて引き下げる必要はないとも主張した。

　（以降は201頁以下）しかし、イギリスでは、セラフィールド核再処理工場を始めとする国内の原子力施設から放出された放射能による被害が、1980年代から顕在化しはじめていたが、チェルノブイリ原発事故発生によって反原発運動が高まった。その影響からヨーロッパの科学者は放射線被曝線量限度を下げることを主張していた。しかし、アメリカの原子力産業は、すでに1978年の段階で、労働者の被曝線量基準を年500ミリレム（5mSv）に引き下げると原発の建設・運転コストがいかに上昇するかという試算を行っていて、原発が64基にすぎなかったその頃でさえ、原子力産業全体で5億ドル以上のコスト増が生じるという結論を得ていたので、被曝線量の引き下げは「技術的には可能だが、経済的には不可能」だ、被曝線量を10分の1に引き下げると、原子力産業が死滅せざるを得ないとして、被曝放射線量の引き下げを拒否していた。

　（以降は205頁以下）1988年に、国連科学委員会は、広島・長崎の原爆線量の見直しなどを受けて従来のリスクの値を見直した。その内容は、高線量領域の場合、従来は1万人・レム（100人・Sv）あたり1人のガン死、また2.5人の発ガンとしていた評価を4.5人と、約2.5倍に見直された。新たに導入された相対

モデルによると同じく 7 ～ 11 人とされたため、1977 年の相対モデルによる値の約 3 ～ 4 倍に見直し、さらに、低線量領域でのリスク値はこれよりも 2 ～ 10 倍低減すべきである、また、子どもに対するリスクは低く、高年齢者に対するリスクは高く、労働年齢にある者のそれはその中間で、相対モデル 1 万人・レム（100 人・Sv）あたり 7 ～ 8 人であると主張した。 これは、従来のリスク評価が 3 ～ 4 倍過小評価されていたことを認めるものではあるが、広島・長崎の原爆被爆者のデータが低線量領域で上に凸の線量－影響関係が成り立っている事実を無視し、逆に低い線量では低いリスクを与えることになるようにしたため、被曝労働者に対するリスクを依然として過小に評価する結論を引き出していた。このことは ICRP や原発推進国の放射線防護行政の担当機関に対して、リスクの見直しと被曝線量限度の引き下げのためにはブレーキとなった。

1989 年 12 月、アメリカの「電離放射線の生物学的影響報告」（BEIR-5 報告）が公表された。それは ICRP の上記基準に合わせた内容であり、BEIR-3 報告のリスク評価の 3 ～ 4 倍に対する値で、ガン死のリスクは 1 万人・レム（100 人・Sv）あたり 8 人とされている。これは、放射線影響研究所（REIF）が見直した広島・長崎の原爆被爆者のガン死のリスクは従来の ICRP の 13 倍に見直すことが必要であることを認めるものであったが、BEIR 報告には、リスクの過小評価を可能にしたり、従来の評価を否定しないような記述がちりばめられていて、見直しを最小限にしようとする意図が窺える。

このことは、日本の原子力安全委員会を中心とした原発推進派を安堵させるものであり、日本は 1989 年に ICRP の 1977 年勧告を導入したが、その理由の中で上記 RBIR 報告を根拠として「原爆被爆者の新しいデータを考慮しても、リスクの見直し幅は ICRP 1977 年のリスク値の 3 倍程度にしかならず、相対リスクモデルに従っても 1 万人・レム（100 人・Sv）あたり 7 ～ 8 人にすぎない」としている。そして、ヨーロッパでも 3 倍程度という小幅な見直しで了解する情勢となっていった。

イギリスのセラフィールド再処理工場の労働者の放射線被曝と、周辺地での小児白血病多発との関係を調査した「ガードナー報告」によれば、子どもが生まれる前に、その半年前であれば 1 レム（10mSv）程度被曝しただけで、その子どもが白血病にかかる危険性がイギリス平均の 7 ～ 8 倍に増加し、集積線量で

も 10 レム（100mSv）程度被曝すると、同じく 6 ～ 8 倍増加することが 1990 年
2 月に発表された。イギリスでは線量限度の引き下げを求める声が強かった。

　（以降は 210 頁以下）このような政治状況の中で、ICRP の 1990 年新勧告案は
作成された。その内容は、労働者の年間線量限度を 5 レム（50mSv）に据え置
き、5 年間 10 レム（100mSv）の集積被曝限度を併設するという二重基準方式を
採った。そして、記者発表では年間 2 レム（5 年 10 レムなので 1 年はその 5 分
1）として、マスコミに「大幅引き下げ決定」と書き立てさせた。しかし、その
後 ICRP は「年間 2 レム（20mSv）の線量限度という表現に柔軟性を与えること
を検討中である」と称して、およそ半年の猶予を置いたうえで 1990 年 11 月に
正式に新勧告を発表した。そして、「緊急時作業」においては、逆に、1977 年勧
告では「10 レム（100mSv）」であった全身への被曝限度を「50 レム（500mSv）」
に引き上げ、皮膚の線量限度を 500 レム（5Sv）までとした。このことは、日本
では一時雇用の下請け労働者の被曝被害、アメリカでは少数民族や外国人労働
者の被曝被害をもたらす危険性が強くなったことを意味する。

　このように、新勧告は、1977 年勧告で導入した、安全性よりも経済性を重視
する ALARA 原則を定着させようとしたものであった。

ところで、2011 年 12 月 16 日付『東京新聞』に「内部被曝軽視　源は放影
研　原爆調査　米に追従　被害隠し」という見出しの、概略、次のような記事
が掲載されている。

　福島第一原発の事故で、放射性物質を体内に取り込む被害が現実化し始めた。
しかし、政府は、この内部被曝を軽視する傾向を崩していない。矢ヶ崎克馬・琉
球大学名誉教授によると、広島・長崎の原爆被害の調査に当たった放影研の情報
操作が、こうした傾向を生み出したという。同氏は警告する。「福島で広島・長崎
の悲劇を繰り返してはならない」。（中略）
　「ABCC は、サンプル用に皮膚などは採取したが、治療は一切しない非人道的な
調査を進めた。初期放射線による外部被曝の被害は消しようがなかったものの、
放射線を含んだほこり（放射性降下物、黒い雨）を吸い込んだり、飲み込んだり
して起こる内部被曝の被害を隠した。米国は原爆を残虐な兵器とみなされないた

めに犠牲者を隠し、原子力の平和利用名目で日本に商業原発を押しつけるため、内部被曝を見えないようにした。この悪名高いABCCを丸ごと引き継いだのが放影研だ」。

　この結果、57年に施行された旧原爆医療法は、米国の内部被曝隠しに追従する被爆者認定基準を設けた。「直接放射線だけに被曝を限定し被曝範囲を爆心地から2キロ以内にした。内部被曝は一切無視した」。ところが、1980年代以降の原爆症認定訴訟で、被爆者たちが内部被曝の被害を具体的に証言するようになる。国として、裁判をしのぐためには、法定の被爆者認定基準に"科学的"根拠を与えなければならず、内部被曝の被害も公式に否定しなければならなくなった。この意を酌んで放影研は86年、個人の被曝データを基に、それぞれの線量を推定するシステム（DS86）を公表する。だが肝心のデータにからくりがあった。

　「DS86が扱っているデータは、すべて45年の枕崎台風後に測定したものだ。枕崎台風は、広島には原爆投下から42日後、長崎には39日後に襲来し、地表の放射性物質をほぼ洗い流した。かろうじて土中に残存していた放射性物質を測定して『もともとこれしかなかった』とウソをついた。だから、『内部被曝の影響はない』と言い切るのは簡単なことだった」。

　先月末、放影研の隠蔽体質を象徴するような問題が発覚した。原爆投下後に高い残留放射線が見つかった長崎市西山地区の住民からセシウム検出など内部被曝の影響を確認していたにもかかわらず、89年で健康調査を打ち切っていたのだ。「DS86と根本的に矛盾する研究を続けるわけにはいかなかったのだろう」。

　内部被曝軽視の姿勢は、米国が主導する国際放射線防護委員会（ICRP）の手でグローバルスタンダード化した。原爆やチェルノブイリ事故の内部被曝データは公式記録から徹底的に排除され、犠牲者は切り捨てられた。

　福島原発事故後、内部被曝の恐ろしさが広まる一方、過剰反応と冷笑する向きがある。

　「内部被曝は、ガンだけでなく、下痢や鼻血、のどの腫れなどさまざまな症状の原因になる。それなのに、医者たちの間で『福島事故での低線量被曝で今頃、健康被害が出るはずがない』という医の安全神話が形成されてしまっている。病人の心配を笑い飛ばすのではなく、命を救うために原因を虚心坦懐に科学してほしい」。

以上のとおり、広島・長崎の被爆調査研究には、アメリカの原子力政策推進の妨げにならないように配慮されながら進められてきたために、真の科学的調査研究といえるかに疑問符がつく。そのため、出された結果をどの視点、すなわち、より安全よりか、原発のコスト減よりかのどちらに重きを置くかにによって、評価や利用方法が揺れ動いてきた。

　なお、前掲『人間と環境への低レベル放射能の威嚇』は、次のような指摘をしている。[13]

　　a　被爆者の被曝線量は、以下に UNSCEAR が指摘するように、正確ではない。
　　b　被爆した日本人の身体組織の感受性は、一般的な母集団には適用できない。
　　　「生存被爆者は、被爆の致命的な影響の厳しい条件のもとで淘汰された人々なので、放射線起因の発ガン性の感受性という点で、生存被爆者は必ずしも典型的な被爆人口の母集団にはならない」
　　c　ICRP と UNSCEAR は、日本人は一様に被爆したのではなかったと指摘している。被爆者によっては、家屋の中や壁の背後にいたなどの例である。公称値で 6.5 グレイ以上を受けた 3 分の 1 から 3 分の 2 の人々が、放射線からかなり遮蔽されていた。
　　d　被爆者の研究が、原爆から 5 年後の 1950 年まで行われなかったという事実は、いろいろな誤解が生まれる原因になっている。原爆の破局的影響の結果、最も弱い集団は既に死亡していた。もしも、彼らがその期間生き延びたとしたら、放射線被曝の結果、より多くの人々がその後死亡したに違いない。今日のガンの統計学はこのことを考慮に入れていない。

(3)　継続されている「寿命調査」（LSS）

　放影研のホームページによると、寿命調査は 2003 年までの追跡調査が 14 回にわたって発表とされている（全て英文）。インターネットで、「広島・長崎放射線影響研究所コホート研究」という論考を検索できる。[14]

　その概略は以下のとおりである。

研究目的は、「放射線影響研究所（RERF）は、アメリカの原爆傷害調査委員会（ABCC）と日本の国立予防衛生研究所を前身として、昭和50年（1975）に財団法人の日米共同研究機関として発足した。その設立の目的は財団法人の寄附行為に示されているように、「平和目的の下に、放射線の人に及ぼす医学的影響およびこれによる疾病を調査研究し、被爆者の健康保持および福祉に貢献するとともに、人類の保健の向上に寄与する」ことである。この目的のために調査集団がいくつか設定されているが、本稿では寿命調査集団と成人健康調査集団をもとにしたコホート研究[15]について紹介する。

寿命調査集団は被爆後5年が経過した昭和25年（1950）の国勢調査をもとに設定された。被爆者の罹病状況把握のために昭和33年（1958）より2年を1周期とした定期健診が実施されている調査の附帯調査で、全国に原爆被爆者が約284,000人生存していることが確認され、このうち広島・長崎に本籍がある約195,000人について基本標本が、さらにこの基本標本をもとに約93,000人の被爆者と約27,000人の対照者の合計約120,000人からなる寿命調査集団が設定された。

寿命調査集団の一部で、爆心地から2km以内で被爆し急性放射線症状を有した約5,000人、2km以内での被爆で急性放射線症状のなかった約5,000人、3km以遠での被爆者約5,000人、原爆投下時広島・長崎市内にいなかった約5,000人の合計約20,000人からなる成人健康調査集団も同時に設定された。

成果要約として、「寿命調査集団において放射線被曝と関連して白血病やガンの過剰発生が確認されている。なお、過剰相対リスクとは一般的に用いられる相対危険度から1を引いたものに等しい」。

脳卒中罹患率の比較では日本では1972年から2年間に受診した成果要約45〜69歳の男性1,366人を対象にその後4年間、ハワイでは1965年から3年間に受診した7,895人を対象にその後6年間、追跡を行った。脳出血、脳梗塞ともに、ハワイより日本の罹患率が高く、年齢調整罹患率をみると脳出血で3.1倍、脳梗塞で3.4倍、日本が高率であった。虚血性心疾患の年齢調整罹患率を比較するとハワイが約2倍高い結果が得られた。このように、同じ日本人でも環境要因により循環器疾患の罹患率が異なることを明らかにした。

寿命調査集団におけるガン罹患調査では、1958〜1998年までのガン罹患につい

て最近論文が発表された。この最新の報告では、前回の報告から観察期間を11年間延長し、放射線のガン罹患リスクが詳しく解析されている。おもな結果として、固形ガン全体をひとつのグループとして見た場合、結腸線量が5mGy以上の調査対象者から発生したガン症例のうち約11%が原爆放射線被曝と関連していると推定され、また、0～2Gyの範囲ではリスクに線形の線量反応が認められることが前回の報告と同様に確認された。性別に示した過剰相対リスクは、30歳で被曝し、70歳でガンに罹患した者のリスクを過剰相対リスクモデルにより推定したものである。肺ガンや膀胱ガンなど、喫煙が重要なリスクとなるガンにおいて喫煙率の低い女性で放射線被曝に関連したリスクが高くなっていることが興味深い。

「おわり」として次のように記載されている。

「放射線影響研究所のコホート研究は、原爆被爆者の協力が得られたこと、地元医師会・医療機関の理解と協力が得られたこと、研究者の献身的努力があったことなど、多くの条件が整ったためここまでの調査が可能となった。原爆被爆からすでに60年以上が経過しているが、放射線被曝の影響、とくに若年被曝者への影響については未解明の部分も多く、今後も継続した調査・研究が必要である。

インターネットで茨城県高等学校教職員組合発行『茨城の教育』の2013年9月10日付（第1071号）を検索できた。その中に、次のような記載がある。

「100mSvで0.5%上昇」

「累積で100mSv被曝しても、ガンによる死亡率はわずかに0.5%上昇するだけ」——福島原子力発電所事故以降、放射線被曝の健康障害を過小評価する命題が、科学的真理の装いのもとにあらゆる機会に登場する。UNSCEAR（原子放射線の影響に関する国連科学委員会）が示す放射線の健康影響に関する科学的見解と、ICRP（国際放射線防護委員会）による産業・医療・軍事分野の放射線規制に関する報告が、その根拠とされる。

両組織の見解・勧告は、広島・長崎の原爆被爆者についての財団法人放射線影響研究所（放影研）の疫学的研究の結果に基づくものとされる。

原爆投下国による原爆被曝調査

1947年に原爆の影響に関する調査機関として、アメリカ合衆国学士院（英文略）により、広島・長崎にABCC（英文略・原爆障害調査委員会）が設置された。1975年、ABCCは日米両国政府の共同出資による放影研に改組された。放影研は、ABCCの組織・人員・施設・事業のすべてを承継した。

ABCCの活動は、（中略）戦後10年ほどは、アメリカで就職口を探した若い医師が交代で2年間ずつ赴任し、原爆による健康被害について思い思いにテーマを設けて研究する状態で、組織として確固たる基本方針はなかった（そのなかで、組織的・継続的に取り組まれた調査活動が、広島の被爆者の子どもに対する放射線被曝の影響調査である。食糧配給制度を利用して被爆以降の全出産を把握し、先天性疾患の有無を調査した。対象群は、広島市の東南約20kmにあり原爆による大きな影響を受けていない呉市の住民が選ばれ、1946年から1954年まで、大規模で継続的な調査が行われた。結論は一応「先天性障害の著しい増加は観察されなかった」とされ、調査は終了した）。

1955年、方向性が定まらず低迷するABCCの建て直しのため、疫学者でミシガン大学教授のトマス・フランシスが来日し、現地調査のうえ勧進元の合衆国学士院に報告書を提出した。このフランシス報告に基づき、ABCCは内科的・病理学的方向から疫学・統計学的方向へと転換することとなった。カリフォルニア大学ロサンゼルス校（UCLA）やイェール大学から医師が送り込まれた。

ABCC・放影研の「寿命調査」（LSS）

これ以降ABCCは、1957年から1972年まで所長（第5代）をつとめたウィリアム・ダーリングのもとで、新たな調査活動方針を確立する。原爆被爆とガンによる死亡について統計的に観察・集計する作業、すなわち疫学調査としてのLSSである。（中略）

疫学における主要な手法の一つである「コホート研究」においては、疾病の因子とされるものに曝された「曝露集団」と、疾病の因子とされるものに曝されていない「非曝露集団」との比較から、疾病因子と疾病との因果関係を推定する（中略）。

ABCCの「被爆者査」では、（A）「近距離被爆者」、（B）「遠距離被爆者」。（C）

97

「市内不在者」の 3 つの群が設定されている。ここで「被爆者」は、次の通り定義される。（中略）

　（1）1950 年の国勢調査に際して原爆に被爆したと自己申告した者であって、（2）広島市ないし長崎市に本籍があり、かつ市内に居住している者のうち、（3a）爆心地から 2499m 以内で被爆した（A）「近距離被爆者」等、（3b）爆心地から 2500m 以上 10km 以内で被爆した（B）「遠距離被爆者」とされた。

　したがって、（1）の国勢調査に漏れるなどの「申告」者は含まれない。さらに、（2）被爆していても、1950 年国勢調査までに市外に転出した者、4 万人以上いた軍人（広島は日清戦争以来、西日本最大の軍事都市であった）、数万人居住していたとされる朝鮮人などの「外国人」は含まれていない（いずれも市内に本籍・住所がない）。（中略）また、（3）の原爆被爆者のうち、爆風・熱線・放射線の直射・爆発後の火災等によって死亡した者、並びにそれらを生き延びたけれども 1950 年までに死亡した者が、すべて除外される（中略）。爆風・熱線・放射線の直射・直後の火災等を生き延び、さらに 1950 年までの 5 年間を生き延びた《生存者》だけが「被爆者」として調査対象となった。英文での survivor を「生存者」と邦訳したのは意図的な誤訳である。

　ABCC は、サンプルにあらかじめ選択がかかっていることを認識していた。「寿命調査」の「研究計画書」には「放射線急性障害に耐えて生き残った人は平均よりも長く生きる可能性があるかもしれない」と記載されている。（中略）

（4）『中国新聞』の特集記事から

　前掲『中国新聞』の特集記事の、2016 年 5 月 23 日記事「第 3 部　ゴールドスタンダード《1》比類のない被爆者データ」には、次のように記載されている。

　100mSv 以下の被曝では、発ガンなどのリスクが増えるかどうかはっきりしない。東京電力福島第一原発事故による低線量被曝の議論でよく出てくるフレーズは、国際機関の報告や勧告を踏まえている。その引用元になっているのは、放射線影響研究所（放影研、広島市南区）が被爆者の疫学調査で積み上げたデータと解析だ。「ゴールドスタンダード」。関係者がそう呼ぶ研究成果の輝きと限界をみる。

3章　低線量被爆の問題点

「ほとんど心配する必要はない」「存在しても非常に小さい」。画面の中で、電力中央研究所（東京）の吉田和生・放射線安全研究センター長が低線量被曝のリスクを解説した。福島第一原発の廃炉に取り組む作業員の不安緩和を目的に、東電が元請け企業に配った DVD に収録されている講演の内容である。

12万人を追跡

　吉田氏が、被曝のリスクを説明する上で引き合いに出したのが、放影研のデータだ。被爆者と非被爆者（入市被爆者を含む）の計約 12 万人のガン発生率などを追跡した調査では、被曝線量が高いほど発ガンのリスクが高まることが分かっている。一方、低線量での影響は明確ではなく、吉田氏は「10 万人規模で調査しても、（喫煙や飲酒などの）他の要因に埋もれて分からないレベルだ」と語り掛けた。

　被曝に関する疫学調査については、国内外の原発作業員やコンピューター断層撮影（CT）を受けた患者のデータが存在する。対象人数は、同等かそれ以上の規模だ。それなのに、なぜ原発作業員などではなく、高線量の被曝も含まれている被爆者のデータを重視するのか。

　吉田氏は「放射線防護の世界では、被爆者のデータが全ての基礎だ」と言い切る。なぜなら、原発作業員が対象の調査では、年齢や性別、生活習慣に偏りが生じる。町で暮らす老若男女の頭上から同時に放射線を浴びせた原爆は、その非人道性ゆえに、年齢構成の幅広さや推定線量の精度などで世界に類例のないデータを提供している。（略）

無二の存在感

　UNSCEAR は、放影研から新しい解析結果が出るたびに放射線リスクをまとめた報告書に引用。その報告書に基づき、学術組織の国際放射線防護委員会（ICRP）が被曝線量限度などを勧告し、日本を含む世界の各国が安全基準を設けてきた歴史がある。

　被爆者の生涯を追跡し、世界において唯一無二の存在感を示す放影研。さらに、その内部では、低線量被曝の影響を解明しようとする新たな取り組みが始まろうとしていた。

99

放影研の被爆者調査

主に国際的な基準のベースになっているのは「寿命調査」で、被爆者約9万4千人と非被爆者（入市被爆者を含む）約2万7千人の計約12万人の死因やガン発生率などを追跡する。このほか、寿命調査の対象者のうち約2万5千人を2年ごとに検診する「成人健康調査」、約3千600人の「胎内被爆者調査」、約7万7千人の「被爆2世調査」などがある。

また、同上特集2016年5月23日の「《2》病気との関連　続く追跡」には次のように書かれている。

1950年代から続く放射線影響研究所（放影研）の被爆者調査は、さまざまな病気と被曝の関係を解き明かしてきた。近年発見したのは、脳卒中と心臓病のリスクの増加だ。ガンや白内障など限られた病気に目を向けていた世界中の研究者を驚かせた。丹羽太貫理事長は「きちんとフォローアップしていたから見つけられた」と胸を張る。

70年代までは蓄積したデータが足りず、被曝線量に比例して直線的に増加する発ガンリスクさえ明確に示すことが難しかった。統計学の進歩に加え、データが充実してきた80年代後半から90年代にかけて、ようやく放影研の解析は世界にアピールできるようになる。

ただ、東京電力福島第一原発事故で関心が高まった低線量被曝では、現時点で病気の関連性がはっきりとは分からない。低線量の影響を解析する困難さについて、ハリー・カリングス統計部長は「かなりノイズ（雑音）がある」と表現する。ノイズとは、食事や喫煙などの生活習慣を指す。線量が低いほど他の要因に埋もれ、影響が見極められないのだ。

異分野橋渡し

その弱点を補うため、生体のメカニズムを研究する分子生物学などとの連携の必要性が指摘されてきた。放影研は、放射線影響に関する全国の研究機関とともに協議会を設立。毎年夏、「生物学者のための疫学研修会」を放影研で開き、両者の橋渡しや交流の場をつくってきた。さらに専門分野の垣根を越える試みが、放

影研内部で導入する「研究クラスター制」だ。統計学や臨床の研究員がチームを組み、新たなアイデアを出し合う。低線量被曝についても、より低い線量で影響を探す方法を議論することになる。

原爆傷害調査委員会（ABCC）時代から在籍する児玉和紀主席研究員は「どれぐらい低い線量までリスクが検出できるかは、データの積み上げと今後の研究にかかっている」と、後に続く研究者に期待する。

疫学調査は、被爆者が高齢化して亡くなる中で、データが充実していく。症例数が増え、健康影響の微妙な差が見つけやすくなる。児玉氏は「被曝と脳卒中や心臓病の関連性を発表した際も、最初は全く信用してもらえなかった。調査を続ければ、影響をはっきり言える時が訪れる可能性はある」と指摘する。

自負と使命感

放影研は、対象の被爆者全員の追跡を完了するのに、あと約30年はかかるとみている。調査が終われば、被曝の生涯リスクも示せるようになる。丹羽理事長は「信頼性が高いと思われているからこそ、非常に厳密で正確なデータでなければならない。被爆者のためにも。福島のためにも」と強調する。被曝に関するデータを先進的に発信してきた自負と使命感が、研究を進化させる。

『朝日新聞』デジタルニュースに、2017年5月17日付で、次のような記事が掲載されている。

原爆放射線の身体への影響を調査している放射線影響研究所（放影研、広島、長崎両市）は、被爆者の肺ガンなどの固形ガン発症リスクは喫煙の有無にほぼ影響されないとする研究結果を、17日発表した。米国放射線影響学会が発刊する『ラジエーション・リサーチ』に掲載された。

放影研による追跡調査の対象約12万人のうち、調査を始めた1958年の段階でガンを発症しておらず、被曝線量が判明している10万5,444人を調べた。その結果、2万2,538人で肺ガンや胃ガンなどの固形ガンが見られた。喫煙歴や喫煙量を加味すると、被曝線量1Gyあたりのリスクは平均で非被爆者の1.47倍。加味していない調査の同1.5倍とほぼ同じだった。エリック・グラント主席研究員は「喫煙

歴に関係なく、被爆者のガンリスクは変わらない」としている。

　ガンなどの病気と被爆の関係が争点となった一連の原爆症認定訴訟で、国側は喫煙歴のある被爆者について「ガンの原因はたばこ」と主張してきた。

　同日付の『長崎新聞』のデジタル版でも同様の記事が掲載されており、上記記事内容に追加して次の記載がある。

　長崎と広島に投下された原爆の被爆者が固形ガンにかかるリスクが、被爆していない人に比べて、60年以上経過しても高いままとなっているとの調査結果を明らかにした。

　今回は1999年1月～2009年12月の11年間を追加調査。1999年1月までの調査と比べ、調査対象者の生存率は52%から38%に低下し、新たに5,918のガンの症例を確認した。罹患率などを算出した結果、被曝線量が1Gy（爆心地から1.5キロの被爆に相当）の被爆者は被爆していない人と比べ、ガンのリスクが約50%高かった。

　広島市で研究結果を解説したエリック・グラント主席研究員は「たった一度の被曝が、今なおガンのリスクを高めるということを理解することが重要」と強調した。

　低線量被曝の健康影響に関連性が強いと思われる放影研の報告を紹介する。それはインターネットで検索できる「広島・長崎で原爆直後に降った雨に曝露されたことによる長期影響」に関する報告である。『中国新聞』2011年12月14、15日朝刊の特集記事で次のように記載されている。（なお、NHKでも2012/0806/NHKスペシャル「黒い雨 ～活かされなかった被爆者調査～」として報道されている）。

1万3000人の「黒い雨」 データの意義を聞く〈上〉

放射線影響研究所　寺本隆信・業務執行理事

　広島と長崎で被爆直後に「雨に遭った」と1万3千人が答えたデータが、放射線影響研究所（放影研、広島市南区・長崎市）にあることが分かった。なぜこれ

まで公表してこなかったのか。「黒い雨」指定地域の見直しをめぐり厚生労働省の検討会が続く中、このデータをどう活用するのか。放影研の関係者と研究者に聞いた。

――今回明らかになったデータとは。

「寿命調査」と呼ばれる被爆者の追跡調査を1950年代に始めるに際し、対象者に面接調査をした。面接に使った質問票に「雨に遭ったか」という一問があり、「はい」と答えたのが広島、長崎を合わせて約1万3千人いた。

――大量なデータの存在がなぜ分からなかったのですか。

最近までコンピューター入力されていなかった。当時を推測するしかないが、放影研の研究方針である直接被曝の放射線のリスクに関連した項目を優先して入力した可能性がある。被曝線量の評価をより精緻に行うため、調査項目はいまもデータ入力を続けている。その過程で「雨に関する情報もデータ入力しては」という指摘が内部であり、2007年から始めた。この作業を通して分かった。（中略）

――データは公開、活用しますか。

データには雨の色、浴びた量、時間帯などの質問はなく、科学的な活用は簡単でない。具体的な研究計画もないが、活用は検討している。これまでも本人から請求があれば情報を開示し、被爆者健康手帳の申請書類などに役立ててもらっている。ただし個人情報が含まれたものをそのまま公開するわけにはいかない。今回のことでデータが注目されていることは認識しており、対応を真剣に検討する。（以下略）

1万3,000人の「黒い雨」　データの意義を聞く〈下〉
広島大原爆放射線医科学研究所　大滝慈教授

――データの価値をどう見ていますか。

黒い雨を浴びたかだけでなく、その後の病気や死因も把握した放影研の被爆者の寿命調査のデータであることが大きい。雨と健康状態の関連性を探れるかもしれない。放影研はこれまで、原爆放射線による直接被曝ばかりに注目してきた。黒い雨による内部被曝などの間接被曝も直接被曝として解析してきた。今回のデータが活用できれば、直接被曝の線量だけで健康への影響を考えてきた前提が覆

る可能性がある。 間接被曝の影響を解析できれば、福島第一原発事故による放射線の影響に不安を持つ人たちの参考情報になる。

―広島市などが2008年、約3万7千人を対象に実施したアンケート結果を基に、これまでの想定より約3倍の範囲で雨が降ったと推定されました。

回答数が少なかった中山（東区）、古市（安佐南区）、庚午（西区）などの地区については解析に課題が残った。今回のデータの存在を知っていたら活用しただろう。 ただ、放影研の寿命調査は爆心地から約10キロ以内が対象で、降雨地域が従来想定されているより広い範囲だったかどうかを証明するデータではないだろう。10キロ以内の降雨状況をより正確に推定する手掛かりになる。

―放影研はデータを解析する意向を示しています。要望はありますか。

1万3千人のデータは黒い雨を「浴びたかどうか」「どこで」という情報に限られている。被曝線量などと違い、量に置き換えてデータ化することが難しく、解析には相当の試行錯誤が必要だ。 だからといって放影研が「解析したが注目すべき結果は得られなかった」と終了してしまうのではいけない。 データそのものを公開した上で、外部の複数グループがさまざまな見地から解析をして結果を突き合わせるべきだ。被爆者の協力に基づく研究調査の成果は被爆者や福島をはじめ世界に還元されるべきもの。放影研の対応に大いに注目している。

『日本経済新聞』2012年6月2日付電子版に次のような記事が掲載されている。

白血病「両親被曝」に多く、広島の二世を調査

広島原爆で被爆した親を持つ「被曝二世」のうち、原爆投下後10年以内に生まれ、35歳までに白血病を発症したケースは、両親とも被曝した二世が少なくとも26人に上り、父親のみ被曝の6人、母親のみ被曝の17人に比べて、多いことが広島大の鎌田七男名誉教授（血液内科）らの研究で分かった。長崎市で3日開かれた原子爆弾後遺症研究会で発表した。

二世を対象にした従来の調査では、日米共同運営の研究機関・放射線影響研究所（広島市、長崎市）を中心に「親の被曝による遺伝的影響はみられない」との研究結果が数多く出ている。

鎌田名誉教授は「白血病を発症した被曝二世の臨床データは少なかったが、これほど多く報告されたのは初めて。二世の中での比較で発症率が明らかな偏りが出た。さらに慎重な解析を続ける必要がある」と話している。

鎌田名誉教授によると、広島県と広島市が 1973 ～ 74 年に被爆者とその家族を対象に実施した調査結果を分析し、46 ～ 73 年に生まれた被曝二世計 11 万 9,331 人を確認。

このデータと、県内の病院で診断された白血病患者を照合した結果、46 ～ 95 年の 50 年間に少なくとも 94 人の二世が発症したことが判明した。

このうち被爆後 10 年以内に生まれた 6 万 3,117 人では 49 人が発症。親の被曝状況で分類すると「父のみ被曝」は 1 万 8,087 人中 6 人、「母のみ被曝」は 3 万 577 人中 17 人、「両親とも被曝」は 1 万 4,453 人中 26 人が発症していた。（共同）

白血病に限定されているが、遺伝的影響が推測される報道である。

軍事目的で始まった ABCC は、調査目的から来る制限や情報の非公開、調査結果の歪曲などの歴史を経たにもかかわらず、長年の地道なデータの集積を基に、低線量被曝の健康、寿命、遺伝などへの影響に関する調査・研究が続けられている。丹羽理事長の「信頼性が高いと思われているからこそ、非常に厳密で正確なデータでなければならない。被爆者のためにも。福島のためにも」という言葉に期待したい。

低線量被曝が細胞の DNA を壊すことは確実である。遺伝子修復能力やホルミシス効果をいくら強調しても、壊された DNA は人の健康や遺伝に何等の影響も与えないという科学的証明がなされない限り、有害であることを前提にして防護対策を考えるべきである。それが、命と健康を第一に考える人道的考え方である。その影響が今は科学的に確認されていないから無害であると宣伝することは非科学的であり、非人道的である。

放影研が一日も早く、低線量被曝に不安を抱えている本件原発事故の被害者に役立つ結果をもたらしてくれることを期待したい。

4 チェルノブイリ事故との比較

　低線量被曝の健康影響を否定する考え方のもう1つの論拠に、本件原発事故はチェルノブイリ原発事故と比べて放射性物質の放出量が格段に少ないという見解や、チェルノブイリ事故の時は子どもの甲状腺ガンが多発したのは5年以上経過してからであるから、本件原発事故によって子どもの甲状腺ガンが多発したというのはまだ早すぎるという見解など、チェルノブイリ原発事故と比較して本件原発事故の低線量被曝による被害（子どもの甲状腺ガン）はないとする専門家の意見が少なくない。

　そこで、チェルノブイリ事故と本件原発事故とを比較して、それらの考え方が正しいかどうかを検討することにする。

(1) 放射性物質の放出量の比較

　チェルノブイリ原発事故と本件原発事故との比較についてウィキペディアで「チェルノブイリ事故との比較」を検索した結果、概略次のとおり記載されている。

　核爆発および原子炉事故によって放出される放射性降下物は、それぞれ、寿命の異なるさまざまな核種によって、原子炉の燃料や運転時、事故当時の原子炉の温度、核種ごとの沸点の違いなどから、放出される放射性物質の構成の比率は事故ごとに異なり、拡散の分布も気象条件などに依存し、核分裂の度合いなどの各種の条件が異なるため単純な比較はできない。核爆発による放射線がもたらした短期的な影響は、ガンマ（γ）線や中性子線からなる初期放射線に比べると、黒い雨などと称された放射性降下物からなる残留放射能の方が大幅に少ないものの、それでも、残留放射能による内部被曝などによる人体への影響も無視することはできないのではないかとの報告もあり、非被曝者集団と見なされていたごく低線量の被曝者に対する被曝影響に対する再検討が行われている。

3章　低線量被爆の問題点

表1　代表的な核種における炉心インベントリーおよび放出割合の比較

	チェルノブイリ原発4号機		福島第一原発 (1〜3号機の合計)	
放射性核種	ヨウ素131	セシウム137	ヨウ素131	セシウム137
炉心インベントリー (10^{15}Bq)	3200	280	6100	710
放出量 (10^{15}Bq)	- 1760	- 85	160	15
放出割合 (%)	50〜60	20〜40	2.6	2.1

　事故直後、原子炉が停止した時点において、炉心に蓄積されていた放射性核種の存在量（炉心インベントリー）を比較すると、ヨウ素131は、チェルノブイリ原発4号機の3,200 × 10^{15}Bqに比べて、福島第一原発1〜3号機の合計の方が、6,100 × 10^{15}Bqと、約1.9倍上回っており、セシウム137も、福島第一原発1〜3号機の合計の方が約2.5倍多い。

　チェルノブイリ原発事故では、炉心インベントリーのうち、ヨウ素131は約50〜60%、セシウム137は20〜40%、希ガスは100%が大気中へ放出されたと推定されている。一方、福島第一原子力発電所事故によって大気中へ放出された放射性核種の炉心インベントリーに対する放出割合は、原子力安全基盤機構の支援を

表2　核種の種類ごとの炉心インベントリーからの放出割合の比較

	炉心インベントリーに対する放出割合(%)			
	福島第一原発			チェルノブイリ原発4号機
	1号機 (感度解析ケース2)	2号機 (事業者解析ケース2)	3号機 (事業者解析ケース2)	
希ガス類	95	96	99	100
CsI（ヨウ素類）	0.66	6.7	0.3	50-60
Cs（セシウム類）	0.29	5.8	0.27	20-40
Te（テルル類）	1.1	3.0	0.24	25-60
Ba	4.0×10^{-3}	2.6×10^{-2}	4.3×10^{-2}	4-6
Ru	9.0×10^{-8}	5.4×10^{-8}	8.6×10^{-8}	3.5(1.5)
Ce	1.4×10^{-5}	4.0×10^{-4}	5.0×10^{-6}	3.5(1.5)
La	1.2×10^{-5}	8.4×10^{-5}	1.3×10^{-5}	

受けた原子力安全・保安院による MELCOR を用いた解析から、ヨウ素が 1 号機で約 0.7%、2 号機で約 0.4 ～ 7%、3 号機で約 0.3 ～ 0.8%、セシウムが 1 号機で約 0.3%、2 号機で約 0.3 ～ 6%、3 号機で約 0.2 ～ 0.6% と推定されている。希ガス類は、東京電力による MAAP を用いた原子炉圧力容器の破損に至る解析ケースから、1 ～ 3 号機ともに、ベント操作によりほぼ全量が放出されたと推定されている。

この表によると、炉心インベントリーは、ヨウ素 131、セシウム 137 ともに、福島第一原発 1 ～ 3 号機の合計がチェルノブイリ原発 4 号機よりも上回っているが、放出割合はチェルノブイリ 4 号機の方が遥かに多い。そのため、実際の大気中への放出量としては、ヨウ素 131、セシウム 137 ともに、チェルノブイリ原発事故の方が福島第一原発 1 ～ 3 号機の合計よりも多いものと見積られている。

チェルノブイリ原発事故では、短寿命核種の放射性ヨウ素による甲状腺ガンの関連が指摘されているが、同様に、短寿命核種である放射性の希ガスによる影響については、ほとんどわかっていない。セシウム 137 などの長寿命核種の場合は、土壌汚染によって、一部の地域で農作物などに長期にわたる被害が及んでいる。

日本政府が平成 23 年 6 月 IARA 閣僚会議に提出した報告書には次のように記載されている。

4 月 12 日に原子力安全・保安院と原子力安全委員会はそれぞれ放射性物質のそれまでの大気中への総放出量について公表した。

原子力安全・保安院は、原子力安全基盤機構（JNES）の原子炉の状態等の解析結果から試算を行い、福島第一原子力発電所の原子炉からの総放出量はヨウ素 131 について約 1.3×10^{17}Bq、セシウム 137 について約 6.1×10^{15}Bq と推定されるとした。その後、5 月 16 日に原子力安全・保安院が東京電力から徴収した報告書の地震直後のプラントデータ等を用いて、JNES が原子炉の状況等を改めて解析した。この解析結果から原子力安全・保安院において算出したところ、福島原子力発電所の原子炉からの総放出量はヨウ素 131 について約 1.6×10^{17}Bq、セシウム 137 について約 1.5×10^{16}Bq と推定した。

原子力安全委員会は、日本原子力研究開発機構（JAEA）の協力を得て、環境モニタリング等のデータと大気拡散計算から特定の核種について大気中への放出量

を逆推定して総放出量（3月11日から4月5日までの分）はヨウ素131について約1.5 × 10¹⁷Bq、セシウム137について約1.2 × 10¹⁶Bqと推定されるとした。なお、4月初旬以降は、ヨウ素131でみた放出量は毎時101Bqから102Bqで減少してきているとみられる。

今中哲二氏の論考には次のように書かれている。[16]

「気体であり放出されやすいキセノン133の放出量について、チェルノブイリより福島のほうが大きいのは、原子炉出力の違い（チェルノブイリは100万kW 1基で、福島は3基併せて約200万kW）の反映である。揮発性核種であるヨウ素131とセシウム137については、不確実さはあるものの、炉心が剥き出しになったチェルノブイリの方が福島より大きかったことは確実であろう。ヨウ素131について、UNSCEAR（国連科学委員会）とチェルノブイリフォーラムの値を比べると、福島はチェルノブイリの7%となり、セシウム137については、福島はチェルノブイリの10%で、Stohl（引用者注：ノルウェー大気研究所Andreas Stohl）らの値とチェルノブイリフォーラムを比べると43%になる」。

「福島周辺汚染地域でのこれからの長期的な被曝を考えた場合、注目しておくべき放射性核種はセシウム137である。（中略）福島の汚染面積をチェルノブイリと比較すると、放射能汚染地域はチェルノブイリの5.8%、移住義務地域は7.5%となる」。

「チェルノブイリと福島の大きな違いのひとつは、チェルノブイリは内陸立地で、福島は被害地域の片側が太平洋という海だったことである。福島では、大気中放出放射能の7～8割が偏西風により太平洋のほうに流れたことを指摘しておきたい」。

「福島事故にともなう液体放射能の太平洋への直接的な放出量としては、セシウム137で3～6Bq、ヨウ素131はその3倍という値が報告されている」。

これらの比較を見て、チェルノブイリ事故に比較して本件原発事故の方が放射性物質の放出量が格段に低く、低線量被曝の健康被害がない、あるいは心配するほどではないといえるだろうか。ただし、本件原発事故直後、北風であっ

たために、爆発によって放出された放射性物質の多くが海側に向かって流れた
ため、内陸に飛散した量が量が少なかったという幸運があったことを忘れては
ならない。

(2) 被曝防護措置の比較

① チェルノブイリ事故の場合

　前記今中氏は、チェルノブイリの現地の科学者との連名によるウクライナ、
ベラルーシ、ロシアにおける被曝防護対策も紹介している。[17]

（ウクライナの場合）

　「チェルノブイリ原発事故によって放射能に汚染されたウクライナ SSR（ソビエ
ト社会主義共和国）の領内での人々の生活に関する概念」は、チェルノブイリ事
故が人々の健康にもたらす影響を軽減するための期間の概念として、1991 年 2 月
27 日ウクライナ SSR 最高会議によって採択された。

　この概念の基本目標は、最も影響を受け易い人々、つまり 1986 年に生まれた子
どもたちに対する事故による被曝量を、どのような環境のもとでも（自然放射線
による被曝を除いて）年間 1mSv 以下に、言い換えれば一生の被曝量を 70mSv 以
下に抑える、というものである。（中略）

　「これらの汚染地域から人々を移住させることが最も重要である」。基本概念で
は、（個々人の被曝量が決定されるまでは）土壌の汚染レベルを移住決定のための
暫定指標とする。一度に大量の住民を移住させることは不可能なので、基本概念
では、次のような"順次移住の原則"が採用された。

・第 1 ステージ（強制・義務的移住の実施）

　セシウム 137 の土壌汚染レベル 555 kBq/㎡（15 Ci/km²）以上、ストロンチウ
ム 90 が 111 kBq/㎡（3 Ci/km²）以上、またはプルトニウムが 3.7 kBq/㎡（0.1 Ci/
km²）以上。住民の被曝量は年間 5mSv を超えると想定され、健康にとって危険
である。

・第 2 ステージ（希望移住の実施）

　セシウム 137 の汚染レベルが 185 ～ 555 kBq/㎡（5 ～ 15 Ci/k㎡）、ストロンチ

ウム 90 が 5.55 〜 111 kBq/㎡（0.15 〜 3 Ci/k㎡）、またはプルトニウムが 0.37 〜 3.7 kBq/㎡（0.01 〜 0.1 Ci/k㎡）の地域。年間被曝量は 1mSv を超えると想定され、健康にとって危険である。

さらに、汚染地域で〝クリーン〟な作物の栽培が可能かどうかに関連して、移住に関する他の指標もいくつか定められた。基本概念の重要な記述の一つは、「チェルノブイリ事故後、放射線被曝と同時に、放射線以外の要因も加わった複合的な影響が生じている。この複合効果は、低レベル被曝にともなう人々の健康悪化を、とくに子どもたちに対し増幅させる。こうした条件下では、放射能汚染対策を決定するにあたって、複合効果がその重要な指標となる」。セシウム 137 による汚染レベルが 185 kBq/㎡（5 Ci/k㎡）以下、ストロンチウム 90 が 5.55 kBq/㎡（0.15 Ci/K㎡）以下、プルトニウムが 0.37 kBq/㎡（0.01 Ci/k㎡）以下の地域では、厳重な放射能汚染対策が実施され、事故にともなう被曝量が年間 1mSv 以上という条件で移住が認められる。この条件が充たされなければ、住民に〝クリーン〟地域への移住の権利が認められない。

こうした基本概念の実施のため、次の 2 つのウクライナの法律、「チェルノブイリ事故による放射能汚染地域の法的扱いについて」および「チェルノブイリ原発事故被災者の定義と社会的保護について」が（1991 年 12 月 17 日から 19974 月 4 日までの間に 6 回にわたってウクライナ会議で制定され）、1992 年 1 月 12 月 26 日のウクライナ閣僚会議政令によって変更・修正が行われた。

（その概略）は、（まず 1 条で対象地域は）「事故前に比べた現在の環境放射性物質の増加が、……住民に年間 1mSv 以上の被曝をもたらし得る」領域が汚染地域であり、こうした地域では、住民に対し放射能防護と正常な生活を保障するための対策が実施されねばならないと定義し、第 2 条では、汚染地域のゾーン区分では、年間 1mSv 以下の領域が（0.5mSv 以上）放射能管理強化の第 4 ゾーンに含まれている。「チェルノブイリ法」では、年間被曝線量が 0.5mSv（土壌汚染が 37 kBq/㎡）以上の地域で、医療政策を含む防護対策が行われる。1mSv 以上であれば避難の権利があり、5mSv 以上の地域は移住の義務がある。

（ベラルーシの場合）

1991 年 12 月に決定された「チェルノブイリ原発事故被災者に対する社会的保護

について」の概要は、①「ベラルーシにおいて居住または労働し、チェルノブイリ事故により健康又は財産への被害をうけた人々に対し国家が特典と補償を保証する」こととを基本とし、②年間被曝量 1mSv（0.1 レム）を超えなければ、人々の生活および労働において何の制限措置も必要としないという考え方を明示している。③その上に立って、強制避難ゾーン、第 1 次移住ゾーン、第 2 次移住ゾーン、移住権利ゾーン、定期的放射能管理ゾーンに区分している。

　これらを前提にして、ソ連保健省、放射線防護委員会、ウクライナ科学アカデミーなどの代表も出席したソ連科学アカデミー幹部会で、次の結論を出し、「チェルノブイリ原発事故被災地での住民の生活に関する概念」が立案された。

1) 一般的に受け入れられている、しきい値のない線量・効果関係に基づくと、絶対的安全な被曝量というものは存在しない。このことを考えると、"安全生活概念"（1988 年 11 月にソ連国家衛生委員総監の承認を受けて配布された文書の中に、生涯 35 レム〔350mSv〕という "生活安全" という概念）はしかるべき根拠の下に修正されるべきである。

2) これまでのデータに基づくと、低レベルの慢性的被曝（一生の間に 0 〜 100 レム）の影響を正確に予測することは不可能である。

3) "生涯 35 レム" は、それを超える被曝が到底容認できない限度とみなされるべきである。生涯線量が 35 レム以下の汚染地域では、"費用・効果" の最適化を含め、個別のケースについての総合的なアプローチによって問題が解決されるべきである。もしも、対策によって住民の安全を保障できなければ、移住が実施されるべきである。

4) 住民に対しては、汚染地域で居住することの影響や政府の対策について十分な情報が提供され、汚染地域に住み続けるかどうか自ら判断する機会が与えられるべきである。

　その結果、1990 年 12 月、ベラルーシ科学アカデミー幹部会は以下のような決定を行った。

ⅰ) 容認できる被曝量限度とは、人々が生活・労働する環境において年間 1mSv を超えない被曝である。この被曝限度を目標に、段階的に以下のような限度を設定する。

　1991 年は年 5mSv、1993 年に年 3mSv、1995 年に年 2mSv、1998 年に 1mSv。

ii）汚染密度に従って、汚染地域を次のようなゾーンに区分する。

・無人ゾーン：1986 年に住民が避難した、チェルノブイリ原発に隣接する地域。

・移住義務（第一次移住）ゾーン：セシウム 137、ストロンチウム 90、プルトニウムによる土壌汚染密度が、それぞれ 555 〜 1,480、74 〜 111.1、85 〜 3.7 kBq/㎡（15 〜 40、2 〜 3、0.05 〜 0.1 Ci/k㎡）の地域。年間の被曝量は、自然放射線による被曝は除いて、5mSv を超える可能性がある。

・移住権利ゾーン：セシウム 137、ストロンチウム 90、プルトニウムによる土壌汚染密度が、それぞれ 185 〜 555、18.5 〜 74、0.37 〜 1.85 kBq/㎡（5 〜 15、0.5 〜 2、0.01 〜 0.05 Ci/k㎡）の地域。年間の被曝量は 1mSv を超える可能性がある。

・定期的放射能管理ゾーン：セシウム 137 による土壌汚染密度が 37 〜 185k Bq/㎡（1 〜 5 Ci/k㎡）の地域。年間の被曝量は、自然放射線による被曝は除いて 1mSv を超えない。

移住や生活条件の改善に関する決定はベラルーシ閣僚会議が行う。

（ロシアの場合）

ソ連政府事故対策委員会とソ連保健省は、1986 年 4 月から 5 月にかけて、まず、空間線量 25 ミリレントゲン（250mSv）／時を超えている地域（チェルノブイリ原発周辺半径ほぼ 10km 圏）の住民を避難させた。ついで、半径 30km の 5 ミリレントゲン（50mSv）／時の地域についても避難させた。

・1986 年 5 月 12 日、ソ連放射線防護委員会（NCRP）は、住民の被曝限度を年間 500mSv に決定した。ただし、妊婦と 14 歳以下の子どもは年間 100mSv。

・1986 年 5 月 22 日、被曝量限度を全体住民に対し年間 100mSv に決定。

・1987 年、NCRP は放射線安全規則（NRS-76/87）を採択、その規則によれば、放射線事故の際の住民の被曝量限度は、ソ連保健省が設定する。チェルノブイリ事故による 1987 年の限度は 30mSv、1988 年と 1989 年に対しては 25mSv とされた。

1990 年 4 月、ソ連最高会議決議 No.1452-1 チェルノブイリ原発事故の影響及び関連する問題を克服するための総合計画」並びに 1990 年 6 月のソ連閣僚会議政令 No.645 によって、以下の内容の"生活概念"が策定された。

① 放射能汚染地域に居住している住民、または一定期間以上かつて居住していた住民は、その損害に対する法的補償と、社会的および医療の問題で保護される権利を有する。

② 防護対策の必要性、その内容と規模、また損害補償について決定する際の基本的な基準は、放射能汚染にともなう被曝量である。

③ （自然放射線による被曝を除いて）年間の被曝量が 1mSv を超えなければ、その被曝は容認され、チェルノブイリ事故による放射能汚染に対し何等の防護対策を取る必要はない。

④ 定められた基準値と社会経済的状況を考慮しながら、汚染地域の居住区から移住を実施することが必要である。

⑤ 放射能に対する防護のほか、次のような対策が必要である。

　・ 弱者に対する特別な配慮を含む医療サービスの改善、サナトリウムや保養地での療養。

　・ 微量元素やビタミンを含む、十分な栄養補給。

　・ 社会的精神的な緊張を和らげる対策。

⑥ 汚染地域に居住している人々は、その土地に住み続けるかまたは他の場所に移住するかについて、汚染状況、被曝量、起こり得る危険性についての客観的な情報を提供され、自ら判断する権利を有する。

　以上のような "概念" に基づいて、1991 年 5 月、「チェルノブイリ原発事故による被災者の社会的保護について」が採択された。その内容は、次のとおりである。

・ 無人ゾーン：1986 年と 1987 年に住民が避難した地域（プリヤンスク州の一部）

・ 移住ゾーン：住民の年間被曝量が 5mSv を超える可能性のある地域（セシウム 137 汚染が 555 kBq/㎡（15 Ci/km²）以上）

・ 移住権利のある居住ゾーン：年間被曝量は 1mSv 以上の地域（セシウム 137 汚染が 37 ～ 185 kBq/㎡（1 ～ 5 Ci/km²））

　上記の概念では、短期的に 50mSv または長期的に 70mSv を超える被曝を受けた人を "特別被曝者"、またチェルノブイリ事故と病気との関連が証明されている病人を "特別被災者" と定義している。これらの人々はすべて、国家被曝登録簿に登録されている。

　すべての特別被爆者と特別被災者を対象に、医療支援とリハビリテーションの

プログラムが実施されている。

　チェルノブイリ事故の場合は、事故直後はソ連の秘密主義から事故の発生自体が秘密にされ、最も重要な事故直後の被曝回避対応が著しく遅れた。しかし、一旦事故が発覚し公表された後の被曝回避対策は、ロシアが避難基準を「年間100mSv」とする重大な間違いがあったとし、その後被曝線量の基準が順次下げられ、5年後の1991年に当時の国際基準だった「年間5mSv」にするという目標設定がなされた。

　そして最も重要なことは、被曝線量1mSv以上の地域の住民に対して避難する権利を認め、医療サービス、保養地での被曝回避措置などの手厚い被曝防護対策を定めていること、さらに、損害賠償の基準を1mSv以上について被曝量に応じて賠償を含む被爆回避措置を認めていること等である。

② 本件原発事故の場合

　わが国の政府は、本件原発事故後次のような措置を取った。

　まず、土壌汚染の線量は全く考慮されず、空間線量のみを基準として20mSv以上の可能性のある地域のみを避難対象とし、それ未満の予想線量地域については緊急時避難区域や特定勧奨地点が設定されたが、避難は個人の自主選択とされた。そして、2017年3月以降、空間線量20mSv以上の地域を残して全て指定が解除され、帰還することを勧めている。すなわち、20mSvをしきい値とした避難対策が取られた。そして、損害賠償対象は被曝線量ではなく国が福島第一原発からの距離を形式的に線引きし、その線の内側だけを対象とする方策を採った。加えて除染の効果も懸念される中で、帰還促進を勧めているのに帰還者に対する被曝防護対策は採られていない。対策の詳細を示すと以下のとおりである。

A）警戒区域

　2011（平成23）年3月11日の水素爆発直後に、福島第一原発から3km圏内に避難指示。3～10km圏内に屋内退避指示。翌12日に20km圏内に避難指示。同月15日に20～30km圏内に屋内退避指示。

平成 23 年 4 月 22 日に福島第一原発から半径 20km 圏内を原則立入り禁止区域とし、本件事故発生から 1 年間の期間内に積算線量が 20mSv に達する恐れがある区域の避難指示を維持。

B）計画的避難区域

20km 圏外の汚染度の高い区域について、居住し続けた場合に放射線の年間積算線量が 20mSv に達する恐れがある地域を計画的避難区域に指定（対象地域は福島県の葛尾村・浪江町・飯舘村、および川俣町と南相馬市の一部）。

いつでも屋内退避や避難が行えるように準備をしておくことを求めた区域を緊急時避難準備区域に指定（対象地域は福島県広野町・楢葉町・川内村、および田村市と南相馬市の一部）。

C）緊急時避難準備区域

同年 4 月 22 日に、福島第一原発から 20 〜 30km 圏内で、上記 B）を除いた区域のうち、常に緊急時に屋内退避や避難が可能な準備をすることが求められ、引き続き自主避難をすること及び特に子ども、妊婦、要介護者、入院患者等は立ち入らないことが求められる地域を緊急時避難準備区域に指定。

D）特定避難勧奨地点

計画的避難区域及び警戒区域以外の場所であって、地域的な広がりが見られない本件事故発生から 1 年間の積算線量が 20mSv を超えると推定される空間線量率が続いている地点（特定の住居）について、住居単位で特定避難勧奨地点とし、そこに居住する住民に対する注意喚起、自主避難の支援・促進を行うことを表明。

E）南相馬市の上記 A）〜 D）を除く地域

南相馬市が住民に対して一時避難を要請したことによる措置として避難指示準備解除区域とする。

F）自主避難区域

上記以外の区域。

そして、同年 12 月に原子炉が冷温停止状態に達した後、区域指定が見直され、翌 2012 年 4 月から行政区単位で順次、年間積算線量に応じて、帰還困難区域・居住制限区域・避難指示解除準備区域に再編された。なお、緊急時避難準備区域については、同年 9 月 30 日に解除された。また、計画的避難区域についても、本件原発事故から 4 年半後の 2015 年 4 月に田村市都路地区が、同年 10 月に川内村、楢葉町や南相馬市小高地区、葛尾村などについても順次解除された。

また、被災者に対する被害賠償対象については、原子力損害賠償紛争審査会が、2011 年 8 月 5 日に上記 A）〜 D）の被害者に対する賠償基準について中間指針を、同年 12 月 6 日に上記 F）に関する賠償基準（追補）をそれぞれ公表した。同追補によると、賠償対象地域は福島県の県北 8 市町村、県中地域 12 市町村、相双地域 2 市町といわき市である。賠償金額は、18 歳以下の子供及び妊婦に対して一人当たり避難しない場合には 40 万円を、避難した場合には 60 万円と避難費用、生活費増加分などをそれぞれ支払うものとし、それ以外の人に対しては一人 8 万円を支払うものとした。

なお、東京電力は、2012（平成 24）年 6 月 11 日に「福島県南地域における自主避難に係る損害賠償の開始について」という文書を公表し、本件原発事故のあった日以前に同地方の白河市、西郷村、泉崎村、中島村、矢吹町、棚倉村、矢町、鮫川村に住居のあった者で自主避難した者に対して 1 人 20 万円の賠償金に加えて、避難に要した費用、避難によって生じた生活費の増加費用を付加して支払うこととした。

さらに、東京電力は、2013（平成 25）年 2 月 23 日に「福島県南地域、宮城県丸森町及び避難等対象区域の方に対する自主避難等に係る損害に対する追加賠償について」という文書を公表し、福島県の県南地域または宮城県丸森町に生活の本拠としての住居があった者のうち、平成 24 年 1 月 1 日から同年 8 月 31 日の間に 18 歳以下であった期間がある未年者、及び同上期間に妊娠していた女性のいずれかの者、平成 23 年 3 月 12 日から同 24 年 8 月 31 日の間に上記

対象となる者から出産した幼児に対して、自主的避難による生活費の増加費用、ならびに避難および帰宅に要した移動費用、及び、慰謝料として1人4万円を支払うとした。

　また、原紛センターでの解決では、上記D）の特定避難勧奨地点がある南相馬市原町地区及び伊達市小国地域等で、その指定を受けなかった住居の居住者に対しても、指定を受けた被害者に準じた賠償を支払うべきという和解案が提示され、東京電力は特例を前提に受諾した。しかし、東京電力は、その他の自主避難地域の被害者の賠償請求申立てに対しては、原賠審の賠償基準対象地域外であることを理由に、同センターの和解案の受託を拒否している。[18]

　さらに、原紛センターは、汚染度は福島県南地域と同程度の汚染度であった栃木県北（那須地区）の住民7,310人が、福島県南地域の住民と同程度の賠償を求めた申立てについて、同上の汚染がある地区あるいは地点が存在することを認めながら、全員一律に賠償を認めるべき共通もしくは類似の事情を認めることは困難であるとして、賠償を認めるべき人も含めて和解案の提示をせずに和解仲裁手続きを打ち切る決定をした[19]。

　放射性物質の拡散は、原発から20km、或いは30kmという一定の距離で線引きした範囲内に限定されて、それより外側の地域には放射性物質が到達しないというものではない。気流、風向き、地形等によって30kmを遥かに超えて広範囲に拡散された。偶然にも、水素爆発が起きた直後の風向きが北風であったため太平洋側に多くの放射性物質が流され、陸地側への飛散量が相対的に少なかったという幸運があった。そのため千葉県でも野田市をはじめとする複数の地点で高線量スポットがあったし、静岡県の茶畑まで汚染された。ハワイでも放射線量の上昇が観測された。

　そして、栃木県北地域（那須、那須塩原、大田原市）では福島県南地域と同等以上の線量が観測されたし、茨城県の霞ヶ浦、群馬県の榛名湖を始めとする湖や沼、福島県の会津地方の檜原湖、栃木県の中禅寺湖、千葉県市原市の高滝湖などのワカサギが放射能に汚染された[20]。これらの汚染はワカサギだけが被曝したのでなく、その付近一帯に放射能が拡散したことを意味する。もし、事故直後に海からの南風であったならば、チェルノブイリをはるかに超える放射性物

質が内陸部に飛散したと考えられる。

　特に、国道 115 号線は、本件原発のある浜通りから福島市に至る山間を通る国道であるが、南相馬市から避難指示区域の飯舘村、山を越えた隣の小国地区（特定避難勧奨地点あり）を経て、福島市大波地区、渡利地区を通って福島市内に至る。この国道沿いの地域は、浜通りから山あいを通り抜ける風によって放射性物質が運ばれ、事故直後の降雪によって放射性物質が降下したため線量が高く（飯舘村と同程度の地区もある）、全ての地域が避難地区に指定されるべき地域であった。現に、政府から自治体に避難指示の打診があったが、ある自治体の長は、地域経済の崩壊を恐れてそれを拒否したということを聞いた。

　このように、放射能汚染は、原発から一定の距離の範囲に限定できないのであるから、距離や範囲で画一的に線引きするのではなく、実際の放射線測定値の高さによって避難の要否が決せられなければならないし、放射線被害に対する賠償は、各被災者の被曝量の程度によって決定されなければならない。しかし、本件原発事故においては、本件原発からの距離で線引きした区画を基準とし、その線の外側の被曝被害者に対しての賠償は極めて限定的であり、被曝被害の実態に即していない。そこで、多くの自主避難地域の被害者から訴訟が提起された。それは、低線量被曝の不安から逃れるために避難した者、避難しなかったとしてもその不安の中で留まって長期間生活を強いられた者らが、自分たちも被害者であることを認めろ、そしてそれに対する慰謝を示せという訴えである。

③　チェルノブイリ事故より劣る本件原発事故の被曝対策

ⅰ）本件原発事故で直ちに避難指示が出された点は、避難指示が出されたのが事故から約 1 カ月後であったチェルノブイリ事故の場合より適切であった。チェルノブイリ事故の初期対応が遅れたのは、ロシアの秘密主義体質による事故隠蔽意図の結果であると考えられる。しかし、その後の対応では、以下のような違いがあり、本件原発事故の方が劣っている。

ⅱ）チェルノブイリ原発事故では、土壌汚染量も防護措置の基準とされているが、本件原発事故では空間線量のみが基準とされている。

ⅲ）次に、チェルノブイリ原発事故では、30km 圏内及び 30km 圏外でもセシ

ウム 137 の汚染度が 555 kBq/㎡（5mSv 以上）を超える地域は移住を義務付けられる移住ゾーンとされたが、本件原発事故では前記 A）の 20km 圏内の区域と同 B）の年間 20mSv 以上の区域のみが避難指示区域とされた。すなわち、本件原発事故では画一的な線引を基準としたが、チェルノブイリ事故では土壌汚染度も含む線量を基準として被曝防護対策を実施しているので、わが国の方が劣っている。

　また、チェルノブイリ事故では、セシウム 137 の汚染度が 185 ～ 555 kBq（1mSv 以上）の地域は避難の権利が認められるゾーンとされたが、本件原発事故では上記 C）の 20 ～ 30km 圏内で立ち入らないことが求められる子ども、妊婦、要介護者、入院患者等のみがその地域からの避難の権利が認めらたにすぎない。

ⅳ）顕著な違いは 1mSv 以上の汚染区域の避難の権利を認めたか否かである。

　本件原発事故で「年間 20mSv」を避難すべき境界線量とした根拠について、原子力安全委員会が 2011 年 7 月 19 日に出した「今後の避難解除復興に向けた放射線防護に関する基本的な考え方について」で次のように説明している。[21]

　「わが国においては長期にわたる防護措置の為の指標がなかったため、当委員会は計画的避難区域の設定に係る助言において、ICRP の 2007 年基本勧告において緊急時被曝状況に適用することとされている参考レベルのバンド 20 から 100mSv（急性もしくは年間）の下限である 20mSv ／年を適用することが適切であると判断した」。

　しかし、この後、同委員会は、何回かの会議を開催し、チェルノブイリ事故の現地で治療や調査に当たった学者の意見を聞いたが、チェルノブイリで生じているさまざまな健康被害については、「UNSCEAR や WHO、IAEA 等国際機関における報告書で、子どもを含め一般住民では、白血病等他の疾患の増加は科学的には確認されていない」として無視した。その上で「現在の避難指示の基準である 20mSv の被曝による健康リスクは、他の発ガン要因によるリスクと比べても十分低い水準である」とし、「20mSv」を基準とし

て、それ以下の地域の帰還促進策を採っており、チェルノブイリが「5mSv」を基準としていることより極めて劣っている。

ⅴ）なお、チェルノブイリ事故では、セシウム137の汚染度が3.7 〜 185 kBq/㎡（1mSv以下）の地域でも社会的経済的な一定の権利を認められているが、本件原発事故では被曝防護対策及び賠償の対象外とされている。

以上のように、本件原発事故におけるわが国の被曝防護対策及び賠償は、初動対応が遅れたチェルノブイリに比べて的確であったといえるが、その後の被曝防護対応は旧共産圏での対応置以下であることが明確である。

政府事故調には次のように記載されている。[22]

　浪江町の場合、役場機能と原子力発電所付近の住民を、町内の遠隔地に避難させたが、3月15日には、そこも危険と通知され、二本松に避難を余儀なくされた。しかも、後から判明したことだが、その避難経路は放射性物質が飛散した方向と一致していた。また富岡町の場合、はじめは川内村に避難したが、次には川内村の住民共々、郡山市に避難しなければならなくなった。

　国による避難指示等は、避難対象区域となった地方自治体すべてに迅速に届かなかったばかりか、その内容も「ともかく逃げろ」というだけに等しく、きめ細かさに欠けていた。各自治体は、原発事故の状況について、テレビ、ラジオ等で報道される以上の情報を得られないまま、住民避難の決断と避難先探し、避難方法の決定をしなければならなかった。

　こうした事態を生んでしまった一つの背景要因として、原子力災害が発生した場合に、周辺地域にどのような事態が生じ、どのような避難の心得と態勢を整える必要があるか、また、予めどのような避難訓練が必要かといった問題について、政府や電力業界が十分に取り組んでこなかったという事情がある。

すなわち、所轄官庁も含めたわが国の政府は、持っていたSPEEDIを事故直後に活用することすらできず、的確な避難指示すら出せなかった。そして、「安全神話」の呪縛で、原発事故が起こった場合の地域防災対策もなかったの

である。

　環境省のホームページの「除染情報サイト」には、「除染の目標」として、以下の注意書きが添えられている。

　「現在の年間追加被曝線量が 20mSv 以上の地域を段階的かつ迅速に縮小することを目標とします。現在 20mSv 未満の地域では、長期的に年間 1mSv 以下になることを目指します」と表明している。しかし「1mSv という数値は、放射線防護措置を効果的に進める目安で、『これ以上被曝すると健康被害が生じる』という限度を示すものではありません。『安全』と『危険』の境界を意味するものではありません」

　国が自らに除染することを義務付けた「20mSv 以上」を、健康に被害を及ぼす下限値（しきい値）とすることが正しいのか、それならなぜ、除染目標を 20mSv ではなく 1mSv 以下にすることを約束をしたのかという疑問が起こる。国の「この数値以下は安全」といえる数値が不明確なのである。

　わが国は、本件原発事故において、ICRP や IAEA などが提示している「緊急時被曝状況における放射線防護の基準」である「年間 20mSv から 100mSv」という基準に基づいて、その最下限である年間 20mSv 以上の地域を避難指示区域とし、ICRP の緊急時が過ぎ去ったときには「年間 1mSv から 20mSv」に戻すべきという勧告に従って、その下限である「年間 1mSv」を除染によって戻す目標とすることを被災者に約束した。それは、人体への影響はしきい値がなく 1mSv 以上の被曝線量は健康被害があるとの仮説である LNT モデルを前提にしていることになる。これは ICRP 2007 年勧告に基づいたものである。1mSv 以上の線量はなんらかの健康被害があることを前提にしているのに 20mSv 以下の地域についての帰還促進策は整合性がない。

　また、いつまでに目標とした追加被曝線量「1mSv 以下」を実現するのか、それをどのように検証するのかも決めていない。この点も、目標値を年経過で決めているチェルノブイリより劣っている。

　しかも、山林の除染は放棄された。そのため「1mSv 以下」という目標が

達成されるには数十年を要する可能性が強い地域が少なくないと推測される。1mSv 以下になったことを避難者が納得できるように検証したうえで帰還させている訳ではないし、低線量被曝の防護対策や、帰還者に対する継続的な健康管理の方策も示さず帰還促進策を行っていることは、被災者の被曝不安を無視したものであり、被災者をモルモット化するものではないかと非難されても止むを得ない。極めて不誠実であり、非人道的である。

繰り返して述べるが、追加線量年間 1mSv 以上の低線量でも人の健康になんらかの影響があることは明らかであるが、ガンや白血病などの晩発性障害になることは確実とはいえない、そのことは科学的に証明されていないということが、現時点での到達点に過ぎない。結局、確率的影響における被曝量の問題は、被曝による健康リスクと原発による利便（ベネフィット）とを比較考量して、国民はどの程度まで受認（がまん）すべきかという問題に帰結されるのである。

本書では、わが国政府が決めた健康に影響がないとしている 20mSv 以下を低線量被曝と呼ぶことにする。現在、提訴している原告の多くは「自主避難区域」の住民であり、1mSv 以上の放射線量を浴びることの不安を訴えて提訴している。したがって、訴訟では、低線量被曝の健康への影響が最重要争点になることは明らかなので、その点について、さらに検討することとする。

5　ICRP 2007 年勧告

社団法人日本アイソトープ協会のホームページに、国際放射線防護委員会の 2007 年勧告の日本語訳が掲載されている。同勧告は膨大であるので、インターネットで検索できる同協会の佐々木康人、（独）放射線医学総合研究所安田仲宏の両氏の「放射線防護基準の変遷」を引用しながら、概略を述べる。なお、（　）内の「論文○頁」は上記論文の、（勧告○○）は勧告の該当項目を示している。また、下線は筆者が重要と考えた部分に付加した。

① 放射線防護の目的・線量限度・被曝の分類（論文 1 頁以下）
ⅰ）利益をもたらすことが明らかな行為が放射線被曝を伴う場合には、その利益

を不当に制限することなく人の安全を確保すること

ⅱ）個人が一定以上の高い線量を被曝するとその個人に発症する身体症状（確定的影響）の発生を防止すること

ⅲ）被曝後5〜10年以上経て被曝集団に頻度が増加する可能性がある発ガンのリスク（確率的影響）の発生を制限するために、あらゆる合理的な手段を確実にとること

　これらの目的を達成するために、ICRPは放射線防護体系に、正当化、最適化、線量限度という「3原則」を導入することを勧告している。

ⅰ）行為の正当化（放射線被曝を伴ういかなる行為もその導入が被曝による損失を上回る便益を生むのでなければ採用してはならない）

ⅱ）放射線防護の最適化（正当化された行為であってもその被曝は経済的および社会的要因を考慮に入れながら、合理的に達成できる限り低く保たなければならない）

ⅲ）個人線量の限度（いろいろな線源から個人が受ける被曝のカテゴリー毎の実効線量について、超えてはならない線量限度を設ける。ただし、患者の医療被曝を除く）

放射線被曝は、職業被曝、医療被曝、公衆被曝に分類される。

　ICRP 1990年勧告は、職業被曝線量として、「5年間の平均が1年あたり20mSv（いかなる年も50mSvを超えるべきではないという条件付き）」、一般公衆に対する被曝は「職業被曝のおよそ1／10程度に抑えるという方針に従って、線量限度は1年あたり1mSv」としている。現在、国内では、この勧告に基づいて放射線防護管理が行われている。

　ICRP 2007年勧告は、放射線事故などを想定して、実際の運用のために、平常時（計画的被曝状況）、非常時（緊急時被曝状況）、非常時からの復興時期など（現存被曝状況）という3つの状況に分けて防護体制を構築している。平常時には、個人がすべての線源から受ける被曝に対して線量限度を適用すること、その上で、拘束値を設定して、さらなる被曝線量低減を図る（防護の最適化）こと、非常時と復興期には参考レベルを用いて防護対策を策定して作業者と公衆の被曝軽減を図ること、としている。

　上記3つの状況に対応して、最適化の目安となる制限値を3つの枠（バンド）

の中から状況に応じて選定することにした。境界の3つの数値には、公衆被曝線量限度値1mSv（年間または急性被曝の実効線量）、職業被曝限度の年平均値20mSvと100mSvが採用されている。100mSvは、それを超えると組織反応を示す障害がでる可能性があり、また、発ガンのリスクが認められるので、非常事態でも認め得る最大線量としている。ただし、復旧、救命などの作業に従事している作業者が、リスクと防護対策について説明を受けて作業に従事する場合は例外と見なし、本件原発事故以降は、非常時の線量限度100mSvを法令により250mSvに引き上げて適用されていたが、12月16日に100mSvに戻された。なお、経過措置として、東京電力の一部放射線業務従事者については、2012年4月30日まで250mSvが適用された。

② 放射線防護の生物学的側面（勧告3〔55〕）

　放射線被曝による有害な健康影響の大部分は、以下の2つの一般的なカテゴリーに分類できる。

● 主に高線量被曝後の細胞死／細胞の機能不全による確定的影響（有害な組織反応）。

● 確率的影響、すなわち体細胞の突然変異による被曝した個人におけるガンの発生、又は生殖（胚）細胞の突然変異による被曝した個人の子孫における遺伝性疾患のいずれかを含む、ガン及び遺伝性影響。

胚／胎児に対する影響及びガン以外の疾患についても考慮する。

　確定的影響と確率的影響という総称は、放射線防護の分野外の人々には必ずしもよく知られていない。そのため、また他の理由から、それぞれ、組織反応及びガン／遺伝性影響という直接的な記述用語を使用している。しかし、委員会は、確定的影響と確率的影響という総称は、放射線防護体系においてしっかりと根付いて使用されていると認識しており、文脈に合わせて総称と直接的な記述用語を同意語として使用することとする。

　この点において、委員会は、放射線に関連したある種の健康上の影響、特にガン以外の影響は、いずれの一般的分類に割り振るのかまだ十分に分かっていないことを注意したい。1990年以来、委員会は放射線の生物学的影響の多くの側面を検討してきた。本章では、1回線量として、あるいは年間に蓄積された約100mSv

までの実効線量（又は低 LET 放射線で約 100mGy の吸収線量）による影響に重点を置いて、委員会がこれまでに展開してきた見解を要約する。

③ 確定的影響（有害な組織反応）の誘発 （勧告 3.1 〔58〕〜〔61〕）

組織反応の誘発は、通常、しきい線量によって特徴付けられる。<u>このしきい線量が存在する理由は、臨床的に意味のあるかたちで障害が発現する前に、ある特定組織内の重要な細胞集団の放射線損傷（重篤な機能不全又は死）が継続している必要があることである。しきい線量より上では、障害の重篤度は、組織の回復能力の減退を含めて、線量の増加とともに増加する。</u>

しきい線量を超過した場合における放射線に対する早期（数日間から数週間）の組織反応は、細胞性因子の放出に起因する炎症性のものか、あるいは細胞の喪失に起因する反応であるかもしれない（*Publication 59*：ICRP, 1991a）。遅発性の組織反応（数カ月間から数年間）は、その組織の損傷の直接的結果として生じた場合は一般的タイプである可能性がある。これに反して、その他の遅発性反応は、早期の細胞損傷の結果として生じた場合、結果的タイプである可能性がある（Dörr と Hendry, 2001）。

<u>約 100mGy（低 LET 放射線又は高 LET 放射線）までの吸収線量域では、どの組織も臨床的に意味のある機能障害を示すとは判断されない。この判断は、1 回の急性線量と、これらの低線量を反復した年間被曝における遷延被曝のかたちで受ける状況の両方に当てはまる。</u>

④ 確率的影響の誘発・ガンのリスク （勧告 3.2.1 〔63〕〜〔72〕）

ガンの場合、約 100mSv 以下の線量において不確実性が存在するにしても、疫学研究及び実験的研究が放射線リスクの証拠を提供している。遺伝性疾患の場合には、人に関する放射線リスクの直接的な証拠は存在しないが、実験的観察からは、将来世代への放射線リスクを防護体系に含めるべきである、と説得力のある議論がなされている。

1990 年以降、放射線腫瘍形成に関する細胞データ及び動物データの蓄積によって、単一細胞内での DNA 損傷反応過程が放射線被曝後のガンの発生に非常に重要であるという見解が強くなった。<u>これらのデータによって、ガン発生過程全般</u>

の知識の進展とともに、DNA 損傷の反応／修復及び遺伝子／染色体の突然変異誘発に関する詳細な情報が、低線量における放射線関連のガン罹患率の増加についての判断に大きく寄与しうるという確信が増した。この知識はまた、生物効果比（RBE）、放射線加重係数並びに線量・線量率効果に対する判断にも影響を与えている。特に重要なことは、複雑な形態の DNA 二重鎖切断の誘発、それらの複雑な形態の DNA 損傷を正しく修復する際に細胞が経験する問題、及び、その後の遺伝子／染色体突然変異の出現など、DNA に対する放射線の影響についての理解の進展である。放射線誘発 DNA 損傷の諸側面に関するマイクロドジメトリの知識の進展も、この理解に大きく貢献した。

　認められている例外はあるが、放射線防護の目的には、基礎的な細胞過程に関する証拠の重みは、線量反応データと合わせて、約 100mSv を下回る低線量域では、ガン又は遺伝性影響の発生率が関係する臓器及び組織の等価線量の増加に正比例して増加するであろうと仮定するのが科学的にもっともらしい、という見解を支持すると委員会は判断している。したがって、委員会が勧告する実用的な放射線防護体系は、約 100mSv を下回る線量においては、ある一定の線量の増加はそれに正比例して放射線起因の発ガン又は遺伝性影響の確率の増加を生じるであろうという仮定に引き続き根拠を置くこととする。この線量反応モデルは一般に "直線しきい値なし" 仮説又は LNT モデルとして知られている。この見解はUNSCEAR（2000）が示した見解と一致する。さまざまな国の組織が他の推定値を提供しており、そのうちのいくつかは UNSCEAR の見解と一致し（例えば NCRP, 2001; NAS/NRC, 2006）、一方、フランスアカデミーの報告書（*French Academies Report*, 2005）は、放射線発ガンのリスクに対する実用的なしきい値の支持を主張している。しかし、委員会が実施した解析（*Publication 99*; ICRP, 2005d）から、LNT モデルを採用することは、線量・線量率効果係数（DDREF）について判断された数値と合わせて、放射線防護の実用的な目的、すなわち低線量放射線被曝のリスクの管理に対して慎重な根拠を提供すると委員会は考える。

　しかし、委員会は、LNT モデルが実用的なその放射線防護体系において引き続き科学的にも説得力がある要素である一方、このモデルの根拠となっている仮説を明確に実証する生物学的／疫学的知見がすぐには得られそうにないということを強調しておく（UNSCEAR, 2000; NCRP, 2001 も参照）。低線量における健康影響

が不確実であることから、委員会は、公衆の健康を計画する目的には、非常に長期間にわたり多数の人々が受けたごく小さい線量に関連するかもしれないガン又は遺伝性疾患について仮想的な症例数を計算することは適切ではないと判断する。

　LNTモデルに対する実用的判断に到達する際、委員会は、細胞の適応応答、自然発生及び低線量誘発によって起こるDNA損傷の相対的な存在量、及び誘発されるゲノム不安定性とバイスタンダーシグナル伝達という照射後の細胞現象の存在に関連する潜在的な課題について考察した（Publication 99; ICRP, 2005d）。委員会は、これらの生物学的要因が、遷延照射の腫瘍促進効果及び免疫学的な現象とともに、放射線発ガンのリスクに影響を及ぼしうることを認識しているが（Strefferら, 2004）、しかし、上記の過程のメカニズムと発ガンの結果に関する現在の不確実性は実用的な判断を下すには大きすぎることも認識している。（中略）また委員会は、名目ガンリスク係数の3.2、確率的影響の誘発推定が直接的な人の疫学データに基づいているため、それらの生物学的メカニズムのいかなる寄与もその推定に含まれるであろうと指摘しておく。ガンのリスクにおけるこれらの過程の役割の不確実性は、インビボ（筆者注：生体内）でのガンの発生との関係が実証され、関連する細胞メカニズムの線量依存性の知識が得られるまで残るであろう。

　1990年以来、放射線被曝後の臓器別のガンリスクについて更なる疫学的情報が蓄積されてきた。この新しい情報の多くは、1945年の日本における原爆被爆の生存者を対象とする継続的な追跡調査、いわゆる寿命調査研究（LSS）の結果得られたものである。（中略）1990年には（中略）、ガンリスクに関してより信頼性の高い推定値を提供することができる。したがって委員会は、今回の勧告でガンの罹患率データに重きを置いた。加えて、LSSからの疫学データは、放射線発ガンのリスクの経時パターン及び年齢依存のパターンについて、特に若年齢で被曝した人々のリスク評価について、更なる情報を提供している。全体として、LSSから導かれた今回のガンリスク推定値は1990年以来大きく変化しなかったが、ガンの罹患率データを含めたことで、（中略）強固な基盤を提供している。

　しかしLSSは、放射線発ガンリスクに関する唯一の情報源ではなく、委員会は医療、職業及び環境の研究からのデータを考察した（UNSCEAR, 2000; NAS/NRC, 2006）。いくつかの部位のガンに関しては、LSSと他の情報源からのデータに相応の適合が存在する。しかし委員会は、多くの臓器／組織のリスクとリスクの全体

について、さまざまなデータセット間の放射線リスク推定値には違いがあること
を認識している。現在、環境放射線被曝に関するほとんどの研究には、委員会に
よるリスク推定に直接寄与するような線量評価と腫瘍の確認に関する十分なデー
タが不足しているが、将来は潜在的に価値のあるデータ源となるかもしれない。

　高線量・高線量率で決定されるガンリスクから低線量・低線量率に適用される
リスクを予測するため、線量・線量率効果係数（DDREF）がUNSCEARによって
使用されてきた。一般的に、これらの低線量・低線量率におけるガンリスクは、
疫学、動物及び細胞に関するデータの組合せから、DDREFに依るとされる係数の
値だけ低減されると判断される。委員会は1990年勧告で、放射線防護の一般的な
目的にはDDREF=2を適用すべきであるという大まかな判断を下した。

⑤ 遺伝的影響のリスク（勧告 3.2.2 ～ 3.2.4〔74〕～〔90〕）

　<u>親の放射線被曝がその子孫に過剰な遺伝性疾患をもたらすという直接的な証拠
は引き続き存在しない。しかしながら、委員会は、放射線が実験動物に遺伝性影響
を引き起こす有力な証拠が存在すると判断する。したがって、委員会は、慎重
を期すため、遺伝性影響のリスクを放射線防護体系に引き続き含める。</u>（中略）

　委員会は今回、遺伝性リスクの推定に関し、ヒトとマウスの研究から得たデー
タを利用する新しい枠組みを採用した（UNSCEAR, 2001; NAS/NRC, 2006）。また、
初めて多因子性疾患のリスク推定に、科学的に正しいとされた方法が盛り込まれ
た。放射線による生殖細胞系の突然変異が子孫に明白な遺伝的影響をもたらすヒ
トについての明確な証拠が不足しているので、遺伝的リスクを評価するためにマ
ウスの研究が引き続き用いられている。（中略）

　委員会が勧告する名目リスク係数は、個人ではなく、集団全体に適用されるべ
きであるという委員会の方針に変わりはない。委員会は、この方針が単純かつ十
分に堅固な防護の一般的体系を提供すると信じる。しかし、この方針を維持する
際、委員会は男性と女性（特に乳ガンに関して）の間に、また被曝時年齢に関し
て、リスクに相当の差異が存在することを十分認識している。

　ガンについて男女で平均された名目リスク係数の計算は、さまざまな臓器と組
織の名目リスクの推定、DDREF、致死率及びQOL（生活の質）に対するこれらの
リスクの調整、そして最終的に、相対的損害に関する部位別の値のセットの導出

を伴っており、これには生殖腺の被曝による遺伝性影響が含まれている。（中略）

　委員会は、これらの計算に基づいて、損害で調整されたガンリスクの名目確率係数として、全集団に対し $5.5 \times 10^{-2}\mathrm{Sv}^{-1}$、また成人作業者に対しては $4.1 \times 10^{-2}\mathrm{Sv}^{-1}$ の値を提案する。遺伝性影響に関しては、損害で調整された名目リスクは全集団に対する $0.2 \times 10^{-2}\mathrm{Sv}^{-1}$、成人作業者に対する同リスクは $0.1 \times 10^{-2}\mathrm{Sv}^{-1}$ と推定される。_Publication 60_ からの最大の変更は、遺伝性影響の名目リスク係数が 1/6 から 1/8 程度減少したことである。

　遺伝的リスクの推定値が改訂されたことで、生殖腺に関する組織加重係数の判断値はかなり減少した。しかし委員会は、生殖腺組織に対するこの加重係数の減少が、制御可能な生殖腺被曝の大きさの増加を許すことを正当化するものではないことを強調しておく。

　ガンリスクのデータとそれらの扱いの変化にかかわらず、現在の名目リスク係数は、委員会が _Publication 60_（ICRP, 1991b）で提示した名目リスク係数とおおむね一致している。委員会は、1990 年以降の名目リスク推定値におけるわずかな差には実際的な意味はないと考える。したがって、現在の国際放射線安全基準が基づいている全体的なおおよその致死リスク係数である 1Sv 当たり約 5% という委員会の勧告は、引き続き、放射線防護の目的に対して適切である。

　（中略）1990 年以降、ヒトのさまざまな単一遺伝子疾患に関する知識のめざましい拡大があり、そこでは過剰な自然発生のガンが遺伝子キャリア——過剰ガンとして強く発現することのできる、いわゆる高浸透度遺伝子——に高い割合で発現する。培養されたヒト細胞と遺伝子改変された実験用齧歯類動物を使った研究も、より限定された疫学データ及び臨床データとともに知識の拡大に役立ち、稀な単一遺伝子の大部分のガン易発性疾患が放射線の造腫瘍効果について正常を上回る感受性を示すであろうと示唆している。

　より低浸透度の変異遺伝子が、遺伝子対遺伝子及び、遺伝子対環境の相互作用を通じて、放射線被曝後のガンの非常に可変性の高い発現をもたらしうることには、いくつかの限定された支持データがあって、認識がますます高まっている。

　（中略）委員会は、強く発現する高浸透度のガン遺伝子は非常に稀で、集団に基づく低線量放射線ガンリスクの推定値を大幅に歪める原因とはならないと信ずる。委員会は、低浸透度の変異ガン遺伝子は、原則として、集団に基づく放射線ガン

リスクの推定値にインパクトを与えるほど一般的であるかもしれないと認識しているが、入手可能な情報はこの問題について意味のある定量的判断を提供するには不十分である。

⑥ ガン以外の疾患の誘発（勧告 3.3〔91〕～〔92〕）

1990 年以降、いくつかの被曝集団において、非ガン疾患の頻度が増加するという証拠が蓄積されてきた。1Sv 程度の実効線量でこれらのガン以外の影響が誘発されるという最も強力な統計学的証拠は、1968 年以降追跡調査されている日本の原爆被爆者に対する最新の死亡率解析から導かれている（Preston ら、2003）。この研究は、特に心臓疾患、脳卒中、消化器疾患、及び呼吸器疾患について線量との関連に対する統計学的証拠を強めてきた。しかし、委員会は、低線量における線量反応の形状における現行の不確実性及び LSS データが、疾患による死亡リスクに関して線量しきい値がないことと、約 0.5Sv の線量しきい値があることの両方に矛盾しないことに注目している。放射線の非ガン影響の更なる証拠は、高線量ではあるが、放射線治療を受けたガン患者の調査からのものであるが、それらのデータは線量しきい値の可能性の問題を明確にしていない。また、いかなるかたちの細胞及び組織のメカニズムが、このような多岐にわたる一連の非ガン疾患の基礎となっているかも不明である。

委員会は、非ガン疾患の観察の潜在的な重要性を認識しているが、入手できるデータでは約 100mSv を下回る放射線量による損害の推定には非ガン疾患は考慮されていないと判断する。これは、1Gy 以下では過剰なリスクの証拠はほとんど見られなかった UNSCEAR（2008）の結論と一致する。

⑦ 肺及び胎児における放射線影響（勧告 3.4〔93〕～〔97〕）

被曝した胚及び胎児の組織反応と奇形のリスクは、（中略）低 LET 放射線の約 100mGy 未満のより少ない線量における組織の損傷と奇形の子宮内リスクについて、（中略）胚発生の着床前期における照射の致死的影響に対する胚の感受性を確認している。100mGy を下回る線量では、この種の致死的影響は非常に稀であろう。

奇形の誘発に関して、新しいデータは、胎齢に依存した子宮内の放射線感受性パターンが存在し、主要な器官形成期に最大の感受性が現れるという見解を強め

た。動物データに基づいて、奇形の誘発に関しては100mGy前後に真の線量しきい値が存在すると判断され、したがって、実際的な目的には、委員会は100mGyを十分下回る線量に対する子宮内被曝後の奇形発生リスクは期待されないと判断する。

Publication 90（ICRP, 2003a）における、出生前の最も敏感な時期（受胎後8～15週間）に被曝した後の重篤な精神遅滞の誘発に関する原爆被爆者データの検討から、この影響に対する線量しきい値は最低300mGyであること、またそれゆえ低線量ではリスクは存在しないことが支持されている。1Gy当たりに約25ポイントと推定されたIQの低下に関する関連データは解釈が更に難しく、しきい値がない線量反応の可能性を排除できない。しかし、真の線量しきい値が存在しないとしても、100mGyを下回る子宮内線量後のIQへのいかなる影響も実際的な意義はないであろう。この判断は*Publication 60*（ICRP、1991b）で展開されたものと一致している。

（中略）子宮内被曝後の発ガンリスクに関するデータも検討した。子宮内医療被曝に関する最大の症例対照研究は、すべてのタイプの小児ガンが増加する証拠を提供した。委員会は、子宮内被曝後の放射線誘発固形ガンのリスクに関して、特段の不確実性が存在することを認識している。委員会は、子宮内被曝後の生涯ガンリスクは、小児期早期の被曝後のリスクと同様で、最大でも集団全体のリスクのおよそ3倍と仮定することが慎重であると考える。

⑧ **判断と不確実性**（勧告9.5〔98〕、〔99〕）

放射線と他の作用原との相乗効果の潜在的重要性は委員会により認識されているが、現時点では、既存の放射線リスク推定値の修正を正当化するような、低線量におけるそのような相互作用を示す確固たる証拠は存在しない（UNSCEAR, 2000）。

委員会が勧告する実際的な放射線防護体系は、引き続き、約100mSv未満の線量でも、線量が増加すると、それに直接比例して放射線に起因するガン又は遺伝性影響の発生確率は増加するという仮定に基づくこととする。委員会は、DDREFの判断値と組み合わせて、LNTモデルを引き続き利用することが、放射線防護の実際的な目的、すなわち、予測的状況における低線量放射線被曝によるリスクの管

理に慎重な基盤を提供すると考える。

⑨ 放射線防護の諸原則

（正当化の原則）（勧告 5.7.1〔206〕）

　委員会は、放射線被曝のレベルあるいは潜在被曝のリスクの増加又は減少を伴う活動が考えられている場合、放射線損害の予想される変化を、意思決定の過程に明確に含めるべきである、と勧告する。考慮すべき結果は放射線に関連するものに限られない――それには他のリスクやその活動費用と、便益も含まれる。時には、放射線損害が全体のうちの小さな部分に過ぎないこともあろう。このように、正当化は放射線防護の範囲をはるかに超える。この理由により委員会は、正当化は正味便益がプラスであることが必要である、とだけ勧告する。利用できる代替案全ての中から最良のものを探し出すことは、放射線防護当局の責任の範囲を超えた課題である。

　職業被曝と公衆被曝に関係する状況において正当化の原則を適用するのに、2つの異なるアプローチがあり、それは線源が直接制御できるかどうかに依存する。

　第1のアプローチは、放射線防護が前もって計画されて、線源に対して必要な対策をとることが可能な、新たな活動を取り入れる際に用いられる。これらの状況への正当化原則の適用は、それが被曝する個人又は社会に十分な正味便益を産んで、生じる放射線損害を相殺するのでない限り、計画被曝状況を導入しないことが必要である。電離放射線による被曝を伴う特別なタイプの計画被曝状況の導入又は継続が正当化できるかどうかについての判断が重要である。正当化は、新たな情報又は技術が入手できるようになったならば再検討が必要かもしれない。

　第2のアプローチは、線源について直接決めることによるのではなく、主に被曝経路を変更する対策により被曝が制御できる場合に用いられる。主な例は、現存被曝状況と緊急時被曝状況である。これらの事情においては、正当化の原則は、更なる被曝を防ぐために対策をとるかどうかについて決定する際に適用される。線量を低減するためにとられるいかなる決定も、常に何らかの不利益を持ち、それが害よりも便益を多くもたらすべきであるという意味において正当化されるべきである。

　どちらのアプローチも、正当化を判断する責任は、最も広い意味で社会の便益、

したがって必ずしも各個人の便益ではない、便益全体を保証するため、通常は政府又は国の当局の上に掛かっている。しかしながら、正当化の決定への入力は、使用者又は他の政府外の組織あるいは人から知られる多くの側面を含むであろう。正当化の決定は、それ自体、とりわけ問題の線源の大きさに依存して、しばしば公の協議のプロセスを通じて情報が提供される。正当化には多くの側面があり、さまざまな組織が関与し、責任を負っていることがある。これに関して、放射線防護についての考慮は、より広範な決定のプロセスにおける入力の1つとして役立つであろう。

患者の医療被曝は、正当化のプロセスに、種々のより詳細なアプローチを必要とする。放射線の医学利用は、正当化が多くの場合に政府又は関係規制当局ではなく医師の手にあるが、他のあらゆる計画被曝状況と同様に正当化されるべきである。医療被曝の基本的な目的は、放射線医療スタッフや他の個人の被曝による放射線損害を考慮の上、患者に害よりも便益を多く与えることである。ある特別な手法を用いることの正当化の責任は、関係する医師にあり、放射線防護の特別な訓練が必要である。したがって、医学的手法の正当化は、引き続き委員会の勧告の一部となっている。

(防護の最適化の原則)（勧告 5.8）

防護の最適化のプロセスは、正当とみなされてきた状況への適用が意図されている。防護の最適化の原則は、個人の線量又はリスクの大きさの制限とともに、防護体系の中心を成し、計画被曝状況、緊急時被曝状況、現存被曝状況の3つすべてに適用される。

最適化の原則は、経済的及び社会的要因を考慮して、（被曝することが確実でない場所での）被曝の発生確率、被曝する人の数、及び個人線量の大きさのいずれをも合理的に達成できる限り低く抑えるための線源関連のプロセスである、と委員会は定義している。（中略）

意思決定支援の技術は、最適化された放射線防護の解を客観的に見つける上でいまだに重要である。これらの技術には、費用便益分析のような定量的最適化のための方法が含まれる。過去数十年にわたって、最適化のプロセスは、職業被曝と公衆被曝の大幅な低減をもたらした。

最適化は、以下の作業を含む継続的かつ反復的なプロセスを通じて、一般的な

3章　低線量被爆の問題点

事情の下における最善の防護レベルを達成することを常に目的としている。

● あらゆる潜在被曝を含む、被曝状況の評価（プロセスの枠組み作り）

● 拘束値又は参考レベルの適切な値の選定

● 考えられる防護選択肢の確認

● 一般的な事情における最善の選択肢の選定

● 選定された選択肢の履行

防護の最適化が、計画被曝状況に対する放射線防護をどのように改善してきた
かは、経験が示している。拘束値は、最適化のプロセスに対する望ましい上限を
提供する。ある種の線源や技術は、低いレベルに設定された拘束値を満足するこ
とができ、一方その他の線源や技術はもっと高いレベルに設定された拘束値を満
たすことができるだけである。これが通常であり、特別な事情に対して適切な値
を選定する規制当局、又は必要に応じて、その他の機関の自由裁量に反映される
べきである。

防護の最適化は、将来の被曝を防止し又は低減することを目的とした、前向き
の反復過程である。これは技術的及び社会・経済的発展の両者を考慮に入れてお
り、質的及び量的判断の両方を必要とする。（中略）

最善の選択肢は常に被曝状況に特有のものであり、一般的な事情の下で達成し
うる最善の防護レベルを表す。したがって、それより下では最適化のプロセスを
止めるべき線量レベルを先験的に決定することには関連がない。被曝状況に応じ
て、最善の選択肢は適切な線源関連の拘束値又は参考レベルに近いか、あるいは
これをかなり下回りうるかもしれない。

防護の最適化は線量の最小化ではない。最適化された防護は、被曝による損害
と個人の防護のために利用できる諸資材とで注意深くバランスをとった評価の結
果である。したがって、最善の選択肢は、必ずしも最低の線量をもたらすものと
は限らない。

個人被曝の大きさの低減に加え、被曝する個人の数を減らすこともまた考慮す
べきである。集団実効線量は、これまでも、そして現在も、作業者に対する防護
の最適化の重要なパラメータである。最適化を目的とした防護の選択肢の比較は、
被曝集団内の個人の被曝分布の特徴に関する注意深い考察を伴わなければならな
い。（中略）

最適化の全ての側面を成文化することはできない。むしろ、全関係者による最適化のプロセスへの関与が必要である。最適化のプロセスが規制当局の問題となる場合、その焦点を、ある特定の状況に対する具体的な結果に当てるのではなく、プロセス、手法、判断に当てるべきである。当局と操業管理者の間に開かれた対話を確立すべきであり、最適化のプロセスの成功はこの対話の質に強く依存するであろう。

放射線防護のレベルに関する最終的な決定は、通常、社会的価値によって影響される。したがって、本報告書は、主に放射線防護に対する科学的考察に基づいて、意思決定を支援する勧告を提供するものとみなされるべきであるが、委員会の助言は最終的な（通常、更に広範囲な）意思決定プロセスへの入力として役立つことが期待されており、これには他の社会的な関心や倫理的側面、更に透明性に関する配慮を含むかもしれない（ICRP, 2006a）。この意思決定のプロセスは、放射線防護の専門家だけでなく、しばしば関連する利害関係者（stakeholder）の参加を含むことがある。

（線量拘束値と参考レベル）（勧告 5.9）

線量拘束値と参考レベルの概念は、個人線量を制限するために、防護の最適化とともに用いられる。個人線量のレベルは、線量拘束値又は参考レベルのどちらかとして規定される必要が常にある。当初の目的は、これらのレベルを超えないか若しくはそのレベルに留まること、そして、大きな望みは、経済的及び社会的要因を考慮に入れ、すべての線量を合理的に達成できるかぎり低いレベルに減らすことである。

従来の勧告（ICRP, 1991b）との継続性を保つために、委員会は、計画被曝状況（患者の医療被曝を除く）におけるこの線量レベルに対して、"線量拘束値"という用語を引き続き用いる。緊急時被曝状況及び現存被曝状況に対しては、委員会はその線量レベルを記述するために"参考レベル"という用語を提案する。計画被曝状況とその他の被曝状況（緊急時と現存）での用語の違いは、計画被曝状況においては個人線量の制限は計画段階において適用可能で、その線量は拘束値を超えないことを確実にするように予測できるという事実を示すために、委員会によって維持されてきた。他の状況においては、より広い範囲の被曝が存在するかもしれないし、また最適化のプロセスは参考レベルを超えた個人線量の初期レベ

ルに適用できるかもしれない。

　診断参考レベルは、日常の条件において、患者の線量又はある特定の画像手法での投与放射能のレベルがその手法について著しく高いかあるいは低いことを示すために、既に医学診断（すなわち計画被曝状況）において用いられている。そうであれば、防護が適切に最適化されてきたか、若しくは是正対策が必要かどうかを決めるために、現場における再調査を始めるべきである。

　拘束値や参考レベルに選択された値は、考慮されている被曝事情に依るであろう。線量拘束値とリスク拘束値も参考レベルも、"安全"と"危険"の境界を表したり、あるいは個人の健康リスクに関連した段階的変化を反映するものではないことを理解しなければならない。

（線量拘束値）（勧告 5.9.1）

　線量拘束値は、計画被曝状況（患者の医療被曝を除く）における線源からの個人線量に対する予測的でかつ線源関連の制限であり、その線源に対する防護の最適化における予測線量の上限値となっている。線量拘束値は、これを超えれば、与えられた被曝源に対して防護が最適化されているとは言えず、したがってほとんどいつも対策をとらなければならない線量レベルである。計画被曝状況に対する線量拘束値は、防護の基礎レベルを代表しており、関連する線量限度よりも常に低いであろう。計画策定中においては、関係している線源は拘束値を超える線量を意味していないことが保証されなければならない。防護の最適化は、拘束値よりも低い、容認できる線量レベルを確立するであろう。そのとき、この最適化されたレベルは、計画された防護対策への期待される成果となる。

　線量拘束値を超える場合に必要な対策には、防護が最適化されているかどうか、適切な線量拘束値が選択されているかどうか、そして、容認できるレベルにまで線量を下げるための更なるステップが適切であるかどうかを決めることが含まれる。潜在被曝については、対応する線源関連の制限値はリスク拘束値と呼ばれる（6.1.3 節参照）。線量拘束値を目標値として扱うことは十分ではなく、防護の最適化は拘束値よりも低い容認可能な線量レベルを確立するために必要であろう。

　線量拘束値の概念は *Publication 60* に、最適化のプロセスは不公平、すなわち最適化された防護の枠組みにおいて数人の個人が平均よりもはるかに高く被曝するかもしれない可能性、を生じないことを確実にする手段として導入された：「防

護の最適化に用いられる方法の大多数は、社会及び全被曝集団に対する便益と損害を重視する傾向にある。便益と損害の2つは社会の中で同じ分布をしそうにないので、防護の最適化は、ある人と他の人との間に大きな不公平を生ずるかもしれない。この不公平は最適化の過程の中に個人線量についての線源関連の限定を導入することにより、制限することができる。委員会は、これらの線源関連の限定を線量拘束値と呼ぶ。これは、いままで上限値と呼ばれていた。線量拘束値は防護の最適化の重要な部分をなすものである。潜在被曝の場合、これに該当する概念はリスク拘束値である」（ICRP, 1991b・121項）。この記述は引き続き委員会の見解を表している。

職業被曝については、線量拘束値は選択の幅を制限するために用いられる個人線量の値であり、その拘束値よりも低い線量となることが期待されるような選択肢のみが最適化のプロセスで考慮される。公衆被曝については、線量拘束値は、公衆の構成員が特定の制御された線源の計画された操作により受けることがある年間線量の上限値である。委員会は、線量拘束値が、規制機関の定めた規制上の限度として使われるべきでないこと、又は理解されるべきでないことを強調したい。

（参考レベル）（勧告 5.9.2）

参考レベルは、緊急時又は現存の制御可能な被曝状況における線量又はリスクのレベルを示しており、これを上回る被曝の発生を許す計画の策定は不適切であると判断され、またそれゆえ、このレベルに対し防護対策が計画され最適化されるべきである。参考レベルに対して選択される値は、考慮されている被曝状況の一般的な事情に依存するであろう。

緊急時被曝状況が起こった場合、若しくは現存被曝状況が確認され、かつ防護措置が履行されたときは、作業者及び公衆の構成員の線量を測定又は評価することができる。参考レベルは、したがって、防護選択肢を遡及的に判断することができるベンチマークとしてさまざまな機能を担うことになることがある。計画された防護戦略の履行の結果としての線量の分布は、戦略の成否に依存して、参考レベルより高い被曝を含むこともあり、含まないこともある。しかしながら、もし可能であれば、参考レベルより高いどのような被曝も、参考レベルより低いレベルへの低減を目指した努力がなされるべきである。

（線源関連の線量拘束値と参考レベルの選択に影響を与える因子）（勧告 5.9.3）

　100mSv よりも高い線量では、確定的影響と、ガンの有意なリスクの可能性が高くなる。これらの理由から、委員会は、参考レベルの最大値は急性で受ける若しくは年間を通して受ける 100mSv であると考える。急性あるいは年間のいずれかで受ける 100mSv よりも高い被曝は、被曝が避けられないか、若しくは人命救助や最悪の事態の防止のような例外的状況における被曝のいずれかによる究極の事情の下においてのみ正当化されるであろう。他の個人的または社会的便益は、そのような高い被曝の代償とはならない（ICRP, 2005a 参照）。

　計画被曝の拘束値及び現存被曝状況での参考レベルは、従来通り年間実効線量（年間の mSv）で表されている。緊急時被曝状況において、参考レベルは、急性（かつ繰返しは期待されない）被曝で超えないように、また遷延被曝の場合には年間ベースでも超えないように規制者が計画する、緊急事態の結果としての個人への合計残存線量として表されるであろう。

　1 番目のバンドである 1mSv 以下は、個人が被曝する被曝状況——通常は計画被曝状況——に適用され、個人には直接的な便益がないかもしれないが、その被曝状況が社会の役に立つことがあるかもしれない場合である。計画された通常操業による公衆構成員の被曝はこの種の状況の主要な例である。このバンドの拘束値と参考レベルは、一般的な情報と環境サーベイランス（調査監視：引用者注）若しくは環境のモニタリング又は評価があり、かつ個人が情報を知らされるかもしれないが訓練は必要でないような状況に対して選択されるであろう。このバンドに対応する線量は、自然バックグラウンドをわずかに超える増加を示し、参考レベルの最大値よりも少なくとも 2 桁低く、したがって厳しい防護レベルを提供する。

　2 番目のバンドは、1mSv よりも高いが 20mSv を超えず、その被曝状況から直接の便益を個人が受ける事情に適用される。このバンドの拘束値と参考レベルは、個人サーベイランス又は線量モニタリング若しくは評価があり、また個人が訓練又は情報から便益を受けるような事情の下でしばしば設定されるであろう。計画被曝状況における職業被曝に対して設定される拘束値はその例である。異常に高い自然バックグラウンド放射線又は事故後の復旧段階を含む被曝状況も、このバンドに含まれることがある。

　20mSv よりも高く 100mSv を超えない 3 番目のバンドは、被曝を低減させるため

にとられる対策が混乱を起こしているかもしれないような、異常でしばしば極端
な状況に適用される。参考レベル及び、時として"一度限り"の50mSvを下回る
被曝に対しても、その被曝状況での便益が相応に高い事情の下では、このバンド
に拘束値を設定できるかもしれない。放射線緊急事態において被曝を低減させる
ためにとられる対策は、このタイプの状況の主要な例である。委員会は、<u>100mSv</u>
<u>に達するような線量は防護対策を常に正当化するであろうと考える。加えて、関</u>
<u>連する臓器・組織の確定的影響の線量しきい値を超える可能性がある状況では、</u>
<u>常に対策を必要とするべきである</u>（ICRP, 1999a・83項参照）。

　防護の最適化の原則を適用するのに必要な段階は、線量拘束値又は参考レベル
に対する適切な値の選択である。第1の段階は、被曝の種類、個人と社会の被曝
状況並びに他の社会的規準からの便益、及び被曝の低減若しくは予防の実行可能
性という観点から関係する被曝状況を特徴付けることである。（中略）拘束値又は
参考レベルの特定の値は、次に国や地域の属性と優先度をともに考慮に入れ、必
要に応じて国際的なガイダンスや他所のよい慣行を考慮した一般的な最適化プロ
セスによって確立されることがある。

⑩ 線量限度（勧告 5.10〔245〕～〔256〕）

　<u>線量限度は計画被曝状況にのみ適用されるが、患者の医療被曝には適用されな</u>
<u>い。</u>（中略）職業被曝又は公衆被曝のカテゴリーの中で、線量限度は、既に正当化
された行為に関連する線源からの被曝の合計に適用される。

　<u>計画被曝状況における職業被曝に対して、委員会は、"その限度は定められた5</u>
<u>年間の平均で年間20mSv（5年で100mSv）の実効線量として表されるべきであり、</u>
<u>かつどの1年においても実効線量は50mSvを超えるべきでない"という追加の規</u>
<u>定がつくことを引き続き勧告する。</u>

表6　計画被爆状況において勧告された線量限度の値[a]

限度のタイプ	職業被曝	公衆被爆
実効線量[a]	定められた5年間の平均として、年間20mSv[e]	1年につき1mSv[f]
以下は組織における年等価線量:		
目の水晶体[b]	150mSv	15mSv

皮　膚 [c), d)]	500mSv	50mSv
手　足	500mSv	—

a）実効線量の限度は、ある特定の期間の外部被爆からの該当する実効線量と、同じ期間における放射性核種の摂取からの 預託実効線量の合計である。成人に対しては、預託実効線量は摂取後 50 年の機関で計算され、子どもの場合に 70 歳までの期間について計算される。

b）この限度は ICRP の課題グループで現在検討中である。

c）実効線量にこの制限は、皮膚の確率的影響に対して十分な防護を与える。

d）被曝面積に関係なく、皮膚面積 1cm² 当たりの平均である。

e）実効線量はいかなる 1 年にも 50mSv を超えるべきではないという規定である。妊娠女性の職業被曝には追加の制限が適用される

f）特別な事情の下では、単年度における実効線量のより高い値が許容されることもあり得るが、ただし 5 年間にわたる平均が年に 1mSv を超えないこと。

（実効線量限度）（勧告 5.10）

　限度は実効線量で年 1mSv として表されるべきであると委員会は引き続き勧告する。しかし、ある特別な事情においては、定められた 5 年間にわたる平均が年 1mSv を超えないという条件付きで、年間の実効線量としてより高い値も許容される。

　実効線量限度は、外部被曝による線量と放射性核種の摂取による内部被曝からの預託線量の合計に対して適用される。*Publication 60*（ICRP, 1991b）において委員会は、職業上の摂取は、いくらか柔軟性を持たせるために 5 年間にわたり平均してよい、と述べた。委員会はこの見解を維持する。同様に、公衆構成員の線量の平均化が許されうる特別な事情の下では、公衆の摂取の 5 年間にわたる平均化も容認されるであろう。

　情報を知らされた既に被曝している個人が志願して人命救助活動に参加するか、又は破滅的な状況を防ぐことを試みている緊急時被曝状況の場合には、線量限度は適用されない。緊急救助活動を引き受ける、情報を知らされている志願者に対しては、通常の線量制限は緩和されるであろう。しかしながら、緊急時被曝状況

の後期段階での回復や復旧の作業を行う対応要員は職業的に被曝する作業者と考えられるべきであり、通常の職業被曝の防護基準に従って防護されるべきで、また、彼らの被曝は委員会が勧告する職業被曝の限度を超えるべきではない。委員会は、妊娠若しくは乳児に授乳している女性作業者に対して、特定の防護措置を勧告しており、緊急時被曝状況の事象における早期対応措置に付随する避けがたい不確実性を考慮すると、これらの条件における女性作業者は人命救助やその他の緊急活動を行う第一対応要員として雇用すべきではない。

実効線量の限度に加え、*Publication 60* には眼の水晶体と皮膚の局所的区域について、これらの組織は組織反応に対し実効線量限度によって必ずしも防護されないであろうという理由で、限度が定められた。適切な値は等価線量で設定された。これらの線量限度は引き続き変更されていない（表6略）。ただし、視力障害に関する眼の放射線感受性についての新しいデータが期待されている。委員会は、これらのデータ及び眼の水晶体の等価線量限度の考えうる意義について、データが利用できるようになった時点で考察するであろう。このリスクに関連する不確実性のゆえに、眼が被曝する状況における最適化は特に強調されるべきである。

組織に対する線量限度は等価線量で与えられている。その理由は、委員会が、確定的影響に関連する RBE 値は確率的影響の WR 値よりも常に低いと仮定しているためである。それゆえ、<u>その線量限度は、少なくとも低 LET 放射線に対するのと同程度の防護を高 LET 放射線に対しても与えると推測して差しつかえない。したがって、委員会は、確定的影響に関して WR 値を使うことは十分保守的であると信じる</u>。高 LET 放射線が決定要因であり、ある1つの組織（例えば皮膚）を主に被曝させる特別な状況においては、吸収線量で被曝を表し、適切な RBE を考慮するのがより適切であろう（付属書 B 略）。

⑪ 計画被曝状況（勧告 6.1〔253〕～〔254〕）

<u>計画被曝状況は、被曝が生じる前に放射線防護を前もって計画することができる状況、及び被曝の大きさと範囲を合理的に予測できるような状況である</u>。計画被曝状況を導入するに際しては、放射線防護に関わるすべての側面を考察すべきである。これらの側面は、設計、建設、操業、廃止措置、廃棄物管理、以前占有した土地及び施設の復旧を必要に応じて含み、また通常被曝だけでなく潜在被曝

も考慮する。計画被曝状況には、患者の介助者や介護者を含む患者の医療被曝も含まれる。計画被曝状況に対する防護の原則はまた、いったん緊急事態から制御可能な状態になったときは、現存被曝状況と緊急時被曝状況に関係する計画された作業にも適用される。

計画被曝状況においては、すべてのカテゴリーの被曝、すなわち職業被曝、公衆被曝、介助者や介護者を含めた患者の医療被曝が起りうる。計画被曝状況の設計と展開においては、通常の操業条件からの逸脱の結果生じるかもしれない潜在被曝を適切に考慮すべきである。潜在被曝の評価及び放射線源の安全とセキュリティの関連する問題に対して、十分な注意を払うべきである。

（職業被曝）（勧告 6.1.1）

委員会は以前、作業者の放射線防護に対する一般原則を勧告した（*Publication 75*〔ICRP, 1997a〕）。これらの原則は引き続き有効である。

委員会は、計画被曝状況における職業被曝を、線源関連の拘束値以下での最適化の手法によって、また規定の線量限度を用いて管理するよう、引き続き勧告する。拘束値は、その運用に係る計画被曝状況の設計段階で定めるべきである。計画被曝状況における多くのタイプの作業については、よく管理された運用において受けそうな個人線量のレベルについて結論を出すことが可能である。次にこの情報を、そのタイプの作業に対する線量拘束値を確立するのに使用できる。この作業は、工業用ラジオグラフィにおける作業、原子力発電プラントの定常運転、あるいは医療施設における業務などのように、かなり大まかに指定すべきである。しかし、特別な活動を指導するために拘束値を確立できるような、もっと具体的な状況が存在することもある。

そのような線量拘束値が運用レベルで設定されることは通常は適切であろう。線量拘束値を用いる際、設計者は、作業要員が同時に被曝するかもしれない他の線源と混同することを避けるため、その拘束値と関係のある線源を特定すべきである。計画被曝状況における職業被曝の線源関連の線量拘束値は、線量限度を超えないことを確実にするように設定すべきである。（中略）

臨時作業者や渡り作業者の防護には、複数の雇用主及び免許所有者が潜在的な責任を共有している可能性があるため、特別な注意が必要である。

（公衆被曝）（勧告 6.1.2）

計画被曝状況では、委員会は、線源関連の拘束値以下での最適化の手法により、規定の線量限度を用いて、公衆被曝を管理するよう引き続き勧告する。特に公衆被曝に対しては、一般に、各々の線源が、多くの個人にわたる線量の分布を生じるであろうから、より高く被曝する個人を代表するために代表的個人という概念を用いるべきである（ICRP, 2006a）。計画被曝状況における公衆の構成員に対する拘束値は、公衆の線量限度より低くすべきであり、通常は国の規制当局により設定されるであろう。

廃棄物処分に伴う公衆被曝の管理に対しては、委員会は以前に、年間約 0.3mSv を超えない公衆の構成員の線量拘束値が適切であろうと勧告した（ICRP, 1997d）。これらの勧告は、*Publication 81*（ICRP, 1998b）において、長寿命放射性廃棄物の計画処分に関し更に詳細に述べられている。

委員会は *Publication 82*（ICRP, 1999a）で、長寿命放射性核種の環境への計画放出があるような事情の下では、あらゆる被曝の妥当な組合せとビルドアップ（組み立てること：引用者注）を考慮して、環境中でのビルドアップが拘束値を上回る結果を生じるかどうかを考えるべきである、というガイダンスを発表した。このような検証の考察ができないかあるいは不確実すぎる場合には、長寿命の人工放射性核種に起因する線量の長期成分に年 0.1mSv のオーダーの線量拘束値を適用することが慎重であろう。自然放射性物質が関係する計画被曝状況では、この制限は実行不可能であり、また要求されない（ICRP, 1999a）。これらの勧告は引き続き有効である。継続している行為からの年線量のビルドアップが将来において線量限度の超過を引き起こさないことを確実にするため、線量預託を用いることができる（ICRP, 1991b; IAEA, 2000b）。これは、放出の原因となる計画的な活動の 1 年間のような事象から結果として生じる総線量である。過去の採鉱・選鉱活動のような、長寿命の天然放射性核種が関係する特別な状況に対しては、ある程度の柔軟性が必要となるかもしれない。

（潜在被曝）（勧告 6.1.3）

計画被曝状況では、ある一定のレベルの被曝が生じることは合理的に予想できる。しかし、計画された操作手順からの逸脱、放射線源の制御不能を含む事故、及び悪意ある事象に続いて、もっと高い線量の被曝が起こることがある。状況は計画されるが、このような被曝は、起こることが計画されていない。委員会は、

3章　低線量被曝の問題点

このような被曝を潜在被曝と呼ぶ。計画された操作手順からの逸脱や事故は多くの場合予見することができ、その発生確率も推定できるが、詳細に予測することはできない。放射線源の制御不能や悪意ある行為による事象はあまり予測できないものであり、特定のアプローチを必要とする。

　潜在被曝と通常操業における計画された操作から生じる被曝との間には、通常、相互作用がある。例えば、通常操業時の被曝を低減するために取られる措置は、潜在被曝の確率を増加させることがある。したがって、長寿命廃棄物を分散させるのではなく、貯蔵すると、放出物からの被曝を低減できるかもしれないが、それにより潜在被曝を増加させるおそれがある。潜在被曝を管理するため、何らかの監視及び保守の活動が企てられるであろう。これらの活動は通常被曝を増加させるかもしれない。

　計画被曝状況の導入の計画段階で、潜在被曝を考慮すべきである。被曝の可能性があることが、事象の発生確率を低減させることと、また、もし事象が発生した場合には被曝を制限及び低減することとの両方の対策につながるかもしれないことを認識すべきである（ICRP, 1991b; 1997b）。正当化と最適化の原則を適用する間、潜在被曝についてそれ相応の配慮がなされるべきである。

　潜在被曝は、次の3種類の事象を広く含んでいる。

● 潜在被曝が、計画被曝も受ける個人に主として影響する場合の事象――個人の人数は通常少なく、これに伴う損害は直接被曝した人の健康リスクである。このような被曝が起こるプロセスは比較的単純で、例えば潜在的に危険な照射室への入室である。委員会は *Publication 76*（ICRP, 1997b）に、このような事情における潜在被曝からの防護のための具体的なガイダンスを提示した。このガイダンスは引き続き有効である。

● 潜在被曝が多数の人々に影響を及ぼし、健康へのリスクばかりでなく、土地の汚染や食料消費の管理の必要など、他の損害も含むような事象――これに伴うメカニズムは複雑であり、原子炉の重大事故や放射性物質の悪意ある使用の可能性がその例である。委員会は、この種の事象に対する防護の概念的な枠組みを *Publication 64*（ICRP, 1993a）に提示した。この枠組みは引き続き有効である。委員会は *Publication 96*（ICRP, 2005a）において、悪意が関係する事象の発生後の放射線防護に関する追加的助言を提示している。

145

● 潜在被曝が遠い将来に起こる可能性があり、かつ長期にわたり線量が与えられるような事象、例えば深層処分場での固体廃棄物処分の場合——遠い将来において起こる被曝にかなり大きな不確実性が伴う。そのため線量推定値は、今後数百年程度を超える期間の後の健康損害の尺度と見なすべきではない。むしろ、それは、処分のシステムによって与えられる防護の指標を示している。委員会は *Publication 81*（ICRP, 1998b）によって、長寿命固体廃棄物処分に関する具体的なガイダンスを提示した。このガイダンスは引き続き有効である。

防護方策を計画又は判断するための潜在被曝の評価は、通常、以下の項目に基づく：a）被曝に至る事象シーケンスを通常示すように意図されたシナリオの構築、b）それぞれのシーケンスの発生確率の評価、c）結果として生じる線量の評価、d）その線量に関わる損害の評価、e）評価結果とある受容規準との比較、及び f）以前のステップを何度か繰り返す必要があるかもしれないような、防護の最適化。

シナリオを構築しそれを分析することに関する原則はよく知られており、工学で用いられることが多い。それらの適用については *Publication 76*（ICRP, 1997b）に論じた。潜在被曝の受容性についての決定は、被曝が起こる確率とその大きさの両方を考慮すべきである。ある事情の下で、この２つの要因を別々に考察して決定を行うことができる。他の事情においては、実効線量ではなく、放射線関連の個人の死亡確率を考察することが有用である（ICRP, 1997b）。この目的のためには、その確率は、１年間にその線量を受ける確率と、受けたとした線量を条件とする線量による放射線関連死亡の生涯確率との積として定められる。その結果得られる確率は、次に、リスク拘束値と比較することができる。確率がリスク拘束値より低い場合、それは耐容できる。これら２つのアプローチは、*Publication 81*（ICRP, 1998b）において、長寿命固体廃棄物処分に関する委員会勧告の中でともに論じられている。

リスク拘束値は、線量拘束値と同様に、線源関連であり、原則として、同じ線源に対応する線量拘束値で暗に示されるのと同様の健康リスクと同じであるはずである。しかし、安全でない状況の発生確率とその結果生じる線量の推定には、大きな不確実性がありうる。それゆえ、リスク拘束値に対して一般的な値を用いれば、しばしば十分であろう。作業者の場合、これは、ある特別の操作に対

する更に具体的な研究に基づくよりはむしろ、通常の職業被曝に関する一般化したものに基づくことができるかもしれない。委員会の線量制限体系が適用され、防護が最適化されている場合、ある選択された操作のタイプにおいて、平均的な個人に対する年間の職業被曝の実効線量はおよそ5mSvにもなることがある（UNSCEAR, 2000）。したがって、委員会は、平均年間職業被曝線量である5mSvに関係付けられる致死ガンの確率に相当する年間2×10⁻⁴という包括的なリスク拘束値を引き続き勧告する（ICRP, 1997b）。公衆の潜在被曝については、委員会は年間1×10⁻⁵というリスク拘束値を引き続き勧告する。（中略）

（放射線源の安全とセキュリティ及び悪意による事象）（6.1〔271〕以下）

　計画被曝状況に関連する潜在被曝は、放射線源の管理の喪失から生じることがある。ここ数年、この状況は注目の的となっており、委員会の特別な考察に値する。委員会の勧告は、適切な放射線防護の前提条件として、放射線源にはしっかりしたセキュリティ措置が施されていることを想定している（ICRP, 1991b）。すべての計画被曝状況における放射線被曝の管理は、環境においてではなく、線源に適用することによって行われる。委員会の見解は、いかなる事情にあっても線源の管理を放棄してはならないと要求している国際基本安全基準（BSS）に反映されている（IAEA, 1996）。委員会は放射線源の管理の地球規模の強化を支持する。

⑫ 緊急時被曝状況（勧告6.2〔274〕〜〔283〕）

　設計段階で潜在被曝の確率と影響を少なくするためにあらゆる合理的な措置を取ったとしても、このような被曝は緊急時への備えと対応に関連して考察する必要があるであろう。緊急時被曝状況は、急を要する防護対策と、またおそらく長期的な防護対策の履行も要求されるかもしれない不測の状況である。このような状況においては、公衆の構成員又は作業者の被曝が起こるばかりでなく、環境汚染も起こりうる。被曝は、複数の独立した経路で生じ、おそらく同時に作用するという意味で複雑になりうる。更に、放射線の危険には他の危険（化学的、物理的など）を伴うかもしれない。検討されている施設又は状況の種類によって精度は多少違うが、潜在的な緊急時被曝状況は前もって評価できるため、その対応行動をあらかじめ計画しておくべきである。しかし、実際の緊急時被曝状況は本来、予測できないので、必要な防護方策の本質は前もって正確には分からず、実際の

事情に合わせて柔軟に展開しなければならない。このような状況の複雑さと変わりやすさは、その勧告において委員会が特別な扱いをするのに値するような独特な性格を状況に与えている。

緊急時被曝状況においては、線量が短い期間で高レベルに達することがありうるので、重篤な確定的健康影響の防止に特に注意を払うべきである。重大な緊急事態の場合は、健康影響に基づく評価だけでは不十分であり、社会的・経済的影響及びその他の影響について然るべき考慮を払わなければならない。もう1つの重要な目的は、"通常"と考えられる社会的・経済的活動の再開のための準備を実行可能な範囲で行うことである。

緊急時被曝状況について計画する際、最適化のプロセスに参考レベルを適用すべきである。緊急時状況において計画される最大残存線量の参考レベルは、典型的には予測線量 20mSv から 100mSv のバンドの中にある。総合的な防護戦略について予想される残存線量は、この防護戦略の適合性を最初に評価する際の参考レベルと比較される。残存線量を参考レベルより下に低減できないような防護戦略は、計画段階で排除すべきである。

特別な緊急時被曝状況に対する防護戦略を準備する際に、それぞれが特定の防護措置を必要とする多数のさまざまな集団が同定されるかもしれない。例えば、緊急時被曝状況の起点（例として、施設、緊急事態の現場）からの距離が、考慮すべき被曝の大きさ、したがって防護措置のタイプと緊急性、を同定するという観点で重要かもしれない。被曝集団の多様性を念頭に置いて、防護方策の計画立案は、*Publication 101*（ICRP, 2006a）で記述したように、同定されたさまざまな集団からの代表的個人の被曝に基づくべきである。緊急時被曝状況が生じた後は、計画された防護方策は、考慮した全ての被曝集団の実際の条件に対して最もよく対処するように展開すべきである。また、妊娠中の女性や子どもに対して特別の注意を払うべきである。

緊急時計画は、可能性のあるすべてのシナリオに対処できるように（必要に応じた詳しさで）策定されるべきである。緊急時計画（国、地方又は施設ごとの）の策定は、評価、計画、資材配分、訓練、実地練習、監査、及び改訂を含む、多段階の反復する過程である。放射線緊急時対応計画はすべての危険に対する緊急時管理プログラムに統合されるべきである。

Publication 96（ICRP, 2005a）で論じたように、緊急時被曝状況の 3 つの段階は：初期段階（この段階は更に警告段階と放射線放出の可能性のある段階に分けられる）、中間段階（これは、いかなる放出も止まり、放出源の制御を回復した時点から始まる）、及び終期段階である。いずれの段階においても、将来のインパクトや防護方策の有効性、及び、中でも直接的又は間接的に影響を受けた人々の懸念に関する状況について、意思決定者の理解は必然的に不完全であろう。そのため、インパクトの定期的見直しにより、有効な対応策を柔軟に策定しなければならない。参考レベルは、状況について判明していることと履行した方策によって与えられた防護を比較することが可能なベンチマークを提供することにより、この見直しに重要な入力情報を与える。緊急時被曝状況の結果生じる長期汚染の管理は、現存被曝状況として扱われる。

⑬ 現存被曝状況（勧告 6.3〔284〕〜〔288〕）

　現存被曝状況は、管理についての決定がなされる時点で既に存在している状況である。放射線防護対策を正当化するか、あるいは少なくともそれを考えるほど高い被曝を生じるかもしれない多くのタイプの現存被曝状況がある。住居内又は作業場内のラドン、及び自然起源放射性物質（NORM）はよく知られた事例である。また、ICRP の防護体系内で行われなかった作業からの放射性放出物に由来する環境中の残渣、あるいは事故や放射線事象によって汚染された土地からのような、現存の人為的被曝状況に関して放射線防護の決定を行う必要もあるかもしれない。被曝低減対策が正当化されないことが明らかであるような現存被曝状況もある。現存被曝のうち、どのような構成要素が管理になじまないかの決定は、線源又は被曝の制御可能性ばかりでなく、経済的・社会的・文化的な一般的事情にも依存する、規制当局の判断が必要である。

　現存被曝状況は、複数の被曝経路が関与することがあり、またその被曝状況は一般に、極めて低い線量から、稀なケースでは数十 mSv に及ぶ年間個人線量の広い分布をもたらすという点で、複雑になりうる。そのような状況には、例えばラドンの場合のように、しばしば住居が関係し、また被曝する個人の行動が被曝レベルを決める場合が多い。もう 1 つの例は、長期にわたり汚染した地域における個人被曝の分布で、これは影響を受けた住民の食習慣の違いを直接反映する。被

曝経路が多岐にわたること、及び個人の行動が重要であることから、管理することが難しい被曝状況をもたらすことがある。

　委員会は、個人線量で設定された参考レベルは、現存被曝状況における被曝に対する最適化プロセスの履行と関連付けて使用すべきであると勧告する。その目的は、最適化された防護戦略、あるいはそのような防護戦略の漸進的な一連の拡張を履行して、個人線量を参考レベルより下に引き下げることである。ただし、参考レベルを下回る被曝は無視すべきではなく、防護が最適化されているか、又は更なる防護措置が必要かどうか確かめるため、それら参考レベルを下回る被曝事情についても評価すべきである。最適化プロセスのエンドポイントは先験的に決めてはならず、防護の最適化されたレベルは状況によるであろう。ある与えられた状況を管理するために履行される参考レベルの法的位置付けを決めるのは規制当局の責任である。防護対策を既に履行したときは、防護戦略の有効性を評価するベンチマークとして、参考レベルを遡及的に用いてもよい。（中略）予測線量1mSv から 20mSv のバンドに通常設定すべきである。関係する個人は、被曝状況に関する一般情報と、彼らの線量の低減手段を受けるべきである。個人の生活タイプが被曝の重要な要因となるような状況では、教育や訓練とともに、個人のモニタリング又は評価が重要な要件であることがある。原子力事故又は放射線事象の後の汚染された土地における生活は、この種の典型的な状況である。

　現存被曝状況について参考レベルを設定する上で考慮すべき主な要素は、その状況の制御の可能性、及び類似状況の過去の管理経験である。ほとんどの現存被曝状況では、被曝した個人と当局者が、被曝を"通常"と考えられるレベルに近いかあるいは同等のレベルまで引き下げることを望んでいる。これは特に、NORM 残渣や事故による汚染などのような、人の活動から生じる物質による被曝の状況に当てはまる。

　まず、2007 年勧告は、上記⑧で、100mSv 以下の確率的影響について、LNT仮説を採用することを明言していることを指摘しておかなければならない。加えて同勧告は、次のような重要な変化がある。（論文7頁）
1）被曝状況を「計画被曝状況」「緊急時被曝状況」「現存被曝状況」の3つに分類し、それぞれについての防護体系を定めた。

3章　低線量被爆の問題点

2）正当化と個人の線量限度は残したものの、防護の最適化を一層重視している。

3）個人の線量限度は計画的被曝状況にのみ適用することを明確にした。

4）最適化の目安として計画被曝状況では拘束値を、緊急時被曝状況と現存被曝状況では参考レベルを用いることを勧告した。

5）拘束値と参考レベルを状況に応じて選定する3つの枠（バンド）を示した。枠の境界線量を年間又は急性線量として1、20、100mSvとした。

6）実効線量と集団線量の用例に、反省から、その使用を制限し、使用法を開設した。

7）、8）略

9）確率的影響について名目リスク係数は、1990年勧告と比較して、ガンについては微減、遺伝的影響については大幅に減少させた。

6　国連人権理事会特別報告と日本政府の反論

(1) 国連人権理事会特別報告

国連「健康に関する権利」に関する特別報告者アナンド・グローバー氏が、2012年11月に来日して福島原発事故による被災地の調査を実施した報告書が、2013年5月27日に、国連人権理事会に提出された。[23] 次のような多くの点に関する勧告を行っている。（（　）内は頁数）。

原発事故の緊急対応システムの策定と実施について（76項）

(a) 指揮命令系統を明確に定め、避難区域・避難所を特定し、社会的弱者を救助するガイドラインを含む原発事故の緊急対応計画を確立し、定期的に見直すこと。

(b) 原発事故の影響を受ける危険性のある地域の住民と、事故発生時の対応や避難方法を含む災害対応計画について協議すること。

(c) 原発事故発生後、可及的速やかに、災害に関連する情報を公開すること。

(d) 原発事故発生前、又は事故発生後可及的速やかに、ヨウ素剤を配布すること。

(e) 原発事故の影響を受ける地域に関する情報を集め、広めるために、「緊急時迅速放能影響予測ネットワークシステム」（SPEEDI）のような技術の迅速かつ効

151

果的な利用を提供すること。

原発事故の影響を受けた人々に対する健康管理調査について（77項）

（a）長期間の、全般的・包括的な健康管理調査を通じ、原発事故の影響を受けた人々の健康に関する放射能による影響を継続的に監視すること。必要な場合、適切な治療を行うこと。

（b）健康管理調査は、年間 1mSv 以上の全ての地域に居住する人々に対し実施されるべきである。

（c）すべての健康管理調査をより多くの人が受け、調査の回答率をより高めるようにすること。

（d）健康基本調査には、個人の健康状態に関する情報と、放射線被曝の健康影響を悪化させる可能性がある他の要因を含めた調査がされるようにすること。

（e）子どもの健康管理調査は、甲状腺検査に限定せず、血液・尿検査を含む全ての健康影響に関する調査に拡大すること。

（f）子どもの甲状腺検査の追跡調査と二次検査を、親や子が希望する全てのケースで利用できるようにすること。

（g）個人情報を保護しつつも、検査結果に関わる情報への子どもと親のアクセスを容易なものにすること。

（h）内部被曝の検査は、ホールボディカウンターに限定することなく、かつ、地域住民、避難者、福島県外の人々等、影響を受けた全ての人々に対して実施すること。

（i）全ての避難者及び地域住民、とりわけ高齢者、子ども、妊婦等の社会的弱者に対して、メンタルヘルスの施設、必要品、及びサービスが利用できるようにすること。

（j）原発労働者に対し、被曝による健康影響調査を実施し、必要な治療を実施すること。

放射線量に関連する政策・情報提供に関して（78項）

（a）避難区域、及び放射線の被曝量の限度に関する国家の計画を、最新の科学的な証拠に基づき、リスク対経済効果の立場ではなく、人権を基礎において策定し、年間被曝線量を 1mSv 以下に低減すること。

（b）放射線被曝の危険性と、子どもは被曝に対して特に脆弱であるという事実に

ついて、学校教材等で正確な情報を提供すること。

(c) 放射線量の監視においては、住民による独自の測定結果を含めた、独立した有効性の高いデータを取り入れること。

除染について（79項）

(a) 年間 1mSv 以下の放射線レベルに下げるための時間目標を明確に定めた計画を、早急に策定すること。

(b) 放射性廃棄物の貯蔵場所を、標識等で明確にすること。

(c) 放射性廃棄物の安全で適切な一時・最終保管場所の設置を、住民参加の議論により決定すること。

透明性と説明責任の確保について（80項）

(a) 原子力規制当局、及び原子力事業者に、国際的に合意された安全基準やガイドラインを遵守するよう求めること。

(b) 原子力規制委員会の委員と原子力産業との関連について、委員自身による情報の公開を確実にすること。

(c) 原子力規制委員会が集めた国内、及び国際的な安全基準・ガイドラインに基づく規制と、原発事業者による遵守に関する情報は、独立した監視ができるよう公開すること。

(d) 原発事故による損害について、東京電力等が責任をとることを確実にし、かつ、その賠償・復興に対する支払いの法的責任が、納税者に転嫁されないようにすること。

賠償や救済措置について（81項）

(a) 「原子力事故 子ども・被害者支援法」の実行体制を、影響を受けた住民の参加を確保して策定すること。

(b) 復興と人々の生活再建のための費用を、救済措置に含めること。

(c) 原発事故と被曝により生じた可能性のある健康影響について、無料の健康診断と必要な治療を提供すること。

(d) 被害者による東京電力に対する損害賠償請求が、更なる遅延が生ずることなく解決されるようにすること。

以上の勧告を行う前提として、調査の結果について概略以下の事実を指摘し

ている。

① （調査団は）日本政府からの招待を受けて、2012 年 11 月 15 日〜26 日の間、日本を訪問した。この任務の目的は、対話と協調の精神を基本に、健康に対する権利の実現に向けた、日本政府が講じた対策について確認することであった（1.）。

② 国連特別報告者は、外務省、厚生労働省、文部科学省、及び環境省の政府高官、復興庁、及び原子力規制委員会の幹部と会合した。また、国連機関の代表者、健康に関する専門家、学者、市民団体及び地域の代表者にも会った。さらに、福島県、及び宮城県の地方自治体の幹部職員にも会った（3.）。

③ 福島第一原発の事故によって放出された放射性セシウム（137Cs）の量は、広島に投下された原爆の 168 倍であったと推測される。東京電力によると、この事故により 900 ペタベクレルの放射性ヨウ素と放射性セシウム等が放出された（8.）。

④ チェルノブイリ、スリーマイル島、及び福島での原発事故には類似点があるので、それらの事故の教訓を引き合いに出されることは理解できる。しかし、チェルノブイリの原発事故に関する重要な詳細情報が、1990 年まで公表されなかった点を重視している。したがって、チェルノブイリに関する研究は、放射能汚染及び被曝の影響を十分に認識していない可能性がある。そのため、チェルノブイリの原発事故後の甲状腺ガンの罹患率の増加だけを認めて、福島の原発事故に当てはめることには懸念がある。チェルノブイリの原発事故後の被曝が健康に与えた影響に関する報告書は、他の健康異常の証拠を不確定なものと見ている。遺憾なことに、このことは、染色体異常、病的状態にある子ども及び大人の増加、機能障害、及び白血病等、監視が必要と思われる被曝による健康への他の影響を無視している（9.）。

⑤ 日本政府は、汚染地域への再居住のための年間被曝線量の基準レベルを 1〜20mSv とする国際放射線防護委員会（ICRP）の勧告に依拠している。しかし、広島及び長崎の原爆の生存者に関する寿命疫学研究は、長期的な低線量被曝と発ガン率の増加との因果関係を示している。これらの研究結果を無視することによって、低線量放射線を長期間被曝した場合の健康への影響に対する理解が

3 章　低線量被爆の問題点

阻害され、健康上の影響を受けやすくなることを懸念している（10.）。

⑥「電離放射線障害防止規則（第 3 条）は、3 カ月間の放射線量が 1.3mSv を超える地域を管理区域とするよう規定している。勧告されている一般公衆の放射線被曝限度は年間 1mSv である。1991 年 2 月 27 日、ウクライナ SSR 最高会議によって採択されたチェルノブイリ事故に関する基本法では事故にともなう被曝量が年間 1mSv 以下という条件で居住が認められる。この条件が充たされなければ、住民に“クリーン”地域への移住の権利が認められる、何の制限もなく生活し働くための放射線量限度を 1mSv とした。

⑦ 日本の原発事故は、妊婦、高齢者、及び子どもの身体的・精神的健康に影響を与えているが、その正確な影響は、いまだ明らかになっておらず、低線量被曝の長期的な影響も依然研究中である。避難は、メンタルヘルスに関する問題を生じさせ、家族及び地域社会の分断を引き起こしている（11.）。

⑧ 健康に対する権利によって、国家には、良質な医療施設、製品、及びサービスを確実に利用できるようにすることが求められる。これは、個人の自身の健康に関して、情報に基づいた決定ができるような情報の提供が含まれる。さらに、放射線の健康に対する悪影響を監視することや、タイムリーな健康管理サービスの提供は、健康に対する権利を実現させる上で重要な要素である。また、国家は、早期に人々の生活及び健康を回復するために、原発事故の被災地域の除染について、根拠に基づいた政策を実施することが求められている。最後に、ガバナンスにおける透明性と説明責任、賠償が受けやすいこと、及び意思決定過程に被害者が参加することは、健康を維持する権利を享受するために不可欠である（13.）。

⑨ 日本政府が指定した避難区域は、放射性プルーム（引用者注：原子力発電所施設等から放出された微細な放射性物質が、大気に乗って煙のように流れていく現象）による汚染の可能性のある地域を示す科学的データが根拠というより、むしろ福島第一原発からに近いかどうかが基準となっている。強制避難区域は、一定期間ごとに変更され、最終的に 20km 圏内まで拡大された。自主避難は、最終的に原発から半径 20 〜 30km 圏内の区域について認められた。高放射線量の地域に対する避難指示は、事故発生から 1 カ月経ってようやくだされた。2011 年 4 月 22 日、日本政府は、葛尾村、飯舘村、浪江町、及び南相馬市と川俣町の

155

一部の地域を含む、福島第一原発から西北50km圏内までの地域に対して避難指示を出したが、これは、放射性物質が、原発から風によって運ばれたことにより、これらの地域において、高線量の放射線が検出されたためである。したがって、これらの地域の人々は、かなりの期間、高線量放射線にさらされていたことになる。SPEEDIの使用後でさえ、予測データがすぐに公開されることはなかった（17.）。

⑩ 遺憾なことに、日本政府は、原発事故の後、安定ヨウ素剤を投与するために迅速な指示を行わなかった。また、いくつかの地方自治体は、安定ヨウ素剤を備蓄していたにも拘わらず、それを配布しなかった。福島県立医大の職員との会合で、安定ヨウ素剤を用いた予防策により有害な副作用が生じる可能性を心配して、安定要素剤を投与する決定が遅れたことを知った。ただし、放射線医療では吸収線量が100mGy未満の場合であれば許容レベルだが、その場合でも安定ヨウ素剤を投与すべきで、投与により重大な被害は生じない（21.）。

⑪ 福島県は、782億円と言われる日本政府からの交付金を受けて、県当局と福島県立医大が、共同で健康管理調査を実施している（23.）。しかし、福島県当局の能力不足により、健康管理調査が思うように進んでいない現状を懸念する声を聞いた（24.）。

基本調査では、事故当時又はその後の、一人ひとりの健康状態に関する質問は行われなかった。

調査には、従来型の負傷、放射線によるもの、もしくはその両方による負傷等、原発事故当時の負傷に関する標準的な医学的質問項目が欠如していた。

この調査では、ガン検診、甲状腺疾患、放射線治療、職場での過去の放射線被曝、及び喫煙のような危険因子に関する質問項目等、回答者のガンの病歴を尋ねる質問内容も含まれていなかった（以上は26.）。

基本調査は事故から3カ月後に行われ、回答者の事故当時の活動に関する記憶だけに頼るものであった。

さらに、調査対象となる集団の大きさが、被曝による健康への影響を分析、理解する上で重要な役割を果たす。例えば、スリーマイル島等では事故以降に行われた調査では、被害者の92〜93％のデータが6週間以内に集まった。しかし、福島県での基本調査の回答率は、2012年10月の時点で23％という低い状

況にあるとの報告を受けた。この低い回答率と、3カ月という時間差が生んだ回答の不明確な性質により、原発事故の健康への影響を、正確に把握し、評価することができない可能性がある。被害者に十分な健康管理調査を行うために追加の対策を採るよう日本政府に奨励する。

さらに、事故による放射性降下物が、福島県以外の県にまで達している可能性があることに鑑み、国連特別報告者は、実効線量が年間 1mSv を超える福島県以外の地域まで調査地域を広げるよう、日本政府に要請する（以上は27.）。

⑫ 健康に対する権利により、国家は、子どものような社会的弱者に対して特別な注意を払う必要がある。

福島県当局は、2011 年 3 月 11 日時点で 18 歳以下だった全ての子どもを対象に、甲状腺検査を行った。2011 年 10 月から開始され、2014 年 3 月まで行われる予定で、その後も継続的して子どもが 20 歳になるまで 2 年ごとに行われる。子どもたちが 20 歳を迎えた後も、5 年ごとに継続して行われる予定になっている。

日本政府のこの取り組みを評価するとともに、チェルノブイリ原発事故以降、被曝した子どもが白血病を発症する可能性があることが疫学によって明らかになったことに鑑み、子どもに対して、白血病等、放射線による他の健康被害も調査するよう、日本政府に要請する（以上は28.）。

甲状腺の検査の結果は、4 つのカテゴリーに分類され、検査結果 A1 は、小結節もしくは囊胞が検出されたことを示し、同 A2 は、検出された小結節の大きさが 5.0mm 未満であること、かつ／又は、囊胞の 大きさが 20.0mm 未満であることを示し、同 B は、小結節の大きさが 5.1mm 以上、かつ／又は、囊胞の大きさが 20.1mm 以上であることを、これに該当する子どもは、二次検査の対象となること、同 C は、早急に二次検査の必要性があることを、それぞれ示す。

ただし、結節の大きさが必ずしも悪性を示唆するものでないということに留意する必要が重要である。A2 判定の子どもに対する追跡治療は 2 年後に実施される。しかしこの期間は、悪性リスク増加の指標となる腫瘍の成長率を検査するためには長過ぎる。最新の公式情報によると、2011 年に検査を行った 3 万 8,114 人の子どものうち 186 人（0.5%）、2012 年の検査対象 2 万 4,975 人のうち 548 人（0.6%）が B 判定となっている（以上は 30.）。

日本甲状腺学会が、A2判定を受けた子どもの二次検査を行わないよう指導していているとの情報を得た。このため、親と子どもは、甲状腺ガンの可能性を軽減するための対策を事前に講ずることができずに、2014年3月以降の2巡目の一次検査を新たに受けなければならない。日本政府に対し、健康に対する権利の行使を阻害する障壁を取り除き、健康に対する権利に基づき、子どもと親が、必要に応じてセカンドオピニオンや二次的な健康検査を受けられるようにすることを要請する（31.）。

　　複雑な情報公開法の手続により、親が甲状腺検査の結果をなかなか入手できないとの情報を得た。情報の守秘義務は、健康に対する権利の重要な一面ではあるものの、自分自身の健康に関する情報を得る上で障害になってはならない。健康に対する権利に則り、国は、個々人の維持決定能力に関わる自らの健康に関する情報を入手できるようにして、健康に関する情報に基づいた決定を下す個人の権利を保障しなければならない（32.）。

⑬　総合健康調査（注　県民健康管理調査「健康調査」）は、健康情報を精査し、さまざまな疾病の罹患率を評価し、回答者の健康状態を改善することを意図したものである。

　　チェルノブイリ事故後、内分泌、造血、循環器、消化器系の罹患率の増加が、被害者に認められた。このため、健康管理調査に、内部被曝検査を含めるべきである。

　　日本国内では8歳の幼い子どもの尿サンプルから、すでに放射性セシウムが検出されている。ただし、この健康調査では、16歳以下の子どもの尿検査は実施されていない。また、汚染された農作物の摂取により内部被曝のリスクを拡大し、白血病を発症する恐れのある放射性ストロンチウムをチェックする検査も実施すべきである（以上は33.）。

　　ガンマ放射線の内部被曝を計測するホールボディカウンターが、福島県全域の健康管理施設で利用できる状況にないとの情報を得た（34.）。

　　日本政府に対し、消費する食品に含まれる放射性物質の許容限度量を引き下げるよう依頼している。入念な科学的サンプリングは、食品の放射能測定にとって重要である。しかし、日本政府の検査には不満があり、市民測定所の方を好む人々がいることに注目している。日本政府は、日本国民の信頼不足を埋め

るための対策を講じることが必要である（34.）。

⑭ 健康に対する権利を尊重、保護、遂行する義務は、継続的な義務であり、子孫の代にも及ぶ。しかし、子の妊娠と出生に関する調査（注：妊産婦に関する調査）は、チェルノブイリ事故で、子どもの奇形や胎児の死亡が大幅には増加しなかったという前提に基づいている。調査には、女性の出産前の健康、出産の記録、精神衛生が含まれる。胎児もしくは出産後の子どものモニタリングの実施は調査に含まれない。最高水準の心身の健康を補償するため、日本政府に対して、調査内容を見直すとともに、子宮内被曝と（胎児の）精神障害には関連性があるとする研究に考慮するよう要請する。更に、日本政府に対し、未だに不確定な子宮内被曝と白血病の関連性について調査することを要請する（以上は36.、41.）。

⑮ 年間被曝限度20mSvは、原子力緊急事態により、日本政府によって適用されている基準である。日本政府は、この基準が、原発事故以降の居住可能地域を決定する際の参照レベルとして、年間放射線量1〜20mSvを勧告しているICRPから発行された文書に依拠したものだとしている。ICRPの勧告は、政府のすべての行動が、損失に比べて便益が最大化するように行われるべきであるという、最適化と正当化の原則に基づいている。このようなリスク便益分析は、個人の権利よりも集団的利益を優先するため、健康に対する権利の枠組みに合致しない。健康に対する権利の下では、すべての個人の権利が保護される必要がある。さらに、人々の心身の健康に長期的に影響を及ぼすこのような決定は、人々の自発的、直接的な参加とともに行われるべきである（47.）。

⑯ 特別報告者に対して、100mSv未満では発ガンに対して過度の危険がないため、年間放射線量20mSv以下の地域に住むのは安全であると断言した。しかし、ICRPもまた、発ガンまたは遺伝的疾患の発生が約100mSv以下では放射線量の増加に正比例するという科学的可能性を認めている。さらに、長期的な低線量電離放射線被曝の健康への影響を調査する疫学研究は、白血病のような血液性ガンに対する過度の放射線リスクについてしきい値はないと結論付けている。固形ガンに関する追加的放射線リスクは、直線的な線量反応関係により一生を通して増加し続ける（48.）。

⑰ 政府は、健康上の政策を科学的証拠に基づいて導入すべきである。政策は、健

康に対する権利の享受をできるだけ妨げないように策定すべきである。放射線量限度を設定するにあたって、健康に対する権利に基づき、特に影響を受けやすい妊婦や子どもなどについて配慮しながら、人々の健康に対する権利に影響を与えないように要求する。低線量の放射線でも健康に影響を与える可能性があることに鑑みて、避難者は、年間放射線量が可能な限り減少し、年間 1mSv を下回るレベルになったときのみ帰還を推奨されるべきである。その間にも、政府は、すべての避難者が帰還するか避難し続けるかを自分で決定できるように、すべての避難者に対する財政的支援および補助金を提供し続けるべきである（49.）。

⑱ 国は、十分な情報に基づいて子どもの健康に関する決定がなされることを促進するために、子どもおよび該当する場合は親に提供される、放射能および放射線に関する情報を、正確かつ科学的に妥当なものとすべきである。さらに、健康に対する権利を尊重するために、国は健康に関する誤った情報が伝わらないようにしなければならない。特別報告者は、福島の公立学校における義務的な放射能教育のための正規のカリキュラムについて説明を受けた。<u>副読本および発表用の教材は、100mSv 以下から 0 レベルの放射線に短時間さらされた場合、ガンを含む病気に罹患する過度のリスクが存在するという明確な証拠はないと言及している。このことは、日本の国内法や国際的な基準または疫学研究と合致しない。そして、特別報告者は、この教科書が、放射線が健康に及ぼす影響に対する子どもの脆弱性が高まることに言及していない点を指摘する。</u>このような情報は、子どもや親の安全性に関する誤った意識を植え付けることになり、その結果、子どもが高レベルの放射線にさらされることになりかねない。特別報告書は、政府に対して、効果的で年齢に応じた分かりやすい方法で、健康問題を予防および管理する方法を含めて、原発事故に伴う健康への影響の正確な説明を行うべきことを要請する（51.）。

⑲ 除染作業のための法的枠組みを規定した放射性物質汚染対策措置法が 2011 年 8 月に公布された。しかし、同法の基本方針及び基本的な重要規定は、2012 年 1 月まで施行されたなかった。（略）<u>除染政策は、それ以前に、原子力発電産業に対する規制枠組みの一部として規定しおくべきであった。そうであれば、政府は、2011 年 11 月よりも早く除染作業を実施することができただろう</u>（52.）。

㉒ 健康に対する権利は徐々に実施されるべきものであるが、国は、熟慮された、具体的で目標の定まった実施手順を緊急に策定し、実施しなければならない。2013年以降に除染を実施し、年間放射線量を1mSv未満に抑えることについて、具体策もスケジュールもないのは遺憾である。特別報告者は、政府に対して、できるだけ早く年間の放射線量を1mSv未満に低減することを目標に、長期的な除染政策を緊急に策定することを要求する（54.）。

㉑ 5〜10cmの表土除染を含む除染作業により、政府は、除染土壌の安全な保管という課題を抱えている。現在、当局は、放射線汚染物質をプラスチックで覆われた土嚢に入れて居住地域に保管したり、保護容器に入れて、遊び場の下の地下に埋めたりしている。訪問中、特別報告者は、これらの地域で、健康に対する権利に反して、放射性汚染物質の存在を人々に知らせる標識をみかけなかった（57.）。

㉒ 特別報告者は、2012年6月に法律（注：原発事故子ども・被害者支援法）が成立したにもかかわらず、まだ、実施のための基本方針が採択されていない点を懸念する。同法の実施にあたって、同法8条に基づき、「支援対象地域」が明確にされる必要がある。特別報告者は、「支援対象地域」は、年間1mSvを超える地域を含むべきであると確信している。また、施策の実施に際しては、すべての被害者に対して、放射線被曝に関する、無償で生涯にわたる健康診断と医療を提供することを明確にすべきである。また、民法で規定される20年の時効は、原発事故に関した医療に対する経済的支援には適用すべきではない（68.）。

（2）日本政府の反論

6月21日付『東京新聞』「こちら特報部」の記事は次のような内容である。

　勧告を受けた日本政府は、激しく反発。人権理事会に提出した「反論書」で、「報告は個人の独自の考え方を反映し、科学や法律の観点から事実誤認がある」と言い切っている。

　SPEEDIの情報公開が遅れたとの指摘に対しては「すでに政府のホームページに掲載され、一般に公表されている。今では速やかに情報を公開する準備がある」と説明。

子どもの尿や血液の検査については、「尿検査は日本の学校では毎年行っている。血液検査は、科学的な見地から必要な放射線量が高い地域では実施している。不必要な検査を強制することには同意できない」と拒否した。

　公衆の被曝線量を年間1mSv未満に抑えることには「国際的に受け入れられている国際放射線防護委員会（ICRP）の勧告と国内外の専門家の議論に基づき避難区域を設定している」と反論した。

　除染を終える時期については「除染によって1mSv未満に下げるのは長期的な目標」とだけしか回答しなかった。

　報告には、原発作業員の健康影響調査と治療が必要との指摘もあったが、「法律で6カ月ごとに必要な医療検査を行うことを雇用者に義務づけている。必要とされる治療も提供される」と説明した。

　避難基準について、内閣府原子力被災者生活支援チームの担当者は取材に「線量が高いからといって住み慣れた家を離れるよう強いれば、環境の変化が健康リスクになりえる」と話した。

　こうした日本政府の反論に欺瞞はないのか。

　SPEEDIの情報提供について、申惠丰教授（青山学院大学・国際人権法）は「公表が遅れたために、高線量の地域にとどまった住民も多い。こうした経緯に一切触れず、時間が経ってから公表した事実だけを述べて反論するのは説得力を欠く」と指摘する。

　子どもの尿と血液の検査の必要性については、国会事故調の委員を務めた元放射線医学総合研究所主任研究官の崎山比早子氏は「学校の尿検査だけでは、セシウムの検出はできない。甲状腺炎などの異常を見つけるためには、血液検査も必要だ」と批判する。

　ICRPの勧告は、復旧期の被曝基準を1～20mSvとしている。だが、グローバー氏はICRPの勧告が「リスクと経済効果をてんびんにかける」という考え方に基づいている問題性を指摘し、「個人の権利よりも集団の利益を優先する考え方をとってはならない」と断じている。

　「避難することで高まる健康リスクもある」と言うが、崎山氏は「そうした考え方を、避難を望む人にまで押しつけてはならない」と言う。避難するかとどまるかを自由に選択できるようにし、必要があれば経済的な援助をするのが政府の役

割のはず。

　原発作業員について、申教授は「作業員はかき集められ、十分な被曝対策もないまま作業に当たらされているのが実態」と話す。

　「健康を享受する権利」は、日本も批准した人権条約「国際人権規約」で規定された権利だ。

　日本政府はなぜ、人権侵害の指摘を打ち消そうと躍起になるのか。国際人権NGO「ヒューマンライツ・ナウ」の伊藤和子事務局長は「日本の原発は安全で、対応も完璧だと国際的に評価されたいのだろう」とみる。申教授は「あまりに人権を軽視している。まず人権侵害の状況があることを認め、一刻も早く改善に向けた具体的な道筋を示さなければならない」。

　グローバー氏は取材に、「誰もが十分な健康検査を受けられることが、健康を享受する権利の核心。日本政府は、適切で十分な健康ケアが、全ての関係者に行き届くようにしなければならない」と強調した。

（3）政府の反論に対する批判

　ヒューマンライツ・ナウから、上記日本政府の見解に対する日本のNGO、専門家の批判的コメントが公表されている。ほぼ全文を掲載する。[24]

① 日本政府はグローバー報告について、「科学的、法的見地から見て事実誤認がある」とし、その根拠として、国際機関の報告書やガイドライン、基準に根拠を求めているが、日本政府は、国際的な基準や報告書を正しく理解しておらず、また、都合のよい部分のみをミスリーディングに引用して反論するにすぎず、この文書を通じて日本政府が国際的な基準や報告書に対し、無理解であることが露呈された。また、日本政府は現在も続く深刻な問題について「対応済み」と事実に反する回答をしているところが随所に見られ、アナンド・グローバー氏が提案の基礎に置く、基本的人権の枠組みを無視している。政府は福島第一原発事故後、さまざまな対策をとってきたものの、健康に対する権利を守るという観点からは不十分であり、この報告書は厳格に受け入れるべきである。
② 政府が繰り返し主張している「対応済みである」という文言は適当ではない。多くの政策変更・改善はいまだ進行過程であり、完了しているとはいえない。

163

さらに、過去のこととして処理していること自体、アナンド・グローバー氏の前向きな姿勢を理解していない。同氏の報告書は福島第一原発事故で引き起こされた目の前の問題だけでなく、次に起こるかもしれない災害に対し即時に対応できることを目的としている。したがって、「対応済み」との返答は不適切である。

また、原子力災害対策指針は、本年6月に全部改訂されたばかりであるが、その目的は、自治体がこの指針に基づく防災計画を策定するところにあるとされている。しかし、政府は抽象的な指針を策定しただけで、具体的にこれをあてはめて防災計画を策定するのは各自治体にすべて委ねられている。そして、まだ2割以上の市町村が防災計画を策定できていない。

また、原子力災害対策指針等の実効性・実現可能性も疑問である。住民を原発周辺から避難させるためには、インフラの整備が必要であるが、原発が存在する地域の多くで避難先および避難経路が決まっていない。政府コメントでは「日本政府、地方自治体および原子力事業者が、非常時の行動計画を個別に策定している」としているのに対し、グローバー報告ではまず「指揮系統を明確に定め」としており、複合的な緊急状況における意志決定と指示責任の明確化および現場との迅速かつ双方向の情報伝達手段確保を求めている。「個別に定める」としかしていない政府コメント自体が「対応済み」でないことを暴露している。

③ 地域の防災計画が策定されていない自治体も多いなか、「対応済み」とは到底いえず、回答は明らかに問題がある。また、特別報告者は住民との協議の重要性を指摘しているにもかかわらず、政府は住民との協議について一言も触れないまま「対応済み」としており、住民との協議を軽視する政府の姿勢を示すものにほかならない。

④ 福島第一原発事故の結果、情報公開が即座になされず、SPEEDIの情報は隠ぺいされ、土壌汚染等の公開も著しく遅れたが、このことに関する政府としての検証はなされておらず、再発防止策も明確に策定されていない。原子力災害対策指針には情報公開に関する抽象的な項目が記載されているだけで、具体性に欠ける。「対応済み」とは到底いえないはずである。

⑤ 原子力災害対策指針には、安定ヨウ素剤の配布について一般的に述べられているに過ぎず、その内容は、全面緊急事態に至った後に指示をするのでそれに従

え、というに留まり、国民・自治体に対する事前の説明・ガイダンスもない。そのため、「どれくらい服用すればよいか、どこに取りに行けばよいか」など、住民には全くわからないままである。

⑥ 日本政府の回答は、特別報告者の勧告に全く対応していない。福島第一原発事故直後に SPEEDI の結果が即座に公表されず、放射性プルームの通過を予測できないまま被曝した人々がいた。「緊急時迅速放射能影響予測ネットワークシステム」としての第一義的役割である原発事故直後の緊急時の影響予測の公表がなされなかったことは致命的であり、本来被曝を避けられたはずの人々を被曝に晒したことに対する反省がみられない。特別報告者は、この反省にたって、将来的な計画を提案しているのであり、真摯に対応すべきである。

⑦ 日本政府は、医療専門家の見解を尊重していない。例えば日本医師会は、子どもに 20 mSv までの被曝を許容する文部科学省の決定に対し、そのもとになっている「国際放射線防護委員会（ICRP）が 3 月 21 日に発表した声明では、『今回のような非常事態が収束した後の一般公衆における参考レベルとして、1 〜 20 mSv/ 年の範囲で考えることも可能』としているにすぎない。この 1 〜 20mSv を最大値の 20mSv として扱った科学的根拠が不明確である。また成人と比較し、成長期にある子どもたちの放射線感受性の高さを考慮すると、国の対応はより慎重であるべきと考える」との声明を発表している。(http://dl.med.or.jp/dlmed/teirei フリーラジカル iken/20110512_31.pdf)

政府は今も 20mSv までの被曝を子どもに許容している。

また、原子力規制委員会に設けられた「東京電力福島第一原子力発電所事故による住民の健康管理のあり方に関する検討チーム」には、福島県医師会のメンバーが委員として参加したが、その意見は結論にほとんど取り入れられなかった。

政府が回答の中で焦点を当てている、「国連科学委員会（UNSCEAR）の 2008 年報告書などに述べられている、放射能の影響に関する医療専門家による研究結果の蓄積された学識に基づき」との前提は問題がある。第一に、UNSCEAR はよく参照される科学的組織と見なされているが、他にも多くの団体、組織が原発事故後の健康モニタリングに関し適切な見解を公表しており、低線量による健康リスクについて慎重な立場から検討するため、UNSCEAR 報告のみにガイダ

ンスを求めるべきではない。

⑧ 福島県健康管理調査は、グローバー氏の述べる、「全般的・包括的な健康管理調査」とはいえない範囲の狭いものであり、政府は、782億円を福島県に資金拠出をしたことをもって「既に対応済み」としているのは極めて問題である。また、グローバー氏は「長期間の」検査と治療を求めているのであり、「対応済み」ではあり得ない。

⑨ 健康調査を拒絶するのは、言い逃れに過ぎない。日本では公衆の被曝限度が長年1mSvとされてきたことに鑑みても、特別報告者の勧告を誠実に実現すべきである。日本政府が、アメリカ等の自然放射線量を理由に追加線量1mSv以上の地域での健康調査を拒絶するのは、言い逃れに過ぎない。自然放射線以外に医療被曝もあり、健康影響としては同等であって被曝線量によるとしても、それらとは別に原発や核施設由来などの人工放射線に防護基準を定めることによって、健康被害を防止するのが他の化学物質に対するリスク管理にも共通する公衆衛生上の常識である。もちろん海外各国では代表的な自然由来のラドンや医療被曝低減策も講じている。まして稀な事故で放出された放射性物質による被害は、自然放射線や医療被曝と同等とは言い切れないために調査研究を必要としており、予防原則に基づいた対応をしなければならない。こうした常識や原則を知らないかのように自然放射線を持ち出すコメントは、公衆衛生の専門家が対処していないのではないかと疑わせる。

　日本では公衆の追加被曝限度量が年間1mSvとされており、放射線の健康影響にはしきい値がないとされる科学的な結論に鑑みても、特別報告者の勧告を誠実に実現すべきである。

　事実、被爆者援護法は、原爆被爆者は医療支援等を行うものであるが、その範囲は外部被曝1mSvを基準として策定されており、またJCO事故の周辺住民に対しても、追加線量1mSv以上の地域の住民に対し、健康診断が実施されている。福島原発事故の周辺住民にのみ、これより低レベルの施策しか講じない理由は明らかにされておらず、日本政府こそ、科学的根拠が欠如すると共に過去の政策との一貫性も欠いている。

　政府は「何らかの症状が認められる者」は医療機関で診断を受けることができるとするが、自覚症状がないまま、重篤な疾患が進行する可能性があるので

3章　低線量被爆の問題点

あり、自覚症状が出てからでは手遅れのケースもあり、早期発見・早期治療のために、公費での定期的な診断を受けることが要請されているのである。また、福島県の子ども医療費は無料となっているものの、県外の子どもや、大人は有料で診断を受けなければならず、無料の健康診断ではない。また、既存の健康診断だけでは、各個人に対する事故直後の初期被曝や内部被曝を含む年間追加被曝線量の推定もなく、放射線の健康影響スクリーニングを代替することはできない。

　広範な健康スクリーニングを受ける機会を、事故の影響を受けた全ての住民に提供することは、疾病の早期発見につながると同時に、福島原発事故後の自己の健康状態に対する情報を得ることを助け、人々の不安やストレスを軽減することにもつながる。

　また、政府は 2013 年の WHO の福島に関する報告書の一部のみを恣意的に引用している。WHO 報告書は確かに、原発事故による健康影響は検知可能なレベルを下回り続けると予測しているが、確定的な結論としてはいない。また、同報告書には、福島第一原発事故後の被曝による甲状腺ガン、白血病、その他のガンの増加予測の詳細なデータも記載されているが、日本政府はこの部分を意図的に無視している。

⑩ 福島県健康管理調査は、福島県民に限定されている。そして、「健康診査」等の詳細な調査は、避難指定を受けた地域の住民に限定されており、甲状腺は子どもに限定されている。そのため、避難指定を受けた地域以外の大人はほとんど何らの健康管理調査の対象になっていない。特別報告者は 77（b）において、健康管理調査の対象地域の拡大（年間追加被曝線量 1mSv）を求めているが、政府の回答はこの勧告に対応するものではなく、こうした勧告を真摯に受け止める姿勢がみられない。唯一福島県民全員に実施される基本調査について、回答率をあげるための取組をしていると政府は回答しているが、回答率は依然低いままであり「対応済み」とは到底いえない。

⑪ 福島県県民健康管理調査でさえ、個人の健康状態に関する情報はいわゆる「基本調査」の調査対象となっておらず、「対応済み」でないことは明らかである。政府は、健康管理調査と既存の健康診断等の組み合わせで健康影響を調査できるとするが、データの組み合わせなどは実施されていない。何より、避難区域

167

外の大人に対しては何ら健康状態に関わる検査・調査は実施されておらず、避難区域外の子どもにも2年に一度の甲状腺エコー検査しか実施しないというのが現状であり、「かなり広範囲に健康への影響を調査」できるはずがない。

⑫「尿、血液検査には科学的根拠が乏しい」とするが、甲状腺検査の二次検査や避難指定地域の住民に対する健康診断では尿、血液検査が実施されており、日本政府の線引き自体がいかなる科学的根拠に基づくか不明である。

　　さらには、グローバー氏はより広範な健康調査の一環として尿中の放射線同位元素の同定と定量を推奨している。政府が主張している学校の健康診断の一部として行われる心電図検査や尿検査の実施は同氏が懸念している意図にあっているとはいえない。このほか、乳歯の蓄積ストロンチウム測定なども可能である。

⑬フォローアップと第二次検査を要求する全ての親に対して利用可能にすべきとのグローバー氏の勧告は対応済みという反論は誤りである。一次検査（超音波検査）でB・C判定された子どもたちに限り、二次検査が行われており、希望する親子に対しての、フォローアップ、二次検査は実施されていない。

　　政府は「何らかの症状が認められる者」は医療機関で診断を受けることができるとするが、自覚症状がないまま、重篤な疾患が進行する可能性があるのであり、自覚症状が出てからでは手遅れのケースもあり、早期発見・早期治療のために、公費での定期的な診断を受けることが要請されているのである。政府はそのことを理解していないのであろうか。

⑭甲状腺検査の結果は、A1、A2、B、Cという判定結果と、「異常なし」などの短い説明が提示されるだけであり、検査のデータ開示には、情報公開手続をとらなければならず、通常の医療データのアクセスに比較して格段に困難なものとなっており、福島県はこのやり方を未だに改善していない。

⑮内部被曝検査をWBC（筆者注：白血球）に限定せずに実施すべきとする特別報告者の勧告に科学的根拠がないという政府の主張は、それ自体が根拠を欠くものである。国連科学委員会（UNSCEAR）は尿検査を使用した調査を引用しており、また、尿検査は複数の状況において放射性同位体への被曝を検出する為に使われている。

　　一日の内に数回の尿サンプル収集を住民に強制することは現実的ではないと

いう主張もまた理由がない。尿検査も調査は検査を受けたい人に対して開かれているべきであり、「強制」が求められているわけではない。事実、WBC も強制的に実施されているものではなく、希望者に実施されているのであり、このことは政府も熟知しているはずである。問題は、政府・県は、尿検査をしてほしい、と求める住民の要望に応えず、これを拒絶しているところにあり、政府の主張は明らかに誤っている。

また、特定の同位体はホールボディカウンターによって特定されない。例えば、ストロンチウムはカルシウムと同様に体に吸収され、骨に堆積される。ストロンチウムは白血病と関連付けられる為、尿検査でストロンチウムの検査をすることに意義はある。ストロンチウムの程度は明らかにセシウムの程度より低いが、比較的長い半減期と固有の生物学的影響、さらなる検査が精神状態に平安を与えるという事実は、広範囲検査の科学的・法的根拠を確立する。

政府は、WHO 報告書のうち「疾患発生の増加が検出可能なレベルを下回り続けている」との部分を援用するが、これは福島原発事故による健康への影響は発生しないということを意味するものではなく、WHO 報告書は、ガン等の増加を予測している。

福島県県民健康管理検査検討委員会では、確かに WBC と尿検査の内部被曝量の推定データを比較したが、2011 年 7 月 24 日の第三回検討委員会では、明石委員（放医研理事）が「WBC 検査を受けに来ることができない方、来ることが難しい方に、尿検査でスクリーニングできれば、多くの方に内部被曝検査を効率よく実施できると思う」と述べ、当時の神谷委員も「WBC は県でも 5 台購入するそうなので、組み合わせて多くの方に検査できるようにしたらよいと思う」と述べており、非科学的として尿検査を否定する議論はなかった。

⑯ 「メンタルヘルスの専門家が、被災者の自宅や仮設住宅を訪問し、医療支援の提供や、被災者の相談支援も行っている」というのが政府が公的に確立した制度であるかは不明であるが、そのような専門家の公的サービスを受けたという被災者・自治体からの情報提供を受けたことはない。例えば、双葉元町長は「騎西高校避難所には一度もそのような人がきたことはない」と明言した。

また、特別報告者が面談した数多くの福島県在住者、避難者からもそのような情報提供は受けていない。メンタルヘルスのための措置が十分とは到底いえ

ない。

　政府は健康調査の結果を国際基準と比較して、効果的なメンタルヘルス対応につなげることができるはずである。例えば、被災者の精神的健康への災害による影響の客観的評価に到達する為に、トラウマ症状（PCL）と子どもの強さと困難さアンケートSDQ（筆者注：子どもの強さと困難さアンケート）の結果を基準人口の結果と比較することができる。

⑰ グローバー報告書は、すべての労働者に対する被曝による健康影響調査を実施するよう求めているが、現状はそうなっていない。

　250mSvを超える者だけというのは極めて氷山の一角である。政府は、東京電力福島第一原子力発電所における緊急作業従事者等の健康の保持増進のための指針を公表し（http://www.mhlw.go.jp/stf/houdou/2r9852000001r53l-att/2r9852000001r552.pdf）、雇用者に対する健康診断を義務付ける法規制もあるが、これを実施させるための監督責任を果たしておらず、実際に健康診断を受けていない労働者が多い。

　被曝登録管理制度については、放射線影響協会（文科省外郭団体）が疫学研究目的で実施し、労働者に線量計をつけさせて、そのデータが直接登録センターに送られているが、事業者を通さない限り積算線量はわからない仕組みになっており、健康診断のようなフォローアップシステムは存在しない。

　また、被曝上限に達した労働者は何の補償もなく雇用を打ち切られるため、被曝隠しも横行しており、適切な線量把握に基づく健康施策がとられない原因となっている。雇用の確保等の措置を講じない限り、問題が解決しない。

⑱ 日本では公衆の追加被曝限度量が年間1mSvとされており、放射線の健康影響にはしきい値がないとされる科学的な結論に鑑みても、特別報告者の勧告を誠実に実現すべきである。ICRP 111は、「汚染地域内に居住する人々の防護の最適化のための参考レベルは、1～20mSvの線領域の下方部分から選択すべきである。過去の経験は、長期の事故後の状況における最適化プロセスを拘束するために用いられる代表的な値は1mSv／年であることを示している」（日本アイソトープ協会和訳、総括）としている。政府の対応はこの国際基準や勧告を曖昧にするものである。

　政府は、20mSvを下回ったら帰還させる、ということのみを厳密に推進し、1mSv以下に実現する、という計画は実現していない。20mSv以下の地域を

1mSv に近づけるための国の計画は策定すらされていない。具体的な計画を策定し、その計画に基づいて定期的に達成経過を報告すべきである。

そのために、除染だけを推し進める政策を国は転換すべきである。「経済的、社会的要因を考慮しながら、合理的に達成可能で、低い被曝量を維持する」というのであれば、除染のみならず、避難・保養という方法を組み合わせて、個々の住民の放射線量を 1mSv 以下に低減させるべきである。ウクライナ、ベラルーシでとられている公費による長期保養プロジェクトは推奨されるべきである。

積算線量計を年間単位につけるためには測定が必要であり、特に子どもについては、体調と積算線量をモニタリングし、積算線量測定に基づいた対策を実施すべきである。

⑲ 副読本は、「短い期間に 100mSv 以下の低い放射線量を受けることでガンなどの病気になるかどうかについては明確な証拠はみられていません」と記載しているが、原爆被爆者調査（LSS）の 14 報が示すとおり、低線量被曝の健康影響について、しきい値はないのであり、この見解自体がミスリーディングである。

また、「短期間に 100mSv」との記載は誤りであり、高線量率で短期間に被曝するほうが、低線量率で長期間被曝するよりリスクが高いとは必ずしもいえない。

原発労働者に関するカディス等による研究では、15 カ国 154 の原子力施設で働く 60 万人の労働者を対象とした調査では、放射線量の平均が年間 2mSv とされていたにも関わらず、発ガンに関して有意な上昇がみられ、ほんどの労働者が年間 5mSv 以下の労働環境で発ガンしており、広島・長崎の二倍の疾病率となっている（https://docs.google.com/file/d/0B5qUOl0_hAfnWmtwMkNRb0Z2WDA/edit、http://www.ncbi.nlm.nih.gov/pubmed/17388694）。

WHO は高線量率と低線量率のリスクを同等と評価している。この点を過小評価する記述は誤りがある。長期間の低線量被曝の危険性、子どもは影響を受けやすいことを重点的に教育すべきである。また、汚染マップを定期的に更新し、子どもに普及して、教えるべきである。

⑳ 政府の計測データは住民の信頼を失っている。特別報告者が実際に確認した通り、政府の設置したモニタリング・ポストから少し離れただけで高い線量が確認される地域があるにも関わらず、政府は限られた定点の測定しか実施せず、

住民の測定要求にも応えず、また住民が独自に行った測定については全く信用しない姿勢を示している。政府が厳密な測定にこだわるようであれば、住民の要望を踏まえて、モニタリング・ポストに限らず、住民の要望も勘案し、両者協力して正確で詳細な放射線量の測定監視ができるよう対策を講ずるべきである。

㉑ 政府の回答は、答えになっていない。特別報告者は時間目標を決めて年間 1mSv を達成するための計画の策定を求めているのに、その点について何ら回答せず、1mSv 以下に下げるのは「長期的な目標」だとする。「長期目標」とは何かも全く明らかにしていない。

㉒ ロードマップに従って作業を実施していると説明されている「除染特別地域」は 20mSv 以上の地域である（http://josen.env.go.jp/area/roadmap/list.html）。政府の「除染特別地域」に関する計画も明確なものではないが、それ以下の地域については計画の言及すらない。人が居住している 20mSv 以下の地域こそ、重点的に除染して健康影響を防ぐべきであるが、そうした視点は欠落している。

㉓ 特別措置法に基づく 環境省のガイドラインやハンドブックがあるのは事実であるが、問題はそれが実施されていないことである。ガイドラインを各自治体で実施させていくように対策をとることが求められている。

㉔ 日本政府は「住民参加の議論」について答えていない。結論を政府が決めたうえで「利害関係人の同意を得る」すなわち、結論に従わせようとしている。処分施設については、対象地の住民に多大な影響を与えることから、補償・町の移転等の措置について、住民と協議すべきである。双葉町で提案されていた「仮の町」などもまだ具体化されていない。町の集団移転は、自主的に、住民の意向に沿って進められるべきであり、その点でも住民との十分な協議が重要である。

㉕ 新しい規制基準は、格納容器の設計基準に踏み込まず、フィルター付きのベントで対応するなど、極めて不十分なものであり、また防災・避難計画と連動しないまま審査が進められるものであり、批判的見解が多い。

㉖ 規制委員会の 5 人の経歴は過去の経歴は公開がなされているものの、専門委員に関しての情報公開は十分ではない（研究費のみが公開されている）。過去のつながりすべてを公表すべきである。

政府は、電事連等原子力産業側から情報・資料を開示させるようにして、透明性を確保すべきである。また、一度やればよいということではなく、恒常的に透明性を高めていく必要がある。

㉗ 日本政府は、国民に対する情報公開、国民による監視という民主主義・情報公開の意義そのものがわかっていない。情報を公開し、それを主権者、市民社会がモニタリング、チェックすることを通じて適切な運営を担保するのは民主主義の基本である。

㉘ 復興予算は目的外に流用されたことが明らかになっており、除染、賠償、各種救済策も含め、国民・被災者の納得のいくように進んでいないことから、政府はきちんと情報を公開し、説明責任を果たすべきである。あくまで第一義的責任は東京電力にあり、この点での責任の所在を明確にすることは重要である。

㉙「子ども・被災者支援法」に関しては、制定後 1 年以上経過したが、基本方針すら策定されておらず、早急な対応が求められている。意思決定プロセスに住民・被災者の参加を確保するための措置も取られていない。単に被災者の意見を「聞く」だけでなく、政策に反映させることが必要である。

㉚ 被災者は今も先が見えない避難生活を仮設住宅等で送っており、生活再建のめどは全くたっていない。政府が責任をもって、本格的な移住場所の提供等の措置を十分に講じていないためである。長期的避難拠点については検討が始まったが、新しい永住先も含め、代替地等の計画をもっと早く進めるべきである。

㉛ 政府回答は、県民調査についてしか言及していない。グローバー氏の勧告は、1mSv 以上の地域に住む全ての人に無料の健康診断・治療をすべきだ、ということであるにもかかわらず、国は福島県の検査についてしか報告しておらず、回答になっていない。

　　最後に記載された the subjects とは、検査対象となる被災者のことと考えられるが、政府は対象者を県民健康管理調査の対象者に限定する趣旨と解される。しかし、それではあまりに狭すぎる、というのが、グローバー勧告である。政府回答はその点を理解していない。

㉜ 現実に賠償は遅延しており、東京電力の提示額・回答額が低いため、訴訟に移行するケースも少なくない。政府は、遅延のない賠償の達成のために必要な措置を講じた、というが、いかなる措置を取ったか、その結果がどうなのかも不

明である。

㉝ 政府は確かにパブリック・コメントを実施しているが、政策に十分に反映されていない。「革新的エネルギー・環境戦略」に関するパブリック・コメントは、具体的な選択肢が提示され、多くの回答が集まり、原発を将来的にゼロとする回答が多数を占めた。この声を反映した政策が、政府の方針としていったん確認されたものの、拘束力のある政策としては、閣議決定されなかった。

政府には、意思決定プロセスにおいて、影響を受けた住民、被災者、とりわけ社会的弱者各層を参加させたり、その意見を積極的に聞く、という姿勢はなく、意思決定プロセスに直接的に住民が参加する仕組みは存在しない。

㉞ 2013年度以降の計画を最初の2年間の除染作業の結果に基づき策定するのは、20mSv以上の除染特別地域のことではないのか。既にみたパラグラフではそう主張されており、20mSv以下の地域の計画については市町村に計画が委ねられており、1mSv以下に引き上げるための具体的な対策とスケジュールを国は策定していないはずである。

㉟ 特別報告者は、学校のみが除染され、周辺地域や通学路が全く除染されていない現場を視察している。そうした実情は原発事故の影響を受けている地域に広く広がっており、政府はこのことを謙虚に受け止めるべきである。ここで「あるレベル」とはいかなるレベルなのか。

(4) 私見

後述のWG報告書に対する私見と重なり合う点が多い。国連人権理事会報告書が指摘する健康に関する権利擁護の視点について、日本政府は極めて不誠実であり、上記新聞およびヒューマンライツ・ナウの指摘を受け入れて、低線量被曝地域に対する防護対策及び適正な賠償を行うべきである。

7 その他の国際機関の見解

(1) 原子放射線の影響に関する国連科学委員会（UNSCEAR）報告書

国際連合広報センターのホームページに、「プレスリリース 14-023-J　2014年04月02日」として、下記が掲載されている（下線は原文のまま）。

3 章　低線量被爆の問題点

　<u>福島での被曝によるガンの増加は予想されない——最も高い被曝線量を受けた小児の集団では甲状腺ガンの低いリスクがある。</u>

　ウィーン、2014 年 4 月 2 日（UN Information Service）：本日新たに、2011 年の福島第一原子力発電所事故が起きた後もガンの発生率は安定したレベルを保つ可能性が高いとする国連報告が発表された。

　「2011 年東日本大震災後の原子力事故による放射線被曝のレベルとその影響」と題された報告書は、原子放射線の影響に関する国連科学委員会（UNSCEAR）により作成された。この報告では、福島原発事故の結果として生じた放射線被曝により、今後ガンや遺伝性疾患の発生率に識別できるような変化はなく、出生時異常の増加もないと予測している。

　その一方、最も高い被曝線量を受けた小児の集団においては、甲状腺ガンのリスクが増加する可能性が理論的にあり得ると指摘し、今後、状況を綿密に追跡し、更に評価を行っていく必要があると結論付けている。甲状腺ガンは低年齢の小児には稀な疾病であり、通常そのリスクは非常に低い。

　「人々が自身や自分の子どもの健康への影響を懸念するのは当然のことである」と UNSCEAR の議長、カル＝マグナス・ラルソン氏は述べ、「しかし、本委員会は、今回の評価に基づき、今後のガン統計に事故に伴う放射線被曝に起因する有意な変化が生じるとは予想していない」との見解を示している。

　これらの解析結果は、さまざまな集団（小児を含む）の被曝線量の慎重な推定と放射線被曝を受けた後の健康影響に関する科学的知見に基づいている。

　解析によれば、対象とした集団のガン発生率への影響は小さいと予想されるとし、これは日本の当局側が事故後に講じた迅速な防護措置に拠るところが大きいとしている。

　委員会は、報告された作業者の被曝についても解析を行い、また、一部の作業員の被曝を独自に評価した。委員会の評価は、報告された線量と概ね一致したが、事故の初期段階での被曝については不確かさが残っている。「本委員会は、ガンや他の疾病の識別できる増加は予想されないと結論を出している」と、本評価の議長であるウォルフガング・ワイス氏は述べている。

　委員会は、また、陸上および海中の生態系への放射線被曝の影響を評価し、影

175

響があるとしても、いずれも一過性のもので終わるとみている。

　海中の生態系については、植物相と動物相が影響を受ける可能性は、原子力発電所に隣接する海岸域に限定され、長期的に影響が及ぶ可能性はごく小さいと予想された。

UNSCEAR について

　1955 年に設置された原子放射線の影響に関する国連科学委員会（UNSCEAR）は、電離放射線源のヒトの健康と環境への影響を広範に検証することを目的としている。UNSCEAR の評価は、各国政府や国連機関が電離放射線に対する防護基準と防護のためのプログラムを作成するための科学的基盤となっている。

　世界中の 80 名以上の著名な科学者が、福島第一原子力発電所の事故に伴う放射線被曝の影響を解析する作業に取り組んだ。彼らがとりまとめた解析結果は、2013 年 5 月に開催された委員会の年次総会で、27 の加盟国により、技術的かつ学術的に精査された。科学者らは全員、本評価に参加するにあたり、利益相反の有無を申告することを義務付けられた。

　さらにインターネットで「原子放射線の影響に関する国連科学委員会（UNSCEAR）報告書」という書面が検索できる。この報告書の「第 3　科学的所見」の項には次のように記載されている。

A　2011 年の東日本大震災と津波の後の原子力発電所での事故による放射線被爆レベルと影響の評価結果

1　福島原発事故と放射性物質の環境への放出

23.（事故の概要）（略）

24. 即時の対応として、日本政府は、発電所の半径 20km 内に住んでいる約 78,000 人の避難と、半径 20 キロから 30 キロ圏内に住む約 62,000 人の自宅避難を勧告した。その後 2011 年 4 月には、高濃度の放射性物質が地表にあることから、政府は発電所の北西方向の遠方（計画的避難区域と呼ばれる）に住む約 10,000 人の避難をさらに勧告した。これらの地域に住んでいた住民の受けた被曝レベルは避難により大幅に減少された（約 1/10 程度まで）。しかしながら、避難に関連した死亡者も多く、その後の精神的または社会的幸福状態（well-beinng）への影

響（例えば、自宅や馴染みのある環境から引き離されたこと、多くの人が生活の糧を失ったこと）など、避難民本人らにも反動があった。

25. 委員会の審査した情報によれば、ヨウ素131とセシウム137（人間及び環境の観点からするとより重要な放射線核種のうちの2つ）の大気中への放出量は、それぞれ100～500PBq（ペタベクレル）と6～20PBqの範囲であり、その後の作業にあたり委員会はこれらの範囲内の推定値を使用した。これらの推定値は、チェルノブイリ事故に起因する大気放出でのヨウ素131とセシウム137の推定値よりも低いことが示されており、それぞれ約1/10と1/5である。大気中に放出された大部分は、風によって太平洋へと運ばれた。加えて、液体での放出は周辺の海に直接漏れ出した。直接の流出量はヨウ素131とセシウム137のそれぞれに対応する大気流出量のおそらく10～50%であろうが、海への低濃度の放出は2013年5月の時点で依然として継続中であった。

2 線量評価

26. ヨウ素131（8日間と短い半減期）とセシウム137（30年と非常に長い半減期）は、線量評価において最も重要な放射性核種の2つであることが分かっている。これら2つの放射性核種では、影響を受けた組織や被曝期間がかなり異なっていた。ヨウ素131は放出後の数週間は甲状腺に蓄積する傾向があり、主に甲状腺に線量が搬送された。セシウム137は地上に降下し、放出後長年にわたって全身に線量が搬送された。

27. 委員会では、さまざまな分類の人々、すなわち、放射性物質の環境への放出の結果として被曝した大衆、業務上被曝した事故当時に福島第一原発で雇用されていた作業員および現場の復旧作業に関与した作業員、そして敷地内外で活動した緊急対応員、を対象として放射線被爆を推定した。実務上可能な際には、個人のモニタリングの結果に基づき評価を行った。業務上被曝した作業員と緊急対応員に対しては、被曝量が高かった可能性がある体外の放射線源による被曝（外部被曝）と体内に取り込まれた放射性物質からの被曝（内部被曝）のモニタリングが通常行われた。

28. 委員会の評価が始まった時点では、内部被曝の直接測定は一般人にはほとんど利用不可能であった。福島原発事故で最も影響を受けた日本の地域における線量を推定するにあたり、測定あるいは予測された環境中の放射性物質濃度と環

境から人体への放射性物質の移動に基づき、さまざまなモデルの使用に依存することを余儀なくされた（中略）。

　2011 年 6 月 14 日用に調整された測定データに基づく、福島及び近隣県の地図でのセシウム 137 降下量（図省略）。

29. 福島県第一原発での事故に起因する推定実効線量は、（宇宙線や、食品・空気・水・その他の環境部分に天然にある放射性物質といった）自然由来の放射線源による被曝と比較することで、相対的にとらえることができる。日本人は、平均にして、天然に存在する放射線源から年間約 2.1mSv、生涯にして合計約 170mSv の実効線量を受ける。天然に存在する放射線源からの年間被曝の世界平均は、委員会の最新の推定値では 2.4mSv で、範囲にして 1 ～ 13mSv の開きがあるが、多くの人口グループは年間 10 ～ 20mSv の被曝を受けている。個々の器官への吸収線量は、ミリグレイ（mGy）で表される。天然に存在する放射線源からの甲状腺の平均年間吸収線量は、一般的に 1mGy 程度である。

（a）一般人に関して

30. 平均推定線量が最も高かった一般人地域は、20 キロの避難区域および計画的避難区域内にあった。成人における避難前と後に受けたと推定される実効線量は平均にして 10 mSv 未満で、2011 年 3 月 12 日に早期避難した場合にはその約半分であった。それに対応する甲状腺の推定平均吸収線量は最大で約 30mGy であった。1 歳の乳幼児における実効線量は大人の約 2 倍、甲状腺の吸収線量は最大で約 70mGy と推定されたが、そのうちの約半分程は放射能を含む食品の摂取によって生じたものである。ただし、この値に関しては、居た場所と消費した食品によって個々でかなりのばらつきがあった。

31. 福島原発事故の後の最初の 1 年間で、福島市に住んでいる成人は平均にして約 4mSv の実効線量を受けたと推定されており、1 歳の乳幼児の推定線量はその約 2 倍であった。福島県内の他の地区や近県に住んでいる人々は、同等またはそれより低い線量を受けたと推定されており、日本のその他の場所すべてではさらに低い線量を受けたと推定された。福島県に引き続き居住する人々の受ける（福島原発事故による）生涯実効線量は、平均にして、10 mSv をわずかに超えると推定されているが、この推定値は将来的に線量を軽減する手段が取られないことを前提としており、したがって過大評価である可能性がある。これらの推定

線量の最も重要な放射線源は、降下した放射性物質による外部放射線であった。

32. 一般標準とは顕著に異なる習慣や行動をもつ人々、または放射性物質の濃度がその地区または都道府県の平均と比べて顕著に異なっていたもしくは異なっている場所に居住する人々、またはその両方に該当する人々に対しては、平均線量値がより高いまたは低いことが推定できる。一地区内では、外部放射能の吸入や被曝に関連した個々の線量の範囲は、概して平均の約 1/3 から平均の 3 倍である。一部の個人の線量はより高いものであった可能性は無視できず、とりわけ、政府の勧告にも関わらず福島原発事故後の混乱の中で地元の食品を消費した場合や避難地域に長期間引き続き居住していた場合などにはその可能性がある。一部の乳幼児は 100 mGy 以上の甲状腺線量を受けた可能性がある。

33. 内部線量に関する一部の情報は、一般人における放射能の直接測定に基づき福島原発事故後まもなく入手可能になったが、委員会が線量評価を完了した後にはより多くの情報が入手可能となった。まとめると、甲状腺放射線量と全身放射線量の測定値によれば、内部被曝による線量は委員会の推定より低かったことが示されており、甲状腺線量では約 1/3 ～ 1/5、全身線量では最大で約 1/10 であった。したがって、委員会では、委員会の線量推定値は実際の被曝を過大評価している可能性があると考える。（以下略）

　この報告書に対して、前述のヒューマンライツ・ナウ、市民放射能測定所、子どもたちを放射能から守る全国ネットワークなど64 の日本の民間団体連名による次の声明が出されている。[25] その要旨を掲載するにとどめる。

日本の市民社会は、国連科学委員会の福島報告の見直しを求める

1　国連科学委員会報告への懸念

　私たち、（64 の）日本を本拠とする市民団体は、上記国連科学委員会の調査結果が客観性・独立性・正確性において疑問があり、被曝の過小評価が住民の保護や人権尊重に悪影響を及ぼしかねないことについて深刻な懸念を表明する。私たちは、同委員会および国連総会第 4 委員会に対し、慎重かつ十分な討議により、その内容が最も脆弱な立場の人々を保護する人権の視点から見直すことを要請する。

　私たちが最も懸念する科学委員会の結論部分は以下のとおりである。

- 「一般市民への被曝量は、最初の1年目の被曝量でも生涯被曝量推計値でも、一般的に低いか、または非常に低い。被曝した一般市民やその子孫において、放射線由来の健康影響の発症の識別し得る増加は予期されない」
- 「委員会は、福島県の成人の平均生涯実効被曝線量は10mSv以下であり、最初の1年の被曝量はその半分か3分の1であると推定する。リスクモデルによる推定はガンリスクの増加を示唆するが、放射線誘発性のガンは、現時点では、他のガンと区別がつかない。ゆえに、この集団における、事故による放射線被曝のせいであるガン発症率の識別し得る増加は予期されない。特に、甲状腺ガンリスクの増加は、乳児と小児において推測される」

2 調査の独立性の欠如

そもそも、国連科学委員会は、福島原発事故後、原発事故周辺地域に公式の事実調査に訪れたことはない。同委員会による放射性物質による汚染や公衆や作業員等の被曝、健康影響についての予測は、日本政府、福島県等から提供されたデータのみに基づいて行われている。

日本の市民社会や各種専門家は、日本政府の提供したデータとは異なる独立した調査や測定を実施しているが、委員会がこのような、政府から独立したデータ等を収集したり、独自の測定等を実施した形跡は認められない。これでは、日本政府から独立した客観性のある調査とは認めがたい。

福島県が全県民を対象に初期被曝を推測する行動調査を実施したが、回答率は20%程度にとどまっており、そのようなデータで初期被曝について推測することは到底できないはずである。また、政府が公表している放射線測定データについては、実態を反映していないとの強い批判が住民から上がっており、この点については、国連「健康に対する権利」特別報告者のアナンド・グローバー氏も、福島での現地調査の結果、モニタリングポストと現実の放射線量の乖離について指摘をしている。

昨今の汚染水に関する事態が示す通り、日本政府の情報開示の姿勢には重大な問題があり、情報開示に関する透明性が確保されているとは認めがたい。

私たち市民社会は、国連科学委員会および国連総会第4委員会に対し、このような報告を公表・承認するに先立ち、現地調査を含む独自の情報収集を徹底して行うことを求める。

3 章　低線量被爆の問題点

3　委員会の結論が正確性を欠くこと

(1)　国連科学委員会は「一般市民への被曝量は、最初の 1 年目の被曝量でも生涯
被曝量推計値でも、一般的に低いか、または非常に低い」とし、「福島県の成人
の平均生涯実効被曝線量は 10mSv 以下、最初の 1 年の被曝量はその半分か 3 分
の 1 であると推定する」という。

　　しかしながら、日本政府は、年間外部線量 20mSv を下回ると判断された地域
について避難指示を出していないのであり、事故後、相当数の人が既に年間で
10mSv を超える外部線量に晒されてきた。委員会がいかなる根拠で上記のよう
な推定をしたのか、根拠は今のところ示されていないが、この推定は現場の実
態を正確に反映したものとは認めがたい。

　　また、実効被曝線量の平均値を根拠として、集団全体について健康影響がな
いと決めつけるのは、平均より高いリスクを負う人々への影響を、予断をもっ
て切り捨て、検討対象から外すものである。この態度は、非科学的と言わざる
を得ない。

(2)　また、国連科学委員会は、乳児と小児の甲状腺ガンリスクの増加を推測する
一方、他のガンリスクの向上を「予期されない」とするが、これは、最近の疫
学研究が低線量被曝の健康影響を明確に指摘しているのに矛盾するものである。

　　放射線影響研究所は広島・長崎の原爆被害者の 1950 年から 2003 年までの追
跡結果をまとめた最新の LSS（寿命調査）報告（第 14 報、2012 年）を発表して
いる。この調査は、全ての固形ガンによる過剰相対リスクは低線量でも線量に
比例して直線的に増加することが指摘されている。

　　カディスらの行った 15 カ国 60 万人の原子力労働者を対象とした調査で、年
平均 2mSv の被曝をした原子力労働者にガンによる死亡率が高いことが判明して
いる。

　　BEIR をはじめとする国際的な放射線防護界は、100mSv 以下の低線量被曝に
ついても危険性があるとする「しきい値なし直線モデル」（LNT）を支持してお
り、100mSv 以下の被曝の健康影響を否定していない。

　　さらに、今年になって発表された以下の 2 論文は、低線量被曝の影響につい
て重大な示唆を与えている。まず、オーストラリアでなされた CT スキャン検査
（典型的には 5 ～ 50mGy）を受けた若年患者約 68 万人の追跡調査の結果、白血

181

病、脳腫瘍、甲状腺ガンなどさまざまな部位のガンが増加し、すべてのガンについて、発生率が1.24倍（95％信頼区間1.20〜1.29倍）増加したと報告されている。また、イギリスで行われた自然放射線レベルの被曝を検討した症例対照研究の結果、累積被曝ガンマ線量が増加するにつれて、白血病の相対リスクが増加し、5mGyを超えると95％信頼区間の下限が1倍を超えて統計的にも有意になること、白血病を除いたガンでも、10mGyを超えるとリスク上昇がみられることが明らかになった。

　科学委員会の見解は、低線量被曝の影響を過小評価するものであるが、最近の疫学研究の成果は明らかにこれと反対の傾向を示している。科学委員会は最近の疫学研究を踏まえて、低線量被曝について、より慎重なアプローチを採用すべきである。

4　他の研究との整合性の欠如

　健康影響がほとんどないとする科学委員会の見解は、WHOが2013年に公表した福島原発事故の報告書の予測とも著しく異なるものである。WHO報告書は、「福島県で最も影響を受けたエリアは事故後1年の線量が12〜25mSvのエリアだとして、白血病、乳ガン、甲状腺ガンとすべての固形ガンについて増加が推測される。子どものころの被曝影響による生涯発症リスクは男性の白血病で7％増加し、女性の乳ガンで6％、女性についてのすべての固形ガンで4％、女性の甲状腺ガンで70％上昇すると予測される」とし、事故後1年の線量が3ないし5mSvの地域でも、その1/3ないし1/4の増加が予測される、としている。さらにWHO報告は、低線量被曝に関する科学的な知見が深まれば、リスクに関する理解も変化する、と結論付けている。

　さらに、国連科学委員会は、今回の国連総会に対する報告で、福島原発事故の影響と並んで、子どもに関する放射線影響に関する研究（Scientific Finding B. "Effects of radiation exposure of children"）を紹介している。この研究は、子どもに対する放射線被曝影響については予測がつかないことから、より慎重に今後研究を進めていくとしており、評価しうるものである。ところが、子どもに関する放射線影響に関する研究についての報告に貫かれている慎重な視点は、福島原発事故に関しては全く反映されておらず、報告書の文脈は分裂している。

　科学委員会は、子どもに関する放射線被曝影響に関する見解と統一性のあるか

たちで、福島事故後の健康影響について再検討すべきである。

5 福島の実情

　福島原発事故により大気中に放出された膨大な放射性物質は、セシウムにして広島型原爆の少なくとも 168.5 倍とされ、今も汚染水等汚染物質の放出は拡大中であり、今も周辺住民、特に妊婦、子ども、若い世代は深刻な健康リスクにさらされている。

　政府は事故直後に、従来からの告示・指定である「公衆の被曝限度 1mSv」基準を大幅に緩和して、「年間 20mS」を避難基準として設定したため、子どもや乳幼児、妊婦を含む多くの人々は避難・移住や放射線防護に関する支援もなく、十分な健康対策もないまま、高線量地域に居住を余儀なくされている。政府は、「100mSv 以下の低線量被曝は安全」との見解を普及し、低線量被曝の影響を過小評価し、すべての政策をこうした見解に基づき、住民の意見を十分に反映しないまま決定・実行してきた。

　チェルノブイリ事故後の 1991 年に旧ソ連が確立し、ベラルーシ、ウクライナ、ロシアで踏襲された政策「チェルノブイリ・コンセプト」では、追加線量 5mSv 以上を「移住地域」として、移住を全面的に支援すると共に移住で失う財物について賠償を行い、追加線量 1mSv から 5mSv の間の地域を「避難の権利地域」として、避難するか否かの選択権を住民に与え、避難を選択した者には、「移住地域」と同様の支援・賠償を実施し、留まる事を選択した者には、継続的な無料の医療支援と定期的・詳細な健康診断、外からの安全な食べ物の提供、1 ～ 2 カ月の公費によるプログラムの適用を制度化し、住民を健康被害から保護する努力を続けたとされる。

　日本での施策は、チェルノブイリ事故後の施策水準を大きく下回るものであり、20mSv 基準の施策が今後も長期間継続すれば、チェルノブイリ事故を上回る健康影響すら懸念される。

　汚染水に関しては、今年 8 月 20 日に東電が貯蔵タンクから 300 トンもの汚染水漏れがあったことを報告した。漏れた水の空間放射線量は毎時 300mSv だったと発表されている。

　こうした深刻な実情が報告書には反映されていない。そもそも、汚染水等の事態が収束しない現状に鑑みるなら、健康影響について確定的な分析をすることは

時期尚早と言うほかない。

6　国連人権理事会「グローバー勧告」を反映すべき

2013 年 5 月 27 日、国連「健康に対する権利」に関する特別報告者アナンド・グローバー氏は、2012 年 11 月の福島等での現地調査の結果を踏まえ、国連人権理事会に対し、福島原発事故後の人権状況に関する事実調査ミッションの報告書を提出し、日本政府に対する詳細な勧告を提起した。

特別報告者は、低放射線被曝の健康影響に関する疫学研究を丁寧に指摘し、低線量被曝の影響が否定できない以上、政府は妊婦や子どもなど、最も脆弱な人々の立場に立つべきだと指摘し、「避難地域・公衆の被曝限度に関する国としての計画を、科学的な証拠に基づき、リスク対経済効果の立場ではなく、人権に基礎をおいて策定し、公衆の被曝を年間 1mSv 以下に低減するようにすること」（勧告 78〔a〕）を勧告した。また、帰還について「年間被曝線量が 1mSv 以下及び可能な限り低くならない限り、避難者は帰還を推奨されるべきでない」と指摘し、避難等の支援策や、詳細な健康検査は、年間 1mSv 以上の地域に住むすべての人に実施されるべきだと勧告した。

同報告は、最も影響を受けやすい脆弱な立場に立つ人々に十分な配慮をして、健康に対する権利の保護のための施策を求めたものであり、日本の市民社会はこれを歓迎している。ところが、日本政府は、国連科学委員会の見解に依拠して、グローバー勧告は「科学的でない」としてその勧告のうち多くについて受け入れを拒絶している状況にある。国連科学委員会の見解が低線量被曝を過小評価する結果、被害者救済や健康に対する権利を保障する政策にマイナスに働くような結果を招来することは、本来国連の意図するところではないと考えられる。

国連科学委員会、そして国連総会は、人権の擁護という国連の根本的な目的に立ち返り（憲章 1 条）、人権の視点に立脚した意思形成をすべきであり、科学委員会および国連総会の意思決定は、人権の視点に立脚したグローバー勧告を十分に反映するものであるべきである。

7　結　論

以上により、私たち市民社会は、国連科学委員会と国連総会第 4 委員会に対し、人権の視点に立脚し、低線量被曝に慎重な視点に立ち、また、調査・分析の公正・中立・独立性を重視する立場から、国連科学委員会の報告内容を全面的に見直す

よう要請するものである。

（2） 世界保健機関（WHO）の見解

WHO は 2013 年 2 月 28 日に本件原発事故による「福島原発事故の健康リスクの国際報告」を公表した。それは約 170 頁にわたるという。

インターネットで、QLifePro 医療ニュースとして、「WHO、福島原発事故による健康リスク報告」という次の記事が検索できる。

一般住民に対する危険性は低い

世界保健機関（WHO）は 2 月 28 日、福島第一原子力発電所の事故による健康への影響について調査報告を発表し、国内外の一般の人々に対する健康への危険性や、発ガンリスクの可能性は低いとの結論を示した。ただし、原発施設付近で作業中に放射線にさらされた人々については、危険が高まる恐れがあるとしている。

事故現場作業員への医療支援が必要

疫学、放射線、公衆衛生分野の核専門家による報告書（略）「（線量評価〔暫定値〕）に基づく福島第一原発事故による健康リスク調査」は、地球規模の影響を調査したものとしては初めての報告となる。調査対処は、福島県内／福島県外／日本国外の一般住民の各グループ、事故直後に放射線にさらされた原発作業従事者および緊急作業従事者のグループに分けられた。

報告書は、原発施設での作業により放射線にさらされた人々について、特定のガン発症リスクが高まるというデータを示している。WHO 公衆衛生・環境部長のマリア・ネイラ氏は、検診を継続して長期的に観察を行い、適切な医療支援を提供していく必要があると強調している。その一方で、一般の人々については、福島県内に住んでいる場合であっても危険性が低いという結果が出た。

医療サービス・支援体制の強化に加え、WHO 食品安全・人獣共通感染症部長のアンジェリカ・トリッチャー氏は、食品や水供給など環境面のモニタリングを続け、将来的な放射線被爆の可能性を減らす体制強化の必要性を強調した。

さらに、報告書は、身体的な健康と同時に、心理面への影響と精神健康についても配慮が欠かせないとしている。

UNSCEAR 報告書、WHO 報告書はいずれも現地調査を実施していない。特に、WHO 報告書はそのことが顕著であり、同じ国連の機関である前記人権理事会特別報告の内容と著しく異なっている。さらに、インターネット情報によると、WHO は原発推進組織である IAEA と協定を結んでいて、IAEA の許可なしには原発関連の声明が出せない仕組みとなっているという（ただし、筆者は真偽を確認できていない）。

8 低線量被曝の健康影響リスクに関する科学者等の見解

インターネットで、*Nature* ダイジェスト 2015 年 10 月号に「低線量被曝のリスクが明確に」という表題の記事が検索でき、その中に次のような記載がある。
(25)

電離放射線がガンのリスクを上昇させ、蓄積線量が多くなるほど影響が大きくなることは、以前から知られていた。けれども、こうした相関が低線量でも成り立つかどうかを証明するのはおそろしく困難だった。リスクの上昇が非常に小さく、それを検出するためには、被曝線量を厳密に把握できている大勢の人のデータが必要だったからである。国際ガン研究機関（IARC：フランス・リヨン）が組織したコンソーシアムによる今回の調査では、まさにそうした大規模なデータが得られた。コンソーシアムは、バッジ式線量計を着けて仕事をしていたフランス、米国、英国の計 30 万人以上の原子力産業労働者について、その死因を検証し（研究の時点で対象者の 5 分の 1 が死亡していた）、最長で 60 年に及ぶ被曝記録との相関を調べた。

宇宙線やラドンによる環境放射線量は年間約 2 ～ 3mSv で、対象となった原子力産業労働者たちは年間でこの値より平均 1.1mSv だけ多く被曝していた。今回の研究によって、被曝線量が高くなるのに比例して白血病のリスクが上昇することが裏付けられたのと同時に、極めて低い被曝線量でもこの線形関係が成り立つことが証明された（ただし、白血病以外の血液ガンについては、被曝線量の増加とともにリスクが上昇する傾向はあったものの、その相関は統計的に有意ではなかった）。

デンマークガン学会研究センター（コペンハーゲン）の所長である疫学者の Jørgen Olsen は、この研究を、「極めて低線量の電離放射線に被曝してきた人々に関する、厳密で、かつてないほど大規模な調査です」と評価する。その知見は、高線量の自然環境放射線によって白血病が引き起こされることも示唆しているが、「個人のリスクの増加は無視できるほど小さいものです」と彼は言う。

ほとんどの国の放射線防護機関が従っている ICRP の推奨では、1 年の被曝線量が 6mSv を超えそうな人についてはモニタリングが必要とされている。そして、1 年間の被曝線量の上限を 50mSv とした上で、5 年間の被曝線量が 1 年当たり 20mSv を超えないように定めている。今回の調査対象となった 30 万人以上の労働者のうち 531 人が白血病で死亡しており、彼らの平均勤続年数は 27 年間だった。このうち 30 人は急性リンパ芽球性白血病で死亡していたことから、放射線被曝によるものと示唆される。Olsen によると、これだけ大規模な調査でも、ごく低線量の被曝（合計 50mSv 未満）を蓄積した労働者では、白血病リスクの上昇を直接裏付ける証拠は得られなかったという。ただし、調査で得られたデータの外挿により予測した結果、被曝線量が 10mSv 蓄積するごとに、労働者全体の平均と比較して白血病のリスクが約 3% 上昇することが分かった。

ICRP は、「低線量被曝の蓄積による白血病のリスクは、同じ線量を一度に被曝した場合のリスクより小さい」という前提に立って許容線量を定めている。少しずつ被曝していく場合には、被曝によるダメージから体を回復させる余裕があるはずだというわけだ。今回の研究は、こうした前提に疑問を突きつけるものだ。しかし、ICRP の推奨値は慎重に定められているため、今回の低線量放射線に関する知見により推奨値が大きく変わることはないだろう、とドイツ連邦放射線防護庁（ミュンヘン）の Thomas Jung は言う。

(1)『人間と環境への低レベル放射能の威嚇』の指摘

この本は、ラルフ・グロイブ（スイスの医師）とアーネスト・J・スターングラス（ビッツバーク大学医学部放射線科名誉教授）の共著である。[26]

世界の低線量被曝の健康影響に関する研究と実例を多数紹介しているが、序章の要旨のみの紹介に留める。

ⅰ）1972 年、放射能に関して 4 分の 3 世紀以上の年月と何千という実験室と人に対する研究がなされた後、カナダの医師で生物物理学者であるブラム・ペトカウが、全く偶然な実験で、極端に低線量の放射線による生物学的障害について、従来の考えを完全にくつがえす発見をした。（中略）人間の健康診断の低線量 X 線が健康に悪影響を与える証拠が見いだされなかったこと、無数の動物実験で生殖細胞の遺伝子にほとんど影響を与えないこと、広島・長崎の原爆被爆者における白血病とガンの死亡率が比較的低かったことなどから、科学者たちは疑問を持つことなく誤った解釈に満足していた。

　ラルフ・グロイブは、『ジェントルキラー：仮面をはずした原子力発電所』という本を出版した 1972 年以来、原子炉が放出する放射能のリスクと政府機関による隠蔽をヨーロッパの大衆に警告する運動の最先端に立ってきた。（中略）彼の著書には、健康に対する低レベルの核分裂生成物の影響について、あらゆる新知識を総合するだけでなく、酸性雨やオゾン層、世界中の樹木の自滅をもたらすという放射能の破壊的な役割に関する詳細な議論を紹介している。

ⅱ）高線量の放射線が人体に深刻な影響を与えることは、1895 年にウィルヘルム・レントゲンの X 線の発見とその 1 年後のアンリ・ベクレルの放射線の発見後、すぐに広く知られることになった。（中略）受胎前の生殖細胞の放射線被曝による未来の世代に対する遺伝障害は、1927 年にハーマン・J・マラーが、ショウジョウバエの研究を行うまで発見されなかったが、自然発生の宇宙線などの環境線源から受ける年間線量 1mSv の何千倍というように、とても高いことが分かった。

　マラーの発見から半世紀の間、より価値の高い品種を作ろうと植物に誘導突然変異を起こさせるため、種子に放射線が放射されたが、変異した直物を作り出すためには同様の高線量を必要とした。そのため、X 線照射の影響と同じように低線量では健康被害の心配はなく、ガンの誘発は、生殖細胞の突然変異を作り出すのと同じような影響が遺伝子に起きた場合に起こると信じられていた。

ⅲ）医療用 X 線の利用が成功した経験から、第二次世界大戦中の原子爆弾の開発に関わった科学者たちは、γ 線と中性子線の短時間の放射にあったにしても、核爆発の主要な影響は爆風と高熱であると信じていた。また、漂う放射能雲からの放射性降下物は（爆心が地上付近である場合を除いて）、環境放射線の年間

線量より低い極めて少ない放射線量を照射すると信じられていた。核実験が環境や人間の健康に対して、確かな影響を与えると考える明らかな理由はまったくなかった。原発も酸性雨を作り出し硫酸を充満させ、大気汚染を引き起こす石炭火力発電所に代わって、きれいなエネルギーを供給するので全く安全だ、と広く信じられていた。

英国のオックスフォード大学の医師アリス・スチュワートの調査によって、非常に低線量にも問題があるということが最初に指摘された。第二次世界大戦以来、英国では小児白血病の異常な増加が起こっていた。彼女は英国政府の保健当局の援助を得て、子どもを白血病で亡くした母親のグループとその対照グループに数百枚のアンケート用紙を送った。その調査結果は、2つのグループとも家族暦にベンゼンその他の化学物質への接触の機会には差がなかったが、妊娠中に2～3回診断用X線の照射を受けた女性は、対照グループの女性に比べて10歳未満の子どもを白血病で失った数が2倍もあった。1958年の『イギリス医師会雑誌』に掲載された。

ハーバード大学のブライアン・マクマホン医師は、アリスの調査結果を確かめるための研究を行い、1962年に米国の国立ガン研究所の機関誌に論文を掲載すると、保健関連機関の中でも憂慮する人々が出てきた。

iv）1950年代末に、核実験の結果百万人が死ぬだろうとの予想が、ライナス・ボーリングとアンドレイ・サハロフから発信された。広まりつつあったミルクと食物中の放射性降下物に対する心配の声は、1963年末の大気圏内核実験停止を定めた条約の締結によって鎮静化した。しかし、核兵器開発と核弾頭を運ぶ大陸間弾道ミサイルシステム構築計画は引き続き行われていたため、私（アーネスト）は、ニューヨーク州のアルバニーからトロイの地域にかけて、ネバダ実験場からの核爆発による放射能雲が、ちょうど両地域の上を通過したときに降った大雨の後、白血病の増加が実際に起きているかどうかの調査に着手しようと決意した。この調査で、大雨の後、白血病の発生率が高くなっている証拠を発見した。また、自然流産と乳児死亡がこの死の灰事件1年以内に顕著に増加していた。この結果は1969年4月に『ブリティン・オブ・ジ・アトミック・サイエンティスツ』誌に掲載された。

公衆衛生統計における乳児死亡数では、全米で1年当たり4％ずつ確実に下

降する傾向に対し上方の偏差があったが、この偏差は米国、旧ソ連及び英国に
よる大気圏内核実験中止の 1960 年の代後半には見られなくなった。さらに、こ
の異常な増加はあらゆる社会経済グループに見られたことであるが、3、4 年前
に遡った全米各州におけるミルク中のストロンチウム 90 の濃度のデータに大変
密接に相関していた。貧しい非白人の乳児は、より良好な食事や出産前のケア、
医療への連絡手段に恵まれた白人グループより死亡率が 2 倍も高かった。1945
～ 1965 年の統計では、合衆国だけで約 40 万人の乳児が通常の期待値を超えて
過剰に死亡していることを示していた。

　　この研究論文を批判する準備をしていた原子力委員会のリバモア研究所のジ
ョン・ゴフマン博士とアーサー・タンプリン博士は、遺伝障害のリスクを基礎
としたうえで、より小さなスケールではあるが過去の核実験にはおそらくその
ような影響があったであろうと評価した。彼らはまた、1969 年 11 月の地下の原
発に関する上院の公聴会で、現在の商業用原発が一般大衆に放出する許容線量
の 1.7mGy は、米国の年間 32,000 人のガン死亡を増加させるだろうと指摘した。

v) 1970 年までに、スチュワート医師は彼女の研究を大きく発展させていた。『ラ
ンセット』誌に発表されたその研究結果は、安全なしきい値に関する証拠はな
く、撮影された X 線の回数に従って、直接リスクが増加することを示した。そ
れはまた、死の灰有害説と原発からの秘密裏の放射能放出への憂慮を後押しす
るものだった。さらに、女性の数％が妊娠の最初の 3 カ月に X 線を受けていた
ことから、スチュワート博士は、そのような妊娠初期の被曝は、出産直前の被
曝より 10 倍から 15 倍もリスクが高いことを発見していた。このことは、おお
よそ環境放射線の年間線量と同等か、あるいは 0.5 ～ 1mGy の少線量でも、小児
ガンと白血病のリスクを倍加するのに十分で、この線量は広島・長崎の被爆者
の調査から考えられた倍加線量の 1,000 倍も少なかった。

vi) その頃、私（アーネスト）は　シカゴ市郊外のドレスデン原発の周辺で乳児
死亡率が上昇し、低体重児の出生が増加していることを発見した。これらの数
値は、核実験の死の灰からの線量に匹敵する原発からの気体放出物の報告線量
と並行していた。他の 7 カ所の原発施設の乳児死亡率における類似した影響と
合わせ、1971 年、バークレーのカリフォルニア大学で開催された「汚染と健康
会議」の会議録にこれらの調査結果を発表した。

vii）1950 年代、全米で乳児死亡率の上昇が見られただけでなく、成人死亡率も全
年齢層で同じ異常上昇が見られた。このことは I・M・モリヤマによって既に指
摘され、論文は 1964 年の米国保健統計センター発行の論文と 1980 年の「公衆
衛生報告」に発表されている。

ペトカウは、1973 年 3 月の『保健物理学』誌上に発表した「リン脂質細胞膜
に対するナトリウム 22 の影響」という論文で、X 線の短時間における大量照射
にも破壊されず、何百 Gy の放射線量に耐えうることができる細胞膜が、放射線
化学物質による弱く長時間持続する 10mGy 以下の放射線によってたやすく破壊
される、と書いている。この発見は、それまでのあらゆる知見とまったく対照
的であった。

ラルフ・グロイブは以下のことを記述している。

ペトカウの研究は、放射線によって細胞膜の障害が起こることを示した。こ
の細胞膜の障害は、核兵器の爆発や医療被曝の高線量時にみられる細胞核中の
DNA に直接打撃を与えるやり方とは、完全に異なる生物学的メカニズムである。
細胞膜は活性酸素により破壊される。活性酸素は、放射線が体液に溶け込んで
いる生命の元になる酸素に衝突してできたものである。この非常に毒性のある
酸素が細胞膜の外側まで拡散し、そこで連鎖反応を起こして数分から数時間で
細胞膜を溶かす。その結果、細胞内部が漏れ出してその細胞は死ぬ。1 回の活
性酸素分子は、優に 1 個の細胞（体積は約 6 兆倍）を破壊する力を持っていて、
極めて低い線量率であっても、わずかな少量の活性酸素が、1 つの細胞を破壊し
てしまうのだ。しかし、高線量時には、同じ空間と分子の寿命の期間に、何万
もの活性酸素が作られてしまうため、互いにぶつかり合って元の無害な酸素分
子になり、非活性化されてしまう。

高線量放射線の場合と比較して低線量放射線は桁はずれに大きな効果があり、
線量効果曲線は低線量の環境放射線に近いときに極めて急速に立ち上がり、高
線量及び高線量率への暴露時には水平化する。

viii）ジョン・ゴフマンが 1970 年に、彼の著書『低線量被曝による放射線起因のガ
ン』の中で、再考した広島・長崎のデータから、遠距離被爆者も水や食物の中
に入った「黒い雨」から死の灰を浴び、何百 mSv もの追加線量を受けたが、そ
れはデータ分析の際には考慮に入れられず、線量効果曲線の最初の急上昇の部

分が隠されて、かわりにほとんど水平になった部分を当てはめられた、環境レベルの放射線量に近い範囲でのガンのリスクにおいては、線量曲線を当てはめることによって、長期にわたる低線量被曝の真のリスクをかなり過小評価してしまったことは明らかである、と書いている。

グロイブが議論したように、低線量放射線において威力をふるう間接的な活性酸素の障害は、骨髄の中で前駆細胞から常に新しく生まれ変わらなければならない免疫系の細胞にとっては、特に深刻である。このことは、骨に沈着し、比較的飛距離の長いβ線または電子を放出する化学的にカルシウムとよく似たストロンチウム90や、他の親骨性の同位元素にとってはなおさらである。これらの放出物は、環境中で自然発生するラジウムから放射されるα線粒子よりも、高い効率で骨髄に到達する。ストロンチウムを与えた動物実験では、1968年にストッケらがオスロー大学で行った研究は、0.01mGy範囲の線量で即座に骨髄細胞への障害が高度に達し、それから水平域に達して横ばいになることを示した。

さらに、1977年に、ヘラーとウィグゼルがウプサラ地域（スウェーデン）で発見したのが、放射線ストロンチウムがバクテリアとガン細胞に対する防護に必要な骨髄で作られるナチュラル・キラー細胞の正常な機能を妨げる活動をする、という結果であった。

同様に深刻なリスクといえるのが、母親の免疫機能が阻害され、胎児を異物として排除してしまうことだ。この生物学的な仕組みは、妊娠の何年も前から母親の体内で蓄積された、ミルク中のストロンチウム90の遅発的な影響を説明しており、最近まで予想もできないことであった。脳の正常な発達を遅らせる放射性ヨウ素の影響に加えて、正常体重以下で生まれた乳児の脳で起こる血管の小さな破裂は、神経障害の確率を大いに増加させる。結果としてSAT試験（全米で行われている大学入学のための統一適性試験）の点数の下降に表れている学習障害のリスクの増加がある。この問題は、1979年の米国心理学会で、スティーブン・ベルと筆者（アーネスト）が初めて報告した。さらに1987年に『国際生物社会研究』誌にロバート・ベレグルニが発表したように、犯罪的暴力の増加という行動科学の問題も引き起こしている。

ラルフ・グロイブが明確に述べているように、人間の体内での人工放射能の

間接的な化学反応によるホルモン系と免疫系組織への微妙な影響が、早産、乳児死亡率、感染症及び発ガンに対し、予期しない大きな影響を及ぼしている。

　ペトカウ効果によって、より増大した生物学的障害のリスクを示す全年齢層にわたる死亡率の増加は、非常に注意深く計画実行された疫学調査によって確認された。

　これらの疫学調査の結果は、全米科学アカデミーの電離放射線の生物学的影響に関する委員会による 1990 年の BEIR V 報告に総括されている。

ix）1990 年 8 月 1 日に、スティーブンスらが、ネバダ核実験の死の灰に被曝して、白血病で死んだユタ州の 1,117 名の住民に対する膨大な疫学調査を『米国医師会雑誌』で発表した。この調査は、自然環境と同じ放射線量と白血病の死亡率の間に明らかな相関関係があることを示した。死亡率は、19 歳以下の年齢に最も多く、過去 5 回の調査結果と同じものであり、しかも今回の調査では、方法論的な疑問も克服されている。

x）1991 年 3 月 20 に出版された『米国医学協会誌』には、ウイングらが、オークリッジ国立研究所で 8,317 名の住民を 10 年間観察するというさらに大規模な調査を載せた。調査は白血病、ガン及び他の原因による死のリスクは、広島・長崎の被爆者を基にして予測された死者の 10 倍も高かったことを示していた。

xi）悲劇的なことだが、この本が記すように、スチュワートとペトカウの発見と、彼らの広範な疫学的な確認は、核兵器が大規模に実験され、軍用と民間の原子炉が何百基も世界的に建設されて、長い年月が経ってから確認されることになった。さらに、都市住民が退避することが難しい放射能漏洩事故によるリスクを低減するため、原子炉は常に田舎の農業地域に建設されたが、そこからは冷蔵トラックが高速道路を通じて大都市に多くのミルクを供給した。このことは当初、規制当局が住民に対する線量の見積もりにあたり考慮しなかった短寿命の放射能にとって、効率的な移動手段となった。さらなる悲劇は、貧しい妊婦によりよい食事を摂らせようと、政府の福祉社会局により大型原子炉の周辺地域から汚染された余剰ミルクとチーズが、知らない間に大量に運ばれていたという事実である。

xii）1990 年の『ニューヨーク州科学アカデミー年鑑』に、デブラ・リー・デイビスらの、説明できないガン死亡率についての調査・研究結果が掲載されてい

る。彼女らは、過去20年間、特に55歳以上の英国人、ついでにドイツ人、さらに米国人の上昇するガン死亡率の調査に専念してきた。これらの国は、確かに1950年代末以来、原子炉から大量の核分裂生成物を最も多く環境中に放出してきた国である。

　しかし、最大の危険は、当初から文明の中心であった大都市の未来にある。その理由は、新生児の免疫系の器官が、大規模原子炉の近くの農村地帯で作られるミルク、チーズ、野菜、果物、肉と一緒に運ばれる放射性ストロンチウムによって障害を受け続けていることである。同じことが、胎児と乳児の発達と成長を調整する甲状腺に起こっている。すなわち、新鮮なミルクの中にある短命な放射性ヨウ素が、すべての社会階層、特に貧しい階層に影響を与えている。結果は低体重児出生傾向の継続であり、先天性奇形、感染症、ガンなどの高率発生を導くだけでなく、学習能力の障害を生み出す、などなど。

　アメリカが現在、低線量被爆の被害大国であることがここでも書かれている。上記の要旨を具体的に知りたい人は、この本を読んでいただきたい。

　低線量被曝の健康影響については、世界秩序や平和を核兵器の抑止力で維持しようとする人々と、原発によって「安価」で「クリーン」なエネルギーを得ようとする人々から否定的な反論・批判を受けながらも、人の命と健康及び人類の未来を危惧する科学者たちによって、科学的究明の困難さはあるものの、疫学的にあるいは動物実験などによって徐々にではあるが解明され続けている。

　さらに、私が書籍やインターネットで知り得た、低線量被曝の健康影響に関する調査・研究に関する論考を以下に紹介する。

(2) アメリカの統計学者の論考

　ジェイ・マーティン・グールド（米国統計学者）が執筆した約380頁に及ぶ、『低線量内部被曝の脅威——原子炉周辺の健康破壊と疫学的立証の記録』という表題の本がある。[27]

　本書も「概要と要約」の項の要旨の紹介に留める。

ⅰ）1995 年 1 月 5 日に国立ガン研究所（NCI）は、あるメモを公表した。それに
よると原子炉から 50 マイル以内にある郡の乳ガン死亡率が、国内における他の
すべての郡よりも著しく高いことを示している。この統計は白人女性に限定さ
れているが、黒人女性は今日では白人女性よりはるかに高い乳ガン死亡率を記
録している。本書で白人女性グループに焦点を当てているのは、「郡単位で統計
学的に有意な影響を観察するには、殆どの郡で黒人あるいはその他の少数民族
の女性の人数が少なすぎるからである」。

ⅱ）NCI は、原子炉から 50 マイル以内の「核施設のある」郡における年齢調整死
亡率を 1985 ～ 89 年の乳ガン死亡数 69,554 を基礎に算出し、他の郡の女性 10 万
人当たり 22 か 23 人の死亡に対して 26 か 27 人という数字を示した。これだけ
の大きな違いが偶然で起こる確率は環境要因の他にはあり得ず、遺伝子が原因
ではあり得ないことを意味している。したがって我々はガンが高頻度であるこ
との真の原因、つまり人為的な原因を隠すために当局が持ち出した、「犠牲者自
身」に起因する要因とか、「生活様式自体」に起因する要因といった議論をすべ
て捨てなければならない。

ⅲ）原子爆弾の最初の爆発（注：広島・長崎）で核時代が始まった 1945 年以降
の 50 年間、150 万人余のアメリカの女性が乳ガンで死んだ。乳ガンの発症率は、
ある地域ではこの期間にほぼ 3 倍に増えている。（中略。それは）放射線降下物
による低線量内部被曝、あるいは X 線の不要な過剰使用による外部被曝など、
人為的に作られた電離放射線にあり、それらが化学汚染物質の影響とともに作
用したものであることを示した。人為的な低線量放射線は自然界の電離放射線
源とは異なり、ガンから我々を守る免疫防護機能に害を及ぼす。1943 年以前に
は自然界には存在しなかった骨に沈着し易い放射性ストロンチウムのように。
レイチェル・カーソンが『沈黙の春』で予見したように、ストロンチウム 90 は
産業用化学物質、及び大気汚染と共同して人間の発ガン性を促進する「邪悪な
共犯者」である。カーソンの人工放射線と化学物質を結びつけた考えは、2 人の
世界的な大科学者、ライナス・ポーリングとアンドレイ・サハロフが発した同
じような警告の驚くべき先見性と呼応している。（中略）1962 年にポーリングが、
1975 年にサハロフがノーベル平和賞を受賞している。

ⅳ）本書は、1950 年以来、国立ガン研究所によって編纂された公式資料を使って、

全米 3,000 余の郡のうち、核施設に近い約 1,300 郡（原子炉から 100 マイル以内にあり、人工電離放射線に最も直接に被曝している郡）に住む女性の乳ガンの死亡リスクが最も高いことを証明して、カーソンの予見を裏付ける。

1945 年以来そうした放射線の最大の源泉は合衆国と旧ソ連邦の大気圏内核実験から生じる放射性降下物であり、それは 1963 年には中止されたが、その総線量は広島型原爆の 40,000 発に等しいと見積もられていた。この放射性降下物の大部分は降雨量の多い郡に降り注いだ。なぜならば放射性物質を含む雲は乾燥地帯では何事もなく通り過ぎてしまうからである。これらの雨量の多い郡はまた、原子炉からの人工的核分裂生成物で持続的に被曝している。それらの郡はまた、一般に生活が最も豊かな郡であり、住民は全身についての健康管理を受け、したがって、被曝線量の高くなる X 線透視検査とマンモグラフィー検査で、既に前もって被曝していた可能性が高い。これらの郡にはまた、産業科学廃棄物が最も集中している。（中略）アメリカのガン発生率の高い核汚染地域と、原子炉から十分に離れているので相対的にはるかに危険度が低いと思われる残りの農村部に分けられるように見える（本書 48 頁の地図参照）。後者の郡はロッキー山脈とミシシッピー川の間に位置する傾向にある。これらの郡はネバダ実験場に近い地域の周辺にあり、——かつ西南部の中央地域の州には石油化学汚染が集中しているにも拘わらず、雨量も原子炉からの降下物も少ないので、乳ガンとエイズの死亡率は最低である。最高死亡率は、インディアンポイント（注：原発・ニューヨーク州）、マイルストーン（注：原発・コネチカット州）、ブルックヘブン（注：国立研究所・ニューヨーク州）の原子炉からの放出物により 1 人当たりの被曝線量が国内最高にのぼっているニューヨーク大都市圏である。

この論考は、全米各地の公式乳ガン死亡率データに基づき、原子炉の近くに住む白人女性が、過去と現在にわたって電離放射線に被曝していることから、原子炉の「周辺」をどのように定義しようとも、乳ガン死亡の最高のリスクの中におかれていることを示す。

v) 例えば、国立ガン研究所は原子炉からの放出物が郡の境界で止まるかのような単純な仮定に基づいて、核施設が設置されている郡を「核施設のある」郡と定義している。定義をそのように狭いものにすれば、1950 年以来の死亡数はごく少ない数となり、それらの群の変化は全体として統計学的に無意味なもの、言

い換えれば変化は偶然の結果にすぎないものということになる。我々の調査で最も重要な発見の一つは、エネルギー省所管の最も古い原子炉 7 基が置かれている 14 の郡に関するものである。これら 14 の郡を総合した白人女性の年齢調整死亡率は、1950 〜 54 年の時期から 1985 〜 89 年の時期までの間に 37% 上昇した。同じ時期の合衆国全体の上昇率はわずか 1% であった。同じ期間、乳ガンによる死亡数は合衆国全体が 2 倍になったのに対し、14 郡の場合は 5 倍になった。死亡率の変化におけるこのような大きな乖離が偶然である確率は、無限に小さい。

vi）1943 年から 1981 年まで運転した 60 カ所の原子炉のそれぞれの風下にほぼ位置し、かつ原子炉から 50 マイル以内にある平均 7 つの相互に隣接する農村郡の合計乳ガン死亡率の推移は、総計すると、1950 〜 54 年に年齢調整死亡率が合衆国全体の平均死亡率より下回っていた郡は 346 あった。しかし、これらの郡では 1985 〜 89 年の期間にその率が 10% 増加した。今日、これらの農村の「核施設のある」郡は合衆国平均をはるかに上回っている。そのような大きな乖離が偶然に起因する確率は、無限に小さい。

　殆どすべての原子炉が農村郡に設置されているので、この定義は主として農村の郡に限られていた。そして、これらの農村郡での乳ガン死亡数は 1950 〜 54 年には全米の 15%、1985 〜 89 年には 21% にすぎなかった。我々がこの「周辺」の定義を選び出したのは、一施設当たり 1 つないし 2 つの郡しか関わらせない国立ガン研究所の狭い定義にそれを置き換えると、60 カ所のうち 55 カ所の原子力発電所に最も近い各郡での乳ガン死亡率の増加が統計的に有意なものであることをはっきり示すためである。

　最終的に、我々は風下の要件を外して、周辺の定義を半径 50 マイルに、次いで 100 マイルに広げた。民間原子炉と、その他の環境上有害なすべての要因が、ミシシッピー川以東の地域に著しく集中しているため、「周辺」を各原子炉から半径 100 マイルの範囲と定義し得る。そこで集計される死亡率は、国内標準値を統計学上、有意に上回るものとなろう。

　このようにして、国内 3,053 郡のうち、1,319 が「核施設のある」郡であることになった。この地域と郡の大部分と五大湖各州の郡が、この拡大された「周辺」の定義にあるため、「核施設のある」群の人口あたり乳ガン死亡数は、全国

総数をはるかに上回る。

vii）これらの 1,319 の「核施設のある」郡の白人女性において、1950 年の合衆国の年齢構成を反映するように調整された現在の合計乳ガン死亡率は 26 人近くに達し、残りの農村の「核施設のない」郡は 22 人である。両者の差異を偶然や遺伝子、あるいはそれらと同程度に集団全体に影響しているその他の要因のせいとするには違いが大きすぎる。

　人口が最も集中する大都市や都市近郊の郡にとって、原子炉からの放射性物質の放出は、100 年にわたり増加してきた産業化学汚染物質への曝露や、50 年にわたる核爆弾の製造・実験から生じた放射性降下物による被曝、そして頻回の不必要なまでの過剰な X 線照射など、既に乳ガンを多発させる環境的原因に強く曝されている女性の状態をさらに悪化させるものである。

　北東部の大都市圏に住む一人ひとりはまた、他の理由からも低線量内部被曝の影響を過度に被ってきた。彼らは地下水ではなく、貯水池、湖水、河川からの表流水に依存してきたので、ニューヨーク市下の郡のような都市部の郡は、初期の核実験放射性降下物で汚染された飲料水で最初に被曝している。これらの大都会の郡は、産業化学物質についても、「核施設のない」農村部の郡よりも前から、強く汚染されてきた。有害な化学物質への曝露が電離放射線への曝露と重なると、ガンの死亡率はさらに増大する。

　このことは、ニューヨークの大都市圏各郡の乳ガン死亡率が、ルイジアナ、テキサス、それにオクラホマ各州よりも 40% も高い事実によって明瞭に描き出されている。これら南部の州には石油化学工業の廃棄物が全国で最も集中しているが、我々が研究対象としている期間に稼働していた原子炉はなかったのである。一方、ウエストチェスターとロングアイランドは 1 人当たりでみた場合、全国最高レベルで原子炉からの放射線に曝されていたのである。

viii）本書の中でおそらく最も衝撃的な暴露は、大規模な放射能漏れの被害者によって現在進められている多人数の集団訴訟であろう。これは、主要な報道機関によって故意に無視されてきた。例えば、事故を起こしたスリーマイル島原発の事業者は 2,500 人の原告によって訴訟を起こされており、既に 300 件が個人的に和解しているにも拘わらず、14 年たった今もなお、『ニューヨーク・タイムズ』は報道できないでいる。エネルギー省が 1940 年代後半ハンフォードから漏れた

大量の放射性ヨウ素が原因となって、数は不明であるが甲状腺ガンが発生したことを 1991 年になって認めた後、『ニューヨーク・タイムズ』はようやく 2,700 人の原告がワシントン州ハンフォードの核兵器工場の事業者に対して訴訟を起こしていることに注目し始めた。（中略）ニューヨーク州サフォーク郡のブルックヘブン国立研究所は、45 年間にわたり放射性物質と化学汚染物質が蓄積されてきた研究所用地内の汚染水が南方へ流れ、研究所の真南一体の私有井戸の水質を汚染したとする我々の主張を認めるにいたり、地域一体の地価は一挙に下落した。（中略）何百人もの原告（中略）らが、ブルックヘブン研究所を相手として集団訴訟を起こした。

ix）核実験の放射性降下物の線量に比べれば相対的には少ないが、民間と軍の原子炉からの放出放射能が国内の一定地域に現在みられる乳ガンの発生率と死亡率の一斉の増加に主要な役割を果たしていることが示される。1980 年以来、スリーマイル島原発やチェルノブイリ原発のような民間原子炉からの大規模な放射能放出事故は、1945 年以降に生まれた女性の免疫系の障害を悪化させてきた。その女性たちの免疫機能は、核実験の放射性降下物が降った時期に既に母親の胎内で障害を受けていた。その女性はますます乳ガンにかかりやすくなっている。

　（中略）1945 年から 1965 年までに 5.5 ポンド未満（2,500g 未満）の低出生体重児が 40% も異常に増え、そして地上核実験が中止されると同時に急速に改善されたのである。1945 年生まれの子どもが 18 歳に達した 1963 年には、18 年前の核実験の最盛期に完全に符合するように、同じように異常な大学進学適性試験（SAT）成績の 20 年にわたる下降が始まった。SAT 成績の下降は母親の子宮内にある胎児の甲状腺（つまり乳幼児の早い時期に脳の発育を管理するカギになる器官）への核実験の障害の反映であることを我々は示唆するつもりだ。このことは旧ソ連共和国のベラルーシとウクライナで甲状腺ガンが異常に増加している事実が劇的に証明している。

x）我々はまた、1970 年に、誕生時に腺組織と免疫系に障害をうけた男性のベビーブーマーたちが 25 歳に達し、以降 20 年にわたり次第に労働力から脱落していくことになった事実を示す。さらに 1980 年までに彼らが 35 歳に達したとき、もう一つの特別な意味を持つ 20 年間が始まった。つまり、伝染病の感染を高め

る無用心な性行為を行ったものたちがエイズで次第に死んでいった。かくして、現在（1996年）50歳未満の7,500万人の若い男女は、考え得るすべての時代の中でも最悪の期間に生まれた世代に」属している。

　ここでも、アメリカが被曝大国であることが語られている。

(3) David J. Brenner 博士ら（アメリカ）の論文

　SMC JAPAN（一般社団法人サイエンス・メディア・センター）のホームページに、2011年6月21日付の【翻訳論文】「低線量被曝によるガンリスク」という論考が掲載されている。この論文の著者は、コロンビア大学放射線学研究所（米国）に所属するデイビッド・J・ブレナー博士ら、高線量および低線量被曝のリスク評価の研究を行っている学者である。

　冒頭に、「原著者及び発行元であるアメリカ科学アカデミーの許諾を得て、調麻佐志准教授（東工大）が翻訳したものであると記されている。その内容は容易には理解しにくいので、翻訳者のコメントのみを紹介する。

　調麻佐志准教授は、「この論文で指摘している重要な事項は次の3つです」として、次の点を挙げている。

1.　あるレベル以下の低線量被曝によるガンリスクの存在は、検証が必要とするサンプルのサイズ（調査の対象となる被曝者の人数）があまりにも巨大になるため、科学（疫学）における標準的かつ最も厳密なアプローチ（リスクの直接推計）によって検証することができない。しかし、科学的にみても、直接推計により検証できないことがリスクの不存在を意味するわけではない。

　これまで、直接推計によってガンのリスクの存在が証明された長期被曝量の最小値は（年単位ではなく生涯で）50〜100mSvである。最低値未満の被曝量によるガンリスクを科学的に明らかにするためには、何らかのモデル／仮説を前提として採用する必要があり、現時点では比例モデル（線形しきい値なしモデル／仮説；LNT仮説）が科学的に最も適切なモデルと考えられる。それぞれをもう少し詳しく説明すると次のとおりである。

1）低線量被曝（つまり、××mSvあるいは○○μSvといった単位で測られる

放射線被曝の量が相対的に少ない被曝）によるガンのリスク評価は、疫学の研究対象の一つである。

しかし、疫学において標準的かつ最も厳密なアプローチ（リスクの直接推計とその検定）を採用すると、ある一定レベル以下の低線量被曝のリスクの有無を決定することは原理的に不可能になる。しかし、「一般に」だけではなく、この問題に限定しての科学的な理解においても、リスクの直接推計によって検証できないことがリスクの無いことを（暫定的にでも）意味するわけではない。これは、単にそのアプローチを採用することに科学として無理があることを意味している。

2) リスクの直接推計に基づいた先行する科学研究によってガンのリスクが検証された被曝のレベルは、原爆の犠牲者・被害者が受けたような限られた短時間で被曝する場合（急性被曝という）で 10 ～ 50mSv、原発事故による被曝（環境に放出された放射性物質による被曝）や原発作業従事者の被曝のように長期にわたって少しずつ被曝する場合（長期被曝）で 50 ～ 100mSv である。

福島第一原子力発電所の事故に伴い大きく懸念されるのが、後者の長期被曝である。なお、ここでは、以下の点には十分な注意を払う必要がある。

（a）被曝量の単位（mSv や μSv など）は年間の被曝量をあらわす単位（たとえば、mSv/ 年）でなく、長期（多くの研究で 5 ～ 10 年以上、理論上は生涯）に渡り蓄積された被曝量を表す。

（b）これまで行われてきた長期被曝のリスクに関する研究では、必ずしも内部被曝の影響が明示的には考慮されていない（データの性質により考慮できなかった）。

（c）同じく、これまでの長期被曝のリスクに関する研究において、厳密にリスクが証明された被曝量の最小値は、科学的に放射線の影響を受け易いとされているグループ（お腹の赤ちゃん、赤ん坊、子どもなど）にとっての最小値では必ずしもない。

3) 前項で、長期被曝に関しては、少なくとも 50 ～ 100mSv の被曝量でガンのリスクがあることが検証されたと述べた。それでは、50 ～ 100mSv 以下の被曝にはガンのリスクがないのであろうか。そのようなリスクを科学的（疫学的）に検討するためには、1) で述べた最も厳密なアプローチを使うことができない。

逆に、2）で示した値は、厳密なアプローチで明らかになった疑いの余地が実質ゼロな値ともいえる。リスクの直接推計に代わって使われる科学的なアプローチは、推定ないしは外挿といわれるアプローチである。単純化して説明すると、影響が科学的にわかる範囲（つまり、50 〜 100mSv 以上）の被曝とガンリスクの関係をプロットし（とりあえず横軸に被曝量、縦軸に発ガン率をとって、グラフに点を打つことを想像してください）、プロットされた点を上手くつないでわからないところまで延長してやることでリスクの見積もりを行うものだ。

　データから点を上手くつなぎ、さらに延長する作業にはさまざまな可能性があり、極論すれば好きなように線を引くことができてしまう。しかし、それでは科学にはならない。この作業を科学的に行うためには、検討している現象（ここでは、放射線被曝によってガンが発生するという現象）の背後に想定されるメカニズムに基づいて、曲線の形状をモデル化（仮定）する必要がある。

　残念ながら、現在（そしておそらく今後も）、科学が持ち合わせる証拠から判断して、科学的に異論がほとんどないだろうと断言できる程度の厳密さでこの曲線の形状を決めることはできない。1）で述べたことと同じ問題があるからである（つまり、厳密なアプローチで曲線の形状を決定することができないのだ）。

　そこで、いくつかの数値データや放射線被曝によるガン発生のメカニズムに関する実験的および理論的研究に基づいて、現在の科学水準から最も妥当な曲線の形状はどのようなものかを推測する必要が生じる。この形状に関連するさまざまな研究の成果に基づき、リスク論文は、科学的に最も妥当な曲線の形状は直線であるようだと結論している。このような曲線の形状を採用するモデルは、専門的にはしきい値なし線形モデル（LNT）と呼ばれている（以下「比例モデル」と呼ぶ）。

　すこし補足すると、この 3 つの指摘のうち最初の 2 つについては疫学の専門家の間ではかなり高いレベルで合意がなされているはずである。そこには、データや理論の恣意的な解釈や当てはめの余地がほぼ無いからだ。一方、3 つ目については、あるいは反論・対案を持つ専門家がいるかもしれない。ただ

し、その専門家が対案として持つ可能性のある別の考え方（つまり曲線形状と背後のメカニズム）に対しては、リスク論文の中でそれぞれ問題点や限界が指摘されている。したがって、これらの指摘に対する合理的な反論、ないしはそのモデルが適用される範囲の合理的な限定なしに別のモデルを主張する専門家はまずいないはずである（根拠なく対案が提出されたとすれば、その主張を少なくとも科学的主張として受け止める必要がない）。

　たとえば、代表的な対案であるしきい値モデルは、メカニズムとデータの両面から適用できる範囲が比例モデルよりもかなり限られていることが指摘されている。つまり、反論の内容とその論理、またそれが意味するところをよく検討する必要があるのだ。参考までに、原子力安全委員会がホームページに公開した資料（「低線量放射線の健康影響について」平成 23 年 5 月 26 日改訂版、http://www.nsc.go.jp/info/20110526.html）に、書かれていることを確認すれば、リスク論文とおおむね整合的なことがわかると思う。（略）

2.　リスク論文が指摘したことの意味

　「（外部被曝が）100mSv/ 年（≒ 10 μ Sv/ 時）を超さなければ健康に影響を及ぼさない」といった趣旨の発言や記述をニュース等で目にし、あるいは耳にすることが多い。また、その根拠として 100mSv 未満の放射線被曝の健康影響を厳密に科学的に検証した研究が存在しないことを挙げる発言もたまに目にする。

　ここで紹介したリスク論文は、科学の範囲内でも、このような考えにいくつもの重大な誤りがあることを明らかにしてくれる。もちろん、低線量被曝の影響は短期的に現れにくいことは科学的な合意事項であるので、「直ちに影響はない」といったレトリックの意味についてここで議論するつもりはない。主な問題点は以下のとおりである。

a）100mSv 程度以上の被曝による健康リスクを科学的に証明した調査・研究が用いる単位は、1 年あたりの被曝量を表す mSv/ 年ではなく、（一生涯にオーダーが近い長期に）累積された被曝量を表す mSv である。

　したがって、現状で 20mSv/ 年の外部被曝が見込まれるのであれば、そこに 5 年程度以上住むことを前提とすると（セシウムの半減期が約 30 年と長いこともあって）、既存の科学的な調査研究の結果は「健康に影響を及ぼすこと」をむしろ証明している。

b) 100mSv（あるいは 50mSv）未満の低線量被曝のリスク（影響）が「厳密に」証明できないのは、リスクがないからではなく、「厳密」という旗印の下で使われたアプローチが適切でないためだからである（中略）。つまり、「リスクが証明できない」ことが、あらかじめわかっているアプローチをあてはめて導かれた「リスクがないこと」の証明には、科学的な価値が全くない（なお、低線量被曝のリスクに関する研究論文や調査報告では、多重比較などの言葉をつかって詳細な検定／下位検定を行うなどと書かれることがありえる。そのときには、同様の不思議なアプローチが取られている可能性もあるので、注意する必要がある）。

c) 長期被曝に関する有力なデータの多くは原発作業従事者に関するデータだ。したがって、そのデータに基づいて今回の事故の影響を考えようとしても、データが主に成人男性に関するデータであるため必然的に生じる限界がある。

子どもの健康が放射線による影響を受け易いことについては（影響の受けやすさの程度については別としても）科学者間で合意があり、それを考慮しないで 100mSv という数字が取り上げられてしまうと、科学的な意味で明らかに子どもの健康に対するリスクを過小評価することにつながってしまう。

d) （若干議論の余地はあるが）現状で科学的に最も妥当と考えられる比例モデルを適用すれば、たとえば、20mSv の被曝によるガンリスクはある程度合理的に見積もることができる。たとえば、100mSv の被曝をした者の生涯のガン死確率（「絶対リスク」）がこの被曝によって 0.5% 増えるのであれば、20mSv では「絶対リスク」が 0.1% と見積もられる。

あるいは、放射線影響協会の報告書（「原子力発電施設等 放射線業務従事者等に係る疫学的調査」平成 22 年 3 月）から数字を借りれば、全悪性新生物による死亡が 50 ～ 100mSv の累積被曝量で「相対リスク」は 9% ほど増えているので、20mSv の累積被曝ではガンによる死亡の「相対リスク」の増加分は 2% 近いと見積もれる。

いずれも例として行った雑な議論であるので、科学的に適切な見積もりを実行するには注意すべき点が多数ある。しかし、比例モデルによって、見積もりが可能であることのイメージは摑めたのではないかと思う。つまり、（それが確実に正しいことの証明となるわけではないものの）現状で最適と考え

られる科学的なアプローチによって、低線量被曝のリスクの有無が議論でき
るに留まらず、どの程度のリスクがあるかについても検討できるのだ。（略）

3. リスク論文についてまとめ

　リスクの大小（また、そのリスクをどう受け止めるべきか）については議
論の余地が多分にあるが、科学の議論に忠実であれば、低線量であっても長
期の放射線被曝によるガンのリスクがあることが検証されていると認めるべ
きだと考えられる。

　さらに、そのリスクがどの程度であるかについても、（リスクの存在自体ほ
ど強い証拠と論理によって肯定するのは難しいとはいえ）現状で最も科学的
に妥当と考えられるアプローチがあり、ガンのリスクに限っては、その具体
的な見積りを得ることができる。これがリスク論文の指摘することだ。

　しかし、この科学的に検証されたリスクの存在、および科学的に妥当と考
えられる具体的なリスクに関する数字を前にしても、個人あるいは家族、共
同体、自治体、国がどのような判断をすべきかについては、科学的に議論す
ることはできない。

　したがって、現状の放射性物質の飛散状況があり、どのような観点からも
福島県内の多くの地点で外部被曝のレベルは長期的なガンリスクが存在する
レベルに達していると科学が結論しても、直ちに域外へと避難しなければな
らないことを科学が教えてくれるわけではない。判断には、科学的に適切な
証拠が非常に大切だが、さらに重要な別種の（社会的）議論も必要である。

**一定レベル以下の低線量被曝のリスクの有無が直接推計アプローチでは検証でき
ない理由（以下は、乱暴な説明であることをご理解の上、気になる方だけお読み
ください）**

　リスクの直接推計アプローチの手続きは、簡単にいえば、たとえば50mSv未満
の被曝を受けた場合にガンリスクが存在するかを確認するために、「その被曝した
ヒトの集団と、自然放射線による被曝しか受けていないとみなせるヒトの集団を
とりあげて、その違いを推計し、その推計値が意味のあるものかを統計学的に検
証する」ものです。（中略）

　低線量被曝のガンリスクは、（中略）被曝のない状態と結果の出方には統計的に
断言できる程度の大きな差がみられない可能性が高いと事前に想定されます（と

はいえ、たとえば 0.5% のガン死リスクの増加は、大きな人口を想像すれば軽々に無視できるものではありません）。

したがって、（中略）調査対象となる被曝者の数を非常に大きく増やす必要がありますが、その人数は確保できない規模に到達しています。

差の検出力をザルの目にたとえてこのことの意味を考えますと、現在は（おそらく今後とも）、実施可能な調査研究で使える最小のザルの目が 5cm 角であるのに対して、すくおうとする低線量被曝のリスクは体長 1mm 以下の小魚であるといった状況であると想定できます。

このザルを使って小魚がいるかもしれない池の水をいかに念入りにさらっても小魚がかかることはまずありえませんが、大きな魚（高線量の被曝リスク）がいれば、かかります。この結果から、池には小魚（とくに、大きな魚がかかった場合の稚魚）がいないと結論するのは、あまりにも馬鹿げた話です。残念ながら、科学とは程遠い世界の話だと思います。

この論文は、低線量被曝と発ガンリスクの関係を生物化学的に、あるいは統計学的に証明することは極めて困難であることを前提にしながらも、そのことは低線量被曝には発ガンリスクがないことを意味するものではなく、確定的影響があるとされる 100mSv 以上の線量の場合を前提にすれば、低線量被曝でもなんらかの健康への影響があることは科学的に明らかであり、その影響確率は線量に比例すると仮定するのが合理的であるとして、LNT 仮説を肯定している。

(4) ベルン大学の研究論文

インターネットで、2015 年 4 月 23 日付の里信邦子という人の「スイスで低線量被曝と小児ガンのリスク研究　大きな反響」という配信記事を検索できた。[28]

概略は以下のような内容である。

スイス・ベルン大学が 2 月末に発表した研究は、低線量でも線量の増加と小児ガンのリスクは正比例だとし、「低線量の環境放射線は、すべての小児ガン、中で

も白血病と脳腫瘍にかかるリスクを高める可能性がある」と結論した。毎時 0.25 μSv 以下といった低線量被曝を扱った研究は今でも数少なく、同研究はスイスやドイツの主要新聞に大きく取り上げられ反響を呼んだ。

「予想以上のメディアの反応に驚いている。しかし、この研究で焦点を当てた宇宙線と大地放射線は避けられない自然放射線だ。スイス・アルプスなどの線量の高いところに住む子どもがガンにかかるリスクは確かに高いのだが、恐怖を与えたり、警告を発したりするのが目的ではない」と、ベルン大学社会予防医学研究所（ISPM）や他のサイトで同研究に携わったベン・シュピヒャーさんは釘をさし、疫学の専門家として、次のように言う。

「あくまでも科学的な低線量被曝のリスク研究の一つとして、スイスでは例えば、子どもには必要のない CT スキャンなどは避けるといった予防に対する意識の向上に役立ててほしい」。

日本を含め世界では現在、低線量被曝と発ガンや遺伝子の影響に関する見解において、年間 100mSv 以下の被曝では、「線量の増加に正比例して発ガンや遺伝子の影響が起きる確率が増える」という考え、つまり、ある線量以下なら影響が出ないという「しきい値」を取り払った、直線しきい値なし仮説（LNT 仮説）に従っている。

よって、（ISPM が扱ったような）毎時 0.25 μSv 以下といったわずかな線量でも、理論的には線量の増加と小児ガンのリスクは正比例の関係になる。しかし、実際にはこうした低線量被曝のリスク研究はわずかしか存在せず、しかも科学的にまだ不十分な点が多い。これが、ISPM が今回の研究に取り組んだ一つの理由だ。

また、スイスで小児ガンにかかる年間約 200 人の患者のうち、小児白血病は約 30%、小児脳腫瘍は約 25% を占める。この 2 つのガンは、広島・長崎の原爆で被爆した人の中でも特に当時子どもだった人がその後にかかる主な疾患だとする多くの研究がある。では、「スイス国内の小児ガンでメインなこの 2 つのガンと低線量被曝に相関関係があるのか？」と考えたのが 2 つ目の理由だ。

斬新な研究：「我々の研究の斬新さは、ガンにかかった子ども一人ひとりの病名や経緯、またその子が住むスイス国内の住所を特定し、その場所の詳細な環境放射線の値を使ったことだ」とシュピヒャーさんは言う。

ここで言う環境放射線とは、子どもの住環境にある放射線を指し、それはさら

に、原発事故などによる人工放射線と自然放射線に分けられる。この自然放射線には、宇宙線と岩石などから出る大地放射線などがある。

ISPMは、まず1990年から2008年にかけ、スイス国勢調査を使って16歳以下の子ども約200万人を選び出し、その後、スイス小児ガン登録簿（SCCR）を使って1,782人のガン患者を特定した。

それに、スイスの自然放射線量とチェルノブイリ事故後に飛散したセシウム137の土壌濃度を記した放射線量マップを基に、200万人の子ども全員の住居地の線量を把握した。このマップは、連邦工科大学チューリヒ校が行ったスイスにおける放射線量研究（Raybachレポート）で作成されたものだ。

「住所を含むこうした情報は個人情報に近いため、恐らく北欧の国を除いては入手できないものだ」とシュピヒャーさん。さらに、200万人の子どもが住む周囲の環境放射線の数値を、それも4km^{2}ごとに調査したものを使った研究は今までにないと強調する。

実は2013年に、環境放射線と小児ガンのリスクを扱った、イギリスの研究（Kendallレポート）がある。対象となった子どもの数と線量測定地の数がスイスのISPMの研究より多いなどの点から「トータルにはISPMのものと同程度の価値がある」と言われるものだ。ただ、ガン患者が住む場所の線量が行政区の平均値であるため、個々人の住居周辺の線量データを使ったスイスのものとの比較において、疫学的観点からは不正確さが残るとされる。

Raybachレポートはスイス全土の宇宙線と大地放射線、及びチェルノブイリ事故後のセシウム137を4km^{2}ごとに測定。まず、それぞれの放射線の測定マップを作成した。

スイス全土の宇宙線と自然放射線：では、なぜ小児ガンを引き起こす原因として、宇宙線と大地放射線、及びチェルノブイリ事故後のセシウム137に焦点を当てたのだろうか？

「スイスの環境では、こうした環境放射線以外に、特殊な化学物質や公害物質がガンを引き起こす可能性はほぼない。また、大地放射線のガンマ（γ）線が白血病を引き起こすことはKendallレポートなどからも明白だったからだ。他にラドンガスもあるが、これは主に肺に吸収され肺ガンの原因になるから、今回の研究からは除いた」とシュピヒャーさんは説明する。

そこで、宇宙線と大地放射線、セシウム137の毎時の線量が計算できる前出の Raybach レポートのマップを使用した。さらに、これら3つの放射線の、生まれたときから調査時までに浴びた総線量も計算。毎時の放射線量と総線量の両面からガンにかかるリスクを分析した。

その結果、数値としては「生まれたときから浴びた総線量において、総線量が 1mSv 増えるごとに4%ガンにかかるリスクが増える」を結果として提示した。

10～20年でさらに進む研究：最後に、日本人には気になるセシウム137。これはチェルノブイリ事故のせいで、スイスでは主にイタリア語圏のティチーノ州に今でも存在する。しかし、スイス国民が受ける環境放射線量の平均は、毎時約 109 ナノシーベルト（約 0.1 μSv）。うちセシウム137は、毎時約8ナノシーベルトに過ぎない。

こうした値をスイス全体でみると（マップ略）、やはり山岳部のグラウビュンデン、ヴァレー、ティチーノ州の一部に、毎時 0.27 μSv を超える放射線量の高いところがある。

しかし、ここでまた、シュピヒャーさんの前出の結論が繰り返される。「フクシマのせいで、この研究結果に関心を持つ日本人は多いと思う。しかしこれは、低線量と小児ガンにかかるリスクの可能性が正比例で高まることを示した、科学的な1つの研究だ。そのことを理解して役立ててほしい」と語った上で、次のように続ける。

「我々の研究も完全ではない。例えば、放射線量の正確さを最大限に高めたいなら、ガン患者のすべての住居でかなりの期間にわたり測定が必要だ。実際、そうした研究も今後出てくるだろう。この研究を1つの礎にして、より詳細で大規模な低線量被曝の研究を期待する。そうして今後10～20年でこの分野の研究はさらに進むと思う」。

（5）原子力産業労働者の低線量被曝の影響に関する調査・研究結果

前記 SMC JAPAN の 2015年10月23日に「専門家コメント『低線量被曝でも発ガンリスクが高まるとする、国際的な研究成果』」という表題の研究論文が発表されたことが、次のように紹介されている。

アメリカやスペインを含む国際的な研究チームは、原子力産業の放射線業務で従事者が受ける低レベル放射線の被曝量が増加するにつれて、労働従事者の発ガンリスクが高まったとする研究成果を発表しました。これまでは、低線量被曝よりも高線量被曝の方が危険度が大きいとされていましたが、今回の研究では発ガンリスクは同程度であるとしています。論文は10月21日付けの *The BMJ* に掲載されました。

そして、この論文に対するわが国の専門家の、次のようなコメントが掲載されている。

柿崎真沙子講師（藤田保健衛生大学医学部公衆衛生学）

この研究は、原子力産業に従事する者30万人のガラスバッジにより測定した累積線量とガン「死亡」との関連を明らかにしたものです。この研究から言えることは、「原子力産業に従事する者」では1Gy被曝増加するごとに約50％ガン「死亡」リスクが増加しているということです。ただし、被曝と発ガンの関連性を明らかにするうえで、この研究では何点か不明な点があります。

他の研究者も指摘している通り、ガンの罹患および死亡のリスクは、被曝だけではなくタバコなどさまざまな要因が影響していることを念頭に置いて評価すべきでしょう。この研究ではたばこの影響を除外するために肺ガン死亡を除外したほかの固形ガン死亡のみの解析などを実施していますが、ガンは部位によってそのリスク要因も様々であり、肺ガン以外にもたばこによる影響を受ける部位があります。今回の研究では追跡の対象も大変多く、ガン死亡者も全体で2万人弱とかなり大規模な死亡数になっていますので、部位ごとのガン死亡リスクを検討することで、統計的に補正できなかったリスク要因の影響を更に検討することが可能であったことを考えると、部位別での検討をしなかった点について統計解析に耐えうる十分な数があるだけに大変残念に思います。

累積の被曝線量は原子力産業に従事する年数が増えるほど増加すると考えられます。また、年齢が高まるほど就業年数が多いと予想され、それに伴い累積線量も高まることが想定されます。先行研究では、長期間の勤務者の方が健康だから勤務が長いのではないかという偏りが指摘されているため、この研究では層別化

解析を実施せず解析の段階で年齢や従事する年数を補正することで対応しています。しかし、年齢別や、従事する年数別に結果を示すことができれば、若年者と中高年者の影響の違いや、低線量被曝が長く続くことがガンの死亡に影響しているのか、中～高線量の被曝が短期で起こることがガン死亡に影響しているのか、本当に勤務年数ごとに偏りが生じるのかという詳細な検討ができます。この点についても今回データが示されていなかったことでどのような影響が生じているか全く不明であるため、データが示されていないことは大変残念に思います。

また、この研究はあくまで「原子力産業に従事する者」の累積線量とガン死亡に関する研究です。累積線量以外にも原子力産業に特異的にガンの死亡に影響する要因があるかもしれません。ガン罹患率自体は一般集団と変わらないが、なぜか死亡率だけ原子力産業従事者で高い可能性や、ガン罹患率そのものが原子力産業従事者で高い可能性については、この研究だけでは何も言うことができません。そのため、原子力産業従事者以外の人へこの研究の結果を当てはめることができるのかどうかについても、この結果だけでははっきりと答えは出せません。

しかしながら、詳細な累積線量のデータがあり、かつ大規模な対象者を追跡していますので、他にもガンの部位別の死亡に関するデータや、生活習慣などと合わせた解析、年代によるガン死亡率との関連など、今後さまざまなデータを組み合わせることで放射線被曝とガンの研究の発展に寄与する可能性の大変高い研究です。今後もこのデータから詳細な解析結果を含む新たなデータが発表されることを期待します。できることならば、一般的にガン罹患・死亡のリスク要因とされている生活習慣のデータや、ガン死亡だけではなくガン罹患についてもデータを得て解析が進むことが望まれます。

津田敏秀教授（岡山大学大学院環境生命科学研究科　人間生態学講座）

本論文で紹介されている INWORKS STUDY は、これまでにも多くの知見をもたらしています。たとえば、*Lancet Haematology* で発表した論文では、「放射線被曝による白血病の発症リスクは、蓄積曝露（曝露した放射線の積算量）と相関がある」と結論づけています。つまり例えば、「毎年 20mSv ずつ 5 年間、放射線を浴びた場合の発ガンリスク」と「原爆のように一度に 100mSv を浴びた場合の発ガンリスク」は、ほぼ同じであることが分かったのです。これにより、ICRP による

「低線量被曝の発ガンリスクは半分に割り引く」という主張は根拠がなくなったことになります。さらに今回は、白血病だけでなく、すべての固形ガンでも、同じようなことがあてはまるとしました。

医療被曝の場合は被曝線量を正確に計測できますが、原爆投下13年後から始まった広島・長崎の追跡調査では個人の被曝量が正確に特定されていません。今回の研究では、そのようなあいまいな点はかなり排除されています。たとえば、個人のモニタリングデータは会社の記録から利用でき、個々人の外部被曝推定量が大腸被曝線量として推定されています。内部被曝や中性子線の被曝に関する情報も得ています。また、大きな発ガンへの影響のある喫煙など、交絡要因の可能性のある要因に関しても、丁寧な分析と考察が行われており、非常に精密で凝った研究だといえるでしょう。今後、INWORKSでは、放射線被曝によるあらゆる健康影響について定量的に求めようとしており、その成果にも期待しています。

日本国内では2011年ごろから、「100mSv以下の被曝ではガンは発生しない」、もしくは「発ガンしたとしても、放射線被曝が要因であるかどうかは不明」との認識が出てきました。私はこの認識は医学的に誤りで、誤りの根拠も明確だと考えていますが、今回の論文によって、誤りであることがさらに確実にはっきりしたと思います。福島では、今でも誤った認識に基づく政策が続いています。今回のような医学的根拠に基づく政策を再構築すべきだと考えます。（以下略）

(6) 米科学アカデミーも低線量被曝の健康への影響を肯定

原子力資料情報室（CNIC）のホームページには、2005年8月22日付の以下のような投稿が掲載されている。

　　米国科学アカデミーは、「放射線被曝には、これ以下なら安全」といえる量はないという内容のBEIR-Ⅶ（Biological Effects of Ionizing Radiation-Ⅶ、電離放射線の生物学的影響に関する第7報告）を発表した。

　　（略）報告書は、放射線被曝は低線量でも発ガンリスクがあり、放射線業務従事者の線量限度である5年間で100mSvの被曝でも約1％の人が放射線に起因するガンになる、とまとめている。

　　また、BEIR委員でもあり、仏リヨンにある国際ガン研究機関所属のE・カディ

スらが中心になってまとめた 15 カ国の原子力施設労働者の調査が、『ブリティッシュ・メディカル・ジャーナル』誌 2005 年 6 月 29 日に掲載された。（略）この調査でも、線量限度以下の低線量被曝で、ガン死のリスクが高まることが明らかになった。

　（中略）米国科学アカデミーの電離放射線による生物学的影響に関する調査委員会が BEIR- Ⅶ 報告としてまとめた内容が、（低線量被曝には健康への影響はないという）主張を否定したことに大きな意義がある。（略）

　（上記報告書の日本語訳も掲載されているが省略）

(7)　岡山大学の教授らの論文

　前記津田教授、山本英二（岡山理科大学総合情報学部）、鈴木越治（岡山大学大学院医歯薬学総合研究科）の 3 氏連名の「100mSv 以下の被曝では発ガン影響がないのか——統計的有意さの有無と影響の有無」という論文がある。その概略は以下のとおりである。

　　文部科学省は 2011 年 4 月 20 日付で、「100mSv 以下では、他の要因による『発ガン』の確率の方が高くなってくることもあり、放射線によるはっきりとした『発ガン』の確率上昇は認められません」と記した資料を公表した。

　　次に、日本小児科学会は同年 5 月 23 日付で、「100mSv で約 1.05 倍、10mSv では約 1.005 倍と予想されます。ただし統計学的には、約 150mSv 以下の原爆被爆者では、ガンの頻度の増加は確認されていません」との考え方を、広島大学原爆放射線医科学研究所細胞再生学研究分野・田代聡教授のご指導を受けたとして発表した。

　　また、日本医学放射線学会は同年 6 月 2 日付で、「100mSv 以下の低線量での（ガンの）増加は、広島・長崎の原爆被爆者の長期の追跡調査をもってしても、影響を確認できない程度である（略）。原爆被爆では、線量を一度に受けたものであるが、今回は、線量を慢性的に受ける状況であり、リスクはさらに低くなる（中略）。そのため今回の福島の事故で予測される線量率では、今後 100 万人規模の前向きな研究を実施したとしても、疫学上影響を検出することは難しいと考えられている。日本人のガン死が 30% に及ぶ現代においては 100mSv 以下の低線量の影響は

実証困難な小さな影響であるといえる」と述べている。

さらに、日本学術会議会長は 2011 年 7 月 17 日付声明で、「具体的には、積算被曝線量 100mSv 当たり、ガン発生の確率が 5% 程度増加することが分かっています。すなわち、10mSv では 0.5% 程度増加と想定されますが、これは、10 万人規模の疫学調査によって確認できない程小さいものです」と述べている。

このような見解の中で、いつの間にか、日本国内では 100mSv 以下では放射線の影響によるガンは発生しないかのような雰囲気が作り出された。しかし、国際放射線防護委員会（ICPR）は、1949 年以来、放射線によるガンにしきい値がないという結論を維持している。ICRP だけでなく放射線の人体影響を評価している国際機関ならびにフランスを除く各国は、しきい値がないという立場をとっている。しきい値がないとしたら、100mSv 以下の放射線の影響によるガンが発生しないという表現とはまったく矛盾する。この表現は 100mSv がしきい値であると言っていることと同じだからである。

(8) 聖路加国際病院医師野崎太希氏の論文

表題は「胎児・小児期の放射線被曝」であり、その要旨は以下のとおりである。[30]

ⅰ）放射線感受性は細胞の増殖速度に比例する。たとえば、消化管上皮などで turn over（注：生物を構成している細胞や組織が生体分子を合成し、一方で分解していくことで、新旧の分子が入れ替わりつつバランスを保つ動的平衡状態のこと。また、その結果として古い細胞や組織自体が新しく入れ替わること）は速く放射線の影響が大きい。また、今後分裂する細胞の数にも比例するので、生殖細胞や造血幹細胞は影響が大きい。逆に放射線感受性は、形態学的及び機能的な分化の程度に反比例する。たとえば、骨の骨幹端の成長板にある細胞は、骨幹部の細胞よりも感受性が高い。そのため、悪性骨腫瘍の放射線治療による影響として、開存した成長板では成長停止を生じ得る。また、小児白血病の骨髄移植前の全身照射では骨端の変形や骨幹端部での二次性外骨腫瘍の変化を生じることもある。

ⅱ）小児では成人に比べ、ガンの過剰相対リスクは一般的に高いものが多い。特

に、甲状腺ガンと白血病では被曝時の年齢が低いほど感受性が高く、過剰性相対リスクは上昇することが知られている。また、甲状腺ガンの発症については放射線被曝後25年後にピークとなり、被曝40年後も継続することが疫学的に示されている。

iii）遺伝障害について広島・長崎の原爆被爆者を対象とした疫学踏査では放射線被曝によって遺伝的影響が増大しているという知見は確認されていないが、ショウジョウバエやマウスを使った実験からは、生物学上の事実として、放射線を受けてから子どもをつくると、受けた線量に比例して遺伝的影響の発生する確率が増加するというデータがある（有名なものにノーベル賞を受賞したHermann Joseph Muller の実験がある）。従って遺伝的影響についてはヒトではデータがないとはいえ、現在のところ、国際放射線防護委員会（ICRP）ではしきい線量がないものとして取り扱われている。

iv）胎児被曝について小児期被曝とは影響が同様ではないとされている。ヒトの大人での固形ガンの発生リスクを追跡した報告では、胎児期被曝による固形ガンの対照相対リスクは1であり、どの妊娠時期でも同じというデータがある。驚くべきことに、この値は小児期被曝の1/2以下であり、胎児期被曝を小児期被曝と比べるとリスクが小さいということになる。

　小児期の組織が、放射線による発ガン感受性が高い理由として、発達期の組織の細胞は活発に分裂していて、放射線によって染色体異常や突然変異が誘発された細胞がクローン性に増加することが挙げられている。他にも成人の幹細胞が低線量の被曝によってアポトーシス（筆者注：生物を構成する細胞が自分の役目を終えたり、不要になると、みずから死ぬ〔自殺〕現象。細胞死ともいう）を起こすのに対し、小児期の幹細胞はアポトーシスを起こさないということも報告されている。つまり、傷のできた細胞がそのまま生き残ることになる。このことは、胎児期の幹細胞が成人の幹細胞と同様に、放射線感受性が高いために、胎児期被曝が小児期被曝に比べると発ガンリスクが小さいということにつながっているかもしれないという仮説もある。

v）チェルノブイリ原発事故では、小児の甲状腺ガンの増加は小児から思春期層、成人層へと移行し、現在、新規の小児発症例が激減したことから、事故直後の小児甲状腺ガンの発症が被曝の影響であったことが証明されたことになる。

ⅵ）LNT モデルは、ALARA コンセプトという合理的に達成できる限り放射線被曝線量は少なくするという考え方につながるものである。この LNT モデルのリスク係数値は、主として広島・長崎の原爆被爆生存者の追跡調査に基づいた推定値であり、低線量被曝にはあてはまらないと反論する意見もある。つまり、動物実験のデータはあってもヒトでのデータがないため、あくまで仮設ということにはなる。

2004 年に Berrington らが *Lancet* にこの LNT モデルを用いて、衝撃的な論文を発表し、日本で大新聞の一面の記事になったことは記憶に残っておられる方も多いと思う。（中略）医療制度が整っていると認められる 15 カ国での診断用 X 線利用状況を文献調査し、それに伴って発生するガンの数を推定すると、日本での診断的 X 線利用が最も多く、毎年ガン全体の 3.2% にあたる 7,587 件のガン発生が見込まれるというものであった。（中略）「診断用放射線の安易な使用は控えるべきでる」ということを伝えるのが真意と思われるが、この計算への反論として、放射線被曝での生体防御能力を加味していないというものが多い。つまり、ヒトではさまざまな修復機構が存在し、発ガンに至るまでには何重もの修復機構を乗り越えなければならないので簡単には発ガンしないという考え方である。放射線により活性酸素が増加した場合には、抗酸化物により活性酸素を除去し、DNA 損傷に対しては、完全修復し、不完全修復から突然変異が生じた場合には、アポトーシスにより潜在的にガン細胞を除去し、万が一ガン化した場合には免疫細胞による除去が行われるという一連の修復機構である。ここまで乗り越えた場合にのみガンが生じるのであって、単純な LNT モデルでは説明できないと述べている。

これは低線量の放射線では発ガンしないという「しきい値説」ということになる。この説によると、当然ながら LNT モデルでは過大評価してしまうことになる。（中略）このしきい値説を唱える人の中に、低線量放射線被曝は免疫機能を活性化させて、健康促進をもたらすという「ホルミシス効果」を提唱している人もいる。（中略）現在のところでは、放射線ホルミシスのデータの多くは再現性に乏しく、実証されていないとするのが一般的となっている。そのため ICRP は現時点では、放射線リスク推定にはこれを考慮に入れていない。その一方で LNT モデルは過小評価しているとの逆の報告もある。2003 年の欧州放射線

リスク委員会は線量・効果関係が極低線量でいったん極大値を示すという2相モデルを提唱して、小児白血病の増加を説明している。しかし、このデータも実証できていない。

vii）以上をまとめると、ヒトでの低線量での放射線の影響については、わかっていないことが多い。エビデンスレベルの高いデータがない以上は、動物実験でのデータ等を利用して推察するしかないわけであるが、放射線防護の視点からは、しきい値がないと考えるLNTモデルを採用するのが安全管理の上で重要である。従って、われわれもICRPが採用しているこの考え方に基づいて行動することが現時点では問題が少ないと考える。

放射線被曝に対して、過剰すぎる恐怖心をもちつづけることはよくないが、低線量の放射線被曝であるから大丈夫という意識を安易に植え付けて低線量被曝を却って推奨する論調があることには危惧をおぼえる。エビデンスレベルの高い裏付けられたヒトでのデータがないうちは、あくまで「合理的に達成できる限り、できるだけ少ない（被曝）線量にする」というALARAコンセプトに則るべきであると私は考えている（時に放射線感受性の高い小児ではなおさらである）。原発事故があったこの様な状況下で、LNTモデルの仮説のまちがいを指摘し、「ホルミシス効果」を唱えて、「低線量被曝は体にむしろよい」などとマスメディアを通して世の中に訴える学者がいるが、将来に禍根を残さないことを祈るのみである。

「子どもは小さな大人ではない」とよく言われるように、小児の放射線感受性は高い。子どもは将来を担っていく大切な存在であることを十分に認識して、無駄な被曝をさせないように最大の努力を払っていくことがわれわれの果たすべき責務と考える。

(9) 京都大学今中哲二助教の論文

今中哲二氏（京都大学・原子力工学）の概略次のような内容の論考がある。[31]

2004年2月10日の『朝日新聞』と『読売新聞』に「日本人のガンの3.2%は診断用X線が原因」という記事が出て、医療関係者や原子力関係者の間でちょっとした波紋を引き起こした。英国の医学誌『ランセット』に掲載されたオックスフ

ォード大学の Berrinngton らの論文によると、医療制度が整っていると認められている 15 カ国の診断用 X 線の利用状況を文献調査し、それにともなって発生するガンの数を推定したところ、日本での診断用 X 線の利用がもっとも多く、毎年ガン全体の 3.2% にあたる 7,587 件のガン発生が見込まれた。ちなみに英国については毎年 700 件でガン全体の 0.6% であった。（中略）

放射線被曝に関する国内法令の基になっている国際放射線防護委員会（ICRP）1990 年勧告では、被曝にともなうガン死リスクは 1Sv 当たり 0.05 と見積もられている。一方、原子放射線の影響に関する国連科学委員会（UNSCEAR）2000 年報告では、医療先進国での診察用放射線による被曝は年平均で 1.2mSv と報告されている。これらの数字を日本の人口 1 億 3,000 万人にあてはめる、$(5 \times 10^{-2}$ 件 /Sv$) \times (1.2 \times 1^{-3}$Sv/ 人$) \times 1.3 \times 10^8$ 人$)$ =7.8 $\times$ 10³ 件という単純な計算によって、1 年間の診察用放射線被曝にともなう将来のガン死数が得られている。これらのガン死は被曝後十年くらいから数十年間にわたって現れると考えられるが、こうした被曝が継続すると平衡状態では毎年 7,800 件のガン死がもたらされることになる。

（中略）Berrington 論文は受け入れられないという専門家が問題にしているのは、上記単純計算の最初の項、つまり「放射線被爆にともなうガン死リスク係数」である。Berrington らは、UNSCEAR 2000 年報告などに基づいて、ガン発生確率が被曝量とともに直線的に増加するという「しきい値なし直線モデル」を用いてガンの数を計算している。（中略）、（これは）主として広島・長崎被爆生存者の追跡調査に基づいているが、広島・長崎データは高線量被曝に関するものであり、診断用 X 線のような低線量被曝には適用できない、という見解である。

広島・長崎被爆生存者データ

（中略）1950 年の国勢調査に基づいて原爆障害調査委員会（ABCC）は、広島・長崎の被爆生存者約 12 万人を対象とする固定集団を設定し、死亡状況を追跡調査する寿命調査（LSS）を開始した。（中略）LSS 調査は現在も継続されている。LSS 固定集団の特徴は、年齢、性別に偏りの少ない一般人で構成された人数が多いこと、戸籍制度を利用して得た生死の情報が確かであること、個人別に被曝量が推定され被曝量の範囲が広いこと、全身にほぼ均一な被曝であることなどで、約 50 年に及ぶ調査結果は、放射線被曝の人体影響に関する比類のないデータとなっている。

3章　低線量被爆の問題点

　LSS の最新報告（第 13 報：1950-1997）によると、個人被曝量が推定されている
被爆者 86,572 人のうち、1997 年末までに死亡したのは 44,771 人（51.7%）で、そ
のうち、固形ガン死は 9,335 件、白血病死は 582 件であった。

　広島・長崎 LSS データでは、被曝線量と固形ガン死の関係について直線モデル
が適合している（白血病については、直線よりも直線・2 次モデルの方がよく適合
する。〔2 次モデルの図省略〕）。（中略）

　本稿で問題にしているのは 1 ～ 10mSv の被曝影響であるが、LSS データからそ
の範囲について疫学的に有意な影響を観察するのは不可能であろう。しかしなが
ら、0.1Sv 以下で有意な結果が得られていないからと言って、LSS データがその範
囲で直線モデルを棄却しているわけではない。ICRP や UNSCEAR は結局、こうし
た LSS データや低線量まできれいな直線関係を示すムラサキツユクサ突然変異実
験などの生物学的知見に基づいて、1 ～ 10mSv での被曝量・効果関係に LNT モデ
ルを仮定することは合理的であると判断している。

　LSS データによると、1Sv の被曝にともなうガン死の過剰相対リスクは約 0.5 で
ある。全死亡の 20% をガン死とすると、おおざっぱにいうなら、1Sv の被曝によ
って将来ガン死する確率は 10%（0.2 × 0.5=0.1）ということになる。UNSCEAR は
この 10% を採用し、ICRP は低線量・低線量率での効果低減を見込んで 1Sv 当たり
5% を被曝ガン死リスクとして採用している。

　Berrington 論文の見積もりを直接観察することは困難であるので、それが妥当で
あるかどうかは、ひとえに LNT モデルの妥当性にかかっていることになる。NLT
モデルは過大評価、過小評価の両面から批判されている。

　（過大評価とする批判は修復機能があることを前提にして）少量の放射線被爆に
よる損傷はすべて修復されて健康被害に至らないので、NLT モデルを用いて低線
量被曝のリスクを評価すると大幅な過大評価になるという主張である。（中略）「ホ
ルミシス効果」も提唱されている。

　一方、欧州放射線リスク委員会（ECRR）2003 年報告は、低線量被曝のリスクを
小さめに見積もっているとして ICRP を批判している。ECRR は、線量・効果関係
がごく低線量でいったん極大値を示すという「2 相（Biphasic）モデル」（図・略）
を提唱するとともに、ウランやストロンチウムといった核種の内部被曝は ICRP の
評価より 300 ～ 1,000 倍危険であると主張している。（以下略）

219

また同氏は、「『20mSv』幻の安全・安心論」という論考で、概略次のように言っている。[(32)]

　この（2017年）3月末に飯舘村の大部分や川俣町山木屋地区など本件原発周辺の汚染地域で避難指示が解除された。私は避難指示の解除には反対ではない。この6年、飯舘村など放射能汚染調査に関わってきたが、仮設住宅で窮屈な生活を続けているお年寄りを見て、「帰りたい人は早く戻してあげたらいいのに」と私は思ってきた。

　福島に行くと地元の人から、環境省や自治体が「年20mSv以下は安全・安心です」というキャンペーンを行っていると聞かされてきた。汚染調査をした後には地元で説明会を行い、「1mSvは1mSvなりの、20mSvは20mSvなりの被曝リスクがあります」と言っている私としては、だれがどんな根拠で20mSv安全・安心をキャンペーンしているのか整理して問題点を指摘しようと調べ始めた。

　ところが、ネットで検索する限りではそのような安全・安心のキャンペーンは見つからなかった。避難指示解除の根拠をたどると、ICRPが言っている「現存被曝状況」に行きつく。しかし、ICRPは「現存被曝状況なら安全・安心です」と言っているわけではない。放射能汚染が起きてしまったから（仕方がないので）年20mSv以下であれば行政がどこかに低減目標値を設定して、人々が被曝をガマンしながら生活することもありうるというのが「現存被曝状況」である。

　原子力災害特別措置法では、避難指示解除の要件は次の3つとされている。
① 年間被曝量が20mSv以下になることが確実であること
② 電気、ガス、水道等のインフラや医療、介護といったサービスが復旧し、生活環境の除染作業が十分に進捗すること
③ 県、市町村、住民との十分な協議

　次に、災害対策本部長の指示文書にある避難指示解除の要件についてトレースバックすると、まず、2013（平成25）年11月20日付原子力規制委員会の「帰還に向けた安全・安心対策に関する基本的考え方（線量水準に応じた防護措置の具体化のために）」に行き当たる。この文書では以下のように記述している。

　「避難指示区域への住民の帰還にあたっては、当該地域の空間線量率から推定

される年間積算線量が 20mSv を下回ることは、必須の条件に過ぎず、同時に、ICRP における現存被曝状況の放射線防護の考え方を踏まえ、以下について、国が責任をもって取り組むことが必要である。

・ 長期目標として、帰還後に個人が受ける追加被曝線量が年間 1mSv 以下になるよう目指すこと
・ 避難指示の解除後、住民の被曝線量を低減し、住民の健康を確保し、放射線に対する不安に可能な限り応える対策をきめ細かに支持すること」。

そして、（後述の）ワーキンググループ報告書にも、20mSv 以下は健康被害はないとは言っていないし、行政機関のホームページのどこにも「20mSv 以下は安全・安心」と言っている文言は見当たらない。私はこの数年間、飯舘村へ行くたびにとんでもない規模で行われている除染作業と際限なく増え続けていくフレコンバック（引用者注：粉末や粒状物の荷物を保管・運搬するための袋状の包材）の山を眺めながら、「20mSv 以下は安全・安心ですと言っているのに、なぜそんなにお金をかけて除染するの？」と機会があったら環境省のお役人に聞いてみたいと思っていた。ところが、今回調べて、彼らは「20mSv 以下は安全・安心です」と表向きには言っていなかった。では、私を含め、福島の地元の方々は "20mSv 安全・安心キャンペーン" が行われていると思い込んだのだろうか。

低線量被曝の影響について当局側が示している見解は、ⅰ）100mSv 以下で被爆の影響は観察されていない、ⅱ）100mSv 以下の被曝リスクはあったとしてもたいしたことはない、ⅲ）1mSv の被曝にもリスクがあるというのは、安全と主張する側が考えた仮説にすぎない、の 3 点に集約できる。

「20mSv 以下は安心・安全」とは言っていない。中身についてだれも責任を持たない幻のようなキャンペーンだ。

放射線の被曝リスクについてキチンとした議論をせずに「20mSv 以下は安心・安全です」と思い込ませる当局サイドのやり方は、"リスコミではなくスリコミだ" と言われても仕方がないだろう。

（10） 東京理科大学高橋希之教授の論文

インターネットで、*New England Journal of Medicine* 誌に発表された論文に関して、高橋氏の「直線仮説は証明されたか？　～低線量被曝のリスクの現

状と NEJM 論文〜」という表題の論考を検索できる。

その概略は以下のとおりである。

　医療被曝のインフォームドコンセントは、これまで必要に応じて確定的影響に関して部分的に行われてきたが、加えて現在求められている内容は、確率的影響（発ガン影響）のリスクである。明らかな障害としては見えず、科学的にも確立されていないことから、できるだけ避けてきた部分である。（中略）

　現在、被曝ガンリスクといえば、放射線防護で使われるリスク評価しかない。医療被曝は放射線防護の対象外であるにもかかわらず、他に使えるリスク評価がないため、放射線防護目的に考察されたリスクが医療のいたるところで顔を出すことになる。（中略）

　（ランセット論文及び新聞報道をきっかけに）、社会に大きな衝撃を与えた。（中略）今では検査被ばくリスクの金字塔のような位置づけである。そして、（昨年末に出た小さな新聞記事を契機に）医療従事者の間で再び話題になった。（中略）NEJM 論文はランセットの二番煎じが現れたというようなものではなく、しかるべき方向に向かった新しい動きの一つなのだ。この論文の本質的な意義は、従来のNLT 仮説に基づいた計算上の「仮想リスク」ではなく、疫学的データから直接に得られた証拠に基づいた「現実のリスク」として、CT 検査の被曝を議論していることである。（中略）

　医療被曝を始め低線量被曝のリスクの現実性が既成事実として定着しつつあり、2005 年の BEIR-Ⅶ報告書ではすでに LNT 仮説は現実であるとアピールしているが、専門家向けであり具体性がない。しかし、今夏の NEJM 論文は医師向け、つまり一般素人向けの具体的な応用例を示したものである。

　NEJM 論文の最大のポイントは、「5 〜 10mSv を被曝した人々には、ガン死亡の危険性が有意に増加している。平均は 40mSv で、これは CT スキャン 2 〜 3 回分である」と、CT 検査のリスクには直接証拠があるということだ。（中略）

　"世界中の原子力核関連施設の従業者のデータをまとめると、ガン死亡が有意に増加している" となっている。この概略が発表され、「原発で働く人々は、一般人よりガンで死亡する可能性が高いということが分かった」とニュースにもなった。（中略）

根拠になるデータは、原爆被爆者データである。（中略）異常が、直線仮説あるいは低線量リスクを強く支持するとされているデータである。これらのデータを柱に、2つの声明が発表されている。1つは、アメリカ科学アカデミーのBEIR-Ⅶ報告書である。これは科学文献の網羅的な収集と分析から、アメリカ合衆国におけるリスク評価の指針を提言するものだが、上記原爆被爆者データが確固たる骨組みを与えているようだ。そして、「『直線仮説』に現在の科学的証拠は勝っている」と結論している。

もう1つは、直線仮説を支持する疫学者の声明であり、「急性被曝では10～50mSv、慢性被曝では50～100mSvを超える線量では、ガンの増加を示す直接の疫学的証拠がある。したがって、非常に低い線量ではリスクはわからないが、リスク評価に直線仮説が最適だと判断する」という結論である。この中では、急性被曝の実際のデータとしては100mSvまでしかリスクは示されていないにもかかわらず、10～50mSvまではリスクを直接に示す疫学データがあるとしている。（中略）

疫学データのリスクとは集団"平均のリスク"だが、実際の集団による平均より被曝の影響を受け易い一部の人々（中略）つまり、"リスクの大きな人々"もいるはずだから、社会としてはそのような人々も考慮したリスク評価が必要である。そこで、それを考慮して、実際のデータとしてリスクが示されている100mSvではなく半分の50mSvにした、というのが根拠のようである。また、10mSvというのは、出産前の検査による胎児被曝と、生後の小児ガンの発生に関するいくつかの報告から推測したリスクが認められるであろう最低線量である。

しかし、ここで言及されないもう1つの規模の大きさが原爆胎児被爆者のデータでは、生後のガンの増加は見られないという証拠がある。胎児被曝のリスクは、この2つのデータの間で議論されてきたが、決着はついていない。（以下略）。

（11）BEIR-Ⅶ報告書

前記高橋論文に出ているBEIR-Ⅶ報告書は、NPO法人市民科学研究室のホームページに、翻訳が掲載されている（下線は当職が重要と考えた部分に加筆したもの）。

はじめに

　この報告書は、低線量・低 LET の健康影響に関する 1990 年の BEIR-V 報告書以降に得られた新情報に焦点をあてている。

　電離放射線は、自然源からも人工源からも生じ、きわめて高い線量では、被曝後数日間のうちに明らかな損傷効果を細胞組織にもたらす。この報告書の焦点である低線量被曝では、ガンのようないわゆる「晩発性」の影響が、最初の被曝の後、長い年月を経てもたらされる。この報告書で、BEIR 委員会は、低線量を、意味のある影響が見られる最も低い方の線量を重視して、低 LET 放射線の 0 に近い[33]ところから約 100 ミリグレイ（mGy）程度のものと定義している。さらに、線量の総量にかかわりなく、0.1mGy ／分以下の線量率であっても数カ月を超えて生涯にわたる慢性的な被曝の結果として生じるかもしれない影響は、きわめて関連があると考えられる。中位の線量は、100mGy 以上から 1Gy までの線量と定義され、高線量は、放射線治療で使われる（20 ～ 60Gy のオーダーの）きわめて高い総線量を含め、1Gy 以上の線量とされる。

　十分に立証された放射線被曝の「晩発性」の影響には、ガンの誘発やいくつかの変性疾患（例、白内障）が含まれる。また、生殖細胞の DNA における突然変異の誘発は、遺伝すると子孫の健康に悪影響をもたらす可能性を持ち、動物の研究では実証されてきている。

生物学による証拠

　<u>DNA 損傷応答、遺伝子／染色体突然変異の出現、ガンの多段階の進行との間には深い関係がある。</u>放射線に関連する動物のガンとより限定された人間のデータについての分子的・細胞遺伝学的研究は、多段階のガンの進行過程の誘発と合致している。この過程は、自然発生のガンや他の発ガン性物質への暴露と関連するガンに当てはまるものと異なるようには思われない。

　動物のデータは、低線量放射線が腫瘍形成の初期段階（イニシエーション〔初発〕）に主に作用するという見解を支持する。その後の段階（プロモーション〔促進〕／プログレッション〔進展〕）での高線量の影響も有力である。データは限られているけれども、欠損していると動物の腫瘍発生をもたらす特定の遺伝子の損害は、放射線照射した動物や細胞で立証されてきている。

　適応、低線量高感受性、バイスタンダー効果、ホルミシス、ゲノム不安定性は、

メカニズムの情報がほとんどなく、主に現象論的データに基づいている。そのデータには放射線影響がより大きいとするものもあればより小さいとするものもあり、いくつかの場合には特別な実験的環境に限定されているように思われる。

放射線誘発ガン——メカニズム、数量的な実験研究、分子遺伝学の役割

　放射線腫瘍形成のメカニズムに関する重要な結論は、線量依存的な細胞内のDNA損傷の誘発、DNA損傷の誤修復を通じての遺伝子／染色体突然変異の出現、そしてガンの進行との間には深い関連があるという見解を十分にレビューされたデータが強化する、というものである。得られたデータは、十分に立証されたものではないが、誘発腫瘍に対して単一細胞（モノクローナル）の起源を指す。これらのデータはまた、腫瘍における放射線に関連した突然変異の候補に関するある証拠を提供する。これらの突然変異は、機能喪失DNA欠損を含み、そのいくつかは多重遺伝子欠損と説明されることが明らかになっている。特定の点突然変異と遺伝子増幅はまた、放射線に関連した腫瘍において特徴づけられているが、その起源や状態は不確かである。

　検討されたメカニズムについての反論のひとつは、誘発されたゲノム不安定性とまとめて呼ばれる、細胞損傷応答の新たな形態が、放射線ガンリスクに有意に寄与するかもしれないということであった。この報告書でレビューされた細胞のデータは、この多面的な現象の出現において不確実性といくらかの矛盾を同定した。しかし、テロメアに関連したメカニズムは、誘発されたゲノム不安定性のインビトロ（引用者注：試験管内）でのいくつかの徴候に対する整合性のある説明を提供した。そのデータは、テロメアに関連した過程がいくつかの腫瘍形成表現型を説明するかもしれないが、放射線腫瘍形成において誘発されたゲノム不安定性の関与に対する一貫性のある証拠を示さなかった。

　線量－応答関係に関する動物の数量的データは、低LET放射線の複雑な描像を提供する。いくつかの腫瘍型は直線関係ないし線形—二次関係を示すが、一方、他の腫瘍型についての研究は、とくに胸腺リンパ腫と卵巣ガンに対して、低線量しきい値を示唆する。しかし、これらのふたつのガンのタイプの誘発／進行は、細胞死を含む非典型的なメカニズムによって進行すると信じられている。それゆえ、観察されたしきい値のような応答は一般化されるべきではないと判断された。放射線腫瘍形成に対する適応応答は、動物の数量的研究で詳しく調査されてきて

おり、最近の情報は、腫瘍潜伏期間を増加させるが生涯リスクに影響を及ぼさない適応過程を示唆する。

　放射線腫瘍形成における遺伝的要因の役割に関する細胞の研究、動物の研究、疫学的／臨床的研究についてのレビューは、ガンにつながるとはっきりしていて知られている人間の遺伝異常の多くがおそらく高度の臓器特異性をもち、放射線誘発ガンの高いリスクを示していそうであることを示唆する。細胞の研究と動物の研究は、これらの遺伝的に決定された放射線影響の根拠をなす分子機構は、自然発生的腫瘍形成に当てはまり、腫瘍形成の体細胞のメカニズムについての知識と矛盾しないものを大体は反映していることを示唆する。とくに、<u>DNA 損傷応答と腫瘍抑制型遺伝子の主な欠損は放射線ガンリスクを高める働きをするという証拠が得られた。</u>

　<u>ガン遺伝学の研究において進められている主なテーマは、人間集団にかなり一般的であるかもしれない、あまり強く表われない変異型ガン遺伝子の相互作用と潜在的影響である。</u>そのような遺伝子と遺伝子の相互作用や遺伝子と環境の相互作用についての知識は、初期段階でのものではあるけれども、急速に発展してきている。<u>動物の遺伝的データは、放射線腫瘍形成に関する限られたデータを含めて、機能的多型性をもつ変異型遺伝子がどのようにガンリスクに影響を及ぼすのかに関する原理の証明となる証拠を提供している。</u>

　ガンリスクに関連する機能的遺伝子多型はかなり一般的であるとすれば、人間集団でみたときのリスクの有意な歪みの可能性は、問題となっている遺伝子の臓器特異性を重視して検討された。予備的結論は、<u>臓器にわたる放射線ガンリスクに関連する DNA 損傷応答遺伝子に共通する多型は、放射線応答における主な個人間の差異の最大の原因と考えられるものであろうということである。</u>

人間集団における放射線の遺伝的影響についての評価

　放射線による人間のガンの誘発に加えて、<u>動物実験から放射線の遺伝的影響に関する証拠がある。現在はすべての種類の遺伝的疾患に対するリスクを推定することが可能である。</u>特別な注目に値する進展には次の事項がある。(a) 倍加線量を計算するための概念変化の導入（1990 年の自然発生および誘発の突然変異率に対するマウスのデータの使用から、現在は自然発生的突然変異率に関する人間のデータと誘発された突然変異率に関するマウスのデータの使用へ。後者は 1972 年

の BEIR 報告で使われたやり方である)、(b) 突然変異要素（すなわち、突然変異率の単位相対的増加当たりの疾病頻度の相対的増加）を推定する方法の精緻化と、メンデル性・慢性の多因子疾患の発生率に対する誘発された突然変異の影響力を評価するこれらの方法を通じて得られた推計値の使用、(c) マウスのデータから推定される放射線誘発突然変異の比率と人間の放射線誘発の遺伝性疾患の予測リスクとのギャップを架橋するリスク方程式における「潜在的復元可能性補正要因」と呼ばれるさらなる要因の導入、(d) 多重システムの発達異常は、人間の放射線誘発の遺伝子損傷の主な表現型のうちにありそうであるという概念の導入。

　この報告書で提示されたリスクの推定値は、上記の進展すべてを盛り込んでいる。それは、低線量で長期にわたる低 LET 照射で、人口における遺伝的疾患の基本頻度に比べて、遺伝的リスクはとても小さいということを示している。

　この報告書で推定されたすべての種類の遺伝性疾患のリスク総計は、1Gy 当たり第一世代子孫 100 万人当たり約 3,000 ～ 4,700 件である。この数値は、100 万人当たり 738,000 件（そのうち慢性疾患が主な要素で、すなわち 100 万人当たり 65,000 件）という基本リスクの約 0.4 ～ 0.6% である。BEIR-V のリスク推計値（慢性疾患を含まない）は、1Gy 当たり第一世代の子孫 100 万人当たり 2,400 未満～ 5,300 件であった。その数値は、100 万あたり 37,300 ～ 47,300 という基本リスクの約 5 ～ 14% であった。

疫学による証拠／原爆生存者の研究

　広島・長崎における原爆攻撃の生存者寿命調査（LSS）コホート（集団）は、電離放射線被曝による健康リスク評価、特にリスクの量的評価において主要な情報源として役立っている。この集団の利点は、その規模であり、2000 年時点で生存者の半数弱が生存していた。さらに両性と全年齢を含み、個々の被験者に対して評価されている線量は広範囲にわたり、質のよい死亡率およびガン発生率データを含んでいることである。さらに、このコホートが受けた全身被曝は、多くの特定部位のガンリスクを評価する機会、部位に特異的なリスクの比較可能性を評価する機会を提供している。寿命調査（LSS）の下位集団に関する特別研究は、臨床データ、生物学的な測定、潜在的な交絡または修飾に関する情報を提供している。

　1950 ～ 1997 年の期間の死亡率データは詳細に評価されている。広島・長崎の腫瘍登録のガン発生データが 1990 年代に初めて利用できるようになったことが重要

227

である。これらのデータは非致死的ガンを含むだけでなく、死亡証明書に基づく情報よりも高い質の診断情報も提供しており、特に、部位に特異的なガンを評価する際に重要である。現在利用できる固形ガンに関するより広範囲な情報により、放射線リスク評価に関連するいくつかの問題をより詳細に評価することが可能になっている。線量－応答の形態を評価する分析および比較的低線量（0.5Sv 以下）をあびた多くの生存者に焦点を当てる分析は、一般的に固形ガンリスクを説明する線形関数の妥当性を確証している。過剰相対リスクモデルおよび過剰絶対リスクモデルは、性別、被曝年齢、到達年齢による修飾の影響を評価することに利用されている。

ガン以外の健康のエンドポイントも、寿命調査（LSS）コホートにおける放射線被曝と関連する。特に留意すべき点は、心臓病、発作、消化器官・呼吸器官・造血器官の疾病との統計的に有意な関係性によって、新生物でない疾病による死亡率の線量－応答関係が示されていることである。しかし、本報告書が関心を持つ低線量における非ガンリスクは、特に確証されていない。そのため、当委員会は新生物が原因でない疾病の線量－応答をモデル化していないし、これらの疾病のリスク評価を行っていない。

医療放射線の研究

公表された医療被曝の健康影響研究は、量的リスク評価情報を提供する研究がどれか認定するために検討された。特に焦点が当てられたのは、放射線量と関係する白血病、肺ガン、胸部ガン、甲状腺ガン、胃ガンのリスク評価であり、他の被曝集団、特に原爆生存者から得られた評価との比較であった。

肺ガンについては、急性あるいは分割された高線量率被曝研究における Gy 当たりの過剰相対リスク（ERR）は、統計的に適合しており、Gy 当たり 0.1 ～ -0.4 の範囲である。乳ガンについては、ERR と過剰絶対リスク（EAR）の双方は、研究によってかなり異なるように見える。原爆生存者および選別された医療被曝コホートに関するプール分析によれば、両者はリスクの基底線および線量率の差異はあるにしても急性であったり、分割された中線量率から高線量率の被曝であり、乳ガンの EAR は 50 歳で Gy 当たり 10^4 人年（PY）当たり約 10 で同じになる。良性の胸部状態で治療を受けた女性は、より高いリスクがあると思われたが、そのリスクは血管腫のコホートにおける遷延された低線量率被曝と同じようにより低

かった．

　甲状腺ガンについては、リスクに関する量的情報を提供する研究の全てが、良性状態で放射線療法を受けた子供に関する研究である。15歳以下の被曝被験者については、線形の線量－応答が見られ、ガン治療のために使用されたより高い線量（10+Gy）においてリスクは水平状態かあるいは減少した。Gy当たり7.7のERRおよびGy当たり10^4人年当たり4.4のEARが医療被曝と原爆生存者からのプール分析データから得られた。両方の評価とも被曝時の年齢によって有意な影響があり、被曝時の年齢が高いほどリスクが大幅に減少し、20歳以後の被曝によるリスクはほとんど見られなかった。ERRは被曝後約30年の経過を経て減少しているように見えたが、40年では依然として増加していた。子供時代における医療でのヨウ素131による被曝と関連する甲状腺ガンリスクに関する情報はほとんど得られなかった。それ以後の生涯におけるヨウ素131による被曝に関する影響研究は、甲状腺ガンのリスク増加の証拠をほとんど提供しなかった。

　白血病については、0.1から2Gyまでの範囲の平均線量でのいくつかの研究によるERR評価が比較的近い値にまとまっていて、Gy当たり1.9から5で統計的に適合していた。EAR評価もいくつかの研究を通じて共通であり、Gy当たり10^4人年当たり1から2.6の範囲であった。被曝時の年齢あるいは被曝の遷延の影響に関する情報はほとんど得られなかった。

　胃ガンについては、Gy当たりのERR評価は、全くなしからGy当たり1.3の範囲である。しかし、信頼区間は広く、全て重複しているが、これらの評価は統計的に適合していることを示している。最後に、ホジキン病（HD）あるいは乳ガンのための放射線療法を受けている患者に関する研究は、極めて高い線量および線量率被曝で心臓血管罹患率および死亡率に関する何からのリスクがある可能性を示している。これらの結果に対する放射線リスクの大きさおよび線量－応答曲線の形状については不確定である。

職業的放射線の研究

　多くの研究が医療、製造業、核産業、研究、航空産業におけるさまざまな職業的被曝集団での死亡率およびガン発生率を考察している。

　最も有益な研究は、（旧ソ連のマヤックの労働者を含む）核産業労働者に関する研究である。これらの労働者については、個々の労働者のその時その時の線量評

価が個人線量計の使用によって長期にわたって収集されている。100万人以上の労働者が1940年代初期の核産業に当初から雇用されている。しかし、個々の労働者のコホート研究は、低線量被曝に対する潜在的に少ないリスクを正確に評価する能力に限界がある。

複数のコホートからのデータの統合分析によって、このような研究の感度を増大させる機会が与えられ、長期の低線量、低LET放射線の影響に関する直接的な評価を提供する。データに対する最も総括的で正確な評価は、イギリスの全英放射線作業者登録（NRRW）から得られた評価であり、3カ国（カナダ・イギリス・アメリカ合衆国）の研究は、白血病と全てのガンのリスク評価を提供している。これらの研究において、白血病のリスク評価は、原爆生存者研究からの線形外挿と線形－二次外挿から得られた評価の中間にある。全てのガンに関する評価は、より小さいが、信頼区間は広く、リスクなしおよび原爆生存者からの線形外挿の2倍までのリスクの両方に一致する。

職業上のリスク評価には不確実性が存在し、線量における誤差がこれらの研究では正式に考慮されてこなかったという事実から、本委員会は以下のように結論を下した。つまり、<u>職業に関する研究によるリスク評価は、低線量遷延被曝の影響評価に直接関連するが、放射線リスク評価に関して単独で基礎を形成するほど十分には正確ではない</u>。

環境的な研究

核施設周辺に住む人間集団およびその他の環境的な被曝集団に関する研究には、放射線線量に関する個々人の評価も含まれていないので、放射線線量との関連におけるリスクの直接的な量的評価を提供していない。このことはこれらのデータの解釈にとって限界となっている。<u>いくつかのコホート研究は、環境放射線に被曝した人間における健康影響を報告している。これらの研究には一致するか、あるいは一般化できる情報は含まれていない</u>。

ヨウ素131への環境被曝による結果は矛盾している。最も有益な調査結果はチェルノブイリ事故後における個々人の放射線被曝に関する研究によるものである。最近の証拠・調査結果によれば、チェルノブイリによる放射線被曝は甲状腺ガンリスクの増加と関連があり、その関係は線量依存である。過剰甲状腺ガンリスクの量的評価は、一般的にその他の放射線被曝集団からの評価と一致し、男性と女

性の双方で見られる。ヨウ素欠乏はリスクの重要な修飾因子であるように見え、放射線被曝の後に発生する甲状腺ガンのリスクを増大させる。

生物学と疫学との結合

本研究の主要な結論は以下の通りである。

○ 放射線腫瘍形成の細胞・分子メカニズムに関する最近の知識は、長期にわたる過剰相対リスクを組み込むモデルの適用を支持する傾向がある。

○ 日本人原爆生存者からアメリカ人集団にガンリスクを移行させるためのモデル選択は、さまざまなガン形態の病因論に関するメカニズムの知識と情報に影響される。

○ 原爆疫学情報と実験データの統合ベイズ分析は、本研究で報告されたガンリスク評価のための線量・線量率効果係数（DDREF）の評価を提供するまでに発達している。

○ 放射線ガンリスクを変更する可能性のある適応応答、ゲノム不安定性、細胞間のバイスタンダー信号伝達に関する知識は、意味のある方法で疫学データのモデル化に統合されるには不十分であると判断された。

○ 集団における遺伝的多様性は、放射線ガンリスク評価において潜在的に重要な要因である。モデル研究は以下のことを示唆している。人間をガンに罹りやすくする突然変異の強い発現は極めて稀であるので、集団に基づくリスクの評価をあからさまにゆがめることはないが、いくつかの医療放射線の場面においては重要な問題である。

○ 放射線の遺伝的影響評価は、人間の遺伝的疾患および生殖腺の放射線誘導突然変異に関する新しい情報を利用している。遺伝リスク評価に対して新しい方法が適用されたことで、本委員会は低線量誘導遺伝リスクは、集団の基底線リスクと比較して、極めて少ないという結論を下した。

○ 本委員会は以下のように判断する。疫学研究、動物研究、メカニズム研究の結果を考慮すると、放射線量とガンリスクとの間に低線量で単純な比例関係があることを支持する傾向がある。この判断が不確実であることを認識し、留意するべきである。

上記の指摘は以前のリスク評価をさらに精密にするのに貢献しているが、これらの指摘は、電離放射線被曝と人間の健康への影響との間の関係に関する全般的

な評価を大幅に変更するものではない。

ガンリスク評価

　過去のリスク評価において、広島・長崎の原爆生存者の寿命調査（LSS）コホートは、本委員会が勧告したガンリスク評価の進展に重要な役割を果たしている。リスクモデルは 1958 〜 98 年の時期におけるガン発生データから主に開発され、DS02 線量評価に基づいていた。この線量評価は生存者の線量評価を再検討し、それを改善する主要な国際的な努力の結果であった。医療被曝および職業被曝を含む研究データも評価された。乳ガンおよび甲状腺ガンのリスク評価モデルは、寿命調査および医療被曝者の両方に基づくデータを含むプール分析に基づいていた。

　主に寿命調査コホートから開発されたモデルをアメリカ人集団の生涯リスク評価のために利用するためには、不確実性のあるいくつかの仮定をおくことが必要である。

　不確実性には次の二つの重要な原因がある。

1) 低線量と線量率における被曝にはリスクが減少する可能性、つまり線量・線量率効果係数（DDREF）があること。

2) 日本人原爆生存者に基づくリスク評価をアメリカ人集団のリスク評価のために利用すること。

　本委員会は本文において、人間被験者における低線量、低 LET 放射線被曝について委員会として可能なかぎり最良のリスク評価を開発し、提供している。例えば、表 ES-1（略）は、アメリカ人集団全体の年齢分布と同じ年齢分布の 10 万人の集団が、それぞれ 0.1Gy に被曝した結果生じることが予想される発ガン症例推計数および死亡推計数、および被曝しない場合に予想される数を示している。固形ガンに関する結果は、線形モデルに基づいており、1.5 の DDREF だけ減少させている。白血病に関する結果は、線形−二次モデルに基づいている。

　推計数には 95% の主観的な信頼区間（つまり、断定的であると同時に無作為的）が付随している。この信頼区間は、最も重要な不確実性の原因、すなわち統計的な変動、低線量および線量率での被曝によるリスク評価を調整するために使われる係数における不確実性、移行の方法における不確実性を反映している。本委員会は報告書の本文において、いくつかの特定のガン部位各々および他の被曝シナリオに対する推計例も提供しているが、それらはここには示されていない。

3章　低線量被爆の問題点

表 ES-1　全ての固形ガンおよび白血病に関する発生率および死亡率の生涯寄与リスク
（LAR）の本委員会が行った推計数[※]

	全ての固形ガン		白血病	
	男性	女性	男性	女性
0.1 Gy の被曝による過剰の症例（非致命的症例を含む）数	800 （400,1600）	1300 （690,2500）	100 （30,300）	70 （20,250）
被曝していない場合の症例数	45,500	36,900	830	590
0.1 Gy の被曝による過剰の死亡数	410 （200,830）	610 （300,1200）	70 （20,220）	50 （10,190）
被曝していない場合の死亡数	22,100	17,500	710,530	

※ 95％の主観的な信頼区間を伴う。10 万人の被爆者当たりの症例数および死亡数

　一般的に全ガン死亡率あるいは白血病に関するリスク評価の大きさは、BEIR-V および最近の UNSCEAR、ICRP の各報告書などの過去の報告書で報告された評価と大幅には変わっていない。新しいデータと分析はサンプリングの不確実性を減少させているが、低線量・線量率での被曝に対するリスク評価に関する不確実性および日本人原爆生存者からアメリカ人集団へのリスクの移行に関する不確実性は大きいままである。特に、部位特異的なガンのリスク評価における不確実性は大きい。

　ひとつの図示として、図 ES-1 で次のことを示した（略）。線量に対する固形ガンの過剰相対リスク（ERR）評価（性別に関しては平均をとり、30 歳で被曝し 60 歳に到達した被曝した個人を表すように標準化）である。（中略）低線量域における線形モデルと線形－二次モデルとの間の差異が、誤差線と比較して小さいことに留意することは重要である。そのため、これらのモデルの間での差異は、これらのモデルから導きだされたリスク評価における不確実性に比較して小さい。固形ガン発症率に関しては、線形－二次モデルで曲線を引いても統計的に有意な改良にはならなかった。そのため線形モデルが利用された。白血病に関しては、線形－二次モデル（図 ES-1 に挿入）の曲線が線形モデルよりも有意に良くデータに合うので採用された。

低線量域（図による説明・省略）

233

結　論

　本委員会は、人間における電離放射線被曝とガンの発生との間に線形しきい
値なし線量－応答関係があるという仮説に現在の科学的証拠が合致していると
いう結論に達した。

　（以下、BEIR-VII が勧告する研究ニーズ 1 ～ 12 の内容についての概略が記載され
ているが省略）

（12）反核医師の論考

　インターネットで検索できる「10mSv 以下の低線量被曝でも発ガンリスク
増」という論考には概略次のように書かれている。[（35）]

　　　政府の原子力災害対策本部は昨年末、福島第一原子力発電所事故避難者の早
　　期帰還を促すため、年間被曝線量 20mSv 以下を避難指示解除の条件とする報告
　　書をまとめた。北海道反核医師の会代表委員の松崎道幸氏に低線量被曝の健康
　　への影響について寄稿してもらった。

原爆被曝データの悪用

　放射線被曝でどれだけ病気になるかは、昔からさまざまな人体実験や事故後の
調査をもとに研究されてきた。実に悲しむべきことだが、世界中の電離放射線関
連産業は、「壮大な人体実験」だった原爆被爆者の追跡データを、唯一無二の「科
学的データ」として利用してきた。

　原爆データの核心は、1 シーベルト（Sv）（=1000 ミリシーベルト〔mSv〕）の外
部被曝で、ガン死のリスクが 47% 増加するという点にある。

　もっと低い被曝量の 100mSv なら 4.7% 増、10mSv なら 0.47% 増となる。これは、
一瞬の外部被曝の場合のデータだ。今問題になっている原発事故の周辺住民の放
射線被曝は、長年じわじわと被曝する「長期間低線量被曝」である。このような
被曝では、放射線によって傷ついた遺伝子を自己修理する余裕があるので、一瞬
の被曝よりも遺伝子の損害は少なくなるはずだとして、ガン死のリスクを 5 割引
きとして計算するというのが、「原子力村」の専門家の主張となっている。つまり、
100mSv なら 2%、10mSv なら 0.2% 程度のガン死増というわけだ。

234

さらに、ガンは、タバコ、酒、緑黄色野菜摂取、肥満のありなしで、何十％も発生率が違うのだから、タバコを吸っている人にとっては、100～200mSvの被曝があってもほとんどガンのリスクに影響がない、禁酒・禁煙さえすれば、その程度の放射線被曝の影響は帳消しにできる、まして、10～20mSvの被曝はまったく運命に影響しない、と住民に説教をする。

「〔100mSv以下の低線量被曝〕では、放射線による発ガンリスクの増加は、他の要因による発ガンの影響によって隠れてしまうほど小さく、『放射線によって発ガンリスクが明らかに増加すること』を証明するのは、難しい。これは、国際的な合意に基づく科学的知見である」（首相官邸ホームページ 2012年2月21日、以下略）

ところで、原爆被曝データは、二つの理由で、放射線被曝の健康リスクを相当小さく見積もっている。

一つ目、1945年の原爆投下から5年経った時点で生き残っておられた被爆者を対象として追跡が始められたことだ。つまり、放射線被曝に「強い」集団を選び出した調査となった。

二つ目、このような調査は、被曝のある集団と被曝ゼロの集団を比べるのが常識だが、「被曝ゼロ集団」の被曝がゼロではなかったことだ。これは、爆心から2.5km以遠の被爆者を対照集団と設定したのが原因だ。この集団は外部被曝だけでも数mSvの被曝があった。

日本の原子力村の科学者グループは、原爆データを悪用して、100mSv以下の被曝は心配ないと主張している。

最新データ：発ガンリスクは原爆データより一桁大きい

ところが100mSvを大幅に下回る放射線被曝でも、ガンのリスクが有意に増加することを証明した論文や報告書が3年前から次々に発表されている。これらのデータは主に医療被曝を検討したものであり、外部被曝線量と病気の診断の正確度が高いことから、信頼性の高いデータと言える。

【2010年日本】20万人の原発労働者を10.9年追跡した結果、10mSv当たりのガン死リスクが有意に3％高まっていた。

【2011年カナダ】心筋梗塞の診断と治療のためにCTを受けた患者8万人を5年間追跡した結果、10mSvの被曝毎にガンのリスクが有意に3％ずつ増加していた

（図、略）。

【2012年イギリス】CT検査を受けた18万人の子どもを23年追跡した結果、50～60mSvの被曝で白血病や脳腫瘍が有意に3倍増えていた。

【2013年イギリス】小児白血病患者2万7,000人と対照小児3万7,000人を比較した結果、累積自然放射線被曝が5mSvを越えると、1mSvにつき白血病のリスクが12%ずつ有意に増加していた。

【2013年オーストラリア】CT検査を受けた68万人の子どもでは、CT1回（平均4.5mSv）被曝毎に、小児ガンのリスクが20%ずつ有意に増加していた。

　これらのデータに示された重要ポイントは、第一に、大人において、10mSvの外部被曝でも有意にガンリスクの増加することが証明されたことだ。しかも、日本とカナダのデータが、10mSv被曝した大人が3%ガンになりやすい（1,000mSvなら300%増）という点で一致しているのは興味深い。原爆被爆者の追跡調査では、1,000mSvでガン死が47%増加するとしているから、医療被曝や原発労働による被曝の方が6倍以上ガンの危険を増やしていることになる。

　第二に、放射線に影響を受けやすい子どもでは、数年間の間のわずか数mSvの被曝でも、ガンリスクが有意に増加することが証明された点だ。このレベルの被曝が子どもたちの数十年後にどれほどの病気のリスクをもたらすことになるか、とても心配になる。

外部被曝100mSvで10人に1人がガン死のおそれ

　福島の放射線被曝問題の対策は最新の科学的データに基づいて行われるべきだ。つまり、わずか10mSvの被曝でも大人のガンのリスクが明らかに増加する、そして、子どもにはさらにその何倍もの健康影響が現れる恐れがあるという前提で考えるべきだ。

　先に紹介したデータで計算すると、100mSv被曝するとガン死が30%増加することになり、100人中35人がガン死する日本人男性では、さらに10人が被曝によってガン死することになる。また10mSvでは、100人中1人が被曝によってガン死する計算になる。したがって、100mSvは言うまでもなく、10mSvといえども許容できない。

　また、ここでは、外部被曝だけを論じており、飲食や呼吸によって生ずる内部被曝は勘定に入れていない。原発事故では、外部被曝だけでなく内部被曝も生じ

3 章　低線量被爆の問題点

ているため、福島原発事故による放射線被曝の健康影響はさらに大きくなると考えなければならない。

（13）国内の相反する 2 つの動物実験

① マウスを用いての動物実験の結果に関する論文が、『科学』という雑誌に掲載されている。[37]

　その論文の結論部分（放射線影響のまとめ）の要旨は以下のとおりである。

　「曝露後の被験試料から網羅的な遺伝子発現データを採取し、非曝露対照群のデータと比較分析することを通じて、放射線や化学物質、それぞれに特異的なプロファイリングの抽出や、双方のプロファイリングの比較を試みた」。

「放射線と化学物質それぞれのリスクの質的な違い」

　「放射線と化学物質それぞれのリスクには、質的な違いがある。すなわち、放射線の作用が物理的崩壊反応からなるのに対して、化学物質では、化学的応答反応であること、その結果としての生体影響は、

・ 放射線の場合はエネルギーの授受による生体分子の破壊からなるのに対して、

・ 化学物質の場合は、獲得形質としての化学反応、すなわち、非生理的かつ獲得形質としての化学応答作用や、生体の防御機能範囲内で処理される化学毒などからなる。

　前者は応答時間が短く、後者はそうした物理反応に比べると、より緩徐な反応であることが一般的である。特記すべき両者の違いの中には、前者が生物学的修復能力から漏れ出た修復のエラーからなる点と、後者における修復反応が備わり、一般に、生体への毒性は消去される点とが含まれる。

「放射線の確率論的発ガンと、化学物質の化学反応依存性の 100% の発ガン性」

　「放射線の影響と化学物質に対する影響と比較した時の際立った違いは、放射線の影響が確率論的影響を示す点にある。すなわち、放射線の影響は確率的であり、しばしば線量に独立していて、線量依存性を示すことがない。しかしながらここで強調すべき点は、これまでの放射線影響研究では、放射線の確率論的現象の研究が、はなはだ乏しいことである。そこでは、ランダムな DNA の切断が観察されるとともに、そのさまざまの時間軸での修復の特異性ゆえに、発ガンに直結する

237

DNA損傷を引き起こすし、間接的にも、発ガンに関わる修復不全へと導かれる。結果として、異なった時間軸をもって、修復エラー、発達影響、さらに経世代影響へと直結する。（中略）放射線がどんな点で化学物質による影響と違うのかと言えば、化学物質では、当該化学物質の標的生体分子との結合度に依存し、しばしば100%の頻度で発ガンを惹起する点にある。（中略）これに対して、放射線の影響はと言うと、個々の腫瘍発生度は決して高くない。主として細胞死、個体死のランダムな惹起が注目される。ちなみに放射線による不確定性の白血病の惹起はよく知られるが、たかだか35%に留まり、発生する白血病の種類もさまざまである」。

「放射線による確率論的発ガン」

「放射線による確率論的発ガンを解析することの困難は、まさにこの確率論的発生メカニズムに基づいている。その第1は、いま10匹のマウスに放射線を照射した際を想定してみると明らかとなり、1〜2匹程度しか白血病は発症しない（確率の低い障害リスク）。またその10数%に留まる白血病も、そのタイプはまちまちである（DNAレベルでの確率に依存）。何よりも困難な点は、追認による再現性が確率論的にしか得られないことで、特徴的な変異がないことである。それは核酸レベルでランダムであることを示唆していると言ってよいと思われる。放射線による発ガンは、白血病に限らず、しばしば確率論的であり、結果として、化学物質による発ガンのような変異の共通性は見いだされないということである」。

「放射線発ガンの確率論的発症とその本質」

「（放射線発ガンは確率論的であるゆえに見捨てられてきたが）放射線発ガンの本質に対する唖然とするようなこれまでの対応が浮上してくる。放射線の確率論的障害が無視されてきた背景は、明らかに恣意的なものであったと推論される」。（放射線発ガンが確率論的であるがゆえに不確定であるが）「不確定であることは『ない』ことと根本的に異なる。結果として、放射線影響は、驚くほど軽視されたまま、今日に至っている」。

結果として、（1）確率論的な発ガンやガン以外の障害への影響の無視、（2）原爆被爆者の急性白血病の無視、（3）必発に固執して、確率論を切り捨ててきたお粗末な科学思想、そういうものが、延々と引き継がれてきたのである。

放射線影響は、（1）確率論的な発ガンリスクを示し、（2）確率論的な"非発ガ

ン性"の影響を示す（残念ながら、この"非発ガン性"放射線影響が、チェルノ
ブイリにおける心・肝疾患の急増により、深刻に受け止められていることは、本
邦内ではあまり報道されていない）、(3) 低線量域での影響（低線量問題は、今回
福島における放射線汚物流失事故に対しても、深刻な危惧を引き起こしている。
もっと真剣な避難の対策が組まれる必要があると考える）。

「放射線の確率論的障害が無視されてきた背景は、明らかに恣意的なもので
あったと推論される」「放射線発ガンが確率論的であるがゆえに不確定である
が、不確定であることは『ない』ことと根本的に異なる。結果として、放射線
影響は、驚くほど軽視されたまま、今日に至っている」という指摘を心に留め
ておかなければならない。

② 2016 年 12 月 13 日『日本経済新聞』電子版に、次のような記事が掲載され
ている。[37]

　量子科学技術研究開発機構は 13 日、低線量の放射線を浴びた場合にガンになる
リスクは低いとする、マウスを使った実験結果を発表した。医療機器のコンピュ
ーター断層撮影装置（CT）で浴びる程度の線量では、全く被曝していない場合と
の差は確認できなかったという。成果は米放射撮影学会の学術誌に掲載された。
　放射線の吸収量が 100 ミリグレイ以上だとガンのリスクが高まるが、病院の検
査のような低線量の被曝と発ガンの関係はよくわかっていなかった。
　研究グループは、遺伝子の異常で小脳に腫瘍が発生しやすいマウス 200 匹を使
って実験。遺伝子の変化を追跡することで放射線の影響で腫瘍が発生したのか、
自然にガンになったのかを調べた。
　生後間もない段階で、1 時間当たり 1.1 ミリグレイの放射線を数日間浴びさせた。
放射線によってガンになったのは 1% で、発ガンへの影響はほぼないとみられる。

　上記記事は、上記開発機構の「『じわじわ』被曝の発ガン影響を動物実験で
明らかに——モデルマウスを用いて低線量率被曝を直接的に評価——」という
プレスリリースを指している。その概略は以下のとおりである。

239

発表のポイント

・少量ずつ長期間低線量被曝した際の発ガンリスクについて、直接的な評価に初めて成功した。

・被曝に起因するガンと自然に生じたガンを遺伝子解析で区別できる特殊マウスを用いて被曝後のガンの発生率を調査した。

・被曝の総量が同じでも、時間当たりの被曝量が少ないほど、被曝に起因するガンのリスクは低下することが分かった。

・時間当たりの被曝量がある程度以下になると、まったく被曝していない場合と同等になる。

（中略）

　この研究成果は、米国放射線影響学会発行の *Radiation Research* 2016 年 10 月号に掲載されました。

　背景と目的

　ガンはさまざまな要因により発生しますが、そのひとつに被ばくがあります。一般に、一定の線量以上を被ばくすると、被ばく後のガン発生率が増加することが現象的に知られていました。しかし、その一定の線量より低い被ばくの場合では、ガンの発生率の増加が小さすぎて明白でなくなるため、その内訳として被ばくによる発ガン影響だけを区別して見極めることが困難でした。また、同じ線量を短時間で一度に被ばくした時（高線量率被ばく）より、長期間にわたりじわじわと少しずつ被ばくした時（低線量率被ばく）のほうが、ガンの発生率の増加が少なくなることも知られていました。そのため、低線量率で低線量を被ばくした時の発ガンへの影響はますます見えにくくなり、影響の大小を明確に議論することが困難でした。

　そこで我々は、発生した"ガン"を直接調べて、それが被ばくが原因で生じたものか、それともそれ以外の自然要因（老化など）によって発生したものかを区別できるような実験方法を開発すれば、被ばくに起因する発ガンのリスクのみを取り出して直接的に議論をすることが可能になると考え、「*Ptch1*（遺伝子ヘテロ欠損マウス」という実験用マウスに着目しました。

　Ptch1 遺伝子ヘテロ欠損マウスは小脳のガンである髄芽腫を自然発生します。ま

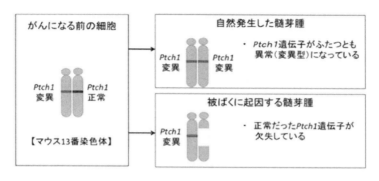

図 1 自然に発生したガンと被ばくに起因するガンの識別の原理

た出生前後に被ばくすると髄芽腫の発生頻度がさらに増加します。我々はこれまでに、被ばくに起因する髄芽腫と自然に発生した髄芽腫では、ガンの原因遺伝子（Ptch1 遺伝子）の状態が異なっており、それを遺伝子解析により区別できることを明らかにしていました（図 1）。

今回の研究では、この特殊な発ガンモデルマウスを用いて、低線量率被ばく後に発生したガンが被ばくに起因するものか否かを直接的に調べることより、低線量率被ばくの発ガンリスクを評価することを目的としました。

研究の手法と成果

Ptch1 遺伝子ヘテロ欠損マウスの生後直後に、高線量率被ばく（線量率：540 mGy／分、総線量：500 mGy）、線量率を 6 千分の 1 に下げた低線量率被ばく①（線量率：5.4 mGy/ 時間、総線量：500 mGy（500mSv））、さらに線量率を 5 分の 1 に下げた低線量率被ばく②（線量率：1.1 mGy／時間、総線量：100 mGy〔100mSv〕）の 3 つの条件で γ 線を照射し（図 2）、生後 500 日までの期間中に発生した髄芽腫の発生率を算出しました（注：自然界から受ける放射線量は年間 2.1mSv〔日本平均〕）。

その結果、非照射群に比べて発生率が明らかに増加したのは高線量率被ばく群のみであり、低線量率被ばく①群とより低い低線量率被ばく②群では発生率の明らかな増加が見られませんでした（図 3〔略〕、棒グラフ全体の高さ）。

次に Ptch1 遺伝子についての遺伝子解析を行い（図 1）、自然発生したガンと被ばくに起因するガンを区別して、内訳を調べました。その結果、高線量率被ばく

群だけでなく、低線量率被ばく①群でも、非照射群に比べ被ばくに起因する髄芽腫の発生率が高線量率被ばく群ほどではありませんが増加していたことが明らかになりました（図3〔略〕、棒グラフの赤色部分）。そしてこの増加の割合は、低線量率被ばく②群のレベルまで線量率が下がると、非照射群と同様に、被ばくに起因する髄芽腫がほぼ検出されないことがわかりました（図3〔略〕、棒グラフの赤色部分）。このことは生体に備わった修復能力が、じわじわ被ばくによって生じたDNAの傷を修復し、結果発ガンを抑制したことを示していると推察されます。

今回の結果は、従来の統計的な手法では発ガン率の増加がわからなかったレベルの低い線量率（じわじわと少しずつ長期間浴びる）の放射線被ばくの場合に、被ばくに起因するガンが実際にどのくらい増加しているかを直接的に示しました。しかしながら、その程度は小さいこと、また線量率が十分に低くなれば、たとえ長期間被ばくしようとも、その発ガンへの影響は見えなくなることも実験的に明らかにしました。（髄芽腫の発生率の図略）

今後の展開

低線量率被ばくによる健康影響については、科学的なデータがまだ十分ではありません。本成果は、新しい実験手法を導入することにより、より詳細で信頼のおけるデータが得られることを実証したものです。今後、同様の手法を用いてさまざまな実験動物や被ばく条件での研究を展開していくことで、低線量率被ばく影響の全容解明に近づくことが期待できます。（以下略）

この実験結果は、低線量被曝の方がホルミシス効果が大きいという見解と矛盾している。2つの異なる実験結果が示すように、低線量被曝の健康影響についての科学的見解は確定していない。

以上の各論考及び見解を総合すると、低線量（20mSv以下）の被曝の健康への影響は、現在もなお研究が続けられている。極めて低線量であっても細胞のDNAに打撃を与えることは確かとされている。それが晩発性疾病を引き起こす可能性があるが、そのメカニズムが解明されていない。したがって、低線量被曝と後発性疾病の因果関係は、現時点では科学的に証明できないだけである。今後の調査・研究に期待されている。したがって、繰り返しになるが、低線量被曝の健康被害がないとは、絶対に言えないのである。

【注】

9　『毎日新聞』2017年4月15日地方版に次のような記事が掲載されている。

　　県中部のコメ農家などが、東京電力福島第一原発事故に伴う放射性物質を農地から除去するよう東電に求めた訴訟の判決が14日、福島地裁郡山支部であった。上払大作裁判長（佐々木健二裁判長代読）は「放射性物質のみを除去する方法はなく、請求が認められても東電がすべき行為が不明だ」として原告の訴えを却下した。裁判の審理対象にならないと判断した「門前払い」の判決に、原告は失望感をあらわにし、控訴の方針を表明した。

　　原告側弁護士によると、農地の「原状回復」請求に対する判決は初めて。福島第一原発から約60〜80キロ離れた大玉、二本松、猪苗代、郡山、白河の5市町村でコメなどを栽培する専業農家8人と農業法人1社が2014年10月に提訴した。対象とする田畑の面積は計約30万平方メートルに及んだ。

　　原告側は、事故後に農地の放射性物質の濃度が上がり、一時、一部の農家がコメの作付け制限を受けるなど「安全、安心な農作物を作れなくなった」と主張。多くの取引先も失ったとして事故由来の放射性物質を全て除去するよう東電に求めていた。

　　判決は「放射性物質のみを除去する方法は開発・検討段階にとどまり、確立された方法はない」と判断。原告側が除去の具体的な方法まで特定できていないことから「請求は不適法」と訴えを却下し、東電側が「実現不可能」としてきた反論を認めた形となった。

　　「全除去」が認められなかった場合の措置として、原告側が求めていた（1）特定の放射性物質（セシウム137）の濃度を事故前に近い水準まで下げる（2）汚染されていない土に入れ替える、についても、判決は同様に「方法を特定していない」として却下した。

　　「良心あるのか」原告、悔しさにじませ　控訴の方針

　　佐々木裁判長が「請求却下」の主文だけを読み上げて席を立とうとすると、原告団の花沢俊之弁護士が「判決理由も読んでほしい」と呼び止めた。裁判長は「請求はいずれも不適法」と短く説明して退廷。原告の支援者らで埋まった傍聴席からは「良心があるのか」「不当判決」と声が上がった。閉廷後、郡山市内で記者会見した原告の農家7人は、一様に判決への不満と悔しさを口にした。

大玉村大山の鈴木博之さん（67）は「事故の後始末をしなくていいという、お墨付きを与えた判決だ。私らは、よその農家と同じ条件でコメを作りたかっただけで、元に戻せというのは当たり前のこと」と強調。「これがまかり通るなら夢も希望も持てない農業を続けざるを得ない」などと司法への不信感をあらわにした。2008 年に脱サラし、コメとキュウリの専業農家になった郡山市逢瀬町河内の渡辺栄太郎さん（59）は「巨大企業である東電の行動力に期待したが、判決を聞いてがっかりしている」。原発事故は勤めを辞めて後継者になった次男（34）と一緒に農業をするようになり 1 年ほどがたった時の出来事だった。

渡辺さんは「初孫ができたのに自分の農地で遊ばせることもできない。今日は悔しい結果だが、農業後継者たちに『これだけのことはやった』と残す意味も込めて裁判に加わっている」と話した。

会見で控訴の方針を明らかにした鈴木さんは「長い戦いは覚悟している。第一関門で引き下がるわけにはいかない」と力を込めた。

10 前掲『放射線被曝の歴史』218 頁以下、同『内部被曝の脅威』116 頁以下の「アメリカの被曝者たち」、及び「人間と環境への低レベル放射線の威嚇」などを参照。

11 民間事故調　63、64 頁。

12 T65D について、放射線影響研究所のホームページには、「1965 年暫定被曝推定線量は、空中に置かれた小さな組織サンプルが受けた線量に相当するもので、被曝時の場所と遮蔽に基づいて計算されたものです（ABCC 業績報告書 1-68）。この線量推定方式は改定され T65DR と呼ばれましたが（RERF 業績報告書 12-80）、後に更に改定され、DS86 となりました」と説明されている）。

13 前掲『人間と環境への低レベル放射能の威嚇——福島原発事故を考えるために』90 頁以下。

14 『医学のあゆみ』Vol.224, No.2、2008.1.12 号の 157 頁以下に掲載されている、放射線影響研究所広島研究所疫学部・西信雄／児玉和紀執筆の論文。

15. コホート研究とは、ウィキペディアによると、「分析疫学における手法の 1 つであり、特定の要因に曝露した集団と曝露していない集団を一定期間追跡し、研究対象となる疾病の発生率を比較することで、要因と疾病発生の関連を調べる観察的研究である」と説明されている。

244

3 章　低線量被爆の問題点

16　インターネットで検索できる。掲載本は正確ではないが、『チュエルノブイリ事
　　故による放射能被害——国際共同研究報告』（技術と人間・発行）の、オレグ・
　　ナスビット・今中哲二の「ウクライナでの事故への法的取り組み」、イーゴリ・
　　A・リャプツェフ・今中哲二「ロシアにおける法的取り組みと影響研究の概要」。

　　　なお、『科学』2016 年 5 月号 256 頁「チェルノブイリと福島事故プロセスと放
　　射能汚染の比較」も参照されたい。

17　（16）の共著論文。

18　私が所属している弁護団（福島原発事故被災者支援弁護団・東京）が行ってい
　　る集団申立において、飯舘村蕨平地区の田畑の財物損害の賠償を求める集団申
　　立で、東京電力は、原紛センターが提示した和解案に対して、東京電力が独自
　　に決めた基準を上回る和解案であることを理由に受諾を拒否し、同センターの
　　再三の勧告を無視して拒否し続けるなど強硬姿勢のため、同センターは伊達市
　　霊山地区など複数の自主避難地域の申立に対しても和解案を提示することを渋
　　っている。東京電力は、国から膨大な資金的支援を受けるに際し、同センター
　　の和解案を尊重すると約束したのに、それを守っていない。また同センターは、
　　原発被害者に対する適正かつ迅速に賠償支払を実現して被災者の生活再建の一
　　助とするために設置されたはずなのに、必要以上に東京電力の意向に沿って「公
　　平性」を保とうとしているように感じられることは残念である。

19　原紛センター仲介員は、栃木県北部の那須町、那須塩原市、大田原の被災者
　　7,309 名が、「同地区の放射線量は福島県南地区と同程度であり、同様の被曝不
　　安の下で避難した者もいるほどである」として、同県南地区と同等の被曝慰謝
　　料の支払いを求めて申立てた案件について、平成 29 年 7 月 21 日、「申立人ら全
　　員あるいは申立人らのうち子ども及び妊婦全員に一律の金銭賠償を求めるべき
　　共通もしくは類似の損害を認めることは困難である」として、救済すべきと認
　　めた者らを含めて和解案の提示をすることなく審理を打ち切った。

20　季刊『フライの雑誌』より。インターネットで検索できる。

21　岩波『科学』フォーラム・現代の被曝。インターネットで検索できる。

22　政府事故調査報告書（中間）483 頁。

23　ヒューマンライツ・ナウのホームページに掲載されている。

24　同上。

245

25 同上。

26 ラルフ・グロイブは、開発エンジニアとして働きながら、多くの国際的な環境
保護委員会で活躍。40 年近く、原子力のリスクについてコメンテーター、著者、
専門家として活躍。社会的責任を考える医師の会、核戦争防止国際医師会議／
社会的責任を考える医師の会のスイス支局長。

　　アーネスト・J・スターングラスは、ピッツバーグ大学医学部放射線科名誉教
授。専門は放射線物理。

27 肥田舜太郎・斎藤起・戸田清・竹野内真理共訳（緑風出版）。

28 SWI swissinfo.ch、里信邦子氏が紹介している。

29 岩波『科学』2013 年 7 月号（Vol.83, No7）735 頁以下。

30 『京都府立医大誌』120（12）931 〜 934、931 頁以下。

31 岩波『科学』2005 年 9 月号（Vol.75, No.9）1016 頁以下「低線量放射線被曝とそ
の発ガンリスク」。

32 岩波『科学』2017 年 7 月号（Vol.87, No.7）681 頁以下。

33 LET とは、文部科学省の原子力防災基礎用語集によると、「LET（線エネルギー
付与：放射線が媒質中（生物・体内など）を通過する際に媒質に与えるエネル
ギー）は放射線の種類（線質）の違いを現す指標として用いられている。この
LET の値の高・低によって放射線を低 LET 放射線と高 LET 放射線とに便宜的に
区別することがある。低 LET 放射線の例としては光子（X 線やガンマ線）やベ
ータ線等があり、高 LET 放射線の例としてはアルファ線、中性子線や粒子線等
がある。LET が同じであっても放射線効果に差があることがある」と説明され
ている。

34 テロメアとは、ブリタニカ百科事典によると、「染色体末端粒子。真核生物の染
色体の末端部分にみられる塩基配列の反復構造をいう。TTAGGG の配列が哺乳
類で数百回，ヒトの生殖細胞では約 1 万 5000 〜 2 万塩基対も繰返されている。
テロメアは細胞分裂のたびに少しずつ短くなることから，染色体の複製に伴う
損傷を防ぎ安定性を維持する働きをになう「あそび」の部分と考えられる。ヒ
トの細胞のテロメア配列は若年者のほうが高齢者の 1.5 倍ほど長く，老化との関
連も指摘されている。テロメアの減少を補い新しい配列を追加しているのはテ
ロメラーゼという酵素で，培養実験で老化を遅らせる働きが確認された」と説

明されている。

35 『全国保険医新聞』2014年2月25日号に掲載されている。著者は松崎道幸氏（北海道反核医師の会代表委員、深川市立病院）。

36 岩波『科学』Oct. 2012, Vol.82, No.10、1078頁以下　井上達、平林容子共著『放射線に対する生体の"確率的"応答——遺伝子発現の網羅的解析』。

37 国立研究開発法人量子科学技術研究機構のホームページに2016/12/13のプレスリリースとして、詳細が掲載されている。

4章　本件原発事故における低線量被曝対応

1　WG 報告書と批判

(1) WG 報告書の内容

　2011 年 11 月に内閣官房に設けられた低線量被曝のリスク管理に関するワーキンググループ（WG）の同年 12 月 22 日付報告書は、インターネットで検索できる。低線量被曝についての ICRP の考え方を基本とし、それを本件原発事故の被曝防護体制に当てはめた見解である。以下、重要と考える部分を紹介し検討を加える。

〈具体的な課題〉

　本件原発事故の被害者に対して、「低線量被曝によるリスク評価、特に子どもや妊婦の健康リスクに関する不安」に答えることが、「福島復興に向けた取組みの前提条件である、このような状況の中、本 WG は以下の 3 点について科学的見地からの見解を求められた」。

1) 第一に、現在、避難指示の基準となっている年間 20 mSv という低線量被曝について、その健康影響をどのように考えるかということ。（略）

2) 第二に、放射線の影響を受けやすいと考えられている子どもや妊婦に対して、どのような配慮が必要なのか、政府のさまざまな対応の材料となる見解を示すこと。

　　事故後のいわば緊急的な状況が収束する中、今後住民の方々は、長期間にわたって、低線量被曝状況に向き合っていかなければならない。

　　そういった状況の中では、緊急時と異なるいかなる対応が必要なのか、特に

4章　本件原発事故における低線量被曝対応

子どもや妊婦に対する対応について見解を示すこと。

3）第三に、本件原発事故の発生以来、政府の災害時のリスクコミュニケーションにはとかく批判が多い。今後、避難されている方々がふるさとに帰還されるにあたって、低線量被曝の健康リスクに関する放射性物質や線量の情報をいかに適切に伝えるかについて見解を示すこと。

なお、本WGでの評価は、あくまで現時点での科学的見地からの評価であり、何が科学的には一致した見解か、何が科学的には評価できていないか、現時点の科学の限界を含めて整理することとした。

1.3　検討の進め方（略）

（WGでの議論・検討の様子を公開し、またインターネットでの生中継・録画した議論の公開も行った）

2　科学的知見と国際的合意

被曝の健康影響、特に低線量被曝の健康影響の科学的知見は、過去の人類の経験から得られるものである。動物実験、試験管内の実験、遺伝子研究等は、被曝線量と人体に対する影響との具体的な関係を直接に示すことは困難であるが、放射線の健康影響の発症メカニズム等、放射線の人体影響に関する科学的知見を補完するものとして活用できる。（中略）

科学的知見は、（中略）国際的合意としては、科学的知見を国連に報告している原子放射線の影響に関する国連科学委員会（UNSCEAR）、また世界保健機関（WHO）、国際原子力機関（IAEA）等の報告書に準拠することが妥当である。

広島・長崎の原爆の人体に対する影響の調査は、その規模からも、調査の精緻さからも世界の放射線疫学研究の基本であり、UNSCEARも常に報告しているところである。一方、内部被曝で多くの人たちが被曝した事例としてチェルノブイリ原発事故がある。低線量の被曝まで入れると子どもを含めて500万人以上の周辺住民が被曝している。同事故に関する調査結果は、UNSCEAR、WHO、IAEA等の国際機関から詳細に報告されている。

2.1　現在の科学で分かっている健康影響

（1）低線量被曝のリスク

① 低線量被曝による健康影響に関する現在の科学的な知見は、主として広島・長崎の原爆被爆者の半世紀以上にわたる精緻なデータに基づくものであり、

249

国際的にも信頼性は高く、UNSCEAR の報告書の中核をなしている。

イ）広島・長崎の原爆被爆者の疫学調査の結果からは、被曝線量が 100 mSv を超えるあたりから、被曝線量に依存して発ガンのリスクが増加することが示されている。

ロ）国際的な合意では、放射線による発ガンのリスクは、100mSv 以下の被曝線量では、他の要因による発ガンの影響によって隠れてしまうほど小さいため、放射線による発ガンリスクの明らかな増加を証明することは難しいとされる。疫学調査以外の科学的手法でも、同様に発ガンリスクの解明が試みられているが、現時点では人のリスクを明らかにするには至っていない。

② 一方、被曝してから発ガンまでには長期間を要する。したがって、100mSv 以下の被曝であっても、微量で持続的な被曝がある場合、より長期間が経過した状況で発ガンリスクが明らかになる可能性があるとの意見もあった。いずれにせよ、徹底した除染を含め予防的にさまざまな対策をとることが必要である。

(2) 長期にわたる被曝の健康影響

前述の (1) ①の 100mSv は、短時間に被曝した場合の評価であるが、低線量率の環境で長期間にわたり継続的に被曝し、積算量として合計 100mSv を被曝した場合は、短時間で被曝した場合より健康影響が小さいと推定されている（これを線量率効果という）。この効果は動物実験においても確認されている。

イ）世界の高自然放射線地域の 1 つであるインドのケララ地方住民の疫学調査では、蓄積線量が 500mSv を超える集団であっても、発ガンリスクの増加は認められない。その一方で、旧ソビエト連邦、南ウラル核兵器施設の一連の放射線事故で被曝したテチャ川流域の住民の疫学調査では、蓄積線量が 500mSv 程度の線量域において、発ガンリスクの増加が報告されている。これらの疫学調査は、線量評価や交絡因子について今後も検討されなければならないが、いずれの調査においても 100mSv 程度の線量では、リスクの増加は認められていない。

ロ）本件原発事故により環境中に放出された放射性物質による被曝の健康影響は、長期的な低線量率の被曝であるため、瞬間的な被曝と比較し、同じ線量

であっても発ガンリスクはより小さいと考えられる。

(3) 外部被曝と内部被曝の違い

① 内部被曝は外部被曝よりも人体への影響が大きいという主張がある。しかし、放射性物質が身体の外部にあっても内部にあっても、それが発する放射線がDNAを損傷し、損傷を受けたDNAの修復過程での突然変異が、ガン発生の原因となる。そのため、臓器に付与される等価線量が同じであれば、外部被曝と内部被曝のリスクは、同等と評価できる。

イ）放射線のうちガンマ（γ）線は透過性が高いため、そのエネルギーが吸収されるのはその放射線を発する物質が沈着又は滞留する場所に限定されない。

ロ）ある放射性物質を吸入又は飲食物として摂取した場合、それがどの臓器に滞留し、各臓器がどの程度の線量を受けるか、各臓器の発ガンに係る放射線感受性はどの程度か、が国際機関によって詳細に検討されている。これによると、数百種類にも及ぶ核種、同位体ごとに、体内の滞留時間や滞留する臓器の違い、吸入する放射性物質の大きさ等の特徴ごとにモデル計算により求められており、1ベクレル（Bq）の放射性物質を吸入又は経口摂取すると、どの臓器がどの程度の線量（Sv表示の等価線量及び全臓器のリスクを加算した実効線量）を被曝するかが計算できる。したがって、核種が異なっても、その結果の線質の違い、及び臓器の感受性を考慮して評価されたSv単位の線量が同じであれば、人体への影響は同じと評価される。

ハ）臨床的、疫学的研究では、小児期に被曝した場合の甲状腺ガン発症の過剰相対リスクは、外部被曝と内部被曝の場合とで近似していることが示されている。

ニ）今回の事故で放出された核種のうち、主にα線を出すプルトニウムや主にβ線を出すストロンチウムは、内部被曝に関し単位放射能量（1Bq）あたりの実効線量は大きい。しかし、これらが環境中に放出された量はセシウムと比べても極めて少なく、体内に取り込まれる量もセシウムに比べて少ないと考えられる。そのため、これらによる被曝線量は、放射性セシウムによる被曝線量に比べ小さい。

ホ）チェルノブイリ原発事故で小児の甲状腺ガンが増加した原因は、事故直

後数カ月の間に放射性ヨウ素により汚染された牛乳の摂取による選択的な甲状腺への内部被曝によるものとされている。

へ）チェルノブイリ原発事故により周辺住民の受けた平均線量は、11万6千人の避難民で33mSv、27万人の高レベル汚染地域住民で50mSv超、500万人の低レベル汚染地域住民で10〜20mSvとされている（UNSCEAR 2008年報告による）。これらの周辺住民について、他のさまざまな疾患の増加を指摘する現場の医師等からの観察がある。

しかし、UNSCEARやWHO、IAEA等国際機関における合意として、子どもを含め一般住民では、白血病等他の疾患の増加は科学的に確認されていない。

② なお、ウクライナ住民で低線量の放射性セシウムの内部被曝により膀胱ガンが増加したとの報告があるが、解析方法の問題や他の疫学調査の結果との矛盾等がある。例えば、大気圏核実験及びチェルノブイリ原発事故により環境中に放出された放射性セシウムの、トナカイ肉を介しての高いレベルの内部被曝を受けた北欧サーミ人グループについて、1960年代から継続して行われている疫学調査では、膀胱ガンが増加したという知見は得られていない。その他の疫学研究の結果も踏まえて、低線量の放射性セシウムによる内部被曝と膀胱ガンのリスクとの因果関係は、国際的には認められていない。

(4) 子ども・胎児への影響

一般に、発ガンの相対リスクは若年ほど高くなる傾向がある。小児期・思春期までは高線量被曝による発ガンのリスクは成人と比較してより高い。しかし、低線量被曝では、年齢層の違いによる発ガンリスクの差は明らかではない。他方、原爆による胎児被爆者の研究からは、成人期に発症するガンについての胎児被曝のリスクは小児被曝と同等かあるいはそれよりも低いことが示唆されている。

また、放射線による遺伝的影響について、原爆被爆者の子ども数万人を対象にした長期間の追跡調査によれば、現在までのところ遺伝的影響はまったく検出されていない。

さらに、ガンの放射線治療において、ガンの占拠部位によっては原爆被爆者が受けた線量よりも精巣や卵巣が高い線量を受けるが、こうした患者（親）の子どもの大規模な疫学調査でも、遺伝的影響は認められていない。

イ）チェルノブイリ原発事故後の調査では、甲状腺ガンの発ガンリスクは、小児
被曝者より胎児被曝者の方が低かった。

ロ）チェルノブイリ原発事故における甲状腺被曝よりも、本件原発事故による小
児の甲状腺被曝は限定的であり、被曝線量は小さく、発ガンリスクは非常に低
いと考えられる。小児の甲状腺被曝調査の結果、環境放射能汚染レベル、食品
の汚染レベルの調査等さまざまな調査結果によれば、本件原発事故による環境
中の影響によって、チェルノブイリ原発事故の際のように大量の放射性ヨウ素
を摂取したとは考えられない。

（5）生体防御機能

① 放射線によりDNAが損傷し、突然変異が起こり、さらに多段階の変異が加わ
り正常細胞がガン化するというメカニズムがある。他方、生体には防御機能
が備わっており、この発ガンの過程を抑制する仕組みがある。

② 低線量被曝であってもDNAが損傷し、その修復の際に異常が起こることで
発ガンするメカニズムがあるという指摘があった。一方、線量が低ければ、
DNA損傷の量も少なくなり、さらに修復の正確さと同時に生体防御機能が十
分に機能すると考えられ、発ガンに至るリスクは増加しないという指摘もあ
った。

2.2　放射線による健康リスクの考え方

（1）リスクの意味

　　放射線のリスクとは、その有害性が発現する可能性を表す尺度である。"安全"
の対義語や単なる"危険"を意味するものではない。

（2）しきい値がなく、直線的にリスクが増加するモデルの考え方

　　放射線防護や放射線管理の立場からは、低線量被曝であっても、被曝線量に
対して直線的にリスクが増加するという考え方を採用する。

イ）これは、科学的に証明された真実として受け入れられているのではなく、
科学的な不確かさを補う観点から、公衆衛生上の安全サイドに立った判断と
して採用されている。

ロ）線量に対して直線的にリスクが増えるとする考えは、あくまで被曝を低減
するためのいわば手段として用いられる。すなわち、予測された被曝による
リスクと放射線防護措置等による他の健康リスク等、リスク同士を比較する

253

際に意味がある。

ハ）しかし、この考えに従って、100mSv 以下の極めて低い線量の被曝のリスク
を多人数の集団線量（単位：人・Sv）に適用して、単純に死亡者数等の予測
に用いることは、不確かさが非常に大きくなるため不適切である。ICRP も同
様の指摘をしている。

(3) リスクの程度の理解

① 政府、東電には本件原発事故の責任があり、低線量被曝による社会的不安を
巻き起こしていることに対して深刻な反省が必要である。

② このような事故による被曝によるリスクを、自発的に選択することができる
他のリスク要因（例えば医療被曝）等と単純に比較することは必ずしも適切
ではない。しかしながら、他のリスクとの比較は、リスクの程度を理解する
のに有効な一助となる。

イ）2009 年の死亡データによれば、日本人の約 30% がガンで死亡してい
る。広島・長崎の原爆被爆者に関する調査の結果に線量・線量率効果係数
（DRREF）2 を適用すれば、長期間にわたり 100mSv を被曝すると、生涯の
ガン死亡のリスクが約 0.5% 増加すると試算されている。他方、わが国での
ガン死亡率は都道府県の間でも 10% 以上の差異がある。

ロ）放射線の健康へのリスクがどの程度であるかを理解するため、放射線
と他の発ガン要因等のリスクとを比較すると、例えば、喫煙は 1,000 ～
2,000mSv、肥満は 200 ～ 500mSv、野菜不足や受動喫煙は 100 ～ 200mSv の
リスクと同等とされる。

ハ）被曝線量でみると、例えば CT スキャンは 1 回で数 mSv の放射線被曝を
受ける。重症患者では入院中に数回の CT 検査を受けることも決して稀では
ない。

ニ）また、東京－ニューヨーク間の航空機旅行では、高度による宇宙線の増
加により、1 往復当たり 0.2mSv 程度被曝するとされている。

ホ）自然放射線による被曝線量の世界平均は年間約 2.4mSv であり、日本
平均は年間約 1.5mSv である。このうち、ラドン 15 による被曝線量は、
UNSCEAR の報告によれば、世界の平均は年間 1.2mSv、変動幅は年間 0.2
～ 10mSv と推定されているが、日本の平均値は年間 0.59mSv である。

ヘ）クロロホルムは、水道水中に含まれ発ガン性が懸念されているトリハロメタン類の代表的な物質であるが、平均して1日に2リットルの水道水を飲用し続けたとしても発ガンのリスクは0.01%未満であり、懸念されるレベルではない、と評価されている。100mSvの放射線被曝による発ガンのリスク（例えば長期間100mSv被曝した場合の生涯のガン死亡の確率の増加分約0.5%）は、このクロロホルム摂取による発ガンのリスクよりは大きい。

③ 上記②のような状況を踏まえると、放射線防護上では、100mSv以下の低線量であっても被曝線量に対して直線的に発ガンリスクが増加するという考え方は重要であるが、この考え方に従ってリスクを比較した場合、年間20mSv被曝すると仮定した場合の健康リスクは、例えば他の発ガン要因（喫煙、肥満、野菜不足等）によるリスクと比べても低いこと、放射線防護措置に伴うリスク（避難によるストレス、屋外活動を避けることによる運動不足等）と比べられる程度であると考えられる。

2.3 ICRPの「参考レベル」

① 国際放射線防護委員会（ICRP）では、被曝の状況を緊急時、現存、計画の3つのタイプに分類している。その上で、緊急時及び現存被曝状況での防護対策の計画・実施の目安として、それぞれについて被曝線量の範囲を示し、その中で状況に応じて適切な"参考レベル"を設定し、住民の安全確保に活用することを提言している。

イ）参考レベルとは、経済的及び社会的要因を考慮しながら、被曝線量を合理的に達成できる限り低くする"最適化"の原則に基づいて措置を講じるための目安である。

ロ）参考レベルは、ある一定期間に受ける線量がそのレベルを超えると考えられる人に対して優先的に防護措置を実施し、そのレベルより低い被曝線量を目指すために利用する。また、防護措置の成果の評価の指標とするものである。

したがって、参考レベルは、すべての住民の被曝線量が参考レベルを直ちに下回らなければならないものではなく、そのレベルを下回るよう対策を講じ、被曝線量を漸進的に下げていくためのものである。

ハ）参考レベルは、被曝の"限度"を示したものではない。また、"安全"と

"危険" の境界を意味するものでは決してない。

② 各状況における参考レベルは以下のとおりである。

　　イ）緊急時被曝状況の参考レベルは、年間 20 ～ 100mSv の範囲の中から選択する。

　　ロ）現存被曝状況の参考レベルは、年間 1 ～ 20 mSv の範囲の中から選択する。

　　ハ）現存被曝状況では、状況を段階的に改善する取組の指標として、中間的な参考レベルを設定できるが、長期的には年間 1mSv を目標として状況改善に取り組む。

　　ニ）計画被曝状況においては、参考レベルではなく、"線量拘束値" として設定することを提言しており、一般住民の被曝（公衆被曝）では状況に応じて年間 1mSv 以下で選択する。

2.4　放射線防護の実践

（1）最適化の原則を踏まえた対応

　　線量被曝に対する放射線防護政策を実施するに当たっては、科学的な事実を踏まえた上で、合理的に達成可能な限り被曝線量を少なくする努力が必要である。

　　イ）放射線防護のためには線源と被曝の経路に応じて多様な措置が考えられる。具体的には、除染、放射線レベルの高いところへの立ち入り制限、高濃度に汚染されたおそれのある飲食物の摂取制限等である。

　　ロ）放射線防護措置の選択に当たっては、ICRP の考え方にあるように、被曝線量を減らすことに伴う便益（健康、心理的安心感等）と、放射線を避けることに伴う影響（避難・移住による経済的被害やコミュニティの崩壊、職を失う損失、生活の変化による精神的・心理的影響等）の双方を考慮に入れるべきである。

　　ハ）放射線防護政策を実施するに当たっては、子どもや妊婦に特段の配慮を払うべきである。

　　ニ）除染、健康管理、食品安全等の放射線防護の対策について、対象範囲、時間軸、目標数値を示しながら成果がわかりやすいようにして講じていくことが有効である。

（2）チェルノブイリ原発事故後の対応

チェルノブイリ原発事故後の対応については、旧ソビエト政府による移住に関する措置等を見習うべきという意見があった。他方、IAEA 等国際機関からは当時の措置は過大であったと評価されているとの見解も示された。

イ）チェルノブイリ原発事故後の対応として、ウクライナ等の国においては、事故後 5 年を経た 1990 年代以降、地域の放射能量が年間 5mSv を超えた場合、その地域に住み続けている住民をその汚染地域から他の地域へ移住させること（移転）を実施しており、現在もそれが継続している。

ロ）しかしながら、これらの区域に現在も実際に居住している人々がいて、必ずしも措置が徹底されていない。また、新たに事故が起こった場合の移転の基準は、年間 5mSv より高い線量となっている。

ハ）チェルノブイリ原発事故後の対応では、事故直後 1 年間の暫定線量限度を年間 100mSv とした上で、段階的に線量限度を引き下げ、事故後 5 年目以降に年間 5mSv の基準を採用した。

ニ）一方、東電福島第一原発事故においては、事故後 1 カ月のうちに年間 20mSv を基準に避難区域を設定した。漸進的に被曝線量を低減していく参考レベルの考え方を踏まえれば、東電福島第一原発事故における避難の対応は、現時点でチェルノブイリ事故後の対応より厳格であると言える。

(3) 住民参加とリスクコミュニケーション

① 原子力発電所自体は冷温停止状態を達成したが、すでに環境が汚染された現況では、住民の安全と安心を確保するには、政府や関係者と住民との間の損なわれた信用の回復と信頼関係の構築が第一の優先課題である。

② マスコミ等で放射線の危険性、安全性、人体影響等に関して専門家から異なった意見が示されたことが、地域住民の方々の不安感を煽り、混乱を招くことになった。この反省に基づき、これまでに得られている科学的知見を検討し、福島の状況に即したリスク評価を理解され易いかたちで、地域住民に提示することが重要である。その結果として、住民の方々が、放射線・放射能についての正しい知識に基づいた自主的な対応ができるようになることが必要である。

③ リスクコミュニケーションに使われる数値の意味が、科学的に証明された健康影響を示す数値なのか、政策としての放射線防護の目標（ICRP の参考レベ

ルに関する値）なのかについて、国民に混乱を生じさせないように説明し、理解していただくことが極めて重要である。

④ チェルノブイリ原発事故の経験を踏まえれば、現存被曝状況の中で、長期的な取組みのためには住民の積極的な参加が不可欠である。

緊急時被曝状況は、政府が迅速に対応を決定するべき緊急事態なのに対し、現存被曝状況においては多様な価値観を考慮すべきであり、地域住民の参加が重要である。

⑤ 科学的事実をできるだけわかりやすく住民の方々に伝えるため、政府を始め行政担当者および社会学や心理学等を含む多方面の専門家と住民の方々との信頼関係構築によるリスクコミュニケーションが必要である。

イ）住民を交え、政府、専門家が協力することで関係者全員がリスクを理解し、適切な措置を講じることができる。

ロ）特に、地域の医療関係者や教育関係者等、住民の方々と価値観を共有できる専門家が健康リスクを説明するのに果たす役割は重要である。

ハ）こうした場合の政府の重要な役割の一つは、わかりやすい放射能のモニタリング情報や正しいリスクについての情報を提供することである。

3　福島の現状に対する評価と今後の対応の方向性

政府はこれまで、年間20mSvを避難の基準としてきたが、実際の被曝線量は、年間20mSvを平均的に大きく下回ると評価できる。

年間20mSv以下の地域においても、政策として被曝線量をさらに低減する努力が必要である。なかでも、放射線影響の感受性の高い子ども、特に放射線の影響に対する親の懸念が大きい乳幼児については、放射線防護のための対策を優先することとし、きめ細かな防護措置を行うことが必要である。

3.1　福島の現状に対する評価

（1）福島の現状

① 東電福島第一原発事故は、国際原子力事象評価尺度（INES）でレベル7とされた、わが国において未曾有の原発事故であり、政府によりこれまでさまざまな防護措置がとられている。しかし、同じレベル7のチェルノブイリ原発事故とは、環境中に放出された放射能量が7分の1程度であり、地域住民に及ぼす健康影響の面でも大きく異なると考えられる。

4章　本件原発事故における低線量被曝対応

② 今回、政府は避難区域設定の防護措置を講じる際に、ICRP が提言する緊急時被曝状況の参考レベルの範囲（年間 20 ～ 100mSv）のうち、安全性の観点から最も厳しい値をとって、年間 20mSv を採用している。しかし、人の被曝線量の評価に当たっては安全性を重視したモデルを採用しているため、ほとんどの住民の方々の事故後 1 年間の実際の被曝線量は、20mSv よりも小さくなると考えられる。

イ）具体的には、外部被曝について、福島市における子ども・妊婦 36,478 人を個人線量計を用いて測定した結果、子ども・妊婦の 1 カ月間（本年 9 月）の追加的な被曝線量は 0.1mSv 以下が約 8 割を占めた（平成 23 年 11 月 1 日福島市災害対策本部発表資料）。一方、福島市の空間線量率は毎時約 0.92 μ Sv であり、この値から避難区域の設定の際に行った方法により被曝線量を推計すると、年間約 4.8mSv、月間約 0.4mSv に相当する。これらの結果から、単純に比較すれば、福島市における実際の被曝線量の測定値は推計値の 4 分の 1 程度となる。

ロ）また、文部科学省が行った、児童を代表する教職員に関する個人線量計による測定結果では、屋内・屋外の空間線量率にそれぞれの滞在時間をかけて推計した被曝線量に対し、実測値は平均で 0.8 倍になっている。（「簡易型積算線量計によるモニタリング実施結果〔その 4〕〔概要〕」平成 23 年 6 月 23 日文部科学省）

ハ）福島県が実施している「県民健康管理調査」の先行調査地域（川俣町〔山木屋地区〕、浪江町、飯舘村）の住民のうち、1,589 名（放射線業務従事者を除く）の事故後 4 カ月間の累積外部被曝線量を、実際の行動記録に基づき推計したところ、1mSv 未満が 998 名（62.8％）、5mSv 未満が累計で 1,547 名（97.4％）、10mSv 未満が累計で 1,585 名（99.7％）、10mSv 超は 4 名で、最大は 14.5mSv（1 名）であった。

ニ）内部被曝については、例えば福島県が行っているホールボディカウンターによる測定では、6,608 人のうちセシウム 134 及びセシウム 137 による預託実効線量が 1mSv 以下の方が 99.7％を占め、1mSv 以上の方は 0.3％、最大でも 3.5mSv 未満（10 月末現在）にとどまっている（福島県保健福祉部地域医療課公表資料）。なお、日本人が食品から受ける自然放射線量の平均値は

259

年間約 0.41mSv である。

ホ）今後、内部被曝の大部分を占めるであろう食品摂取に伴う被曝について
は、薬事・食品衛生審議会において、厚生労働省が集約した飲食物中の放
射性物質濃度の測定データを用いて実際の被曝線量を推計したところ、相
当程度小さいものにとどまると評価されている（年間 0.1mSv 程度〔中央
値〕）。安全側の想定として 90% タイル濃度の食品を継続して摂取した場合
でも年間 0.244mSv）（平成 23 年 10 月 31 日薬事・食品衛生審議会食品衛生
分科会資料 4）。これは、福島県民の方々のみを対象にした推計ではないが、
一般的に住民は多様な産地の食品を摂取していると考えられるので、評価
に値する材料である。

ヘ）沈着した放射性物質が再浮遊したものを吸入することに伴う内部被曝は、
内部被曝・外部被曝の合計値に比較して数 % 程度にとどまり、相対的に小
さいと評価されている（「学校グランドの利用に伴う内部被曝線量評価」〔第
31 回原子力安全委員会資料第 3-1 号、平成 23 年 5 月 12 日文部科学省〕に
おいては 1.9% と評価）。

③ これまで規制等の際に行った被曝線量の評価方法は、緊急時のため安全性を
重視したものであった。今後は、その方法により評価された被曝線量と、個
人の行動と行動した場所の空間線量率から推計する個人線量評価や、実際に
測定された被曝線量との乖離について精査し、線量評価の専門的立場からよ
り精度の高い方法を検討するべきである。

(2) 東電福島第一原発事故における住民のリスク回避

政府はこれまで、緊急時被曝状況の参考レベルの範囲のうち、安全性の観点か
ら最も厳しい値をとって、年間 20 mSv を避難の基準としてきた。現在の避難区域
設定の際には、放射能の自然減衰を考慮に入れない等、安全側に立って高めに被
曝線量の推計を行ったこともあり、実際の年間被曝線量は、年間 20 mSv を平均的
に大きく下回ると評価できる。

緊急時被曝状況における措置としては、生活に大きな負担を伴う避難指示が出
された。しかし、現存被曝状況においては、地域、住民への負担等を考慮しなが
ら、緊急時被曝状況よりも多様な措置を考えるべきである。また、生活圏を中心
とした除染や、食品の安全の確保等、総合的に対策を講じながらリスクを下げ、

事故前の生活に近づけるための措置をとるべきである。

3.2　放射線防護のための方向性（子どもへの対策を優先する）

（1）被曝線量の低減に向けた除染等の取組

　現在、わが国が採用している放射線防護上の基準は年間 20mSv であるが、今後はさらに被曝線量をできるだけ低減することが必要である。

イ）その際、ステップバイステップで、住民の方々の被曝線量が高いと想定される地域から漸進的に改善していくことが必要である。長期的な（ICRP では数十年程度の期間も想定されている）目標である年間 1mSv は、原状回復を実施する立場から、これを目指して対策を講じていくべきである。

ロ）同時に、生活圏の除染や健康管理等の対策の実施に当たっては、投入するリソースを有効に活用するため、適切かつ合理的な優先順位をつけること、また中間的な参考レベルを示した上で行うことが有効である。

　　例えば、政府が発表した除染等の措置についての方針では、一般公衆の年間追加被曝線量を、平成 25 年 8 月末までに、平成 23 年 8 月末と比べて、放射性物質の物理的減衰等とあわせて約 50% 減少した状態にすることを目指すこととし、長期的な目標を追加被曝線量を年間 1mSv 以下としている。これは、住民の方々が年間 20mSv の被曝を受けると推計される地域であると、2 年後には年間 10mSv まで被曝線量を低減することになり、中間的な参考レベルと見なすことができる。また、目標が達成されたのちも、除染の取組みを段階的に進めることが必要であり、例えば被曝線量をさらに半減（その時点で住民の被曝線量が年間 10mSv の地域について、年間 5mSv）させることを目標とすること等が考えられる。

（2）子どもを優先したきめ細かな対策

　　被曝線量の低減対策の実施に当たっては、放射線影響の感受性の高い子ども、放射線の影響に対する親の懸念が大きい乳幼児について優先することとし、きめ細かな防護措置を行うことが必要である。

イ）まず、想定される被曝線量を把握することが重要であり、外部被曝、内部被曝を含め、どの経路による被曝が大きいか調査することが必要である。また、実際の被曝線量を正確に調査・把握しておくことが必要である。

ロ）当面寄与が大きいと考えられる外部被曝は、土壌等に存在する放射性物質

からの放射線によるものであるから、子どもの生活環境を優先的に除染する必要がある。

例えば、政府は、子どもの生活環境を優先的に除染することによって、平成 25 年 8 月末までに、子どもの年間追加被曝線量を平成 23 年 8 月末と比べて、放射性物質の物理的減衰等を含めて約 60% 減少した状態を実現することを目指すとの、除染等の措置の方針を決定している。通学路、公園等の子どもの生活圏の除染を徹底するとの方針は、避難区域解除後の地域においても同様とするべきである。

ハ）政府は、避難区域外において、校庭・園庭の空間線量率が毎時 1 μ Sv 以上の学校等について、土壌の除染に関する財政的支援を実施した。この結果、現在ほとんどの学校等において校庭・園庭の空間線量率が毎時 1 μ Sv を下回っている。

今後、避難区域を解除するに当たっては、避難区域外の学校と同等の放射線量を目指した防護措置をとるべきである。具体的には、避難区域内の学校等を再開する前に、校庭・園庭の空間線量率が毎時 1 μ Sv 以上の学校等は、周辺区域を含め徹底した除染を行い、それ未満とするべきである。

また、学校だけではなく、通学路や公園等の子どもの生活圏の除染を徹底的に行い、長期的に子どもの生活圏における追加被曝線量を年間 1mSv 以下とすることを目指すべきである。

あわせて比較的放射線量の低い地域での移動課外教室等により、外部被曝の低減を図るとともに、子どもの心身の健康の確保に取り組むべきである。

二）内部被曝の予防及び低減には、適切な管理が必要である。このため、食品中の放射能濃度の適切かつ合理的な基準の設定、遵守とともに、例えば地域の実情に応じた食品中の放射能濃度の測定を実施することが必要である。その際、子どもに対してはよりきめ細かな措置を行う観点から、学校給食の放射能検査の導入を検討するべきである。また、食品からの内部被曝の評価のため、継続的な内部被曝検査の実施をも検討するべきである。

ホ）個々の子どもの被曝線量を測定すると、何人かの測定値の高い子どもがでてくる。そのような被曝線量の高い子どもに、医師、放射線技師、保健師、専門家、教育関係者等が個々に対応し、その原因を探り、必要に応じて生活

4章　本件原発事故における低線量被曝対応

上の助言や精神的サポート、さらに除染を行う等、きめ細かで優しく寄り添った丁寧な対応をとるべきである。

(3) 地域に密着した住民目線のリスクコミュニケーション

被曝線量の低減対策の実施に当たっては、科学的事実に基づくことに加え、住民の方々の目線に立ったリスクコミュニケーションが必要である。それが政府の信頼の回復のための鍵である。（以下略）

(4) 発ガンリスク低減のための健康対策

現在、福島県民や避難されている住民の方々は、放射線の健康影響のリスクに対する不安に加え、放射線の防護措置に伴う生活上等の制約から心理上、社会生活上のさまざまな負担を負っている。

放射線防護措置を継続するが故に、心理面・精神面も含めた住民の方々の負担が過度に高まることもまた問題である。むしろ、放射線への健康影響への対応を契機として、ガン対策をこれまで以上に進めることが必要である。そのため、例えば、被曝以外による喫煙、食事、運動等の生活習慣の改善、他の発ガンリスクを大幅に改善し、住民の最大の懸念である発ガンリスクを減少させる取組や、現在、非常に低いガン検診の受診率の改善等ガンの早期発見のための取組を強化していくことが重要である。また、こうした取組を、国として積極的に支援していくべきである。

4　まとめ

① 東電福島第一原発事故について、発電所自体は冷温停止状態の達成等、ステップ2が終了したが、これまでに放出された放射性物質により、今後住民は長期間にわたり低線量被曝の課題に直面することとなる。

これまで避難区域としていた地域に、住民の方々が帰還しても、それで問題が解決したわけではない。政府、東電には東電福島第一原発事故の責任があり、低線量被曝による社会的不安を巻き起こしていることに対して真摯な対応が必要である。被害者の方々が、住み慣れた我が家に戻り、そして豊かな自然と笑顔あふれるコミュニティを取り戻す日が実現するまで、国として力を尽くす必要がある。この実現には、国、県、市町村、住民が一体となった、長期間にわたる粘り強い努力が必要である。さらに専門家の持続的協力が必要である。

② 本WGに検討が求められた3点の課題に対し、これまで議論を行った結果をま

263

とめると以下の見解となる。

1) 国際的な合意に基づく科学的知見によれば、放射線による発ガンリスクの増
加は、100 mSv 以下の低線量被曝では、他の要因による発ガンの影響によって
隠れてしまうほど小さく、放射線による発ガンのリスクの明らかな増加を証
明することは難しい。

　しかしながら、放射線防護の観点からは、100mSv 以下の低線量被曝であっ
ても、被曝線量に対して直線的にリスクが増加するという安全サイドに立っ
た考え方に基づき、被曝によるリスクを低減するための措置を採用するべき
である。

　現在の避難指示の基準である年間 20 mSv の被曝による健康リスクは、他の
発ガン要因によるリスクと比べても十分に低い水準である。放射線防護の観
点からは、生活圏を中心とした除染や食品の安全管理等の放射線防護措置を
継続して実施すべきであり、これら放射線防護措置を通じて、十分にリスク
を回避できる水準であると評価できる。また、放射線防護措置を実施するに
当たっては、それを採用することによるリスク（避難によるストレス、屋外
活動を避けることによる運動不足等）と比べた上で、どのような防護措置を
とるべきかを政策的に検討すべきである。

　こうしたことから、年間 20mSv という数値は、今後より一層の線量低減を
目指すに当たってのスタートラインとしては適切であると考えられる。

　なお、現在の避難区域設定の際には、放射能の自然減衰を考慮に入れない
等、安全側に立って被曝線量の推計を行ったこともあり、実際の被曝線量は、
年間 20 mSv を平均的に大きく下回ると評価できる。

2) 子ども・妊婦の被曝による発ガンリスクについても、成人の場合と同様、
100mSv 以下の低線量被曝では、他の要因による発ガンの影響によって隠れ
てしまうほど小さく、発ガンリスクの明らかな増加を証明することは難しい。
一方、100mSv を超える高線量被曝では、思春期までの子どもは、成人よりも
放射線による発ガンのリスクが高い。

　こうしたことから、100mSv 以下の低線量の被曝であっても、住民の大きな
不安を考慮に入れて、子どもに対して優先的に放射線防護のための措置をと
ることは適切である。ただし、子どもは、放射線を避けることに伴うストレ

ス等に対する影響についても感受性が高いと考えられるため、きめ細かな対応策を実施することが重要である。

3）放射線防護のための数値については、科学的に証明されたものか、政策としてのものか理解していただくことが重要である。チェルノブイリでの経験を踏まえれば、長期的かつ効果的な放射線防護の取組を実施するためには、住民が主体的に参加することが不可欠である。このため、政府、専門家は、住民の目線に立って、確かな科学的事実に基づき、わかりやすく、透明性をもって情報を提供するリスクコミュニケーションが必要である。

以上の見解を踏まえて、本 WG としては以下の 5 つの提言を行いたい。

① 除染の実施に当たっては適切な優先順位をつけ、参考レベルとして、例えばまずは 2 年後に年間 10mSv まで、その目標が達成されたのち、次の段階として年間 5mSv までというように、漸進的に設定して行くこと。なお、参考レベルは、放射線防護措置を実施する際の目安やその成果の指標であり、被曝の“限度”を示すものではないこと等、丁寧な説明を行うことが必要である。また、除染について市町村と連携しながら、国が責任を持って行うこととし、実効性ある実施体制を構築すること。

② 子どもの生活環境の除染を優先するべきである。今後、避難区域を解除するに当たっては、避難区域外の学校と同等の放射線量を目指した防護措置をとるとともに、通学路、公園等の子どもの生活圏の除染を徹底するとの方針は、避難区域解除後の地域においても同様とするべきである。具体的には、校庭・園庭の空間線量率が毎時 1 μ Sv 以上の学校等は、避難区域内の学校等を再開する前に、それ未満とする。さらに、通学路や公園など子どもの生活圏についても徹底した除染を行い、長期的に追加被曝線量を年間 1mSv 以下とすることを目指すこと。

③ 子どもの食品には特に配慮し、放射能濃度についての適切かつ合理的な基準の設定、遵守を行うべきである。また、子どもの健康管理や被曝線量の測定とともに、透明性の確保、住民参加という観点からも、住民が被曝状況を自ら把握できるよう、食品の放射能測定器の地域への配備を早急に行うとともに、その測定法を周知徹底すること。

④ 正しい理解の浸透と対策の実施のため、政府関係者や多方面の専門家が、

被曝による影響をはじめとする健康問題等に関して、コミュニティレベルで住民と継続的に対話を行うべきである。また、地域に密着した専門家の育成を行うべきである。

⑤ 平成 17 年の福島県のガンの年齢調整死亡率は人口 10 万当たり男性 193.3、女性 95.1 と、全都道府県で死亡率が高い方からそれぞれ 24 位、26 位にあたる。これを受けて、福島県が策定したガン対策推進計画（平成 20 年 3 月）においては、ガンの年齢調整死亡率（75 歳未満）を今後 10 年間で 20% 減少することを目指している。そこで、当面はこの目標の着実な達成を図るべく各種対策を実行しつつ、さらに現行の計画に基づく取組の進捗状況を点検した上で新たな目標を設定し、例えば 20 年後を目途に、ガン死亡率が最も低い県を目指すべきである。そのために、喫煙、食事、運動等の生活習慣等の改善による他の発ガンリスクの低減はもとより、例えば、検診受診率の向上等を含めて政策をパッケージとして打ち出すとともに、将来、ガンに関する対策については、福島が世界に誇れる地域となるようにし、住民の希望を未来につなげていくべきである。

(2) WG 報告書に対する批判

物理学博士山田耕作氏は、次のように批判している。[39]

① 最初に注目すべきことは解説者達に自らには内部被曝を防ぎ被害を最小限にするために市民や子どもに対して危険性を警告するという視点がないことである。その背景には原発推進機関である ICRP の評価は被曝の被害を過小に評価しており、本解説者（注：WG の構成員）も事故の被害を楽観視していることに起因しているのではないかと思う。それは、「内部被曝の健康被害は、外部被曝と比較して、同等かあるいは低いことが示されており、内部被曝をより危険とする根拠はない」となっているからである。これは条件抜きには成立し得ない結論であり、科学的な考察を経た結論とは思えないからである。

②「飛程が短いかあるいは物質透過性が極めて低い場合には、1 つの臓器、組織体全にわたり平均化された吸収線量は、確率的影響の発生確率の推定のための適切な量を代表しているとは考えられない。ICRP は、このような臓器・組織であ

4 章　本件原発事故における低線量被曝対応

る呼吸器系、消化管、及び骨格について、放射性物質の沈着位置分布と高感受性細胞群の配されている部位とを考慮した線量評価モデルを特別に開発し、リスクを考慮すべき標的と考えられる組織領域の線量を平均吸収線量として扱う」としている点。

　これは、ICRP の均質臓器モデルによる平均化が正しくないことを解説者自ら認めていることである。それ故、危険な部位や放射性物質が蓄積する部位を特別に高感受性細胞群として扱うということである。その方法は外部被曝と同じ取り扱いをして線量を高めるだけである。しかし、それは不十分である。内部被曝では臓器が至近距離から放射性物質により被曝させられる。アルファ（α）線やベータ（β）線による被曝は局所的に集中して、危険性は幾桁も高くなる。更に大切なことは、放射性物質が臓器に蓄積することにより被曝が局所的になるというだけでなく、継続的であり、各臓器固有の発ガン機構や免疫機能に影響する微視的な機構が存在するということである。つまり、局所性は微視的な内部被曝特有の継続的な機構と一体のものである。細胞膜やミトコンドリア、核などのミクロな部位における活性酸素による損傷もその一つである。膀胱ガンに発展する膀胱炎の微視的な機構もその一つである。その際、低線量の内部被曝で重要なペトカウ効果が必然的に問題となるのである。それ故、あくまで平均化して巨視的なものとして外部被曝と同様に取り扱う ICRP の内部被曝を取り扱う方法は破綻している。

③「臓器・組織全体にわたる吸収線量の平均化が適切でないもう一つの状況は、難溶性比放射の高い粒子が、臓器・組織の一部のみを照射するときに出現する。しばしば、この粒子は "ホットパーティクル" と呼ばれる。[40]このような被曝の特徴は、放射性粒子のごく小さい限られた領域で、吸収線量が臓器・組織の平均吸収線量よりも著しく高くなることである。このような場合、放射性粒子の周囲の線量が細胞死を誘発する線量を何倍も超える高い値となる可能性があり、却ってガン化のリスクが低下する。また、その放射性粒子と同じベクレルの放射性物質が均一に分布している臓器・組織よりもリスクを受ける細胞が少なくなることから、ICRP は、"ホットパーティクル" によるガン発生確率は、平均吸収線量からの推定と同じか低いと考えられている」としている点。

　しかし、「ICRP は細胞死によってガン化が低下すると考えている」という部

267

分は、ウクライナの膀胱ガン研究者やベラルーシの元ゴメリ医科大学長バンダジェフスキー[41]が膀胱ガンやさまざまな臓器のガンの増加を報告していることを無視したもので信じられない記述である。更に以前からグールドたちによって、低線量長期被曝で乳ガンの増加（ペトカウ効果）が報告されている。一方、欧州放射線リスク委員会（ECRR）は平均化せず、局所性を正確に考慮すれば実効線量が幾百倍も増加するとしている。

　解説者は放射線による細胞死は、ガン化に結びつかないからガン化のリスクが低下すると考えている。しかし、長期的、継続的細胞死は周辺に炎症を引き起こし組織の機能不全や疾病につながる。そのプロセスで死ななかった細胞群からガン細胞が出現し長い時間をかけて良性から悪性へと転換していく。A・ロマネンコたちの「チェルノブイリ膀胱炎」から「膀胱ガン」への進行はその証拠である。チェルノブイリ原発事故から15年目の2001年、ウクライナの強制避難とならなかった地区では、10万人当たりの膀胱ガンが43.3人と1986年の26.2人と比較して65%増加していた。約500に及ぶ前立腺肥大患者からの病理検査の結果と尿のセシウム137のレベル、分子生物学的解析からの結論である。ICRP解説者はこれを認めたくないので疫学的にはありえないと強弁する。

　ICRP解説者の推論はホットパーティクル効果やバイスタンダー効果[42]を無視し、内部被曝を著しく過小評価している。

④「内部被曝の多くの場合のように低線量率での長時間にわたる放射線照射による確率的影響の生涯発生確率は、その総線量と同じ線量を短時間で受ける場合と同じかそれよりも低いことがわかっている」としている点。

　この記述は低線量の長時間被曝による細胞膜の破壊の増大を証明しているペトカウ効果に反しており間違いである。更に、低線量長期被曝が短期の高線量被曝より危険であることはグールドたちによって疫学的に証明されている。

⑤「このように内部被曝による線量と外部被曝による線量とを加算することが可能なのはLNTモデル、外部被曝と内部被曝は線量が同じであれば同じであるという前提に基づくものである」としている点。

　この記述も、現実のガン発生の微視的な機構が多岐にわたり複雑であるが、各組織が連動した有機的な過程であることを無視したものであり、ICRPの考え方が間違っているのであって、科学者ならこの点に気付き優劣を判断し、自ら

の理論を修正しなければならない。

⑥「セシウム（Cs）134／Cs137が1年以内で内部被曝の線量として寄与しなくなる」としている。

　生理的半減期が70日ということは、1年後で1/32は残っているということであり、またこれは一時的に取り込んだ場合のことであるが、飲食や吸引による長期の連続的取り込みによる蓄積も考慮されねばならない。チェルノブイリの調査・研究で、18～20歳の大学生のCs137の被曝は下がったが48.7%に学生の心電図異常が認められたという報告がある、子どもの時に受けた被曝の影響は成人しても残るようである。また、バンダジェフスキーの研究によると臓器によってセシウムの滞在期間が異なり、ほとんど分裂しない心臓や脳のように長い臓器もある。

⑦「γ線による外部被曝は、β線と同様の機構で分子を電離する。そのため、γ線による外部被曝は機構的にβ線による内部被曝と同等で、線量が同じなら、効果も同じといえる」としている点。

　本解説者は、β線が最初に当たる時の局所性でγ線と異なることを忘れている。内部β線は画一に体内物質に当たるが、γ線は飛程距離が長い。α線は空気中で45mm、身体中で40μm、β線は空気中で1m、身体中で5mmである。内部被曝ではそれぞれ短い飛程距離内の狭い領域でエネルギーを放出するγ線は、飛程が長く臓器全体を電離しつつ通り抜ける。β線とγ線を同等としているのはおかしい。飛程距離が異なるからβ線の方が局所的で、より危険である。

⑧「内部被曝は放射線の種類の違い以外に放射性核種が組織で均等に分布して存在するか、微粒子状で存在するかによって、効果は少し異なる。均等分布の場合、内部被曝では外部被曝の場合と異なり、線量率が低いため、その効果も外部被曝よりも低く出る傾向にある」。

　しかし、内部被曝で重要なα線やβ線では飛程距離が短く均等分布ではない。

⑨「微粒子上の放射性物質では、まず微粒子内での自己吸収のために、線量自体が低くなるうえ、微粒子近傍では線量が高すぎて細胞死が先行するため、効果が低くなる傾向がある」としている点。

　この推量は根拠が疑わしい。グールドの疫学調査の結果得られた低線量内部被曝の効果が大きいという結論に矛盾している。また、微粒子の方が放射性原

子が集中しているので、β線が集中して当たり、二重らせんが切れやすくなる
とする矢ヶ崎の主張とも逆である。線量効果において修復・細胞死に寄与する
P53遺伝子が膀胱ガンの場合には放射線で変異を受け、ガン化が促進されること
がわかっている。

⑩「以上から、さまざまな条件において、内部被曝は外部被曝よりも健康影響が少
ない傾向があるといってよいであろう」としている点。

　非現実的な均等分布に基づく論理を用いたこの結論は不自然である。状況に
よるとはいえ、内部に取り込む方が危険であると考えるのが自然である。

⑪「均等分布の場合、内部被曝の効果は同じ線量の外部被曝と同じと考えられるが、
内部被曝では外部被曝の場合と異なり、線量率が低いため、その効果も外部被
曝より低く出る傾向にある」としている点。

　体内に取り込まれた放射性物質による内部被曝では外部から放射線を浴びる
外部被曝より、線量率が低いというのはなぜだろうか。このように不自然な結
論になるのはICRPの均等分布や微粒子での内部被曝の計算がおかしいからで
ある。内部被曝は放射性物質が体内にあり、至近距離から強い放射線を浴びる
ことになるため線量率は高いはずである。実験事実、観測事実に矛盾している。
これは、本解説者が放射線が生体に与える被害の具体的過程を議論できないた
めに、外部被曝と同じ機構を考え、内部に取り込まれた放射性物質の具体的挙
動を考慮しないために生じた致命的欠陥である。

⑫「チェルノブイリ事故後のCs-137内部被曝による発ガンでは、ロマネンコらに
よる一連の論文が発表されている。この論文では、ウクライナのCs-137高度汚
染地域の前立腺肥大患者で70%を超える高い頻度の膀胱ガンを観察し、それを
尿1ℓ当たりに排泄されている6BqのCs-137による放射線のためとしている。
しかし、このような高い膀胱ガンの頻度は疫学的にありえず、国連科学委員会
報告でも放射線との関係を認めるような記載はない」としている点。

　根拠も示さずに「このような高い頻度は疫学的にありえず」として多数の論
文を切り捨てている。病理解剖した論文よりも解説者たちの独断を優先させ、
国連科学委員会の報告に記載がないことを根拠とするという、非科学的なもの
である。唯一科学的な議論は、「1ℓの尿中の50Bq程度の放射性カリウム（K-40）
の寄与」を無視していることであり、「さまざまな疑義がある」という。しかし、

270

4章　本件原発事故における低線量被曝対応

天然カリウム 40 は臓器にとどまらず速やかに循環し排泄され有害ではなく、有害さの程度が臓器に取り込まれるセシウムより低いのを知らないことを露呈している。

⑬「図（略）はある数の細胞に一様に放射線が当たる場合と、微粒子を中心に放射線が当たる場合を示すもので、確かに近傍で線量はきわめて高くなる可能性がある。その一方で、遠距離では放射線が当たらない細胞もある。しかしながら、現行の直線しきい値なし仮説では、発ガンリスクは、線量・損傷の数が一次関数であるところから、微粒子状の内部被曝のリスクは、同じ組織線量を与える外部被曝と同様であると評価しうる。更にきわめて高い線量を受ける微粒子近傍の細胞は、ガン化よりも細胞死の径路をたどるため、全体のリスクは低くなると考えるのが順当である」としている点。

この議論は発ガンリスクが線量の一次関数であるという仮定に基づいて、被曝の具体的過程を議論しているが、同じセシウム量なら外部より内部から被曝する方が、飛程距離が短く狭い領域で粒子のエネルギーを吸収するから、内部被曝では線量が高いと考えるべきである。更に、線量に対する応答が線形でなくペトカウ効果やバイスタンダー効果など非線形で低線量の方が線量当たりの被害が大きくなる。また、矢ヶ崎の主張のように二重らせんを切る上で局所的に強い線量が必要だとすると、体内に局所的に存在する微粒子から出る強い放射線は極めて危険である。そもそもここでの議論はバンダジェフスキーの「長寿命放射線元素の体内取り込み症候群」が問題になる場合であるが、それを一切無視して「内部被曝のリスクは同じ線量を与える外部被曝と同様である」と評価している。

⑭ ICRP の誤りはマクロモデルを用い、臓器を均質化した物体としていることである。

組織は機能的に異なる様々な細胞から成り立っており、細胞は細胞膜で囲まれている細胞核やミトコンドリア等のさまざまな細胞機能を分担した内部構造から成り立っていて、不均一の構造体であり、多くの構成要素の統一的な働きで成り立っている。臓器に取り込まれた放射性物質は継続的な被曝を与え、生体に継続的な変化を与える。低線量の長期被曝として本質的に重要なペトカウ効果や、バイスタンダー効果を考えなければならない。ICRP は自らにとって都

271

合の悪い科学的知見を排除した結果、その見解は時代遅れになってしまったのである。したがって、解説者の論述も同様である。

⑮ WG 報告書の開催の趣旨について問題がある。本来、平常時の公衆の被曝限度は ICRP の基準では 1mSv であり、安全を確保するための値であるはずである。避難指示の基準の 20 倍も高くなっているのでは、留まる住民の健康は護れない。例えば、現在の平常時の法律では 3 カ月で 1.3mSv の被曝をする場所を放射線管理区域とし、必要のある労働者等以外は入れない。それは年間 5.2mSv である。20mSv はその 4 倍である。放射線の影響としての労働災害が 5.2mSv の被曝で認定されている。原発事故後という「現存被曝状況」の名の下に、それより 4 倍も高いところに子どもを住まわせてよいはずはずはない。年 20mSv の被曝を「正当化」することに真の目的があるのである。

⑯ 科学的知見に関する点についても以下の問題点がある。

1)「国際的な合意では、放射線による発ガンのリスクは、100mSv 以下の被爆線量では、他の要因による発ガンの影響によって隠れてしまうほど小さいため、放射線による発ガンリスクの明らかな増加を証明することは難しいとされている」。

　　J・M・グールドによる疫学調査は原発周辺での乳ガン死の増加を証明している。またアメリカの BEIR 報告は 100mSv 以下も直線性が成立し線量に比例してガン死が増加することを認めている。さらに、市川定夫氏はムラサキツユクサを用いて低線量でも危険であることを証明している。国民の健康を護る立場に立てば、安全であることが証明されていない限り、被曝させてはならないはずである。それが人や子どもに対する人間としての態度である。

2) 長期にわたる被曝の健康被害での線量効率効果は、高線量の場合である。したがって、現在の福島事故による被曝の現状には該当せず、逆に低線量被曝で問題とされるペトカウ効果を考慮すべきである。ペトカウ効果では、低線量で長期にわたる被曝は健康影響が大きいということを示している。それ故、WG 報告書はこの点が間違っている。

3) 外部被曝と内部被曝の違いについて、単純に物理的に考えても体内に放射性物質があるのと外部から放射線を浴びるのでは放射線の強度が異なる。それを ICRP は、臓器を均一物質として平均した等価線量で考慮しているので、飛

程距離が短い α 線や β 線は臓器全体での平均のために低い等価線量となる。したがって、それに基づく「内部被曝と外部被曝のリスクが同等」という結論も正しくない。また、放射線の影響が DNA の損傷のみであるという誤った考察に基づいているが、放射線によって生じた活性酸素ラディカルが細胞膜を破壊する機構が発見されおり、非線形過程として取り扱い、更に化学物質との複合作用も考慮しなければならない。バンダジェフスキー達の研究によれば体重 1kg 当たり、20 ～ 40Bq で心電図に異常が見られる。これを ICRP の等価線量に置き換えると 0.01mSv にしかならないので、等価線量で被曝を過小に評価している。そのため ICRP はいつも「等価線量が同じなら」という決まり文句を使う。ICRP の上記考え方は時代遅れである。

4）執拗な膀胱ガン批判は無知を露呈したものである。ウクライナでの報告は、500 もの膀胱組織を解剖して直接観察した結果であるからミクロな事実として説得力がある。発ガン機構についても詳細に検討されている。当然、いくつかの学術誌に掲載されているから、論文に即して病理学研究として反論すべきである。「解析の問題」が何をさすか不明であるが、もしカリウム 40 の考慮であれば、ICRP が人工の放射性セシウムと自然放射性物質カリウム 40 との違いが理解できないがゆえに生じた誤りである。カリウム 40 は膀胱に蓄積しないが、セシウムは蓄積する。その蓄積したセシウムが膀胱ガンの原因となる。尿中の濃度だけではわからないのである。故市川定夫氏はもしカリウム 40 を臓器に蓄積する生物がいたら、進化の過程で淘汰されたであろうと述べている。まさに我々は現在、人工の放射性セシウムを臓器に蓄積し、自らの子孫を淘汰しようとしているのである。このようなことに気付かず膀胱ガンの研究家の揚げ足を取るような人は放射線審議会にいてはならない。

トナカイを食した北欧サーミ人たちの疫学調査は彼らのガンの発症率の低さを調査している研究で、生活様式のガン抑制に果たす役割の重要性を指摘したものであり、膀胱ガンだけが低いのではなく、他のセシウムの蓄積で起こるガンやその他のガンも低いのである。

5）子ども・胎児への影響について、「低線量被曝では、年齢層の違いによる発ガンリスクの差は明らかではない」としているが、ベラルーシのバンダジェフスキーの研究では死亡した人の臓器のセシウム量（体重 1kg 当たりの Bq）

273

は子どもの方が成人より2倍近く高かった。また、成長してからも影響は残る。

「また、放射線による遺伝的影響について、原爆被爆者の子ども数万人を対象にした長期間の追跡調査によれば、現在までのところ遺伝的影響は全く検出されていない」としている点も、チェルノブイリ原発周辺に住む野生のハタネズミのミトコンドリアDNAの変異率は対照群と比べて数百倍であった。1から22世代の観測では土壌汚染は年々減少しているにもかかわらず、体細胞（骨髄）染色体変異と胎児死の頻度は22世代目まで増加し、事故前のレベルよりそれぞれ3～7倍、30～50倍高くなっていた。国連科学委員会はチェルノブイリ事故では世界全体で約3万人から20.7万人の遺伝的障害を持つ子どもが生まれた、としている。

「チェルノブイリ原発事故に比べて本件原発事故による小児の甲状腺被曝は限定的で、被曝線量は小さく、発ガンリスクは非常に低い。……チェルノブイリ原発事故の際のように大量の放射線ヨウ素を摂取したとは考えられない」として、集団線量について否定している。しかし、本件原発事故での初期のヨウ素などの放出データが明らかにされていないのでこの結論は怪しい。電源喪失によるモニタリングデータがないとされてきたが、1年経った時点で、残された記録が無人の避難区域等から発見された。そして、かなりの量のヨウ素131が放出されたこと、それも放出時の気象条件から、セシウムとは異なり南に、海岸に沿った陸地に放出されたことが明らかになりつつある。弘前大学の床次教授からの、福島県の浜通りからの避難者48人と浪江町に残った17人の住民計65人の事故後約1カ月後の調査では、放射性ヨウ素の総被曝線量が、5人が50mSv以上で、最高は87mSvであった。WG報告書はこのようなデータも知らず、安全宣言をしている。アメリカの調査では事故後4週間で、全米で1万5000人の死亡が推定されている。

6) 集団線量について「不確かさが非常に大きくなるため不適切である。ICRPも同様の指摘をしている」としている点について、不確かさが大きくなるか否かは統計学の問題であり、グールドたちによって乳ガン死者数と被曝線量の関係が証明され、集団線量を用いた疫学調査の結果が説明されている。

ところが、2009年の死亡データと広島・長崎の被爆者に関する調査結果を

引き合いに出して、集団線量の考えを使っている。一貫性がなく、ご都合主義である。

7）ICRP の「参考レベル」に関する記述は非常に重要である。「参考レベル」とは、経済的及び社会的要因を考慮しながら、被曝線量を合理的に達成できる限り低くする"最適化"の原則に基づいて措置を講ずるための目安である。

　そもそも原発事故がなければ計画線量のみで、公衆の被曝限度は年間 1mSv 以下であった。事故が起こり、緊急時や現存被曝状況では大幅に緩和されるのである。緩和した値と措置の正当化が「報告」の目的であるので、数値は守る義務のない参考レベルとなる。WG が薦める現存被曝状況の参考レベルは年間 1 ～ 20mSv とし、1mSv は目標として掲げる。労災認定の基準の最低値や放射線管理区域の基準が年間 5.2mSv である。子どもや妊婦を含めて、20mSv は誰が見ても高い数値である。WG 報告の目的は現存被曝状況の被曝に容認を住民に押しつけることを正当化するものであり、参考レベルの存在そのもの、またその内容を国民に全く知らせることなく、また、国会でその是非が問われたこともない。そこには民主主義は全く存在しない。

　さらに、「放射線量を減らす便益（健康、心理的安心感等）と、放射線を避けることに伴う影響（避難・移住による経済的被害やコミュニティの崩壊、職を失う損失、生活変化による精神的・心理的影響等）の双方を考慮に入れるべきである」という「コスト・ベネフィット」論は、被害者の立場からは絶対に認められない。

8）「まとめ」に関しても、抽象的美辞麗句にすぎず、具体性がないし、100mSv 以下の低線量被曝では発ガンリスクの明らかな増加を証明できないという国際的な合意があるとの点も、前述した通り誤りである。

　呼吸や食べ物による内部被曝によって、チェルノブイリと同様の健康破壊が起こる可能性が高い。ペトカウ効果や、グールドの研究によれば低線量域では上に凸の逆線量効果関係が見られる直線性より危険である。これは低線量になると細胞膜等を壊す活性酸素が相互に打ち消し合う効果が減り、より有効に作用するためであると説明されている。更に WG はバンダジェフスキーの「長寿命放射性元素の体内取り込み症候群」やウクライナのステパノワ報告など具体的な被害を無視している。膀胱ガンの病理解析もカリウム 40 に

対する無知から採用されていない。これらの被害や内部被曝の危険性を一貫して無視している。

「年間20mSvという数値は、今後よりいっそうの線量低減を目指すにあたってのスタートとして適切であると考えられる」というまとめは、チェルノブイリ原発事故で、年間被曝総量5mSv以上の地域は「移住義務区域」、1mSv以上の地域は「移住権利区域」として住民を保護していることと比較して、被害者を護る姿勢が著しく欠けている。

(3) 私見

科学的知識の乏しい私にとって山田氏の批判を完全に理解できているわけではない。そもそも原発推進を目指しているICRPですらLNT仮説を肯定した上で、低線量被曝による健康影響があることを前提にし、低線量被曝の健康被害を最小限に留めるべきことを提唱している。しかし、WG報告書は、ICRPのその考え方を逆手にとって、「100mSv以下のガン発生への影響は証明困難であるが、わが国は安全を期して20mSvをしきい値とした、さらに、除染等を含む防護対策で長期的な目標として1mSv以下にするという方針をとっているのであるから低線量被曝被害について十分な対策を講じてきている」と喧伝するものである。しかし、20mSv以下は将来にわたっても健康影響が絶対にないかは科学的に証明されていない。逆に、既に触れてきたし、また後にも詳述するとおり、低線量被曝についてもLNT仮説が知見として認知されており、20mSv以下でもしきい値はなく、何らかの健康影響があると考えられるが、まだどのような影響があるのかを科学的に立証できないだけであるというのが、現時点での科学的到達点に過ぎない。人の命と健康を守る観点に立てば、健康への影響があるとの前提に立つのが当然の結論である。特に、わが国の労災認定基準が5mSvであることを考慮すると、子どもや妊婦を含めて20mSvをしきい値とすることは、人命尊重の視点から外れているといわれても止むを得ない。

原発の「安全神話」を宣伝し、札束を立地住民に見せびらかせて、安全を軽視して原発を推進してきた結果、本件原発事故を起こしてしまったことを反省せず、今度は「事故が起こっても被害は少ない。低線量被曝は健康への影響が

あることは証明されていない。だから無害だ」という新たな神安全話を作り出そうとしているように思える。

日弁連報告書によると、次のように書かれている。

「20世紀は核軍縮と原子力発電所の推進の歴史であった」、その経過の中で、ICRPを始めとする国際機関は「核実験による死の灰、原子力発電所設置を正当化するため、低線量放射線は安全であるという視点に立つことが必要であった」。「これに対して、原子力推進という根本的目的を持たず、純粋に放射線が人体に与える影響について研究する研究者も多くいた。これらの研究者の低線量被曝について無視できない研究成果が蓄積されてきており、これに伴い、規制値を厳しくする必要性が生じてきた」。

山林の除染を完全に放棄し、さらに土壌汚染を無視している。それにも拘わらず、安全と言い切って帰還促進を先導することは、それを迫られている被災者たちを人体実験のモルモットにするのと同一である。特に、将来を担う子どもたちの命や健康を軽視した非人道的な対応であると判断せざるを得ない。

2 低線量被曝の健康影響に関する総括

井田真人氏は、低線量被曝の健康影響について「有意ではない」と「影響はない」の混同があるとして、次のように述べている。[43]

これまで「100mSv以下についてははっきりしていない」とされてきたのは、代表的な放射線疫学調査、それも特に日本の被爆者調査では、100mSv以下のリスクの有無を明白に示すことができていなかったためである。実際、被爆者の固形ガン罹患に関する2007年の報告では、150mSv以下のすべての調査データを使って初めて"統計的に有意"になることが、そして、固形ガン死亡に関する2012年の報告では、200mSv以下のすべての調査データを使って初めて"統計的に有意"になることが述べられており、調査対象がより絞られる100mSv以下の調査データのみからでは"統計的に有意でない"結果しか得られなかったことが示唆されている。

277

そのような調査結果を聞いて拙速に「100mSv 以下では健康への影響はない」と解釈してしまう人を見かけることがあるが、そのような解釈は誤りである。「統計的に有意ではない」と「影響はない」は意味合いが異なるのである。「有意である・ない」は「影響の有無」を表したものではなく、行われた統計の「制度の良し悪し」をあらわしたものと見るのが正しい。（中略）

　さらに、疫学調査を長期間にわたって続けていく間に、結果が「有意ではない」から「有意である」に代わることがある。そのような変化は主に、調査期間が伸びることで統計に含められる症例（ガン罹患やガン死亡など）の数が増え、統計の精度が徐々に上がっていくために起こる。こういった事例では、調査機関が短いうちに結果だけを見て「有意ではないのだから影響はないのだな」と判断してしまうと、後々になって大きな間違いをしていたことに気づくことになる。（中略）

　原子力作業員の健康調査の一環として、仕事中に受けた被曝とガンの関連を調べる疫学調査が世界各国で行われている。その中でも、英国で行われている調査は特に精度が高いものの一つとして知られている。1976 年に開始されたこの調査では、これまで 3 回の大きな解析が行われ、その都度、結果が論文として公表されてきている。2009 年に公表された 3 回目の解析は、1999 年公表の 2 回目の調査期間が 9 年延長されたものであるが、ここで大きな変化が起こった。被曝を原因とする固形ガンや白血病の増加について、2 回目までは「有意ではない」とされていたが、3 回目の解析でとうとう「有意である」に変わったのである。

　調査結果のこのような変化を見た際に、もしも「有意でない」と「影響はない」を混同していると、「2 回目までは圏外であった放射線が 3 回目になって急に有害になった」といった奇妙な解釈をしてしまうことになる。（中略）

　2015 年には、この英国の調査結果にフランスと米国の調査結果を加えた大きなまとめ解析の結果が公表されたが、それによると、白血病以外のガンによる死亡をひとまとめにした解析において、100mSv 以下の範囲内でも統計的に有意な増加が確認されたということである。

　日本の広島と長崎で行われている被爆者調査は、世界を代表する放射線疫学調査とされている。（中略）

　「被爆者調査でも 100mSv 以下は統計的に有意ではない」（中略）と繰り返し言われてきた。（中略）

近年の被爆者調査の論文では、被曝によって発生した症例の推定数が示されるようになっている。（中略）その数字には不確かさが残るものの、他の疫学調査から「100mSv 以下の被爆にも健康リスクがありそうだ」とする結果が次々と出てきている現在、この推定数もおおよそ正しいと考えておいて差し支えないのではないかと思う。（中略）

なお、被爆者の固形ガン罹患については、（中略）（2017 年に）最新の報告が公表されたが。調査機関は 1958 ～ 2009 年となり前回の報告より 11 年延長されている。その報告では、男女のすべての固形ガンをひとまとめにした解析において、100mSv 以下の範囲内でも統計的に有意な過剰発生があったことが示されている。100mSv 以下の健康リスクに対する認識は、着実に変わりつつある。

広島・長崎の被爆者の新しく発表された LSS 調査については、3 章の 3 の（3）で論究した。

低線量被曝の健康影響に関する考え方は、そもそも科学的な根拠だけに基づくものではなく、原発推進側が個人及び社会に対し、原発に内包する放射能被害をどの程度がまんしてもらうのかを説得するために考え出されてきた政治的・社会的観点からの論理が加わっていることは既に述べた。そして、ICRP の LNT 仮説に関する見解の変遷についても同様であったことは前述した。

科学的には、低線量被曝でも DNA を壊すことは証明されており、前述した多くの調査・研究結果から、1mSv 以上は健康被害の危険性があるという結論になるのであって、5mSv まで、あるいは 20mSv までなら健康に影響がないとは言えないはずである。

人の生命、健康、生活環境を防護するという原則に立つ限り、20mSv 以下の低線量被曝においても、LNT 仮説を肯定して放射線防護対策を取らなければならない。

【注】

38　ウィキペディアによると、「交絡（confounding）は、統計モデルの中の従属変数と独立変数の両方に（肯定的または否定的に）相関する外部変数が存在するこ

と。そのような外部変数を交絡変数（confounding variable）、交絡因子（confounding factor、confounder）、潜伏変数（lurking variable）などと呼ぶ」。「科学的研究では、第一種過誤（従属変数が独立変数との因果関係にあるという偽陽性の結論）と呼ばれるこれらの要因を避けるよう制御する必要がある（そのような関係を擬似相関という）」。「交絡が存在する場合、観測された現象の真の原因は交絡変数であるにもかかわらず、独立変数を原因と推論してしまう」と説明されている。

39 『原発問題の争点　内部被爆・地震・東電』（緑風出版）の 118 頁以下「低線量被曝ワーキンググループ報告批判」

40 ホットパーティクルについて、ウィキペディアによると次のように説明されている。

　「プルトニウム 239 のように、アルファ崩壊を起こしてアルファ線を放出する核種をアルファ放射体（alpha-emitter）と呼ぶ。アルファ線は、その電離作用は放射線の中で一番大きいものの、飛程は他の種類の放射線に比べて非常に短いため、外部被曝ではあまり問題とならない。しかし一方で、内部被曝ではその生物影響は大きくなると言われる。内部被曝をもたらす経路は一般に幾つか存在するが、ホット・パーティクルについて問題とされるのは呼吸摂取である。空気中に漂うホット・パーティクルは、呼吸に伴い体内に吸入され、その全量ではないもののかなりの割合が呼吸器に沈着することになる。

　一般に直径の大きな粒子は、鼻、咽頭、喉頭 などの上部気道に多く沈着し、直径が小さくなるに従い肺の深部に沈着する率が高くなることが知られている。吸入したことによって呼吸器に沈着したホット・パーティクルのうち、鼻、咽喉頭部や気管・気管支部へ沈着したものは"たん"として速やかに排泄される一方、肺に取り込まれたホット・パーティクルは肺の深部に長期に留まることとなる。

　この肺に取り込まれたホット・パーティクルの危険性について、米国のタンブリンらは 1974 年に 1 つの説を提出した。それによって、世界に波及する一大論争がもたらされたが、Bair らによる Wash-1320 という報告書を初めいくつかの反論を受け、現在では、本人らもこの提案を支持することを止めたと言われる。

41 バンダジェフスキーは突然死を含む被曝小児患者の病理解剖を行い、セシウム

137 の体内分布を調査した。骨格筋をはじめとして、心臓、腎臓、肝臓、甲状腺・胸腺・副腎などに高いセシウム 137 の集積と心臓の組織障害が認められた。再生能力が高い骨格筋細胞と違い、心筋細胞はほとんど分裂しないためにセシウム 137 が過剰に蓄積しやすく、心筋障害や不整脈などの心臓疾患が惹起されやすいと考察している。さらに、セシウムにより人間や動物の体内に引き起こされる病理学的変化を「長寿命放射性元素体内取り込み症候群：Syndrome of long-living incorporated radioisotopes（SLIR）」と命名した。SLIR は生体に放射性セシウムが取り込まれた場合に生じ、その程度は取り込まれたセシウムの量と時間で決まる。そして、その症候群は心臓血管系・神経系・内分泌系・免疫系・生殖系・消化器系・尿排泄系・肝臓系における組織的・機能的変異によって規定される。SLIR を惹起する放射性セシウムの量は年齢、性別、臓器の機能的状態により異なる。小児の臓器と臓器系統では、50Bq/kg 以上の取りこみによって相当の病的変化が起こり始める。10Bq/kg を超える濃度の蓄積で心筋における代謝異常が起こり始める。

　ベラルーシで医療活動を行った長野県松本市長の菅谷昭（外科医）は、バンダジェフスキーの論文を読み、「ベラルーシにいる時に心臓血管系の病気が増えていることを不思議に思っていましたが、この（バンダジェフスキー）論文で納得しました。解剖した結果ですから、非常に信頼性が高い。ガンもさることながら今後は福島の子どもたちの心臓が心配です」と発言した。

　なお、バンダジェフスキーは 1999 年、ベラルーシ政府当局により、ゴメリ医科大学の受験者の家族から賄賂を受け取った容疑で逮捕・拘留された。バンダジェフスキーの弁護士は、警察によって強要された 2 人の証言以外に何ら証拠がないと無罪を主張したが、2001 年 6 月 18 日、裁判で求刑 9 年・懲役 8 年の実刑判決を受けた。大学副学長のウラジミール・ラブコフ（Vladimir Ravkov）も 8 年の実刑を受けている。この裁判は政治的意図による冤罪だとして、海外の多くの人権保護団体がベラルーシ政府に抗議した。国際的な人権保護団体であるアムネスティ・インターナショナル（Amnesty International）は、「バンダジェフスキー博士の有罪判決は、博士のチェルノブイリ原発事故における医学研究と、被曝したゴメリ住民への対応に対するベラルーシ政府への批判に関連していると広く信じられている」と発表。実際にバンダジェフスキーの逮捕は彼がセシ

ウムの医学的影響に関する研究論文を発表した直後に行われ、WHO が 2001 年
6 月 4 日にキエフで開催したチェルノブイリ原発事故による人体への影響に関す
る国際シンポジウムへの出席も不可能となった。ベラルーシ政府は「（チェルノ
ブイリ原発事故による）放射線は人体の健康にほとんど影響しない」という見
解を現在でも堅持しており、アレクサンドル・ルカシェンコ大統領（1994 年よ
り独裁体制）は「ベラルーシ国内農地の 4 分の 1 が放射能汚染を理由に放置さ
れていることは認めがたいとして、バンダジェフスキーが逮捕された 1999 年に
原発事故以来人々が避難していた汚染地への再入植を施政方針とした。

42　バイスタンダー効果について、ウィキペディアによると次のように説明されて
いる。

「放射線による影響は、直接照射された細胞のみに認められると長い間考えら
れてきたが、1990 年代以降、その周囲の照射されていない細胞（バイスタンダ
ー細胞）にも認められるとする報告が相次いだ。具体的には、低線量の放射線
を細胞群に照射すると、放射線を直接照射された細胞だけでなく、照射されな
かったはずの細胞にまでも、遺伝的不安定性、DNA 損傷、染色体異常、細胞分
裂・増殖阻害、アポトーシス（細胞の自殺）、突然変異の誘発などの放射線の影
響が観察されるようになった。その後、この現象は「バイスタンダー効果」と
いう用語で呼ばれるようになり、そのメカニズムには放射線に直接照射された
細胞と照射されていない細胞（バイスタンダー細胞）間のシグナル伝達が重要
な役割を果たすことが示唆された。

現在、バイスタンダー効果の成因として、細胞間接着装置であるギャップ結
合や、細胞間のシグナル分子である活性酸素（ROS）、サイトカインなどが密接
に関与すると考えられている。また、東京理科大学の小島らによって、エネル
ギー供与体であるアデノシン三リン酸（ATP）と細胞膜上に発現する ATP 受容
体（P2 受容体）を介したシグナル伝達の関与も報告されている。

43　『科学』Vol.87, No7、645・649 頁以下の「『有意でない』と『影響はない』混同
そして繰り返される 100 ミリシーベルト問題」。井田真人氏は日本原子力研究
開発機構 J-PARC センター在職中、大強度中性子源の研究開発に携わってきた人。
専門はシミュレーション物理学、流体力学、原子力工学と紹介されている。

5章　福島で続く低線量被曝被害の危惧

1　『中国新聞』の特集記事から

前記『中国新聞』特集の中に、2016 年 9 月 23 日朝刊の「第 6 部　福島再考　子ども甲状腺検査」という記事がある。その概略は次の内容である。

　ヨウ素やセシウムなどの放射性物質を大地や海へと広範囲に放出した（本件原発事故）から 5 年半、福島県民の健康調査の一環として県が実施している子どもの甲状腺検査で、これまで計 174 人が甲状腺ガンやガンの疑いと報告された。自然界の異変を調べる研究も蓄積されつつある。低線量被曝の影響は、既に出ているのか、それともこれから表れるのか、科学によるアプローチが続く。

ガン「多発」割れる見解　「安全を」市民調査　深化　「微少段階でも発見」「高リスク 5 歳以下 1 人だけ」

　原発事故の影響を調べている福島県の県民健康調査検討委員会は、事故時 18 歳以下を対象に、2011 年から甲状腺の超音波検査を始めた。対象者としては 7 割に当たる約 30 万人が受診し、これまで計 135 人がガン（悪性）が確定、39 人がガンの疑いとされた。

●スクリーニング

　「被曝の影響ではないか」とみる研究者は、各地の地域ガン登録のデータを基に集計される「100 人に数人」と小児甲状腺ガンの標準発生率を根拠に「明らかに多発」と主張する。16 年 3 月の検討委「中間取りまとめ」も、地域ガン登録などのガン罹患統計と比べ「数十倍のオーダーで多い」と記述している。

283

一方で、地域ガン登録と福島の検査データは比較できない、との見解も多くの研究者が支持する。ガン登録は、自覚症状などから自発的に受診した患者のガン症例を集計するのに対し、福島の検査は県内の子どもの7割が受診した網羅的な検査（スクリーニング検査）であり、無症状や無自覚な微小ガンまで発見する「スクリーニング効果」が出るため発見率が高くなると解釈する。

　ただ、1巡目検査はスクリーニング効果で説明できても、2巡目で新たに59人からガン（疑いを含む）が見つかったことは同効果で説明できない、との見方もある。59人のうち54人は1巡目では「問題なし」。わずか2年程度で手術が必要なレベルのガンができた可能性を示唆する。今月あった検討委では、委員から「ガンの成長の速さが通常とは違う印象を受ける」との指摘が出た。

　男女比も注目される。複数の研究報告によると、日本での自然発生の小児甲状腺ガンは「女性が男性の4〜5倍」。福島でガン、ガン疑いとされた計175人（良性の1人を含む）の内訳は男性64人、女性111人で女性が1.7倍と、男女比が小さい。旧ソ連のチェルノブイリ原発事故（1986年）後のベラルーシの研究報告は、被曝の影響が疑われる小児甲状腺ガンの男女比は2倍以下としている。これらから、福島のガンも被曝の影響が疑われる、とみる医療関係者もいる。

●異なる年齢分布

　検討委が「被曝の影響は現時点で考えにくい」との公式見解を崩していない論拠の一つは、チェルノブイリ原発事故後に起こった小児甲状腺ガンの年齢分布との違いだ。

　英国の研究者によると、チェルノブイリ周辺（ベラルーシ）で事故後12年間に観察された事故時15歳以下の甲状腺ガンの子どもの4分の1が、事故時2歳以下だった。これに対し、福島では、疑い例も含む小児甲状腺ガンの9割が事故時10歳以上。被曝によるリスクが最も高いはずの5歳以下は1人にとどまる。

　ただ、二つの統計は観察期間に大きな開きがあるため、単純比較はできない。今後、検査が進むにつれて福島の年齢分布がチェルノブイリに似てくる可能性も残されている。

●難しい線量推定

　国連科学委員会は、福島で大気中に放出された放射性ヨウ素（ヨウ素131）はチェルノブイリの約1割、セシウム（セシウム137）は約2割と推定。福島の検討委

は、これも「被曝の影響は考えにくい」理由の一つに挙げている。

福島県立医科大のグループは、県民健康調査で事故当時の行動を聞き取る「基本調査」と甲状腺検査を受けた約12万人を対象に、推定された個人の外部線量の大小と、ガン発生の関係を分析。「有意な関連はみられない」と学術誌に今月発表した。

これに対し、内部被曝も考慮すべきだ、との批判もある。汚染された大気中の微粒子や食品、水などを通して放射性元素を体内に取り込むのが内部被曝。甲状腺では、主にヨウ素131が問題になる。広島大の大瀧慈名誉教授（計量生物学）は「微粒子による内部被曝が臓器に与える影響は桁違いに大きい。外部被曝の推定線量だけで甲状腺への影響を評価すべきではない」と指摘する。

ただ、内部被曝を裏付ける精度の高い検査データはほとんど残っていない。環境省が現在、再評価を試みているが、ヨウ素131は半減期が8日と短いため既に痕跡がなく、福島県民の内部被曝の程度を裏付ける作業は困難を極めている。

●進む遺伝子解析

長崎大の光武範吏准教授らが2015年に発表した論文は、福島の小児甲状腺ガンの症例68件の遺伝子変異を分析。成人に多いタイプの「BRAF」遺伝子変異が63％を占め、放射線誘発型の変異が主体だったチェルノブイリとは発ガンメカニズムが異なる、としている。

ただし、福島の症例は主に10歳以降だが、チェルノブイリは大半が10歳未満。年齢による遺伝子変異パターンの偏りを考えると、一概に比較できない面もある。検討委座長を務める星北斗・福島県医師会副会長は「被曝の確実な証拠といえる遺伝子変異があるなら調べたい」と話す。

地元から検査縮小論　「不安を助長」検討委は維持大勢

福島県の甲状腺検査でガンと確定した子どもの数が増える中、県内では「不安を助長する」として検査の縮小を望む声も出始めた。ただ、事故後5年半のタイミングは、チェルノブイリ原発事故で小児甲状腺ガンが増え始めた時期と重なる。検査縮小は調査の信頼性を揺るがし、ガンの早期発見も妨げかねない。

「縮小」論を主張するのは、福島県小児科医会。検診事業の見直しを含む再検討を8月下旬、県に要望した。進行が遅く、予後が良い甲状腺ガンを早期に見つけ

てもメリットは少ない。ガンが多数見つかったという事実だけが残って新たな風評被害が生まれ、県民全体にとって不利益となる可能性もあるなどが主な理由。検査が「過剰診療」に当たるというわけだ。

　これに対し、福島市内で今月あった県の「県民健康調査」検討委員会では、現在の検査規模を維持するべきだ、との発言が大勢を占めた。委員の一人、日本医科大の清水一雄名誉教授はチェルノブイリの経験も踏まえ、「医学史上類を見ない検査。放射線の影響が表れてくることも考慮に入れ、少なくとも今後 10 年は縮小せず検証を続けるべきだ」と指摘する。

　現時点でも、検査の受診率には年代別で大きな差が出ている。2014、15 年度の 2 巡目検査では、8 〜 12 歳、13 〜 17 歳の層が 80% を超える一方、県外転出者も多い 18 〜 22 歳は 25.5% にとどまる。データの蓄積が中途半端になれば、追跡調査としての信頼度も下がるだけに、受診率アップが課題になっている。

　検討委では、本年度からの 3 巡目検査時に提出する「同意確認書兼問診表」に、「不同意」のチェック欄も設けた県の対応に対して、委員から「結果的に受診率の低下を招きかねない」と懸念する指摘も出た。県側は「検査対象者の自由意思を尊重するのが狙いで、受診を勧奨していることには変わりない」としている。

汚染ない地との比較に力点を　武市医師に聞く

　広島市南区で甲状腺専門の医院を開業し、原爆被爆者やチェルノブイリ原発事故による被災児童の診察を続けてきた武市宣雄医師（72）に、福島県で小児甲状腺ガンが多数見つかっている状況下で取り組むべき課題を聞いた。

　甲状腺ガンは、放射能汚染がない地域でも 16 〜 18 歳くらいになれば普通に出始め、40 歳ごろにピークを迎える疾患だ。福島でいま見つかっている甲状腺ガンが被曝の影響かどうかは、まだ判断できない。論争の決着を急ぐ必要はない。

　私の感覚でいえば、チェルノブイリとは様子が異なる。チェルノブイリ原発事故から 5 年目以降に、ウクライナなどで千人近い子どもの甲状腺を触診、汚染度の高い地域ほど甲状腺が硬かった。福島の子どもも私の医院に来た約 120 人を診たが、大半の子は硬くない。福島で見つかった甲状腺ガンが放射線の影響かどうかを議論するには、体内に取り込んだ放射性ヨウ素の量を調べ、内部被曝の線量を知ることが大事だ。しかし、福島県の甲状腺検査の受診者約 30 万人に対し、内

部被曝線量のデータがあるのは千人程度と、圧倒的に足りない。

汚染のない地域との比較にも、もっと力を入れる必要がある。環境省が青森、山梨、長崎の3県で2012年度に計約4,500人を調べたが、人数が少なすぎるし、時間を置いての追跡調査もないようだ。最低でも1地域1万人は観察すべきだ。

広島は、原爆被爆者の健康調査を通じて甲状腺検査のノウハウが蓄積されている。何か協力できないか。学校健診などにより1万人規模で、例えば5〜10歳の子どもを2年置きに10年間、追跡調査できれば理想的だ。

また、福島県の県民健康調査では、原発事故後1年以内に生まれた集団が甲状腺検査対象の最年少だが、この集団は残留放射能の影響があり得る。県内で比較するには、事故後2年目以降に生まれた世代も調査した上で比較した方がよい。

（以下略）

また、2016年9月24日付同紙朝刊掲載の「福島再考〈下〉　動物の異変」という記事の内容は以下のとおりである。

東京電力福島第一原発事故で被災したのは、人間だけではない。広大な森林や河川に住む野生の動植物も、原発から放出された放射性物質にさらされた。当然ながら避難指示などないまま、放射線量の高い地域から比較的低い地域まで、5年半にわたり生息域に存在する。被曝の影響の有無を巡り、研究者たちがフィールドを歩きながら模索を続けている。物言わぬ自然界の姿から、人間に投げかけられた課題を探る。

物言わぬ自然も被害者　裸で365日　除染されぬ屋外に暮らす　ニホンザルの足取り　記録

福島県に生息するニホンザルは、世界で初めて原発事故に遭った野生の霊長類でもある。人間に最も近い生き物に、何らかの影響が出ているのだろうか。

「面積当たりの細胞数が増加し、サイズも一つ一つが小さくなっているものが多い。ただ、ガンという状態ではない」。日本獣医生命科学大（東京都武蔵野市）の羽山伸一教授（野生動物学）が赤く染色した甲状腺の顕微鏡写真を例示してくれた。農作物被害に頭を悩ませる福島市に協力し、原発事故前の2008年からサルの

駆除方針を助言している。死骸は引き取って解剖し、妊娠率や健康状況の調査などに生かしてきた。事故の1カ月後からは、被曝の影響についても共同研究している。12年4月から1年間の捕獲分を、被曝していない青森県下北半島のサルと比較。気になる兆候が見えてきた。血液中の白血球や赤血球、ヘモグロビンの数が、福島のサルは低い傾向にあったのだ。

血液1μL当たりの白血球の数を見ると、下北半島は子ザルが平均で1万4,860個、成獣が1万3,710個。福島市はそれぞれ6,830個、8,570個だった。特に福島市の2歳以下の子ザルの81%は、下北半島の下限値よりさらに低かった。

筋肉にたまった放射性セシウムの濃度も、下北半島のサルは低過ぎて検出不可能だったのに対し、福島市のサルは1キロ当たり78〜1,778Bqだった。濃度が高いほど白血球の減少も顕著である、との傾向が特に子ザルでみられた。面積当たりの細胞の数が増えて一つ一つのサイズが小さくなった甲状腺を持つサルも、下北半島より多かった。

福島市は福島第一原発から70キロ離れていることを考えれば、一瞬耳を疑う。だが、人間と全く違い、野生生物は最大限に被曝する環境にある。裸のまま24時間365日、除染していない屋外で暮らし、そこで採れる餌だけ食べる。厳しい冬は、放射性セシウムが特に吸着しやすい樹皮を剝いで飢えをしのぐ。

研究には課題もある。慎重に駆除されたサルを引き取っているため、調査できるサルは多くて年100頭程度という。大量のマウスを使える動物実験や、10万人規模で始まった広島と長崎の原爆被爆者のような大掛かりな調査は不可能だ。野生生物の被曝線量の正確な把握も至難の業である。国内外の研究者から「健康影響が出る被曝線量とは考えられない」「調査対象の頭数が少な過ぎる」などの批判が寄せられた。それでも、羽山さんは問いかける。「現場で実際に起こっている変化を、『その程度の被曝線量ではありえない』と片付けていいのか」 今年は、原発事故の年に生まれたサルが初めて妊娠、出産し始める。食べ物などを通して放射性物質を毎日取り込む母から生まれたサルに、事故前と比べた妊娠率の変化はないか。生まれる子ザルと、さらに後の世代への影響も調べ続けるという。「因果関係が不明、とされた時点で幕引きされ、被害は忘れ去られていく。研究者が淡々とデータを記録し、後世に残すことが事故の教訓を得ることに役立つ」と信じている。

5章　福島で続く低線量被曝被害の危惧

モミの木　形態変化　放医研で研究進む　幹になるはずの芽が欠損

　環境省が8月にまとめた野生動植物の放射線影響に関する調査報告書で、「形態変化が認められた」と唯一記されたモミの木。この調査に協力し、元データを提供した放射線医学総合研究所（放医研、千葉市）でさらに研究が進んでいる。

　針葉樹は、放射線に特に敏感であることが知られており、旧ソ連のチェルノブイリ原発事故（1986年）でも形態変化が多く見られた。冬になると、幹として先端から垂直に伸びる芽と、横に伸びて枝となる芽を出すモミの場合は、強い放射線に当たるなどすれば、枝になる芽の方がよく伸びていくことがある。

　放医研は2015年1月、福島第一原発から20キロ以内で空気中の放射線量が特に高い大熊町と浪江町の計3カ所と、比較対照の1カ所を試験区に選び、それぞれ100〜200本のモミの幼木の状態を調べた。すると、空間線量が高いほど幹になる芽が欠けているモミが多く、特に事故翌年の12年と13年に冬芽が出た部分で顕著だった。事故から4年近くたっても1時間当たりの空間線量が33.9mSvあった試験区では、128本中125本に達していた。

　「放射線が一因となっている可能性を示唆している」と、調査を担当する渡辺嘉人主任研究員。ただ、「形態変化は、ほかの原因でも起こる。それだけで断定はできない」。幹になる芽が欠け、先端がY字状になるという形態変化も、特徴的なのだという。今は、一定の条件で放射線を浴びせたら、やはり幹の先端の芽が欠けるかどうかを再現実験する段階に入っている。そのために今年、光や温度を管理して屋外に似た環境で植物を育てる設備を新たに導入した。全く同じ条件で育てたモミの苗を比べ、放射線を当てる場合と当てない場合の違いの有無や、線量による変化を確かめていく。「科学的な実証、という自分たちの役割を通して市民の安心、安全のために貢献したい」と渡辺さんは話す。

動植物の80種類中「変化」はモミだけ　　環境省調査報告書

　原発事故を受け、国内の大学や研究機関の専門家を中心に野生動植物の影響を探るさまざまな研究が進んでいる。小型のチョウであるヤマトシジミやヤマメなどに、放射線と関連する可能性のある異常が見つかっていると報告されている。

　政府も環境省が8月末、「野生動植物への放射線影響に関する調査結果」をまとめて公表した。対象は、主に原発から20キロ以内の地域で2015年度までに採取

289

できた 80 種類の動植物。うち、線量の高い地域に生えるモミの木だけに「外部形態の変化が確認された」とした。ただ、放射線との因果関係は「明らかとなっていない」としている。80 種類のうち、採取、調査した哺乳類はいずれも小型で、4種類のネズミと、モグラの仲間のヒミズ、ノウサギの計 6 種類しかない。環境省自然環境局によると「国際放射線防護委員会（ICRP）が定める 12 種類の『標準動植物』に入っていない」という理由で、日本固有種のニホンザルは継続的な調査の対象外になっている。

解明は「研究者の責務」　原発事故に衝撃　第二の人生踏み出す　手探りを重ねコイ再現実験

　山あいに田畑が広がる福島県飯舘村の前田地区。東京大の鈴木譲名誉教授が、同大水産実験所（浜松市）のトラックでため池に到着した。荷台に積んだいけすから体長 20 センチほどの若ゴイ 40 匹が池に移されると、元からすむ「先輩」コイと一緒に泳ぎだした。

　コイの放流は、福島第一原発事故による被曝の影響を調べる研究の一環。池底 5 センチまでの泥も採取した。「2 年前に測った前回は、乾燥させた泥 1 キロ当たりの放射性セシウムが 1 万 2 千 Bq。今回はどうか」。国の基準では、8 千 Bq 以上なら「指定廃棄物」とされるレベルだ。池の所有者は住民の長谷川光男さん（70）。鈴木さんに協力、使用を快諾している。「昔は子ども会でつかみ取りし、芋煮会でコイ料理をごちそうした」と話す。「泥だけ食べるのはかわいそうだから。こっちの方がうまいだろう」と餌をまいた。鈴木さんは、トラフグの免疫機能の解明や詳細なゲノム地図の完成といった業績を上げてきた。原発事故に衝撃を受け、「研究者としての責務」を模索する中でコイに着目した。川と違い、池や沼は放射性セシウムがたまる泥が流出しづらい上、コイは餌とともにその泥を取り込むからだ。遺伝子解析を九州大の研究者に託し、「古巣」の水産実験所の協力も得ながら、2013 年の退職後から第二の研究人生として試行錯誤を続ける。

　13、14 年に飯舘村や南相馬市など福島県内の 6 カ所と、比較対照に選んだ栃木県内の 1 カ所でコイを釣り上げた。13 年に捕まえた福島のコイに白血球の減少を観察。炎症の修復や免疫をつかさどるマクロファージの塊の異常増殖も肝臓や脾臓にあった。だが 14 年になると、栃木のコイでもわずかにマクロファージの増殖

を確認、差が見えにくくなった。今年は研究の精度を上げようと、別の場所で1年間養殖したコイを計250匹放流した。同じ条件で育てたコイに何らかの差異が生じてくるかを探るためだ。比較対照の池も増やした。「事故前に生まれた大きなコイよりも若いコイの方が、健康影響があれば見分けやすい可能性がある」という。福島第一原発から至近の大熊町の池で、事故後に生まれたコイを入手し解剖した際、高濃度の放射性セシウムと肝細胞の著しい異常に驚いた。それもヒントになった。 長谷川さんの池がある飯舘村では、一部を除き来年3月に全村避難が解除される。先立つ7月から住民の長期宿泊が可能になった。「政府が住民の帰還政策を推し進めるならば、そこにすむ生き物の状態を知るべきだし、それは当然のこと」と鈴木さん。放流したコイは来年釣り上げる予定だ。

生態系の変化　軽視できない　米教授、チェルノブイリに続き定点観測

　1986年の旧ソ連のチェルノブイリ原発事故では、原子炉の爆発と火災により大量の放射性物質が飛び散り、生態学や生物遺伝学などさまざまな分野から動植物への影響が報告されている。比較すると規模は小さいが、福島第一原発事故でも放射性物質が広がった。米サウスカロライナ大のティモシー・ムソー教授（生物学）は、両方の現場を歩く一人だ。

　ウクライナやベラルーシで事故の14年後から定点観測を続け、被災地の鳥に白内障が多いことなどを報告している。福島県では、事故4カ月後の2011年7月に高線量の地域に入って以来約20回、米国との往復を重ねる。中部大（愛知県）やパリ第11大（フランス）との共同研究である。住民の協力も頼りだ。川俣町山木屋地区にある大内秀一さん宅の納屋が野外活動の拠点。飯舘村や浪江町など45カ所の山林や道路脇に自動撮影ができるカメラを設置し、空間線量の差による動物の数や行動の変化を見ている。昆虫や鳥類の捕獲、観察も精力的に行う。「世代交代しながら、遺伝的影響が累積して受け継がれるのか。放射線被曝という環境に新たに適応する場合もある」。生態系と生物多様性、という面からも低線量被曝の問題を捉えるべきだと説く。現時点では、チェルノブイリとの違いも共通点も見えているという。

　事故の翌年、福島第一原発から20キロ圏内と周辺のツバメのひなを調査した。巣は高濃度に汚染されていたが、DNAの損傷は確認されなかった。論文にまとめ、

猛毒のストロンチウムやアメリシウムが飛散したチェルノブイリとの違いを考察した。鳥のくちばしの周りや頭の毛が白くなる現象を調べると、デンマークでは千羽当たり8.9羽だったのが、チェルノブイリでは66.5羽だったという。「福島でも多い」と話す。それ自体が放射線によるダメージではなく、健康影響の「指標」とみる。

　福島の事故に関連し、さまざまな屋外調査の報告が蓄積され始めている。一方で、国際機関の報告書との食い違いも少なくない。福島の事故を受けて国連科学委員会がまとめた13年報告書は、「生物への放射線影響の可能性は地理的にも限られる」などとした。チェルノブイリ原発事故に関する国際原子力機関（IAEA）の06年報告書も、特に汚染された立ち入り禁止地域では「野生動植物が繁栄し、プラスの影響を及ぼしてきている」と記した。ムソーさんは「原発事故を過小評価している」と反発。「被曝の影響によるもの、よらないものを科学的に実証し、それに忠実であるべきだ」と主張する。

内部被曝　動物から探る意義大きい　東北大の福本名誉教授に聞く

　人間以外の生物から放射線の影響を探る意義と課題は何か。福島第一原発事故で被災した家畜や野生動物の被曝線量評価を進めるため、複数の大学による共同事業を率いてきた東北大の福本学名誉教授（放射線病理学）に聞いた。もともと傷痍軍人によく投与された血管造影剤「トロトラスト」による長期的な内部被曝と、肝内胆管ガンの関係を病理試料の遺伝子解析から研究していた。原発事故1カ月後に20キロ圏内が原則立ち入り禁止になり、残された家畜を殺処分するよう政府から福島県に指示が出たことが、動物の線量評価に関わる発端となった。

　処分対象は、牛だけで3,400頭とされる。痛ましい犠牲を無駄にせず、内部被曝した動物のデータを後世に残せば、人間の健康影響を科学的に解明する財産になると考えた。家畜の血液や内臓などに加え、やはり20キロ圏内で駆除されたニホンザルの骨髄なども保存し、分析している。成果として、親牛より子牛の方が放射性セシウムを体に蓄積しやすいことや、被曝から1年以内では雄牛の精巣や睾丸に影響が認められなかったことなどが論文発表されている。

　多くの人は、もっぱら1時間当たりの空間線量がどのぐらいかを気にする。外部被曝線量の目安にはなっても、体内に取り込まれた放射性物質の濃度を反映し

ているわけではない。一瞬で放射線を浴びた被爆者の追跡調査と比べ、低線量の放射線を、特に長時間にわたり内部被曝した場合の研究は進んでいない。どんな放射性物質がどの臓器に集まりやすく、どんな健康影響につながり得るのか。不幸な事故を通して、解剖できる動物から探る意義は大きい。（略）

　動植物の異変は、人間に対する健康影響を推測させる。人の健康、生活環境に対する放射性物質による汚染の影響を真摯に調査・研究している科学者の結果に期待したい。

2　子どもの甲状腺ガンの多発

　本件原発事故から6年を経過した。しかし、福島では、現実として、2つの問題が浮かび上がっている。1つは、岡山大学の津田敏秀教授が国際的医学専門誌に発表した、子どもの甲状腺ガンの多発という論文、もう1つは、除染が完了している地域で再汚染が進行しているという事実、である。

　まず前者について検討する。津田論文の概略を紹介し、その信用性について批判している学者の見解、それに対する津田氏の反論、津田論文を支持する学者の見解などを紹介し、津田教授の論文の基になっている福島県が実施している県民健康調査の実態とその問題点についても検討する。

　福島での子どもの多発している甲状腺ガンの問題を検討する前提として、わが国における子どもの甲状腺ガンの発生率を見ておかなければならない。インターネットで検索して得た情報では、国立がんセンターの統計は本件原発事故の起きる前の1998年または1999年の発生率として0～14歳児で10万人当たり0.05～0.1人である。また、前記津田教授は100万人に5人の発生率であるとしている（後記（8））。そして、本件事故発生前の福島県の発生率が、他の県と比べて特に多かったという情報はない。

(1)　津田敏秀教授の論文

　最も危惧されることは、子どもの甲状腺ガンなどの健康被害である。2015年10月10日付夕刊紙『日刊ゲンダイ』に「福島　甲状腺ガン発生率は50倍」

という見出しの以下の記事が掲載された。

　　岡山大大学院の津田敏秀教授（生命環境学）が6日付けの国際環境疫学会の医学専門誌『エピデミオロジー（疫学）』に発表した論文の衝撃が広がっている。福島県が福島原発事故当時に18歳以下だった県民を対象に実施している健康調査の結果を分析したところ、甲状腺ガンの発生率がナント！　国内平均の「50～20倍」に達していた――という内容だ。きのう（8日）都内の外国特派員協会で会見した津田教授は、「過剰発生が既に検出されている。多発は避けがたい」と強調した。（略）
　　津田教授は会見であらためて論文の詳細を説明。原発事故から2014年末までに県が調査した約37万人を分析した結果、「二本松市」「本宮市」「三春町」「大玉村」の「福島県中通り中部」で甲状腺ガンの発生率が国内平均と比較して50倍に達したほか、「郡山市」で39倍などとなった。津田教授は、86年チェルノブイリ原発事故では5～6年後から甲状腺ガンの患者数が増えたことや、WHO（世界保健機関）が13年にまとめた福島のガン発生予測を既に上回っている――として、今後、患者数が爆発的に増える可能性を示唆した。
　　その上で、「チェルノブイリ原発事故の経験が活かされなかった」「事故直後に安定ヨウ素剤を飲ませておけば、これから起きる発生は半分位に防げた」と言い、当時の政府・自治体の対応を批判。チェルノブイリ事故と比べて放射性物質の放出量が「10分の1」と公表されたことについても「もっと大きな放出、被曝があったと考えざるをえない」と指摘した。
　　（略）（時期尚早との批判に対して）「やりとりしている海外の研究者で時期尚早という人は誰もいない。むしろ早く論文にしろという声が圧倒的だ」「過剰診断で増える発生率はどの程度なのか。（証拠の）論文を示してほしい」と真っ向から反論。「日本では（論文が）理解されず、何の準備もされていない。対策を考えるべきだ」と訴えた。「原発事故と甲状腺ガンの因果関係は不明」とトボケ続けている政府と福島県の責任は重い」。

　インターネットで検索したところ、この津田教授が外国特派員協会で会見して発表した際に「読み上げ原稿の日本語原文（津田氏の許可あり）を掲載する」という記事を探し当てた。それは、概略次のような内容である。

5章　福島で続く低線量被曝被害の危惧

1. はじめに

2011 年 3 月の東日本大震災後の福島第一原子力発電所事故を受けて、2011 年度 10 月から事故当時 18 歳以下だった福島県民全員を対象に、甲状腺スクリーニング検査が行われています。2011 年度から 2013 年度にかけて 1 巡目（先行検査）が終了し、現在、2014 年度から 2015 年度にかけての 2 巡目（本格検査）が行われています。これらの検査結果は、2013 年 2 月以降、日本語と英語の両方で福島県のホームページ上に公表されています。しかし、発表データについて疫学的な分析が行われていないため、因果推論や公衆衛生学的・臨床的対策立案、将来予測および住民への情報公開を行うためには、極めて不十分な状態が続いています。

今回、岡山大学のグループは、疫学における標準的な手法を用いて、発表データを解析し、その結果を国際環境疫学会の学会誌である *Epidemiology* に論文を投稿し受理されました。その論文が OPEN ACCESS として学術誌発行に先行してインターネット上で一般公開されましたのでご報告いたします。

お手元に、今日、掲載されました論文を配付してございますので、そちらをご覧ください。

論文名："Thyroid Cancer Detection by Ultrasound among Residents Aged 18 Years and Younger in Fukushima, Japan: 2011 to 2014"（略）

著者：岡山大学大学院環境生命科学研究科・津田敏秀、同医歯薬学総合研究科・鈴木越治、時信亜希子、岡山理科大学総合情報学部・山本英二

発行誌：*Epidemiology* 第 26 巻、2016 年 3 月発行

発行元：Wolters Kluwer Health, Inc.（http://www.epidem.com）国際環境疫学会 ISEE

【概要】

背景：2011 年 3 月の東日本大震災の後、放射性物質が福島第一原子力発電所から放出され、その結果として曝露した住民に甲状腺ガンの過剰発生が起こるかどうかの関心が高まっていた。

方法：放射性物質の放出後、福島県は、18 歳以下の全県民を対象に、超音波エコーを用いた甲状腺スクリーニング検査を実施した。第 1 巡目のスクリーニングは、2014 年 12 月 31 日までに 298,577 名が受診し、第 2 巡目のスクリーニングも 2014 年 4 月に始まった。我々は、日本全体の年間発生率と

福島県内の比較対照地域の発生率を用いた比較により、この福島県による第 1 巡目と第 2 巡目の 2014 年 12 月 31 日時点までの結果を分析した。

結果：最も高い発生率比（IRR）を示したのは、日本全国の年間発生率と比較して潜伏期間を 4 年とした時に、福島県中通りの中部（福島市の南方、郡山市の北方に位置する市町村）で、50 倍（95% 信頼区間：25 倍〜90 倍）であった。スクリーニングの受診者に占める甲状腺ガンの有病割合は 100 万人あたり 605 人（95% 信頼区間：302 人〜1,082 人）であり、福島県内の比較対照地域との比較で得られる有病オッズ比（POR）は、2.6 倍（95% 信頼区間：0.99 〜 7.0）であった。2 巡目のスクリーニングでは、まだ診断が確定していない残りの受診者には全て甲状腺ガンが検出されないという仮定の下で、すでに 12 倍（95% 信頼区間：5.1 〜 23）という発生率比が観察されている。

結論：福島県における小児および青少年においては、甲状腺ガンの過剰発生が超音波診断によりすでに検出されている。

　津田教授は、福島県「県民健康調査」の最新の調査結果（2017〔平成 29〕年 6 月 5 日開催の第 27 回検討委員会のために発表された 2017 年 3 月 31 日現在の集計データ）に基づいた検討結果についても公表している。[44]

　その概略は以下のとおりである。

　今回は前回の第 26 回検討委員会発表の 2016 年 12 月 31 日現在のデータに対して、先行検査（検査 1 回目）が変化なし、本格検査・検査 2 回目において 2 例細胞診陽性、すなわちガンもしくはガンの疑いの患者が増加し（69 名から 71 名）、本格検査・検査 3 回目において 4 例の細胞診陽性（うち 2 例は手術終了で 2 例とも乳頭ガン）となり、合計で 191 例、良性腫瘍 1 例を除くと 190 例のガンが検出されたことになる。本格検査・検査 2 回目の受診割合が 79.5%（2,226 名中 1,770 名）から 82.3%（2,226 名中 1,832 名）に増加した（確定割合はわずか 0.4% の増加であった）。

　検査 1 回目、検査 2 回目における、桁違いの多発傾向には変わりがない。（中略）チェルノブイリ周辺国であるベラルーシにおいても診断時 14 歳以下の甲状腺ガン

の桁違いの多発が事故後4～5年目に起こり始めた。福島県の検査2回目のデータからすると、甲状腺ガンが少なくとも5.1mm以上のレベルに達するのに2.5年未満である症例がほとんど（約80%）を占めており、スクリーニング検査が1980年代に行われていなかったチェルノブイリ周辺で事故後4～5年に起こった甲状腺ガンの桁違い多発に対し、スクリーニング検査が事故の年度の後半から年度末に行われた福島では、それだけ前倒しで甲状腺ガンが検出されていることになる。（中略）

100万人に5人の発症率と比較した外部比較では、相双地域が8.79（95%信頼区間：1.06-31.74）、中通り地域が7.79（95%信頼区間：0.25-7.51）となり、検査3回目のガン症例発表が始まったばかりだが、相双地域ではこれ以上の甲状腺ガンの検出がなくてもすでに明瞭な多発である。

(2) 津田教授の論文に対する批判

インターネットで、2014年2月24日付けのOurPlanet-TVの「福島の甲状腺ガン『放射線影響ない』～国際会議」という表題の、次のような記事が検索できた。

東京電力福島第一原発事故を受け、環境省や福島県立医大などが共催した「放射線と甲状腺ガンに関する国際ワークショップ」が24日に閉会し、福島県民健康管理調査で見つかっている甲状腺ガンは「放射線の影響とは考えにくい」とする見解を示した。3日間の議論を終え、同会議の座長を務めた長崎大学の山下俊一教授が発表した。

（略）山下教授は、福島県の甲状腺診断で甲状腺ガンの子どもがすでに33人手術を受けていることについて、「5～6年目にチェルノブイリと同じになることはない」と発言。（ⅰ）チェルノブイリと福島では放射線量が異なる。（ⅱ）スクリーニング効果が生じている、（ⅲ）ハーベストエフェクト（死亡後に発症する病気がスクリーニングによって事前に発見されること）という3つの理由から、「今後も増えるだろうとは予測していない」と結論づけた。

会議後の会見で、山下教授は「チェルノブイリとは検査方法が異なる。ガンの成長には子どもで5年、大人で10年はかかる」などと説明。福島県内の甲状腺ガ

ンは、1万人に2〜3人という現在の推移が続くとする考えを示しました。山下教授は、「秘密会」などの開催の責任などをとって、2月13日に開催された福島県民健康管理調査検討会を最後に座長を辞任、専門家として福島県民健康管理調査の甲状腺ガンについて言及するのは約1年ぶりとなる。

上記山下俊一教授と福島県で甲状腺ガンの手術の先頭に立っている福島医大鈴木眞一教授が、上記津田教授の見解に対する強力な批判者である。

(3) 津田教授の反論

津田教授は、批判者に対して次のように答えている。

私たち（津田教授）の分析により、福島県内では、事故後3年目以内に数十倍のオーダーで事故当時18歳以下であった県民において甲状腺ガンが多発しており、それはスクリーニング効果や過剰診断などの放射線被曝以外の原因で説明するのは不可能であることが分かった。スクリーニング効果というのは「後にガンとして臨床的に診断されるいわば『本当のガン』がスクリーニングにより2〜3年早く見つかること」で、過剰診断というのは、「一生ガンとして臨床的に診断されることのないガン細胞の塊、いわば『偽りのガン』がスクリーニングによりガンとして検出されてしまうこと」のようである。多くの議論はこの2者が区別されずに単に「スクリーニング効果」として主に後者を意識されて呼ばれているようである。

私たちの分析によると、2013年2月末に発表されたWHO報告書「東日本大震災後の原子力事故後の健康リスクアセスメント」に示された事故後15年間における甲状腺ガンのリスク上昇予測のペースを、2014年末時点で、すでに大幅に上回っていることも分かる。また、チェルノブイリ事故後の翌年の1987年には甲状腺ガンの多発傾向がすでに観察されていたが、超音波検査によるスクリーニング検査を行うことにより、事故1年以内でもガンの多発を検出できることが分かった。なぜスクリーニング効果と過剰診断による甲状腺ガンの過剰検出の説明が成り立たないのかについて説明をする。

まず、私たちの分析によると、多発している甲状腺ガンの罹患率は、事故前の割合に比べ20〜50倍と推定される。これは従来報告されている放射線被曝以外

の要因による甲状腺ガンの多発状況と比べ、1桁多い。スクリーニング効果と一般に呼ばれる効果は、甲状腺ガンを含めすべてのガンにおいて、スクリーニングを実施しない場合のデータと比較した場合、せいぜい数倍規模のものである。桁が違う多発を、他の要因で全て説明することは全く不可能である。

　次に、このような大規模な検診、特に先行検査と呼ばれる曝露影響があまりないであろうと想定されている集団のスクリーニング検査とその追跡検査は、世界で前例がないと言われているが、チェルノブイリ周辺では、事故後に受胎し誕生した小児・青少年や比較的低曝露であった地域の小児・青少年に超音波エコーを用いた甲状腺スクリーニング検査が行われ、その結果が論文として報告されている。合計で 47,203 人がスクリーニング検査されているが、ガンは一人も見つかっていない。福島県のスクリーニング検査とは年齢層がやや異なるものの、5mm の結節を検出する性能において、今の超音波エコーと当時の超音波エコーに違いがあるといったことでは、この結果は全く説明できない。

　さらに、福島県内でばらついているガンの検出割合（有病割合）もまた、スクリーニング効果や過剰診断では説明できない。また、2 巡目のスクリーニングの検査の結果が出始めているが、大きな過小評価が起こる条件で分析をしても、すでに 20 倍近くの多発が認められている。2015 年 8 月 31 日に発表されたデータを地域・地区別に分析すると、すでに 1 巡目の多発を上回り始めている地域・地区があることも分かる。スクリーニング効果や過剰診断の影響は 1 巡目でほとんど刈り取られている（harvest 効果）はずなので、この点からも、事故による放射線被曝による影響が、すでに福島県内で出ていることが言えると思う。

　なお過剰診断に加え、過剰治療という主張も聞かれるが、福島県立医大で行われた甲状腺ガンの手術後データを見ると、手術が早すぎた、あるいは過剰な手術が行われているという証拠は経過観察という選択肢がありながら、患者もしくはそのご家族が自主的に手術を決断された 3 例以外には今のところ特には見当たらず、むしろ手術されたガンの進行の早さがうかがえる。福島県立医科大学の鈴木眞一教授が 2015 年 8 月 31 日に発表した「手術の適応症例」という文書の一部を引用する。「外科手術を施行した 104 例中 97 名が福島医大甲状腺内分泌外科で、7 例は他施設で実施された。また、97 例中 1 例は術後良性結節と判明したため甲状腺ガン 96 例につき検討した。病理結果は 93 例が乳頭ガン、3 例が低分化ガンであ

った。（中略）術後病理診断では、軽度甲状腺外浸潤のあった 14 例を除いた腫瘍径 10mm 以下は 28 例（29%）であった。リンパ節転移、甲状腺外浸潤、遠隔転移のないもの（pT1a pN0 M0）は 8 例（8%）であった。全症例 96 例のうち軽度甲状腺外浸潤 pEX1 は 38 例（39%）に認め、リンパ節転移は 72 例（74%）が陽性であった」。

（国際的な疫学者の見方、反応）WHO の健康リスクアセスメントをはじめ、事故後の専門家の見方は、甲状腺ガンが福島県内で増加するであろうという予測が大勢を占めていた。従って、今回の結果に対しては、大きな異論はなかった。著者らは、2013 年にバーゼルで、2014 年にシアトルで、そして 2015 年にサンパウロにおける国際環境疫学会の総会で、すでに分析結果を随時発表してきた。これに対する反応は、関心は大いに持たれたものの、高すぎるという反応以外には、違和感なく受け入れられてきた。これらの反応を見て私たちは、スクリーニング効果や過剰診療での説明がなされている日本国内と大きなギャップを感じている。

（公衆衛生の専門家として）これまで、放射線防護対策らしい対策は、福島県内では避難以外にほとんど語られてこなかった。従って、この結果を受けて提言する事項はたくさんある。事故後 5 年以降に起こると予想される甲状腺ガンの本格的多発やその他の予想される事態に備えることを否定する理由は何もない。今こそ行政は、被曝影響かどうかについての因果関係を論じるより、メディア対応も含め、対策の策定と実行を急ぐべきであると思う。

具体的にはまず、4 年目以降の多発の可能性に備え、医療資源の点検と装備を充実させるべきである。甲状腺ガン手術痕が残らないとされる医用ロボット（ダ・ヴィンチ：da Vinci）は福島県立医大にも配置されているようであるから、現在健康保険が利かないとはいっても、使用を検討すべきである。次に、甲状腺ガン症例把握の拡大と充実を図るべきである。その把握の範囲の拡大は、事故当時 19 歳以上だった福島県民や、福島県外の住民へも行われなければならない。さらに、超音波エコーを用いたスクリーニング検査のみに頼る現在の症例把握の方法は、年を経ると共に受診者が減少していくことが予想できるので、被曝者手帳の配備やガン登録の充実などを、医師会の協力も得て行っていくべきである。また、WHO の健康リスクアセスメントが多発を予測する白血病・乳ガン・その他の固形ガンなどの甲状腺以外のガンの症例把握や調査を準備開始すべきである。白血病

などの血液系の悪性新生物はすでに最少潜伏期間が過ぎている。また、ガン以外の疾患への調査と対策の立案も必要だと思う。もちろん、チェルノブイリの甲状腺ガン等の発症データの詳細な分析は更に資料を集める必要がある。また、WHO予測を上回る甲状腺ガンの過剰発生が見られているので、放射性ヨウ素等の被曝量の再検討もしていかねばならない。

当然、現在、空間線量率 20mSv/ 年以下の地域に進められている帰還計画は、当分延期すべきである。「100 mSv 以下の被曝では被曝によるガンは発生しない、あるいは発生したとしても分からない」という科学的に間違った言い方に基づいて帰還計画が進められているのであれば、なおさら計画は停止し見直されねばならない。空間線量率はまだまだ高い状態である。今まで、ほとんど論じられてこなかったが、年齢別に分けたもう少しきめの細かい対策立案が早急に求められる。つまり、妊婦、乳児、幼児、小児、青年、妊娠可能性のある女性の順で、一時避難計画も含む、いっそうの放射線防護対策の立案と実行が望まれる。

提言の終わりとして、これまで福島県内では、「原発事故によるガンの多発はない」あるいは「多発があったとしても分からない」というような説明の仕方が一貫してなされてきた。このような言い方は、次の 2 つの条件が両方成立することによって成り立つ。すなわち、① 100mSv 以下の被曝では被曝によるガンが（過剰）発生しない、②福島県内においては 100mSv を超える被曝はなく、100mSv を遙かに下回る被曝しかなかった、の 2 つの条件である。これが福島県内における、現実的でコストのかからない放射線防護対策が話し合われることを、ほとんど妨げてきた。しかし①の条件は、そもそも科学的に誤っており、今日内外の専門家はもう誰もこのようなことを言わなくなっている。そして②の条件は、2013 年の WHO の健康リスクアセスメントの推計の基礎となった 2012 年の WHO の線量推計値では、原発の 20km 圏外の住民においても甲状腺等価線量は 100mS を超えている。そして今回の分析では、WHO の健康リスクアセスメントの 15 年甲状腺ガンリスクを大きく上回ると思われる結果が示された。しかし、まだ原発事故から 4 年半しか経っていない。放射線による甲状腺ガンの発生に関する平均潜伏期間やチェルノブイリでの甲状腺ガンの過剰発生の年次推移のデータを見ても、これから甲状腺ガンは、これまでの 10 ～ 20 倍規模で毎年発生する可能性が大きい。このような状況の中で、これまでの行政の説明を早く修正しないと、さらに行政へ

の信頼は失われ、その結果、現実への対応や対策に支障を来しかねない。私ども
の研究が、今後のことを考えて、行政のアナウンスや対策立案を見直すきっかけ
になるのではないかと考えている。このままでは、ますます不安や不信、風評被
害を増幅するだけになると思う。

なお、津田教授の批判に対する反論のリストは、インターネットで「岡山大
学チーム原著論文に対する医師らの指摘・批判への、津田敏秀氏による回答
集」を検索すると見ることができる。

マーケッティングサイエンスの専門家である濱岡豊慶應大学教授は、過剰診
断論に対して、2016 年 9 月の「第 5 回放射線と健康についての福島国際会議」
が、福島での甲状腺ガン多発はスクリーニング効果であり、「本件原発事故に
起因するとは考えられない」という趣旨の提言を行っている点について、概略
次のように指摘している。[45]

2011 年から行われてきた福島県の県民健康調査・甲状腺検査に関する委員会で、
はじめて「過剰診断」に言及されたのは、2014（平成 26）年 3 月 2 日の第 2 回「甲
状腺検査評価部会」においてである。この回で委員の津金昌一郎氏（国立がん研
究センター）は、「福島県民健康調査における『甲状腺検査』の評価についてのコ
メント」に「（参考）ガン過剰診断のエビデンス」という資料を添付している。そ
の冒頭に次のような記載がある。
　　　（英文略）その診断が無ければ、その人の余命前に症状をもたらしたり、あ
　　るいは、その人の死因に至ることのないガンの診断。
　津金氏は、ガンが増えているのであれば、ガンの診断数と死亡数がともに増加
する、しかし、診断数は増えるが死亡数は変わっておらず、死亡数の改善につな
がっていないので過剰診断であるとし、外国の例を出して前立腺がん検診は基本
的に推奨されていないこと、神経芽細胞腫のスクリーニング廃止などを紹介して
いる。
　この説明に対して、実際に検診、治療を行っている福島医大の医師らから、「福
島県の子ども達の放射線の影響への不安を解消するために、長きに渡って見守る

ということで、生存率を向上させるとかということではない」。「（県民は）放射線に対する恐怖というものがある。それに対する正しいデータを示して、真実を示すことは県民にとって非常に大きな利益であり、そのために検査を続けている。そのために、細胞診では非常に厳格な基準を作って、客観的な評価の下にやっているので、臨床的にあまり問題にならないものをあまり見つけないようにしている」「我々は何でも手術している訳ではなく、一定の基準を持って、弊害を防ぐために経過を見ているものや、または 5mm 以下は明らかにガンであると思われるもの以外は二次検査をせず手術もせず経過観察している」などと反論している。

2016 年 3 月の「県民健康調査における中間取りまとめ」では、以下のように記述されている。

「⑥（中略）今回の甲状腺検査がなければ、少なくとも当面は（多くはおそらく一生涯）、発生し得なかった診療行為を受けることになる。

⑦ 本件原発事故は、福島県民に、「不要な被曝」に加え、「不要だったかもしれない甲状腺ガンの診断・治療」のリスク負担をもたらしている。しかし、将来ガンが活性する可能性が否定できないこと、県民の不安解消の意向、疫学的な検討の必要などを考慮しなければならない。

⑧ 甲状腺検査については、利益のみならず不利益の発生しうること（甲状腺ガン〔乳頭がん〕は発見時点での病態が必ずしも生命に影響を与えるものでないガン）であることを県民に分かり易く説明ししたうえで、被曝による甲状腺ガン増加の有無を検討することが可能な調査の枠組みの中で、現行の検査を継続していくべきである。

広島・長崎の被爆者については、寿命調査対象者のうち、2 万人程度を「成人健康調査」の対象として、1958 年以降、2 年おきに健康診断をしているが、過剰診断との批判はきいたことがない。前記国際会議の提言が「状況証拠」としているように、「状況証拠」だけで判断するのは不適切であるし、個々の「状況証拠」も妥当とはいえない。

（4）ウィリアムソン准教授の論文

インターネットで Dr. ピアース・ウィリアムソン（北海道大学メディア・コミュニケーション研究院特任准教授）の「多発する福島小児甲状腺ガンに関する四

つの『事実』に対する疑問：『福島の小児甲状腺ガンについての公式見解を読み解く』」（The Asia-Pacific Journal: Japan Focus）という論考を検索できた。極めて重要な指摘が多いので、殆ど全文を紹介する（但し、構成は変えている）。

① 山下俊一は、被爆二世にして、甲状腺ガンの「権威」である。最近まで日本甲状腺学会の理事長を務め、1990年代はじめにチェルノブイリで甲状腺ガンに取り組んだ。山下は2011年7月、福島医大副学長及び県民健康管理調査を統括する放射線医学県民健康管理センターのセンター長に就任するために長崎大学を休職し、同年3月の災害時に福島医大の助言役をするとともに、福島県放射線健康リスク管理アドバイザーにも就任していた。また、放射線緊急時医療準備・支援ネットワーク WHO 協力センター長も務めている。山下は福島に移った時から、（略）人に放射線の影響が来ないことが動物実験でわかっているとか、毎時100mSv まで大丈夫などと公言するなど、なにかと物議をかもす人物である。

山下は2013年6月、福島県民健康調査検討委員会の公開審議のお膳立てをする「秘密会(46)」の存在が暴露された後、他の3名とともに福島医大の職を辞した。

山下はその翌月、子どもたちにヨウ素剤を処方しないようにと事故の少しあとに福島医大に助言したのは間違いだったと認めた。もう一方の中心人物、鈴木眞一は甲状腺外科医で福島医大教授、スクリーニング（一斉検査）の実施を担当し、検査手順実演会に出たり、福島県民向けの説明会を開いたりしてきた。「秘密会」の実態が発覚するまで、鈴木もそれに関与していた。

山下と鈴木は示し合わせて、彼らの放射線被曝の関連否定論を支える4つの「事実」を挙げる。それは、ⅰ）いわゆる「スクリーニング効果」、ⅱ）チェルノブイリでは事故後、少なくとも4年後まで甲状腺ガンが現れなかったので、判断するのは早すぎる、ⅲ）福島の放射線レベルはチェルノブイリよりも低い、ⅳ）チェルノブイリ事故後の甲状腺ガンの主因は、汚染食品、とりわけミルクの摂取だった、しかし、日本は対照的に、迅速かつ有効な食品規制を実施した、という事実である。

なお、二人揃って健康調査の目的は県民に安心してもらうためであると発言し、問題ないという予断的な結論をあからさまに喧伝していることは、放射線の本当のリスクは心理的なものにすぎないもので、調査が「問題ない」という

前提に立って進められているとして、福島県民の批判を巻き起こした。福島大学の経済学者清水は、100mSv（放射能放出即時の結果）以下では影響がないという前提で健康調査が進められているが、100mSvを超えるような被曝をした住民はいないので、予め結論が出ていることになり、「健康調査をしなくてもいいということに論理的になってしまうんじゃないか」と主張した。

　2人（山下と鈴木）の見解は「論法が非科学的で、中立からほど遠い」。上記4つの点について以下のとおり問題がある。

② 第1のスクリーニング効果についての論拠は、（中略）、福島医大に不必要な手術をしているのではというジレンマを負わせている。すなわち、見つかった甲状腺ガンが、検査しなかった場合は子どもたちが大人になるまで、おそらく数十年先まで症状をもたらさず、だから決して見つかることもなく、ひょっとすれば他の病気で死ぬまでそのままということになれば、医療行為の標準に照らして、手術は時期尚早となるからである。そして、鈴木眞一が断言するように、甲状腺ガンが見つかったのは「スクリーニング効果」の結果であるとすれば、このことから、不必要だった手術という妖怪が呼び出される。東京大学大学院医学系研究科の渋谷健司教授は2014年6月10日、福島県民健康調査検討委員会・第3回「甲状腺検査評価部会」に出席し、見つかった甲状腺ガンが「スクリーニング効果」の結果であるなら、症状が出るまでは、手術すべきでないと多くの専門家が考えていると主張した。手術をすると、心身両面の傷を残すし、その後の一生、ホルモン療法も必要になる。福島医大は、腫瘍のサイズ、リンパ節や遠隔臓器への転移、反回神経や気管との距離など、外科徴候にもとづいて、手術の可否を判断していると主張する。さらに2014年8月28日、鈴木は第52回日本癌治療学会学術集会で講演を行った。彼は、54例の手術のうち、45例で直径10ミリ超の腫瘍またはリンパ節か他の臓器への転移があり、うち2例は肺への転移だったと明かした。残りの9例のうち、7例は腫瘍が気管に近接し、2例は本人や家族の意向に応じたものだった。しかし、鈴木はまたもやリンパ節転移の症例数と症状のある患者の数の公表を拒んだ。単純明快にいうなら、「スクリーニング効果」であれば、手術するべきではない。手術するべきなら、「スクリーニング効果」ではない。

　鈴木は2012年3月13日付け『朝日新聞』紙上で甲状腺ガン手術の可否につ

いて、「早期診断と早期治療がガンに対する標準的対応であるが、甲状腺ガンの場合は違うことに留意しなければならない。なぜなら、手術中に周辺の神経を傷つけると、患者が声を失うリスクがあるからであり、症状が現れるまで、手術を控えるべきであり、ガンの進行が遅いので、症状が出るとしても、生涯の非常に遅い時期になるかもしれない」と言っている。ところで、2011 年 10 月 12 日付け『毎日新聞』に、山下俊一が「現時点で異常が見つかる可能性は低いが、不安を和らげたい」と語った発言が引用されている。これでは、「スクリーニング効果」に期待されるものとまるっきり合致しない。

「スクリーニング効果」が福島県と福島医大が掲げる公式見解の中核をなしていたが、岡山大学の医師で疫学者、津田敏秀教授は 2014 年 7 月 16 日、環境省の第 8 回「福島第一原発事故に伴う住民の健康管理のあり方に関する専門家会議」で、これに異議を唱えた。津田は、ICRP 2007 年報告および UNSCEAR 2008 年報告は広島・長崎の 100mSv 未満の被爆者コホート［群、集団］に統計的に有意なガンの増加が認められないと言っているだけだと述べた。これは社会通念と相反して、日本で 100mSv 未満の被曝によるガンが発生しないとか、影響が見られないとかを意味していないと彼は指摘した。

問題は、多用される「統計的有意性」概念にある。これでは、現実に増加していても「統計的に有意」ではないと切り捨てられ、合計値が十分に大きくなく、統計学が因果関係を認めるために求める要件に届かない場合、なにが現実にあっても問題でなくなる。また、この手法は影響を平均化し、放射線量の地域的な違い、人びとの（性別、年齢、全身の健康状態などによる）放射線に対する感受性の違い、その他の要因を過小評価する。

③ 第 2 の「時期的に早すぎる」という点については、チェルノブイリ事故後、子どものたちが甲状腺ガンを発症するまで少なくとも 4 年かかったとする「事実」が幅広く報道されたとしても、その反面、報道されることが滅多にないが、この 4 年仮説の根っこを掘り起こす 2 つの要素がある。1 つは、広島・長崎の被爆者では甲状腺ガンが現れるまで 7 年から 10 年はかかるはずであるという当時の一般常識から、1992 年にチェルノブイリ事故の影響で小児甲状腺ガンの頻発している事実が報告されたとき、放射線専門家の内輪では懐疑論で迎えられたことである。懐疑論の一部は疑う余地なく科学的だった（「ヨウ素 131 の発ガン

性は低い」）が、一部はそうでなかった。このような論争さえなければ、救援の
手をもっと早く差し伸べることができただろう。

　知識は 28 年前から進歩した。たとえば、アメリカ疾病管理予防センターが 9・
11 攻撃の被害者を支援するために設立した世界貿易センター保健プログラムに
よって、人の甲状腺ガンは「低レベル電離放射線」被曝後 4 年より早く発症す
るのかもしれないということが認知された。ジョン・ハワード医学博士は 2013
年 5 月 1 日付け改訂版報告で、甲状腺ガンの「最短潜伏期間」を 2 年半と記録
している。この結果は、米国原子力規制委員会などの統計モデルに基づいてい
る。「小児ガン」は「20 歳未満の人に生じる、あらゆるタイプのガン」と定義さ
れており、これに甲状腺ガンも含まれるので、全米科学アカデミーの文献に基
づき、「最短潜伏期間」は 1 年と記載されている。さらに、原子放射線の影響に
関する国連科学委員会（UNSCEAR）の 2013 年報告（公表は 2014 年 4 月）に対
する、ノーベル受賞団体、核戦争防止国際医師会議（IPPNW）のいくつかの支
部（日本人はひとりも関与していない）が、2014 年 6 月に公表した批判的分析
に、「いくつかの国際研究では、また、小児甲状腺結節の悪性率は、（電離放射
線被曝の結果である場合）成人よりも 2 ～ 50% 高い」と特筆されている。実際、
最近の 2014 年、未成年期にチェルノブイリ由来のヨウ素 131 に被曝したベラル
ーシ国民 12,000 人を対象にした調査（査読論文誌『キャンサー』10 月号に掲載）
は、放射線に起因する甲状腺ガンの攻撃的な特性を立証した。論文の筆頭著者
である医師、疫学・生物統計学部（カリフォルニア大学サンフランシスコ校）
の准教授リディア・バブロッカは、福島の未成年者を検査する案を支持し、「児
童期または青年期にフォールアウトで被曝した人たちは最高のリスクを負って
おり、これらのガンが悪性であり、実に速く拡散しうるので、おそらく甲状腺
ガンのスクリーニングを定期的に実施すべきである。……臨床医師たちは放射
線関連腫瘍の悪性さに気づくべきであり、リスクの高い人たちを綿密に監視す
べきである」と書いた。研究は、ヨウ素 131 被曝が良性腫瘍の原因になりうる
ことも示した。

　また、子どもたちは成人より放射線被曝に弱く、女性は男性より弱いことも
忘れてはならない。全米科学アカデミーの BEIR VII Phase 2 報告［イオン化放射
線の生体影響に関する諮問委員会第 7・第 2 局面報告］に定式化されているリス

ク・モデルによれば、「（発ガン）リスクは、性別および（外部放射線）被曝時の年齢に依存し、女性および若年時に被曝した人のリスクが高い」。すなわち、他の要因が不変である場合、女の乳幼児が最も弱く、次に男の乳幼児、女性成人、最後に男性成人の順になる。しかしながら、これらの違いは公的に支持されているリスク・モデルから抜け落ちていることが多い。ミズーリ大学臨床検査学プログラム部門長スティーヴン・スターが書いているように、「30歳の男性に比べて、女の乳幼児が放射線誘発ガンを発症するリスクは7倍高く、5歳女児のそれは5倍高い。現在、一般的に認められている放射線安全基準は実際に20歳ないし30歳の男性を基準の基礎になる『標準男性』として用いているが、これでは乳幼児や児童の線量を過小評価することになる」。この性別によるリスクの不均等は、核実験、チェルノブイリ放射性降下物、稼働中の原発の周辺で生活することに由来する、いわゆる「低レベル」放射線による被曝が、人の誕生時における「男女比」の変化を引き起こすという知見、つまり、女の子に比べて、男の子が生まれる確率が高くなるという認識にも、やはり明らかにあてはまる。日本甲状腺外科学会の前理事長であり［福島県民健康調査］検討委員会の第3回「甲状腺検査評価部会」部会長清水一雄によれば、通常、女性の甲状腺ガン罹患率は男性のそれより女8に対して男1の割合で高いが、これまでの福島では、男の子の割合が36％になっていた。女性に比べて、男性の甲状腺ガン罹患率が通常の比率より高くなる現象は、チェルノブイリ後にも認められている。（以下、IPPNW、UNSCEARの見解に触れているが省略）

　津田は、福島で入手可能なデータがすでに局地的なクラスター（統計学で属性を共有する個の集団の意）の存在を示しており、これを「スクリーニング効果」で説明し切れないと言い切った。したがって、当局は福島県内外で住民の一斉健康診断を早急に実施することで、時間の経過とともに拡大する疾病急増に備え、被曝を最小限に抑えるために今以上のことをなし、妊娠中の女性や未成年者など、弱者集団の放射線防護対策に資金を手当し、福島県内のこれら弱者集団の放射線レベルの低い地域への疎開を考慮し、定期的に放射線レベルを広報し、住民と協力して信頼関係を構築するべきである。

　津田はさらに、チェルノブイリのデータによれば、甲状腺ガンが単に子どもたちだけでなく成人にとっても深刻な問題であることが示唆されており、10mSv

未満の放射線レベルの被曝（たとえば、小児科 CT スキャン、背景放射線、航空機搭乗員）でも、ガンが統計的に有意に増加していることを示すデータが数多くあると指摘した。妊娠中の女性は特に弱いのに、福島では、引き上げられたレベルの放射線に被曝し続けている。

　津田の意見に対し、他の会議出席者らは批判をたっぷりと浴びせ、とりわけ鈴木元（UNSCEAR の委員）、それに長崎大学で山下の先輩にあたる専門家会議の座長長瀧重信が反発し、長瀧は津田を挑発して、「ガンが増えているということが、ここの委員会の結論になると、大変なことになる！」と言い放った。長瀧はその後にも、会議の目的は被曝線量レベルに注目することだと頑固に言い張り、津田の意見を退けた。

　鈴木元の反論のひとつは、福島県外の 3 県、すなわち、青森、山梨、長崎各県に対照群を設定するために実施されたスクリーニングに据えられていた。環境省の援助を得て実施され、鈴木眞一と山下俊一が参加したこれらの研究は、［甲状腺の］結節と嚢胞が見つかる割合が福島のそれより低くなかったと結論していた。3 〜 18 歳の子どもたちの合計 4,365 人のうち、嚢胞が 56.88%、結節が 1.65% の被験者に見つかっていた。津田は、年齢層が違うので、これらの調査は本当の比較にならないと応じた（すなわち、対照群の年齢層は 3 〜 18 歳であるのに対して、福島医大のスクリーニング対象者は 1 〜 18 歳）。だが、年齢層の違いを調整してみると、福島の割合が統計的に有意に高くなる。つまり、対照群の子どもたち 4,356 人のうち、ガンが見つかったのは 1 例であり、それに対して、福島の地域別統計の最高値では、1,633 人のなかからガンが 1 例見つかっている。

（核戦争阻止国際医師会議：IPPNW）

　IPPNW は UNSCEAR 2013 年報告に対する批判的分析のなかで同様の所見を表明しており、「……（青森、山梨、長崎の）対照群は、年齢、性別、その他の人口統計学的属性が一致しておらず」、また国立大学に付属する教育機関の生徒で構成されていて、「一般人口集団を代表するものではない」と書いている。さらにまた、検査時間が福島医大の実施する時間より長かったと言われていると指摘した。IPPNW はおまけに、UNSCEAR が福島医大の調査結果は通常値の範囲

309

内に収まっていると断言するために、最近の入手可能な福島医大の調査結果を使わずに、臨床的に不顕性の（つまり、無症状の）小さな甲状腺乳頭ガンの罹患率が35%になったという、フィンランドの調査を引用しているとして注意を促した。実をいえば、その調査結果は27%であり、しかも18歳未満の未成年者のガンは特に見つかっていなかった。IPPNWは、「これはスクリーニング効果仮説と矛盾するので、UNSCEARはこの事実に言及していない」と結んでいる。要するに、IPPNWは、報告の執筆時点で福島医大が見つけていた33症例のガンが有病数（総数）を表すだけであり、発症数（年ごとの増加数）を表していないと考えているが、それでも、この数値は「懸念すべきものであり……甲状腺ガンの検出数は予想値よりも多い」としている。

　TV朝日は、チェルノブイリから10キロ西にある診療所の副所長にも取材しており、その彼は、1990年まで診療所に超音波検査機器がなかったと指摘した。だから、最初の4年間、医師たちは手で触診していたのである。副所長は、もっと早くからガンが発症していたとしても、検出できなかったということもありうると認めた。チェルノブイリ事故の4年後までソ連に超音波検査機器がなかったことを「報道ステーション」が明らかにし、この報道が4年という事実の妥当性に大きな疑問符を投げかけた。ところが、TV朝日と同じ系列であるはずの『朝日新聞』は、TV朝日の放送から3日前の2014年3月8日付け記事で、一言、ソ連の診断機器の不足について言及しただけだった。ところが、鈴木眞一がまるで示し合わせたかのように、同じページに彼自身の短文を書いて顔を出していた。鈴木は、甲状腺ガンの進行が遅いこと、スクリーニングに前例がないことを理由に、福島で見つかった甲状腺ガンの原因が放射線被曝であることを否定した。彼は4年の「事実」には触れなかった。朝日は奇妙なことに、3日後にニュース番組が浮き彫りにした疑問を進んで報道しようとしなかった。だが、これでも朝日は、診断装置の不足についてなにも報道しなかった『読売新聞』よりはマシだった。結局、放送の内容を報道したのは朝日ではなく、『毎日新聞』であり、2カ月遅れの2014年5月12日付けだった。（中略）『毎日新聞』はそれに加えて、以前にも2度、チェルノブイリ事故後のソ連における超音波検査機器の不足を報道していた。

　長野県の諏訪中央病院の院長・鎌田實は2013年8月13日付けの寄稿記事

で、4年の「事実」にもとづく鈴木眞一による関連の否定を「おかしな理論である」と表現した。鎌田はチェルノブイリ事故の4年半後、ベラルーシの汚染地域を訪れたとき、国も医師たちも甲状腺ガンを重視しておらず、甲状腺検査どころではなかったと振り返った。だが、鎌田は小さな村で甲状腺ガンの急増に気づいた。彼と他の何人かで病院に超音波検査機器を提供し、検査を始めた。約2年後、WHOとIAEAが関連を認めた。鎌田は、「チェルノブイリで4年後まで小児甲状腺ガンが少なかったのは、単に発見できなかっただけだった可能性がある」と結論した。鎌田は2013年2月23日付け『毎日新聞』にも寄稿しており、同じ趣旨の意見を語っていた。したがって、1990年ぐらいまでソ連に超音波検査機器がなかっただけでなく、医師の多くは甲状腺ガンを見つけようとすらしていなかったのだ。チェルノブイリ事故後のソ連には甲状腺ガンにかかわる装置も医療上の関心もなかったにすぎない。チェルノブイリにおける山下の活動を思えば、山下と鈴木が4年の「事実」を断言しているのは、彼らの本当の知の限界を反映しているのだろうかと訝っても許されるだろう。そうではないと思わせる証拠がある。TV朝日の番組に対する福島医大の反論（後述）は、現時点（2013年末）までに甲状腺ガンと診断された子どもたちの平均年齢が16.9歳であり、これは通常時の傾向と合っているが、チェルノブイリ事故後のほとんどの事例は0歳ないし5歳の範囲内に収まっており、また福島県内で検出率の地域的な違いはなかったと主張している。ところが、ある鋭いブロガーが指摘したことだが、ベラルーシのゴメリ州でチェルノブイリ事故後4年以内に5歳以上の子どもたちの甲状腺ガンが見つかっていた。しかも、この知見を記録したのは山下俊一だった。　日本の原子力委員会のウェブサイトでアクセスできる山下の報告に、手術後に確認された甲状腺ガンの事故時年齢別の症例数データが収録されており、それによれば、その数は1986年が1例（13歳）、1987年が4例（11、12、14、16歳）、1988年が3例（6、8、17歳）、1989年が5例（1、5、14、15、16歳）だった。前述したように、1990年にスキャナーがついに届いて、合計数が15症例に跳ね上がり、5例は事故時の年齢が5歳以上だった（6歳2例、8歳2例、13歳1例）ものの、5歳未満の子どもたちに集中していた。その後、症例の年間合計数は35例以上で推移して、1997年に66例の最大値に達し、5歳未満の増え方のほうが大きかったが、5歳以上でも増えて

いた。以上のことから、山下は4年以内に見つかった5歳以上の11症例を知っていたのであり、鈴木も仕事上の密接な関係から考えて、知っていておかしくなさそうだ。それでも、二人とも何も言わない。

　さらにまた、ジャパン・フォーカス寄稿者落合栄一郎が記しているが、子どもたちの甲状腺ガンのほとんど即時の増加を2011年にウクライナ政府が報告していた。落合は、「この途切れない増加から考えて、ヨウ素129、セシウム137など、ヨウ素131以外の放射線源も関与しているのかもしれない」と書いた。要するに、放射性ヨウ素が、ほとんど即時に発症しはじめた甲状腺ガンの唯一の原因ではなく、放射性セシウムもまた原因であるのかもしれない。それなのに、福島医大サイトは2012年11月30日発行のパンフレットを掲載し、甲状腺スキャンに関する情報を提供し、鈴木眞一は挨拶文で、チェルノブイリ事故当時、乳幼児であった人たちに4年後から甲状腺ガン発症の増加が認められていたと述べる。言い回しが巧みである。4年後に甲状腺ガンが発症しはじめたと言わず、増加しはじめたと言っている。だが、受ける印象では、（「増加」は「正常」レベル以上の増加のはずなので）問題になる症例は4年後になって初めて現れたということになる。したがって、それより前に福島で見つかった甲状腺ガンは放射線関連のものではありえないことになる。

④ 次に第3について次のように批判する。

　京都大学の核物理学者小出裕章は、「セシウム137は、広島に投下された原子爆弾が放出した放射性物質のなかで最も危険なもののひとつだった。日本政府が国際原子力機関に提出した報告によれば、福島第一原発の1、2、3号機が大気中に放出したセシウム137の量は広島原爆のそれの168倍だった。これは過小評価である。福島第一原発の事故のため、それ以来、広島原爆が放出した量の400ないし500倍の放射性セシウムが大気中に放出されてきたのである。その結果、関東と東北の1,000万人ほどの人びとが日本の法律で避難すべきとされている地域で、避難もせずに生活しつづけている」と述べる。彼は「ほぼ同じ量の放射性物質」が海に入ったと付け加える。

　さらに最近の研究が、福島の事故によって放出された放射性物質の量はチェルノブイリ事故によるものと同じか、それ以上であると示唆している。たとえば、パヴェル・ポヴィネクら（2013年）は、大気中放出、汚染滞留水、海中排

出量を計算に入れて、データを見なおした。その結果、ヨウ素 131 が 2.08 ×
10^{18}Bq、セシウム 137 が 1.59 × 10^{17}Bq であったが、それに対してチェルノブイ
リの最も信頼できる推定値は、それぞれ 1.76 × 10^{18}Bq と 8.5 × 10^{16}Bq である。
ヤマダとワタナベ（2014 年）もまた、福島の人口密度がチェルノブイリ被災地
域の 3 倍なので、福島のガン症例はチェルノブイリより多くなるだろうと示唆
している

　WHO はリスク拡大のあいまいな計算を控えている（後述）が、UNSCEAR の
線量推計を標準リスク・モデルに適用して得られるガンリスク見積では、初年
の被曝による過剰ガンが 2,500 ないし 3,000 例、初年と半年の被曝による作業員
の過剰ガンが 50 例となる。放射線生物学者イアン・フェアリー博士は、地表の
セシウム（グラウンド・シャイン：地上沈着放射性物質による被曝）によるガ
ンだけで、今後 70 年間の過剰死を 3,000 件と見積もっている。その対極にあり、
非常に物議をかもすのが、欧州放射線リスク委員会（ECRR）のクリス・バズビ
ー博士であり、過剰ガンを推計するのに、彼は 2 種類の異なった方法を使った。
第 1 の方法は、スウェーデンの医師で科学者マーティン・トンデルがチェルノ
ブイリ事故後におこなった観測にもとづくもので、最初の 10 年間の過剰ガンを
224,223 例と予測していた。第 2 の ECRR モデルを用いた方法では、50 年以内
の過剰ガンが 416,619 例と推計され、そのうち、208,310 例が最初の 10 年間に現
れるものである。両方とも、福島第一原発から 200 キロ以内の人びとを対象に
しており、永住と避難しないことを前提にしていた。しかしながら、全般的な
推計より、個人の被曝の精密な記録のほうが望ましい。TV 朝日は、そのような
記録は可能だったが、県によって止められたと伝えた。番組は、国会が福島第
一原発事故を調査するために設置した東京電力福島原子力発電所事故調査委員
会の委員を務めた放射線医学総合研究所の元上席研究員崎山比早子に取材した。
崎山は内閣府原子力災害対策本部が原子力安全委員会（NSC）に送付した文書
を示し、実施中の甲状腺被曝検査を止める力が働いたと見解を述べた。その文
書には、モニターは相当の重量物であり、移動が困難であるとか、関係する人
びとに不安と差別を与える恐れがあると書かれていた。つまり、当局機関は真
のリスクが心理的なものであり、放射性降下物による被曝はないと主張してい
るのだ。この論法が福島医大の立場でありつづけている。

313

TV 朝日は、爆発直後に被曝線量レベルの測定を試みた弘前大学の床次眞司教授にも取材した。放射性のヨウ素 131 の半減期はほんの 8 日なので、早期の記録が重要である。彼は浪江町で測定を始めたが、福島県が不安を煽っていると咎め、止めさせた。床次は災害時の研究者の世界におかしな雰囲気があったと振り返った。甲状腺検査をやらなければならないことは、だれにもわかっていたはずだが、誰も言わず、ましてや行動も起こさなかった。

　番組は福島県の役人に県の立場を釈明する機会を与えたが、その彼は、床次にストップをかけたことをあいまいに否定するだけだった。国会事故調査委員会は、原子力安全委員会が福島県原子力災害対策本部宛に送信したファックスでヨウ素剤の調剤を助言していたのに、このファックスが不可解にも行方不明になり、末端の市町村長に届いていなかったことを突き止めていたが、このことについても彼は言及しなかった。結果として、福島県民でヨウ素剤を服用したのは、10,000 人だけだった。対照的なことに、何千もの錠剤が、福島第一原発から 60 キロ離れた福島医大で心配している職員とその家族に配られた。福島医大副学長の小児科医細矢光亮もまたヨウ素剤を住民に配布したいと願っていたが、福島県がそれを差し止め、決定を山下俊一に委ねたところ、その彼は配布を不必要と考えていた。後になって、福島医大職員たちの不安が正当なものだったと判明した。3 月 15 日に福島医大前の県道 114 号交差点の雑草からキログラムあたり 190 万 Bq のヨウ素 131 が検出されたのである。

　さて、床次は引っ込んでいることなく、爆発の 1 カ月後、進んで福島県民 65人の検査をした。弘前大学の検査と福島医大の検査のどちらも、半減期が 2 時間のヨウ素 132 を反映することはできないが、広島大学原爆放射線医科学研究所の細井義夫は、床次の検査のほうが福島医大で実施した検査よりも正確であると見ている。結局、床次は 65 人のうち、50 人（77%）の甲状腺に放射性ヨウ素を見つけた。彼は次に、2011 年 3 月 11 日の呼吸を想定して考えられる被曝線量を計算した。20 人の推定被曝線量は 20mSv 未満だったが、5 人は 50mSv を超える被曝をしていた。最高記録は 87mSv で、2 番目が 77mSv だった。床次は、ヨウ素レベルが高い地域に残っている乳幼児は 100mSv を超える被曝をしているかもしれないと言った。

　UNSCEAR によれば、チェルノブイリの平均甲状腺被曝線量は 490mSv であり、

これより低いにしても、50mSv のレベルはやはり重大である。IAEA は 2011 年
6 月、ヨウ素剤配布を勧告する被曝線量レベルを甲状腺の等価線量で 100mSv か
ら 50mSv に引き下げた。これは、チェルノブイリの最新データが 50mSv を超え
ると甲状腺ガンのリスクが高くなることを示したからである。それにひきかえ、
WHO は 1999 年以来、乳幼児、18 歳以下の子どもたち、妊娠女性、授乳女性の
限度を 10mGy（一般人にとって、10mGy は 10mSv と等価）に据え置いたままで
ある。そういうことで、日本政府は 2011 年 12 月、指針を 100mSv から 50mSv
に引き下げた。

　さらに言えば、チェルノブイリ事故後、甲状腺ガンは子どもたちだけに発症
したというのが「事実」とされてきたので、ヨウ素剤の服用は 40 歳未満の人た
ちだけに推奨されていたが、細井は、最新の疫学データが 40 歳以上の人びとも
影響されていることを示していると注意を促した。その結果、日本政府は 2012
年 12 月、指針を変更し、40 歳以上の人びとへの錠剤の配布を認めた。そうは言
っても、政府は原発近辺の住民は家庭内で保管してもよいと言いながら、WHO
指針に違反して、事前配布に反対する姿勢を維持しており、この問題で新潟県
の泉田裕彦知事ともめている（その他にも、原子力規制委員会 NRA、再稼働の
ための新安全基準や法制、緊急対策の設定〔または不設定〕など、両者で衝突
する問題は多い）。新潟県は世界最大規模の柏崎刈羽原子力発電所を抱えており、
2007 年に、原発から震源が 20 キロ離れているだけの地震でパイプが破損して、
3 号機で火災が発生した。この原発は現在止まっているが、東京電力は国の政策
に沿って再稼働に動いている。

　要するに、これまでの 20 年ばかり「専門家」が強く断言してきた 2 つの「事
実」が、最近になってウソとわかり、突如として「事実」でなくなった。40 歳
以上の人びとは、放射性ヨウ素に対して、以前に IAEA が容認できると考えてい
たレベルの半分でも弱いのである。

⑤ 第 4 の点についても次のように批判する。

　福島医大はウェブサイトの Q&A コーナーで、福島第一原発事故で放出され
た放射線量はチェルノブイリのおよそ 7 分の 1 であり、チェルノブイリの原発
事故でも外部被曝による甲状腺の健康被害は認められなかったことから、福島
県でも外部被曝の影響により甲状腺に健康被害がおよぶとは考えにくく、チェ

ルノブイリでは「多く」の人に内部被曝による甲状腺への影響が認められたと明言している。内部被曝を汚染食品の摂食によるものと定義し、事故後の食物等の出荷規制や摂取制限が早い段階で実施されたので、内部被曝による甲状腺への影響も考えにくいと結んでいる。最終行は「ですから、現時点においては、放射線による甲状腺の健康被害はないと考えられております」と断定しており、呼吸は考慮されていない。

　山下は呼吸を無視しておきながら、呼吸が甲状腺ガンの原因になりかねないと気づいており、心配していた。山下は当初の2011年3月18日、福島医大にヨウ素剤を配布しないように奨め、「安定ヨウ素剤で甲状腺ガンが防げるという誤解が広がっているが、『ヨウ素剤信仰』にすぎない。日本人が放射性ヨウ素を取り込む率は15～25%。4、5割を取り込むベラルーシとはわけがちがう」と述べた。山下は2011年3月21日付け『朝日新聞』の記事で、チェルノブイリでは汚染されたミルクや食べ物を摂食したので甲状腺ガンになったと主張した。だが、山下はその前のパラグラフで、福島の空気中にある放射性ヨウ素の量とそれが甲状腺におよぼす影響について考察している。1時間あたり100mSvのレベルを安全だと考えていたが、そのような地域に乳幼児が留まるのを容認するのは望ましくないと述べた。さらに2011年3月24日付け『朝日新聞』は、放射線の検出値が高いなら、放射性ヨウ素が甲状腺に影響を及ぼす恐れがあるので、福島第一原発から30キロ以上離れた地域でも、乳幼児と妊娠中の女性を避難させるようにと助言している山下の発言を伝えている。そして、山下は2011年3月23日、SPEEDIの汚染レベル予測地図を見たとき、いや増しに募る不安を煽られたはずだと今になって思える。（中略）

　2013年11月8日付け『朝日新聞』の記事は次のように伝える――「山下を驚かせたのは、11年3月23日に国が公開したSPEEDI（放射能拡散予測システム）の計算図だった。当時のヨウ素剤服用基準は、甲状腺の被曝線量が100mSvになると予測されたとき。計算図では100ミリを超える地域が原発30キロ圏外にも大きく広がっていた」。記事は、山下の発言をこう伝えている――「ありゃー、と思いました……日本の原発にはヨウ素とかを取り除くフィルターとかがきちんと付いているものだと思っていた。まさかこんなに広範囲に汚染されているとは思わなかった」。それでもなお、上記の英訳を掲載したブログが指摘するよ

うに、爆発やベントの前に錠剤を配布しないとなれば、最終責任は政府と福島県にあった。だから、福島の甲状腺ガンの原因が放射線であることを否定するために、福島医大がミルク説を使ったのは、詭弁のように思える。

さらに、WHO 2012 年報告は、呼吸を「経路」に挙げていた。たとえば、災害の初年に浪江町と飯舘村で被曝線量のうち、呼吸が占める割合は、10 歳児がそれぞれ 60% と 50%、1 歳児が 50% と 40%、成人が 50% と 40% だった。福島医大の事例は、福島第一原発爆発後の放射線が「低レベル」であるという前提にもとづいているようだ。だが、前述で示したように、この前提は疑わしく、当初の測定が信頼できるどころでなかったのだから、なおさらである。たとえば、2011 年 3 月 12 日付け『朝日新聞』夕刊は福島第一原発のオンサイト放射線モニター 8 基のすべてが壊れ、東京電力は手持ち式の携帯モニターを頼りにしていたと伝えていた。さらにまた、TV 朝日が見せたように、もっと重要な個人被曝線量レベルを測定する企ては差し止められた。また前述したように、ヨウ素剤を特定の地域で投与すべきだったと山下自身が後になって認めたが、ヘマなことに、彼がそれに反対する助言をしたのだ。

さらにまた、IPPNW はその批判的分析で、UNSCEAR 2013 年報告が「環境測定値に基づいて外部被曝線量を評価するには、放射能プルーム通過時の大気中のガンマ線量率と放射性核種の測定が不十分であった」と述べていると記した。福島医大と反対に、日本の食品規制が摂食を経由した被曝を防止したかといえば、やはりそうではなかった、UNSCEAR はまた「最初の 1 〜 2 カ月間の食物の測定値は比較的少なかった」とも述べ、「日本で生産された食品への放射性核種の経時的な移行に関する情報が不足している」と続けた。実際、IPPNW は、UNSCEAR 自体の推計にもとづき、福島の子どもたちの甲状腺は事故後の初年に 15 ないし 83mGy の放射線に被曝したが、「その内、約半分が食物内の放射能の経口摂取によるものだった」と知ることになった。東京大学・アイソトープ総合センターのセンター長児玉龍彦は、2011 年 7 月、国会で政府の中途半端な除染や食品検査の対応を追及したとき、すっかり日本の茶の間の顔になった。

IPPNW は、さらに甲状腺の背景放射線による通常の年間被曝線量が 1mGy であると指摘し、UNSCEAR 2013 年報告の第 213 節を参照文献として引用した。これは、最初の年だけで福島県の乳幼児の甲状腺ガンが天然背景放射線の 15 な

いし83倍の危険な放射線に被曝したことを意味する。IPPNWは、「控えめ」と考えながらも、UNSCEAR 2013年報告の数値を用いて、放射線被曝の結果、福島県で発症する甲状腺ガンの合計数を1,016症例と計算し、患者のほとんどが子どもであるとした。侵襲的治療と生涯にわたる手当てに伴うトラウマとリスクに加えて、IPPNWは、米国放射線防護測定委員会が甲状腺ガンの死亡率を7%としていると報告した。これは、70人が死亡することを意味する。IPPNWが示唆するように、これでも過小評価であることが十分考えられる。

また、ウィリアムソン氏は、科学の政治性について次のように批判する。

　山下と鈴木など、国内の代表に加えて、UNSCEARやWHOのような国際機関は、東京電力災害が健康に及ぼしかねない結果をめぐる論争の、権威ある、幅広く引用される当事者団体について、その関与は政治党派色が強いようだ。キース・ベーヴァーストック（東フィンランド大学、WHO欧州地域事務局の元放射線・公衆衛生地域アドバイザー）は、UNSCEARとWHOが作成する被曝線量レベルが「著しく信頼性に欠け」、「まさにフィクション」であり、UNSCEARは科学団体というより、政治団体であって、その構成員は核擁護「専門家」で、核保有諸国に指名され、彼らの適性と裏にある利益相反は開示されないと警告する。

　WHOが1959年に署名した協定（WHA12-40）に縛られ、放射線問題に関してIAEAと協力する義務を負っていることを考えれば、その中立性も疑わしい。ベーヴァーストックは2014年11月20日、日本外国人特派員協会で行ったスピーチで、彼の13年間のWHO経歴を反省した。彼は、協定そのものは国連機関の標準的な慣例に即しており、常軌を逸しているとは思わないが、それでも、WHO・IAEA間の管理レベルの関係は「著しく歪める要因」だと考えると言った。要するに、IAEAは使える資金を潤沢に保有し、ベーヴァーストックによれば、WHOの幹部は、部内の専門家の助言よりも、IAEAの方針に従う傾向がある。ベーヴァーストックはさらに続けて、次のように論評する——「数カ月前、福島市で国際シンポジウムがありました……そこにいたWHO広報官が、WHOは、公衆の健康防護に関して何が理に適っているかを決める際、原子力の経済的側面を考慮しなければならないみたいなことを言っていました。その発言はわたしをゾッとさせ、びっく

りさせました。原子力産業の経済的健康を看護するのは、彼女の仕事ではありません。彼女の仕事は住民の公衆衛生の面倒を見ることです。ですから、そこには混乱があり、それも根強いようでした。IAEAは、チェルノブイリ事故で学んだ教訓にもとづいて、甲状腺ガンを発症させるヨウ素131による子どもたちの被曝を防止するためのヨウ素防護法に関するガイドラインの公表を妨害しました。IAEAは、そのガイドラインの策定に協力した後、支持を撤回し、WHOによる公表を阻止しようとしたのです（彼は後ほど、ガイドラインがやがて2003年ごろに公表されたと述べた）」。

　おそらくこの問題を反映しているのだろうが、WHOは、2003年のイラク侵攻が健康に及ぼした影響の検証が遅れたこと（ファルージャにおける遺伝子損傷とガンの率は原爆被爆者より高かった）、次いで2013年の最終報告が、それに先立つ（イラク保健省とWHOの「共同事業」であり「共同出資」されていると喧伝されていたのに、実はイラク側の事業であり、WHOは後援団体として名を連ねていただけの）調査事業プレスリリースに反して、原因としての劣化ウラニウム（DU）、鉛、水銀を考察していなかったことで厳しい批判にさらされた。ベーヴァーストックは、劣化ウラニウムを検証しなかった怠慢を「由々しい切り捨て」と表現し、「WHOの幹部管理職がDUの公衆の健康におよぼす影響を検証する義務を疎かにしたことには疑いの余地がないというのが、わたしの考えです」と述べた。WHOは2004年に、ベーヴァーストックが主導して劣化ウラニウムの影響に踏み込んだ研究の公表を阻止していた。その研究は機密指定のままである。クイーンズ大学のカナダ研究部門長スザンヌ・ソーダーバーグ教授は、ベーヴァーストックに同調して、「WHOが、たいがいの国際機関と同じように、中立的な団体ではなく、加盟国の地政学的な勢力の影響を受けているとわたしは固く信じています……だから、そうです、非常に賢い科学者のグループが、その研究で『なぜか』という疑問を探求しないことには理由があります」と語った。

　WHO 2013年報告は福島に関して、最も汚染された地域で乳幼児期に被曝した女の子の甲状腺ガンが70％増加すると計算していた。これは高く思えるし、これまでで最大の増加であるが、実際には0.75％の基準線生涯リスクに0.5％加算されるにすぎない。つまり、WHOは通常の状況の女性がガンになる確率を4分の3パーセントと見積もっているのだ。東京電力の災害が最も汚染された地域の女の乳

幼児のリスクを 0.5% 上昇させたが（基準 0.75% × 70% の増加 =0.525%）、合計生涯リスクはやはり極めて低く、1.25% に過ぎない。だから、大見出しになる結論は「予測されたリスクは低く、基準比率を超えるような甲状腺ガンの目立つ増加は予想されない」となる。

　国際放射線防護委員会（ICRP）は国連機関ではないが、やはり政治的圧力を免れているわけではない。この団体は被曝線量レベルを設定し、多くの政府方針がそれにもとづいて決められ、国連機関もそれに頼っている。ICRP が策定するモデルの妥当性が、議論の対象になっている。崎山比早子は国会事故調査委員会の知見を報告したとき、電気事業連合会（電事連）が「……国際放射線防護委員会（ICRP）や原子力安全委員会のメンバーを含む放射線の専門家に働きかけ、放射線防護基準を緩和させようとしていた。残念ながら、日本の放射線専門家の多くは所属団体の従順な召使いであり、電事連によるロビー活動の要求項目のすべてがICRP 2007 年勧告に盛り込まれていると、ある文書に記されていた。電事連が要求を達成する方法のひとつは、ICRP 委員が国際会議に出席する際の旅費を肩代わりすることである」と書いている。

　東京電力の災害を調査する科学団体の政治的なふるまいは、国際レベルだけでなく、国内レベルでも見受けられる。日野行介は『毎日新聞』の 2012 年 10 月 3 日付け記事（同僚記者と共同執筆）と 2013 年 2 月 9 日付け記事で、検討委員会の「秘密会」の存在を明るみに出した。最初の記事は、「秘密会」が県庁で開かれていたと暴露していた。その会合は、公開される本会議の議論の成り行きを想定したうえで、そのシナリオを裏でお膳立てし、間違いなく全出席者が甲状腺ガンと放射線被曝の関連を否定することに同意するように仕向けるためのものだった。『毎日新聞』の指摘を受けた福島県は、混乱を避けることで、住民の不安を招かないようにするためだったと釈明したが、それにしても不適当な方法であり、もうやらないと認めもした。

　第 2 の記事は、公開の委員会の場では、福島県外避難者の検査をできるだけ早く実施することが求められたが、「秘密会」では、それを遅らせるように合意されていたことを明らかにした。遅らせる理由は明確でなかった。鈴木眞一は、福島県外で専門医が不足しており、できるなら福島に戻って検査を受けてほしいと言ったので、明らかに遅らせるように求めていた。だが、鈴木は 2012 年 4 月の公開

の場では、準備が整ったので、2012 年 5 月に始められると発言していた。結局、診断システムは 11 月まで設置されず、福島県外の診療所は 2012 年 3 月から同年 6 月まで福島県から連絡がなかったと明かした。内部被曝の参考資料を作成する作業も公表前の会合の記録にあった。検査を福島県外に拡大することを嫌がる姿勢は、後の 2014 年 6 月 25 日に環境省が開催した専門家会議にも反映されていた。アワー・プラネット TV によれば、（広島・長崎）被爆者の公的な資格要件の拡大を求める訴訟事件で政府側に立っていた専門家たちは、健康検査を福島県外に拡大することに先頭に立って懸念を表明した。

最後に、TV 朝日に対する政治的対応についても述べている。

　TV 朝日はいくつかの辛辣な疑問を投げかけた。前に触れなかったことで、スクリーニング調査の子どもたちの扱い方を不満に思う親たちのシーンがあった。この批判は気づかれないままでは済まず、気がかりな反撃に遭った。日野は 2014 年 5 月 23 日付け記事で、福島医大と環境省が揃って「報道ステーション」の番組に対する反応をホームページで公開したが、それでも、双方とも TV 朝日が間違った主張をしていたとは非難していなかったと解説した。環境省は同意しない旨の書簡を TV 朝日に直接送りつけていた。彼らの反駁の内容は、番組が「誤解を生ずるおそれもある」といいながら、かねてからの立場の繰り返しに過ぎなかった。彼らは、一般人からの問い合わせがあったことを根拠にして、常軌を逸した介入を正当化した。日野が記事に引用した、専修大学の言論法専門家山田健太教授は「（番組の）批判が意図的に一方に偏ったものでないことは、環境省の文面からも明らかだ。原発のような政府の最重要課題については批判を許さず、一歩も譲らないという強い意思を感じる」と語った。

　疫学者の津田敏秀が福島医大のデータに地域群が含まれ、これは「スクリーニング効果」で説明できないと結論したことを伝えた。公式見解は福島県外の対照群が福島の結果が異常でないことを実証していると主張しているが、津田と IPPNW が揃って、対照群が比較にならないと指摘している。津田はまた、年齢層の違いを調整すると、福島県外の子どもたち 4,365 人にガン 1 症例は、福島の一地域で見つかった最高の発症率、1,633 人に 1 症例より有意に低いと主張する。福島

医大が保有している症状のある症例の情報にアクセスしなければ、「スクリーニング効果」が働いている程度を確認することが不可能であるのに、それを開示するのを拒否しているなら、仮説を裏付けると言われているデータの健全性に自信があるとはとても言えない。しかし、「スクリーニング効果」に間違いないとすれば、福島医大は必要もない手術をやってきたのかもしれない。

　鈴木や山下のような否定論者は、デタラメな主張を押し付けてきただけでなく、「秘密会」に関与したり、チェルノブイリにまつわる知見を隠したり、「スクリーニング効果」仮説の根っこを掘り崩しかねない福島の症状のある症例の開示を忌避したり、強引な政治的行動に終始してきた。残念なことに、この類いの政治的なふるまいは、ICRP（収賄集団）、IAEA（露骨な核推進機関）、WHO（イラク劣化ウラニウム調査を遅らせ、不十分なままで終わらせたIAEA従属機関）、UNSCEAR（適性申告や利益不相反宣言を求められないまま、核保有諸国から派遣された役職員が主体の寄せ集め）といった、権威ある国際機関に付きものである。これらの尽きることなく楽観的な見解は、他の独立調査に照らして、批判を免れない。

　もうひとつの頻繁な見落としは、津田とIPPNWが浮き彫りにするように、「観測できる増加がない」だろう（WHO）とか、「認識できる変化がない」だろう（IAEA）という断言である。このような結論は否応なくメディアの大見出しになって垂れ流され、問題はないという印象を伝える。これは実際に、増加しないことを意味していないが、「統計的有意性」概念の下で起こっていることを隠すのに役立っているのである。このような観測は、天命より早死にするかもしれないとして、被災した人びとのリアルな関心事である病気の増加に留意しているのでもない。公式・非公式の全般的な過剰ガンの推計は、実に2,000から数十万までばらついている。違いは非常に大きく、原発反対派、推進派の分断を挙げることができるが、要点は、UNSCEARやWHOの大ニュースが流れても、健康への影響がないと実際に予測する人などいないことにある。このことは、「不安」の増加を心配しているだけの福島医大の公的な立場と相反する。

　要するに、説明責任に訴える要求、権力の強固なシステムに対する異議申立てを招きかねない心理状態である「不安」を抑えるための情報管理が、利権を脅かすかもしれない、開かれて正直な検証より優先されたのである。ざっと160,000人

5章　福島で続く低線量被曝被害の危惧

の人びとの強制避難がつづき、福島第一原発をコントロール下にもっていけない
ままであり、個々の暮らしも地域社会も破壊され、大気、土壌、海、農産物、海
洋生物、牛、野生生物が汚染され、それらをひっくるめた結果として、農地と漁
場に依存する農水産地域を特に荒廃させ、避難する道中の死と避難後の自殺をま
ねき、地震と津波の後、瓦礫のなかで身動き取れなくなった人びとを救助隊が捜
索し、手当てしたくても、立入禁止区域に入れなかったことによって、ありえた
かもしれない死をもたらし、子どもたちの肥満、児童虐待、孤独死、家庭内暴力
など、（原発からだけとは限らないが）避難者たちのストレスや運動不足による健
康や家庭内の問題を招いた後でさえ、しぶとく生き残る方針である、国の核エネ
ルギー政策を望ましくない知見が揺るがしかねないので、放射線による健康への
影響の範囲と性格に関して、当局機関が積極的になるのは、とてもありそうもな
いことである。これでもまだ足りないかのように、数十万人の子どもたちが実施
中の一斉検査のトラウマに耐えており、最も不運な数十人が、手術、高くなった
健康リスク、生涯つづく処方薬依存に直面している。

　このウィリアムソン氏の論考を読んで背筋が寒くなる感がある。特に WHO
や IAEA の組織に対する本質的批判に留意する必要がある。私には、書かれて
いることの真偽を確認する手段も能力もない。

（5）　福島県の県民健康調査の実態

　福島県の県民健康調査について、ジャーナリストの白石草氏は、概略次のよ
うな指摘をしている[47]。

① （福島県の「健康調査」は、福島県からの委託事業だが、福島医大の倫理委員
　会で審査された「研究」と位置付けられおり、国と東京電力が約 1,000 億円を拠
　出して実施されている。研究計画書が同委員会に提出されたのは 2011 年 8 月 24
　日、課題名は「県民健康調査の一環として福島県居住小児に対する甲状腺検査」
　である。研究責任者は阿部正文副学長（当時）、主任研究者は鈴木眞一教授で、
　山下俊一、神谷研二両副学長外 5 名の教授及び准教授の合計 8 名が分担研究者
　として名前を連ねている。

323

②「研究の背景及び目的」には、「（本件原発事故による）放射線健康影響については、現時点での予想される外部及び内部被曝線量を考慮すると極めて少ないと考えられます。しかしながら、チェルノブイリで唯一明らかにされたのが、放射性ヨウ素の内部被曝による小児の甲状腺ガンであったことから、甲状腺の長期管理に関しては多くの保護者の関心の一つとなっています。また、チェルノブイリでは事故後4〜5年後に甲状腺ガンの増加を認めたことから、安全域を入れ3〜4年後から18歳以下の全県民調査を予定しております。基礎知識として放射線の影響がない場合でも、通常小児では触診で約0.1%から1%前後、超音波検査で数%の甲状腺結節を認めることが予想されます。しかし、小児甲状腺ガンは年間100万人あたり1.2名程度と極めて少なく、結節の大半は良性のものです。このように、現時点での子どもたちの健康管理を基本として、甲状腺の状況をご理解していただくことが安心につながるものと考えております。そこで、本研究は、小児健康調査の基礎情報収集を行うことを目的とします」と記載されている。

　（中略。当初は）避難指示区域の子どものみを対象とし、会津若松市や喜多方市が対照（コントロール）区域とされていた。また、実施時期についても、3年後から行うことにしていた。

　（中略）しかし、県内の保護者が不安を感じているとして、2011年6月18日に開催された第2回「県民健康調査」検討委員会で、ホールボディカウンターによる内部被爆検査と甲状腺検査に着手する方針が確認された。福島県の佐藤節夫保健福祉部長（当時）は、会議の席上で「保護者の不安が非常に強い。（中略）言葉は悪いが、一部ヒステリックになっているので、不安を鎮めるのが行政として非常に重要」、「サイエンスとしては余分なことでも、安心のためにやらざるをえない状況」と述べている。これを受け、具体的な計画が確認されたのは、7月24日に開催された第3回検討委員会である。

③（上記「研究の背景及び目的」からも明らかなように）あくまでも「安心につながる」ことを目的としている。ただ、甲状腺ガンが増えることは全く予想していなかったと見られ、甲状腺ガンの症例数を把握しようという姿勢はない。スクリーニング効果が発生することも予想しているが、「結節の大半は良性」だと断言している。実際、「検査方法」を見ても、1次検査及び2次検査の手順が

記載されていながら、穿刺細胞検査をした後の対応が全く想定されていない。

④ また、「学術上の貢献」についても、「現時点の予想される外部および内部被曝線量を考慮するとその影響は、極めて少ないことを明らかにできる」と記載され、研究目的と同じ文言がここでも繰り返されている。検査結果の分析や被曝影響に関する解明は、目標とされていないことが確認できる。

　これについては、昨年（2016 年）4 月に、研究計画の変更がなされ、「本格検査では、結節性病変への継続的な調査を行い、甲状腺への放射線の影響を疫学的に評価するうえでの基礎とする」と書き換えられた。（中略）変更の理由は明らかにされていない。

⑤ （研究倫理を専門とする国立がん研究センター生命倫理研究室の田代志門室長は、次の点を指摘している）。

ⅰ）収集されたデータを用いてどのような解析を行うのかについて全く言及がない。このため、データベースを使って解析をする際は、倫理審査委員会に対して研究計画の変更申請を行うか、別途、研究計画を倫理委員会に申請する必要がある。

　このことは、「保険診療」に移行した患者のデータの把握ができないことについても同様で、現在の研究計画書では、あくまでも 2 次検査までが対象となっているため、論文や学会発表であっても、新たな研究計画を申請して承認を得なければ、2 次検査以降の研究は行えない。福島県や福島医大は、検討委員会の委員やマスメディア、一般市民に対し、「一般の保険診療にあたる患者のデータは、検査の枠外であるため公表できない」と説明し、その一方で、福島医大の医師らは学会や論文発表を重ねてきたが、そもそも現在の研究計画では、学会でも公表できないはずである。倫理指針に違反している疑いがある。

ⅱ）県民健康調査の位置づけを考えれば、一般の社会、とりわけ研究に参加している対象者に対し、タイムリーに結果を返していくことこそ重要である。

ⅲ）計画書を見ると、甲状腺検査が、あたかも普通の研究者が、個人的に実施している研究のような内容になっていることが疑問である。健康検査は、住民に対する検査機会の提供という「一種の医療サービス」と考えるのが自然であり、「研究」として実施する部分とは切り分けたうえで長期のフォローアップを前提としたコホート研究的な計画として実施されるべきだったのでは

ないか。また、全数を把握するためには、法的基礎を整備することも視野に
入れる必要があった。「研究」として実施されている場合、受診者の同意が必
要なため、悉皆性はなくなるためだ。

iv）第27回検討委員会で、甲状腺ガン患者数の公表方法も大きく変更された。
これまでは、穿刺細胞診で「悪性」と診断された結果が、市町村単位で公表
されていたが、この時から「避難区域等13市町村」「中通り」「浜通り」「会
津地方」のわずか4地域に分類して公表された。この変更について、福島医
大の大津留晶教授は、対象者が100名足らずの市町村もあり、地域で受診者
が特定されるという疑念があると説明。この変更については複数の委員から
批判や反発の声が相次ぎ、国立保健医療科学院の欅田尚樹委員は「あらかじ
めデザインを決めておかないと恣意的になる」と指摘。広島大学の稲葉俊哉
委員も、地域分けが大きすぎることについて「具合の悪いデータを隠してい
るのではないかと疑われる恐れがある」と懸念を表明した。福島大学の清水
委員も「私が心配しているのは、県民健康調査の信頼性を下げること、それ
は避けたい。非常に重要なことなのに、急に変更するというのは、この調査
の信頼性を低下させる」と警鐘を鳴らした。

　福島医大が変更理由として説明した厚生労働省の「レセプト情報・特定検
診等情報の提供に関するガイドライン」は、「県民健康調査は、『研究』とし
て『個別に同意を得て』行われているのに対し、『レセプト情報・特定健康情
報の提供に関するガイドライン』が念頭に置いているのは、『純粋な医療とし
て』『研究利用への同意なく』行われているレセプトデータなどを二次利用す
る際のルールです。つまり、今回の調査結果の公表にはまったく関係なく、
ガイドラインを引き合いに出すことの意味が分からない。後付けで見つけた
のではないか」と厳しく指摘。さらに、「そもそも県民への公表方針が、事前
に決められていないのが問題」だとし、「甲状腺検査の目的の一つが、福島の
地域別のデータを整理して県民に知らせ、適切な介入を提供することにある」
のだとすれば、その「目的」を変更せずに「結果の公表方法を変更するのは
不自然だ」と批判した。

v）福島県の住民がこの健康調査に望むものは何なのか。個別の結果が返され
る以外に、どのようなことが知りたいのか。検査の方法を考えるのは専門家

の仕事だが、何を目的として検査を実施すべきかは住民と十分議論すべき、と指摘する。また、この調査が、原発事故直後にスタートした「被災地での研究」であるという特殊性も考慮する必要性があるという。

「子ども」「途上国の住民」「被災地の住民」など、社会的弱者に対する研究をする際は、一般的な研究倫理の原則に加え、特別な配慮が求められる。2013年度版「世界医師会ヘルシンキ宣言」によると、

① 当該研究対象者の研究参加が研究目的を達成するうえで不可欠であること、

② 研究成果から研究対象者が利益を得ることができること、

が規定されている。県民健康調査においては、特に後者が不明確ではないか。

「県民の長期にわたる健康管理と治療に利用する」「健康管理を通して得られた知見を次世代に活用する」という2つの目的のうち、甲状腺検査を受けた研究対象者が、それぞれの検査の通知を受け、自分の健康に役立たせるという面は、この研究から利益を得ていると言える。しかし、後段のデータベース構築とその利活用といった面では、研究の結果がどのような形で対象者に利益をもたらすのか。また、この研究成果がどのように、対象者にフィードバックされているのかといった点が不明確だ。

今回のような場合は、研究計画の段階から、検査対象者などを含めた丁寧な議論を行い、正式な報告の場として現在発行されている「甲状腺通信」や「検討委員会」において、何を集計し、何を報告するのか、事前に十分検討することが極めて重要だ。急に集計結果の仕方を変更するなどといったことは論外である。

過去の検討委員会の中で、春日文子委員が度々、県民の声を検討委員会に反映するよう提案してきたが、代表性の問題などから、これまで一度も実現していない。

(6) 宗川吉汪京都工芸繊維大学名誉教授の論考

宗川氏の論考は、概略は以下のとおりである。[48]

① 福島県の小児甲状腺ガンに関して、次の3篇の論文を発表してきた。

ⅰ）宗川吉汪・大倉弘之・尾崎 望『福島原発事故と小児甲状腺がん──福島の

327

小児甲状腺がんの原因は原発事故だ！』（本の泉社、2015）

ⅱ）宗川吉汪・大倉弘之「福島原発事故による小児甲状腺がんの多発」（『日本の科学者』51〔1〕、32 〜 36 頁、2016）

ⅲ）大倉弘之・宗川吉汪「福島原発事故による小児甲状腺がんの多発（続報）」（『日本の科学者』51〔7〕、374 〜 379 頁、2016）

　　ⅰ）、ⅱ）では、一次検査、二次検査、細胞検査（通常診療）の3段階をそれぞれ独立と考え、それらの発見率を基にして全体の発見率を算出した。その結果、25 市町村の 10 万人あたりの推定全罹患者数は、先行検査で 90.2 人（72.9 〜 110.8 人）、本格検査で 162.6 人（105.3 〜 239.6 人）（カッコ内は 95%信頼区間）、となった。平均観察期間を先行検査で 9.5 年、本格検査で 2.975年と見積もり、発見率（罹患率）を、先行検査で 9.5（7.7 〜 11.7）、本格検査で 54.7（35.4 〜 80.5）とした。

　　その後、二次検査陽性者のすべてが通常診察の細胞診対象になるのではなく、一部の人たちは経過観察になっていたことが分かった。細胞診受診者を選択するもう一つの診断基準が存在していたが、それは公表されていなかった。そこで、二次検査陽性者のうちの細胞検査対象者を未知数として、先行検査と本格検査で存在するであろう患者数を推定した。それがⅲ）の論文である。

　　ⅲ）の論文では可能な全ての場合を取り扱っているので、本書の結果とほぼ一致する値が得られている。

② 小児甲状腺ガンの発症に関して、福島では、従来の推定に比べて数十倍のオーダーで多発していることが分かった。

　　わが国での甲状腺ガンの男女比が、男性 1：女性 2.8 で女性に多い病気だ。本格検査では男女比は、男性 1：女性 1.2 になった。チェルノブイリの原発事故後の発症でも男性の比率が高くなっている。2017 年 2 月 20 日開催の第 26 回検討委員会で、甲状腺外科医の清水一雄委員は、「チェルノブイリ原発事故の被災地の医師が放射線由来と報告している男女比に近づいている」と懸念を共鳴した。

③ 先行検査及び本格検査の推移を前提にした罹患率は、次のようになる。

	先行検査	本格検査
「13 市町村」	10.5（7.5 ～ 13.5）	34.7（22.0 ～ 47.2）
「12 市町村」	10.3（9.0 ～ 11.7）	24.7（18.9 ～ 30.5）
「34 市町村」	8.4（6.9 ～ 10.0）	14.6（ 8.9 ～ 20.2）

　本格検査における 3 地域の罹患率の急激な上昇は、甲状腺ガンの発症に原発事故が影響していることを明瞭に示している。しかも罹患率の情況は高線量地域で最も高く、中線量地域、低線量地域の順であった。チェルノブイリにおける甲状腺ガンの発症と同様に、福島県における甲状腺ガンの発症も放射性ヨウ素の内部被曝が原因と考えるのが自然である。

④ 第 26 回検討委員会で、提言者の一人である山下俊一氏は、「放射能の影響はニコニコ笑っている人には来ません。くよくよしている人には来ます。これは明確な動物実験で分かっています」との発言で有名になった人です。山下氏は、甲状腺エコー検査のデメリットや甲状腺被曝発症否定を繰り返し主張している。第三者機関がどのような結論を出すかは設置される前から明白であった。

　以下、「核災害の被害の本質」の章では、"原発安全神話"の崩壊、"放射能安全神話"の公式デビュー、LNT モデルと甲状腺がんの被ばく発症、日本の放射線防護学専門家の実像などについて書かれているが省略する。

「20mSv 安全論」の項には、次のように書かれている。

　本件原発事故に関する緊急事態宣言では、緊急時被曝状況の下限 20mSv が最下限とされている。そして緊急事態宣言は現在も解除されていない。つまり、福島第一原発から放出される放射線量に関しては、放射線被曝の基準値は年20mSv になったままなのだ。福島第一原発から出る放射能に限って、その被曝限度は、（中略）20mSv なのだ。
　一方で、福島第一原発以外の原子炉から放出される線量は、相変わらず、年1mSv 以下でなければならない、という奇妙なことになっている。
　ところで、環境省は、「原子力発電所の事故により放出された放射性物質による環境の汚染への対処に関する特別措置法」に基づいて福島第一原発放射能の

残土の基準を 8,000Bq/kg にした。原子炉規制法に基づけば 100Bq/Kg でなければ
ならないことになっている。福島第一原発放射能はこれまでの基準の適用外に
され、ばらまかれようとしている。（中略）

　今の日本には放射線被曝に関して二重基準が存在している。福島第一原発の
放射能は他の放射能より安全とでも言うのだろうか。

(7) 医療問題研究会の指摘

　医療問題研究会は『甲状腺がん異常多発とこれからの広範な障害の増加を考
える』という本の中で、概略次のように指摘している。[(49)]

① 甲状腺被曝線量を見ると、福島の線量は 100mSv を超える場合があり、チェル
　ノブイリに近い可能性もある。甲状腺ガンと放射線量との関係から見て、福島
　の甲状腺ガン多発は、放射線被曝によることが明らかである。
② 多発を認めない理由の一つは、チェルノブイリでは福島のような検診が実施さ
　れておらず、福島の健診結果が「正常」なのか「多発」なのかを直接比較でき
　るデータが少ないことが考えられる。
　　理由の二つは、チェルノブイリに比べて福島は被曝量が少ないというこ
　と。チェルノブイリの場合は厳格に個人線量を推計し、甲状腺等価線量は 0 〜
　15mSv が 10%、16 〜 200mSv が約 40%、それ以上が 50% であった。しかし、福
　島の場合は、ホールボディカウンターも使わず、周辺の空間線量遮断も行わず、
　セシウムとヨウ素の区別もできない簡易線量計（この種の線量計には「遮断体
　がなく周辺環境から放射能の影響を受けるため低濃度の測定はできない」と説
　明書きがある）で、いわき市、川俣町、飯舘村の 0 〜 15 歳の小児 1,080 名の甲
　状腺内部被曝を測定したとされるものである。測定にあたって、周辺線量が 0.2
　μSv/ 時を超える場合は測定値が信用できないため、それ以下の場所で測定した
　とある。線量計を甲状腺に密着させて測った線量と、襟元や肩で測った周辺線
　量との差を甲状腺線量とみなすが、周辺線量がとても高く 0.07 〜 0.17 μSv/ 時
　もあるのに対し、甲状腺量が 0.01 〜 0.1 μSv/ 時で、ほとんどは 0.02 μSv/ 時
　以下という結果だった。環境省の専門家会議では、この 1,080 名のデータについ

て「0.02 μ Sv 以下は検出限界以下の可能性がある」、つまり 0.02 μ Sv 以下は信用できないと言わざるを得なかった（2014 年 6 月環境省：住民の被曝線量把握・評価について）。ドイツの『放射線テレックス』2013 年年 2 月 5 日号では、福島のこの 1,080 名の測定データについて、「福島県住民の甲状腺被曝量は大したことはないというが、実際は甲状腺被曝量測定が行われていない」と批判している。そこで強調されているのは、背景の放射線量が 0.2 μ Sv/ 時という高線量なのに、0.01 μ Sv/ 時というレベルの線量が測れるはずがないというものだ。また、1,080 名のデータは外部被曝線量や、吸入、摂食からの内部被曝線量などは全く考慮されていない。厳密さ、正確さが決定的に不足していた。

WHO は 2012 年、福島の被曝線量評価を行った。それによると、浪江町、飯舘村、福島市の場合、1 年間の甲状腺等価線量は、1 歳で被曝した場合それぞれ 122、74、46mSv と推定している。この推定に基づいて、例えば福島市では 10 歳で被曝した女性は、15 年間で甲状腺ガンが 10 万人あたり 7.3 名増加すると推定している。実際には事故後、福島県では 2 年間ですでに 18 歳以下で 4.7 万人に対して 12 名の甲状腺ガンが発見されているから、この WHO の推定でも過小評価ということになる。

しかし、国や県、専門家といわれる人たちは、この WHO の推定線量すら無視してひたすら甲状腺被曝線量は 20mSv 以下だと主張し、彼らが推奨している国連科学委員会ですら、1 歳の甲状腺吸引線量は 33 〜 52Gy（≒ mSv）と推定していることを紹介していない。

③ 放射線医学総合研究所（放医研）が高い甲状腺等価線量を推定している。

2014 年 5 月 20 日に開かれた環境省「東京電力福島第一原子力事故に伴う住民の健康管理のあり方に関する第 6 回専門家会議」（座長、長瀧氏）に、放医研より資料として「福島事故後の母乳測定データの解析」が提出され、放医研の明石氏が報告している。それは、事故後の 4 月 24 日から 5 月 31 日にかけて福島県、茨城県、千葉県の 119 人の授乳婦から 126 の母乳サンプルを検査、7 人からヨウ素 131 が検出され、授乳した赤ちゃんの甲状腺等価線量が高いと推定されたというデータであった。このデータでは、福島県のいわき市だけでなく、茨城県の 5 市、千葉市でも、強く汚染されている母子がいたことが示されていた。しかし、明石氏は、「急性経口摂取」、「半減期に依存する経口摂取」、「慢性経口

摂取」の場合を想定し、「急性経口摂取」と「半減期に依存する経口摂取」では150倍ほどの、「慢性経口摂取」とでは1200 〜 1300倍ほどの差がつくとし、「もしかしたら現実的に近いのかなと思われる半減期依存性の経口摂取ですと2 〜 8mSv、それから慢性の経口摂取ですと0.25 〜 1mSv」になると報告し、「市民団体」が公表したデータも少し紹介して、「恐らく、実際に起きた摂取は、急性ではないのではないか」と考えているとした。

　しかし、殆ど体をなさない「推定」の原因は、半減期が8日程度のヨウ素について被曝の初期のデータがなく、事故から40日以上も経過した時点の、しかも少数のデータしかないことによると考えられる。しかし、環境汚染対策の「予防原則」に立つなら、より高い推定値を十分考慮して対策を対策をたてるべきである。

④　チェルノブイリ事故との比較について

　　ⅰ）被曝量が低いという点：チェルノブイリ事故後に甲状腺ガンを発症した子どもの甲状腺被曝量は10mGy未満が15.6%、10 〜 50mGy未満が20.6%、50 〜 100mGyが15.1%と、それほど高くなくても発症している。これと比較すると、浪江町はもとより、福島市などでさえ乳児や10歳児でチェルノブイリの甲状腺ガンの発症者の3 〜 4割と同じ被曝線量だったのであるから、福島のこれまでの被曝推定線量を理由に甲状腺ガン多発を否定することはできない。ヨウ素の相当高い被曝があった事故直後のホールボディカウンターによる調査が行われなかったことが無視されている。その他、測定方法や個人線量計の結果が政府によって低く抑えられた可能性があるなど、測定値自体の信頼性に疑問が投げかけられている。

　　ⅱ）発見された甲状腺ガン患者の年齢が異なるという点：福島県立医大の見解は「現在見つかっている甲状腺ガンの方の平均年齢が16.9歳（中略）であり、従来知られている小児甲状腺ガンの年齢分布に非常に似ていること、チェルノブイリでは（中略）0 〜 5歳（被曝時年齢）の層に多く甲状腺ガンの方が見つかったのに対し、福島では現在のところ、その年齢層には甲状腺ガンの方が見つかっていないこと、（中略）（したがって）福島第一原発事故の影響によるものとは考えにくいとの見解を持っています」。この見解については、県民健康管理調査検討委員会や、2月に開催された『放射線と甲状腺がんに関する国際ワ

ークショップ』でも検討され、一致した見解となっている」としている。

確かに、チェルノブイリに比べて、福島で発見された年齢は高年齢である。しかし、チェルノブイリ事故後の発見時期は、事故から5年も経ってからである。3年しか経っていない福島と単純に比較して、年齢が違うから被曝ではないとは言えない。また、チェルノブイリでスクリーニング検査が始まる前の甲状腺ガン患者の年齢は発見時10歳以上が殆どで、事故後数年は9歳から20歳でバラついている。その年齢分布は福島での検診で発見された人の年齢分布と似ている。したがって違うのではなく似ているといった方が良い。さらに、福島での検診が進むに従って低年齢の患者が見つかっている。

iii）「ガンが増加するのは少なくても4〜5年後」という点：「国際ワークショップ」でも鈴木氏（福島医大）が主張している。この意見は「ガンがそれほど早く大きくならない」という主張とも重なっている。

しかし、チェルノブイリでは、1〜3年目に甲状腺ガンがそれまでより増加していたというデータがある。岡山大学の津田氏は甲状腺ガンが発生し、症状が出るまでの期間（潜伏期間）は大人では最短が25年だが、子どもでは最短1年であるとするアメリカ疾病管理センター（CDC）の意見を紹介している。症状が顕在化する前のしこりや神経を圧迫するなどの症状が出る前の小さなガンが超音波検診で1年以内に発見されても全く不思議ではない。

前述したように、検診開始が福島では半年後、チェルノブイリが4年以降である。したがって、チェルノブイリ検診前に集計された甲状腺ガンとは、検診で発見されたのではなく、「（症状が出て）受診し、甲状腺ガンと診断された」人数である。それに対して福島の甲状腺ガンの頻度は、超音波検査で発見されたものの頻度である。このような比較は不適切である。

④ テレビ朝日「報道ステーション」で、福島医大は「（中略）甲状腺ガンの発見率は地域差が見られないこと」を甲状腺ガンの原因は被曝ではない理由の一つとして挙げている。

被曝が原因であるとすれば、ガンが発生するのは早ければ1年目だけでなく、2年目、3年目にも発生してくるのであり、それが年々増加することはチェルノブイリでのデータで明らかである。福島での最初の調査は、事故後6カ月の2011年10月から始まって事故後1年半の間に原発周囲の13市町村について行

われているのであるから、その地域の被曝から平均1年に発生したガンを発見したことになる。その1年後に再開された2012年度調査は、事故後1年半から2年半までの間に中通り地域で実施しているので、その地域の平均2年間に発生したガンを、同様に2013年度では、いわき市、いわき市を除く東南地区、会津津法（西地区）を対象に行っているので、その地域の平均3年間で発生したガンを発見したことになる。もし被曝線量が同じだとすれば、2011年度、2012年度、2013年度と発見人数は増加するはずである。

2014年8月24日発表の一次検査の各地区別の発見率は以下のとおり、年を経るに従って増加している。

	一次検査 受診者数	被曝後1年間 の発見	数年間発見率 （対10万人）
2011年度	36,137	14　（14 ÷ 1）	38.7
2012年度	121,614	27　（54 ÷ 2）	22.2
2013年度	88,542	13.6（35 ÷ 3）	1

次に、同じ2012年度で見ると以下のとおり地域差がある。

	ガン 発見数	1次検査 受診者数	同2次検査 終了率で補正	補正後 オッズ比
福島市	12	47,336	43,154	1
二本松市・本 宮市・大玉村	10	15,451	14,106	1.102 〜 5.905

このような検討もなしに「地域差がない」とするのは、「地域差がない」ことを前提としたデータ収集と分析としか思えない。

⑤ 環境省は2014年3月28日に「甲状腺結節性疾患追跡調査事業結果（速報）について（お知らせ）」という文書を発表した。これを受けて、『朝日新聞』は「甲状腺ガン発見頻度変わらず、福島と他県で」との見出しで、環境省が「被曝とは関係なく、ガン登録よりもガンが多く見つかることが確認できた」と報道した。

この調査結果は、青森、山梨、長崎の3県で合計4,364人の甲状腺超音波検査

を実施し、精密検査が必要（B 判定）と判定された 44 人中 31 人が精密検査を受け、1 人が甲状腺ガンで手術を受けたものであった。しかし、この患者の住む県、性、年齢、ガンの大きさや病理組織など、さらに医療被曝も含めて被曝していたのかどうかも発表していない。精密検査 44 人のうち 31 人（70.5%）が受診して、1 人のガンが発見されたということは、4,364 人の 70.5% ほどから 1 人が発見されたことになる。

　福島県の検診結果と環境省のそれを比較するには、年齢を合わせる必要がある。福島県検診で発見された甲状腺ガンの 88% が被曝時 11 ～ 18 歳の人から見つかっている。福島県検診のこの年齢層の全体に占める割合は約 39.8%、環境省のは 66.5% で、環境省調査の方が高年齢だ。環境省調査で発見された甲状腺ガン患者が 11 ～ 18 歳の間の人とすると、この年代での福島県検診での発見率は約 1.97 人に 1 人になるので、単純計算すると 2 倍多いことになる。『朝日新聞』は、せめて「環境省調査より福島の方が 2 倍程度多い可能性」とでも報道すべきだ。また、福島県の 2012 年度検診では 2,460 人に 1 人、中でも二本松市、本宮市、大玉村の 3 地域計では 1,436 人に 1 人の高い発生率であるから、これらの 2 地域の方が多い傾向があるが、いずれにしても統計的有意差はない。

　より重要なことは、統計的「有意差がない」ことと、「かわらず」＝同じ程度とは、まるっきり違うということだ。

　環境省は、急に、「ガン登録よりもガンが多く見つかることが確認できた」と付け加えた。確かに、15 歳から 19 歳までの「ガン登録」は 10 万人あたり 1.1（2010 年）であるから、環境省調査での発見率はその 23 倍にもなる。しかも環境省調査は不確実さがある。他方、福島県健康調査では 27 万人中 74 人で、「ガン登録」の少なくとも 27 倍ほどのガンが発見されており、環境省調査のたった 1 人の発見よりもはるかに多く発見されている。

　しかし、環境省は、統計学の常識をまげてまで、甲状腺ガン多発を隠蔽しようとしている。

　さらに、山梨や青森に住んでいる人も原発事故の放射線被曝をしている可能性、医療被曝を受けた可能性がある。それらを明らかにせず、「被曝とは関係なく」と言っているのだ。

⑥ 過剰診断、過剰治療について

山下俊一氏を先頭に主張されている。

　福島県側は、2014 年 8 月 24 日に、手術をした基準を発表して、手術が今必要だったことを強調した。だとすれば、一般診察で手術が必要と診断がついて手術された患者と同じである。しかし、福島県で手術された甲状腺ガン患者は全国平均の、低く見積もっても数十倍になっている。これは異常多発を示す決定的な証拠だ。

⑦ スクリーニング効果論の否定

　福島県民健康調査結果によると、「先行検査」の甲状腺エコー検査は福島第一原発の近くは 2011 年度に、福島市などの中通りは 2012 年度に、最も遠い会津地方は 2013 年度に行われた。2014 年 12 月 25 日発表の第 17 回福島県民健康調査によると、1 次検査実施数に対する甲状腺ガンの発見率は 2011 年度が 4 万1,810 人中 14 人（10 万人あたり 33.5 人）、2012 年度は 13 万 9,341 人中 56 人（同40.2 人）、2013 年度は 11 万 4435 人中 38 人（32.9 人）であった。しかし、事故により甲状腺ガンが発生したものとすれば、地域による発見率（「人年比較」という）を比較する際には、同じ時間が経った時点で、各地で検診を実施すべきである。

(8) 子どもの甲状腺ガン多発の現実

　福島県県民健康調査検討委員会甲状腺検査調査評価部会の平成 27 年 5 月 18日付「甲状腺検査に関する中間とりまとめ」によると、次のように記載されている。

　平成 23 年 10 月に開始した先行検査（一巡目の検査）においては、震災時福島県にお住まいでおおむね 18 歳以下であった全県民を対象に実施し約 30 万人が受診、これまでに 112 人が甲状腺ガンの「悪性ないし悪性の疑い」と判定、このうち、99 人が手術を受け、乳頭ガン 95 人、低分化ガン 3 人、良性結節 1 人という確定診断が得られている（平成 27 年 3 月 31 日現在）。

　こうした検査結果に関しては、わが国の地域ガン登録で把握されている甲状腺ガンの罹患統計などから推定される有病数に比べて数十倍のオーダーで多い。この解釈については、被曝による過剰発生か過剰診断（生命予後を脅かしたり症状

をもたらしたりしないようなガンの診断）のいずれかが考えられ、これまでの科学的知見からは、前者の可能性が完全に否定するものではないが、後者の可能性が高いとの意見があった。一方で、過剰診断が起きている場合であっても、多くは数年以内のみならずそれ以降に生命予後を脅かしたり症状をもたらしたりするガンが早期発見・早期治療している可能性を指摘する意見もあった。（略）

　※現在、日本甲状腺外科学会の診断ガイドラインに従って診断・治療が行われているが、無症状の者に対するスクリーニングの結果であること、小児甲状腺乳頭ガンの予見は成人よりさらに良いことから、今回の福島の状況に対応した診療ガイドラインまたは小児甲状腺ガンの診療ガイドラインが別に必要ではないかとの意見があった。

　現時点で、検査にて発見された甲状腺ガンが被曝によるものかどうかを結論づけることはできない。先行検査を終えて、これまでに発見された甲状腺ガンについては、被曝線量がチェルノブイリ事故と比べてはるかに少ないこと、事故当時5歳以下からの発見はないことなどから、放射線被曝の影響評価には、長期にわたる継続した調査が必須である。

　また、事故初期の放射性ヨウ素による内部被曝線量の情報は、今回の事故の影響を判断する際に極めて重要なものであり、こうした線量評価研究との連携を常に視野に入れて踏査を進めていくべきである。

2014年3月11日付け『日本経済新聞』電子版の「甲状腺ガンの子ども『原発影響考えにくい』福島の検査で学会」という記事を検索できた。次のような内容である。

　福島県立医大の鈴木眞一教授は28日、東京電力福島第一原発事故を受け福島県が実施している甲状腺検査で、ガンの疑いが強いと診断、手術した子どもの具体的な症例を横浜市で開かれた日本癌治療学会で報告した。

　ガンは原発事故の影響とは考えにくいとの見方を示した上で、過剰診断や必要のない手術との声が上がっていることに触れ「基準に基づいた治療だった」と強調した。

　福島県の甲状腺検査は震災発生当時18歳以下の約37万人が対象。これまで「甲

状腺ガンと確定」した子どもが 57 人、「ガンの疑い」は 46 人に上る。子どもの甲状腺ガンが急増した 1986 年のチェルノブイリ原発事故と比較し、鈴木氏は「症状も年齢分布もチェルノブイリとは異なる」とした。

ガンの 57 人のうち県立医大が手術した 54 人について、8 割超の 45 人は腫瘍の大きさが 10 ミリ超かリンパ節や他の臓器への転移などがあり、診断基準では手術するレベルだった。2 人が肺にガンが転移していた。

残る 9 人は、腫瘍が 10 ミリ以下で転移などはなかったが、7 人は腫瘍が器官に近接しているなど、手術は「妥当だった」。2 人は経過観察でもいいと判断されたが、本人や家族の意向で手術した。

手術した 54 人の約 9 割が甲状腺の半分の摘出にとどまった。

津田教授の「甲状腺ガンデータの分析結果──2017 年 6 月 5 日第 27 回福島県『県民健康調査』検討委員会より」という下記論考があり、その概略は以下のとおりである。[50]

先行検査（2011 年〜 2013 年度）では、福島第一原発により近い高度汚染地区ほど先に検査され、遠く比較的汚染レベルが低い地区ほど後に検査されたために、事故から検査までの月数が最大で 6 倍の違いがあった、この交絡のため福島第一原発からの距離等で見る量反応関係は見えにくかった。

しかし、本検査・2 回目（2014 〜 2015 年度）では事故から検査までの日数が最大でも 1.6 倍の違いしかなく、事故を起こした福島第一原発と地域の位置との関連、すなわち地域差が見えやすくなってきている。それでもなお、この違いは、内部比較の有病オッズ比に関して、若干の過小評価（約 1.6 倍弱）があることは意識すべきである。

3 回目（2016 〜 2017 年度）にいおては、2016 年度と 2017 年度の事故時からの経過時間の違いが、最大でも 1.4 倍程度になるので、地域差はより見えやすくなることが理論的に推論できる。

今回は前回の第 26 回検討委員会の 2016 年 12 月 31 日現在のデータに対して、先行検査が変化なし、本格検査・検査 2 回目において 2 例細胞診陽性、すなわちガンもしくはガンの疑いの患者が増加し（69 名から 71 名）、本格検査・3 回目に

おいては 4 例の細胞診陽性（うち 2 例は手術終了で 2 例とも乳頭ガン）となり、合計で 191 例、良性腫瘍 1 例を除くと 190 例のガンが検出されたことになる。本格検査・2 回目の受診割合が 79.5%（2,226 名中 1,770 名）から 82.3%（2,226 名中 1,832 名）に増加した。

　検査 1 回目・検査 2 回目における、桁違いの多発傾向には変わりがない。福島県における甲状腺ガンの桁違いの多発傾向は明らかである。

　チェルノブイリ周辺国であるベラルーシにおいても診察時 14 歳以下の甲状腺ガンの桁違いの多発が事故後 4 ～ 5 年目に起こり始めた。福島県の検査 2 回目のデータからすると、甲状腺ガンが少なくとも 5.1mm 以上のレベルに達するには 2.5 年未満である症例がほとんど（80%）を占めており、スクリーニング検査が 1980 年代には行われていなかったチェルノブイリ周辺で事故後 4 ～ 5 年に起こった甲状腺ガンの桁違いの多発に対し、スクリーニング検査が事故の年度の後半から年度末に行われ始めた福島では、それだけ前倒しで甲状腺ガンが検出されていることになる。

　100 万人に 5 人の発生率と比較した外部比較では、相双地域が 8.79（95% 信頼区間：1.06 ～ 31.74）、中通り地域が 20.8（95% 信頼区間：0.25 ～ 7.51）となり、検査 3 回目のガン症例発表が始まったばかりだが、相双地域ではこれ以上の甲状腺ガンがなくてもすでに明瞭な多発である。

　なお、この検査 3 回目においては、市町村ごとの細胞診陽性者数の発表は廃止され、「避難区域等 13 市町村（相双地域）」、「中通り」、「（相双地域を除く）浜通り（すなわち、いわき市、相馬市、新地町）」、「会津地方（表では福島県西部）」の 4 つの地域別の結果発表となることが報告された。

　本年 3 月 30 日の NHK などの報道により、事故時 4 歳であった甲状腺ガン県民健康調査甲状腺検査を受診していたにもかかわらず、県民健康調査での集計から漏れていたこと、そしてそれを福島県立医科大学が把握していたことが判明した。（事故時 4 歳の甲状腺ガンが見出されたことは）大きな意味を持っている。一次検査で B 判定もしくは C 判定を受けた対象者は 2 次検査を受け、2 次検査で A1 判定もしくは A2 判定であった対象者（検査 3 回分を併せて 28.4%：2 次検査対象者 4,063 名中 1,153 名）および細胞診陽性者であった 191 名（4.7%）以外の、経過観察者 2,719 名（66.9%）の中に、上記事故時 4 歳児の甲状腺ガン症例も含まれてい

たのである。つまり、1次検査でB判定もしくはC判定を受け、2次検査で経過観察となった約2,700名に関しては、甲状腺ガンがその後何らかの理由で検出されていたとしても、細胞診陽性者（もしくはガンの疑い）あるいはガン確定症例としては、カウントされていなかったのである。これは、その程度は分からないとしても、検出ガン症例の数をかなり過小評価している可能性が明らかになったことになる。これにより、私どもの推定した、外部比較の発生率比や標準化発生率比は、当然、過小評価されていることになる。

　経過観察となった約2,700名の経過観察が実質上行われていなかった理由として、福島県の説明は、これらの経過観察の対象者は保険診察に切り替えられ、県民健康調査の枠外になるためという。つまり、ガン疑い症例（細胞診陽性者）としてもガン確定症例としても数え上げられないという仕組みが、最初からあったというのである。このような扱いは、一般の国民だけでなく、検討委員会の委員の多くも知らなかったようである。この事態を受けて、福島県の報告書における「検査の流れ」に関する説明図が書き換えられた。（筆者注：前掲白石論文参照）。なお、（今回の発表）の資料でも、この大きな甲状腺ガン症例漏れの発端となった「事故当時4歳児」であった症例は、（3回の）いずれの集計にも加えられていない。検討委員会でも、この過小報告の問題については、批判の声が上がった。（しかし、その処理方法は不明のままである）。

　甲状腺ガンが年齢とともに発生率が増加してくることは知られているので、事故時0〜5歳の患者も観察期間が長ければ、年齢を重ねてやがて甲状腺ガンが観察されやすい年齢になる。したがって、5歳以下での発症症例がないということは、判断基準とはなり得ないのである。本来は5歳以下での発症症例の有無は、論理的に基準などにはなり得ないし、そのような基準が作られた例は他の発ガン物質にもない。しかし、これが検討委員会で基準のように扱われてしまっているので、大きな混乱を招いている。

　福島県では、桁違いの甲状腺ガンの多発が起こっているのである。事故が起こり、ほとんど何の対策も取らなかった以上、チェルノブイリ周辺の経験から、この多発は、大人においても年数が経っても増加し続けることが予測される。

　福島県の情報公開の在り方を修正できない状態が続いている。これが福島県民の不安を増加させているのであって、検査の実施自体が不安を増加させているわ

けではないことは、十分に議論されるべきである。甲状腺ガンのさらなる増加が予測されるなか、医学的根拠に背を向けて、この先延々と何年も何十年もこのような状況を続けることは不可能であることを、福島県福祉課や県立医科大学は、早く認識すべきである。

国会事故調の調査委員を務め、3・11甲状腺がん子ども基金代表理事を務めている医学博士崎山比早子氏は、福島の県民健康調査における子どもの甲状腺ガンの現状について、概略次のように書いている。⁽⁵¹⁾

　検討委員会の発表によれば、2011年10月から始まった1巡目の検査で、受診者300,476人の中から116人の悪性ないし悪性疑いが発見され、そのうち102人が手術を受け、1人の良性を除き、すべてがガンと確定されている。

　2014年からの2巡目では2016年12月までに240,431人の受診者から69人の悪性ないし悪性疑いが見つかり、44人が手術を受け全員ガンと確定された。

　県民健康調査の2巡目でB判定とされた事故当時4歳児の保護者から「子ども基金」に療養費の申請があった。この児童は2015年に細胞診で悪性ないし悪性疑いと診断され、福島県立医大で経過観察され、2016年前半に同病院で手術を受けていた。しかし、2017年2月20日まで検討委員会では事故当時4歳以下の児童のガンは発表されていなかったので、3月8日に同医大「放射線医学県民健康管理センター」に問い合わせたところ、「2月20日に発表したデータに間違いはない」との回答を得た。3月13日に同センターはウェブ上で、「経過観察」のしくみについて発表。それによると、「経過観察で保険診療に移行した患者は、その後、ガンが明らかになっても、県民健康調査の症例数には含まれない」と記されていた。

　4歳児は同医大で手術を受けたにもかかわらずこのケースに入れられたのだ。これまで経過観察に回された患者は2,500人以上いるが、その中からガンが発症しても報告されないということであれば、県民健康調査では発ガン数を正確には把握できないことになる。

　"県民の健康状態を把握し"、"専門的見地から助言をするために"設置された検討委員会はこれまで36回開催されている。そのために提出されるデータが実態を把握できていない数字であるならば、検討委員会はその設立目的も果たすことが

できず、一体何をやっていたのかということになる。検討委員会で発表されたデータに基づいて論文が書かれているし、国際会議などにも発表されているので、国際的信用にも関わる。県民や国民を裏切ることにもなるのではないか。

　前記中間とりまとめでは、「罹患統計などから推定される有病数に比べて数十倍のオーダーで多い」ことは認めているものの、原因は「放射線の影響とは考えにくい」と結論している。その根拠の一つとして、「事故時5歳以下からの発見はない」ことを挙げている。この取りまとめは1巡目の結果を基にしているとはいえ、発表時にはすでに2015年に行われた2巡目の結果が出ており、その中に事故当時5歳が含まれていた。そのうえで県立医大では2015年に事故当時4歳児の診断がなされていたのであるから、中間取りまとめが発表される時点で5歳児と4歳児の2人は知られていたことになる。

　さらに2016年9月に開かれた「放射線と健康についての福島国際専門家会議」を受けて、山下俊一氏らが福島県に「提出した提言では、0〜4歳児の発症がない」ことを放射線の影響を否定する根拠の一つに挙げ、検診を自主参加にするよう検診縮小を提案している。実態を反映しない結果に基づいた提案としかいいようがない。

　上記検討委員会は、多発であることを認めながら、なお被曝との関係を否定している。しかし、保険診療に回された経過観察中に甲状腺ガンが発見された症例を除外するなどの細工をしてまで、本件原発事故による低線量被曝と子どもの甲状腺ガンの多発との因果関係を否定することが理解できない。

　なお、県民健康調査の実施で重要な役割を担ってきた山下教授が、本件事故発生直後に甲状腺の被曝を防ぐためのヨウ素剤の配布を止めたこと（後に誤りであったことを認めた）、また、県民健康調査及び甲状腺ガンと診断した人の手術の中心となってきた福島医大の鈴木教授が、山下教授とともに、福島での甲状腺ガン多発を否定したり、多発が否定できなくなるとチェルノブイリ事故との違いなどを強調して被曝と甲状腺ガンとの因果関係を否定している。

　筆者は『福島第一原発事故の法的責任論1』で、科学者の責任に言及したが、それは本件原発事故を起こしたことと、事故後新たな「安全神話」を作り出そうとしていることについてである。しかし、本件原発事故後に生じた子どもの

甲状腺ガン多発という現実について、日本のみならず世界からの批判を無視して、本件原発事故による被曝との因果関係を否定し続ける意図が理解できない。医師や科学者が真実を隠蔽してまで守らなければならない理由は何なのであろうか。

3　除染後の再汚染

　福島の被災地を訪ねる度に、全く除染されていない山林から風や雨（流水）によって運ばれ続けている放射能物質によって、除染された地域の放射線量が再び上がり始めていることを何度も聞いてきた。

　インターネットで『現代ビジネス』2016 年 6 月 3 日 AMR 発信の飯塚真紀子氏執筆「賢者の知恵『ふくしまではいま、再汚染が起きている可能性がある』米国原子力研究者も警告」を探し当てた。その研究者とはアーニー・ガンダーセン氏である。⁽⁵²⁾概略以下のとおりである。

　　アーニー・ガンダーセン氏は、アメリカで、「45 年にわたり、原子炉の設計、運営、廃炉に携わってきた原子炉の専門家で、スリーマイル島の原発事故の研究をし、本件原発事故後も独自の調査を行い、日米のメディアで原発の危険性を訴えてきた人である。同氏は、2016 年 2 月中旬に南相馬市を訪れた」。

　　同氏は「『（今回の訪日で）驚いたことは、すでに除染された地域が再汚染されているという現状です。これは予測しないことでした。除染された地域では、余り高い放射線数値は出ないだろうと思っていたからです。しかし、結果はその反対だったのです』と語った」。そして、「南相馬市のタウンホール屋上や、セブンイレブンのフロアマット、道路脇などからダストを採取。それを計測したところ、放射線廃棄物遺棄場に運び出されなくてはならないような大きな線量が検出されたという」。「『この結果については、近いうちに科学論文を発表するつもりです。それが完成するまで数値は公表できないのですが、明確に、今も高放射線量のダストが町を飛び回っていることを示す数字でした。つまり、除染された土地が再汚染されているわけです。小さな子どもは、成人男子の 20 倍も放射線の影響を受けます。日本政府は 20mSv という基準値を設けましたが、それは、成人男子に対

して当てはまるもので、小さな女の子は、実際は 400mSv 相当の放射線の影響を受けているのです』と話した」。

　同氏は、「人肺が内部被曝の影響を受けている可能性も指摘した。『今回の福島県訪問で、私は 99.98％ フィルタリングできる本格的な放射線防護マスクを、6 時間に渡って身につけていました。そのマスクのフィルターを帰国後、研究所で検査してもらったところ、年換算すると大変な数値となるようなセシウムが検出されました。ガイガーカウンターだけの数値を懸念し、内部被曝は考慮していない。『IAEA や日本政府、東電は、こんな数値は軽視しているでしょう。しかし、実際には、人肺は重大な内部被曝を受けていることを証明しているのです』と話した」。

　同氏は「ずさんな除染状況を目の当たりにした。『訪ねたある人家は、庭の半分だけ除染対象地域だったため、半分しか除染されていませんでした。あり得ないことです。残りの半分も除染されているはずです。また、ある人は、除染されたはずの自宅の車道から、高汚染されている土壌が再びみつかったため、役人に報告したところ、"一度除染したところなので再除染する必要はない" という回答が来たと話していました。信じられないことです。ちなみに、その人の家は、峡谷を挟んで、向かい側が居住禁止地域となっているのです』と語った。再汚染が起きているもう一つの原因に、山岳地帯に堆積していた放射性物質が、風雨により市街地に運び戻された可能性が考えられる。ガンダーセン氏は山岳地帯が高汚染されている状況も目の当たりにしている。『山に住む野生の猿を追跡して、その糞に含まれている線量を計測した結果、それからも大量の放射線が検出されました。また、ある方から "お土産に" と猪の肉をいただいたのですが、それにガイガーカウンターを近づけると、120 カウント／分という非常に高い数値が出たのです。市街地の再汚染を防ぐため、多額の予算を費やしてでも山を除染すべきと思うのですが、日本政府はそういった意思も予算もないのでしょう。また、山の降雨は河川に入っていくのですが、河川の汚染状況がモニターされていないことが問題です』と話した」。

　「ここ最近、栃木県のある道の駅で国の基準値を 1,500Bq も上回るような山菜が販売されたり、宇都宮市の小学校給食に使われたタケノコから基準地の 2 倍を超える放射能が検出されたりしている」。

　「『私に小さな子どもがいるとしたら、このような場所には絶対住まわせません』。

5章　福島で続く低線量被曝被害の危惧

ガンダーセン氏の警告を、私たちは真摯に受け止め、事故後の汚染実態をもう一度調査する必要があるのではないか」。

4　原賠法による低線量被曝に対する救済

原賠審は、平成 23 年 12 月 6 日に「東京電力株式会社福島第一、第二原子力発電所事故による原子力損害の範囲の判定に関する中間指針追補（自主的避難等に係る損害について）」を公表した。その概略は以下のとおりである。

「避難指示等対象区域」の周辺地域では自主的避難をした者が「相当数存在していることが確認された」現実を踏まえ、以下のとおり賠償基準を示した。

自主避難の類型として、① 本件原発事故発生当初の時期に、自ら置かれている状況について十分な情報がない中で、本件原発の原子炉建屋において水素爆発が発生したことなどから、大量の放射性物質の放出による放射線被曝への恐怖や不安を抱き、その危険を回避しようと考えて避難を選択した者、② 本件原発事故発生からしばらく経過した後、生活圏内の空間放射線量や放射線被曝による影響等に関する情報がある程度入手できるようになった状況下で、放射線被曝への恐怖や不安を抱き、その危険を回避しようと考えて避難を選択した者、③ 当該地域で上記恐怖や不安を抱き続けながら自主避難せずに居住し続けた者があるとし、これらを併せて「自主避難等」と総称した。

公平、可能な限り広くかつ早期救済を実行するために、「一定の自主避難等対象区域を設定した上で、同対象区域に居住していた者に少なくとも共通に生じた損害を示すこととし、上記自主避難等対象区域以外の地域についても、【自主避難等対象区域】を次の通り特定した。

（福島県の県北地域）福島市、二本松市、伊達市、本宮市、桑折町、国見町、川俣町、大玉村

（同県中地域）須賀川市、田村市、鏡石町、天栄村、石川町、玉川村、平田村、浅川町、古殿町、三春町、小野町

（相双地区）相馬市、新地町

（いわき地区）いわき市

345

【対象者】

　本件原発事故発生時に自主避難等対象区域内に生活の本拠として住居があった者、及び、本件原発事故発生時に避難指示等対象区域内に住居があった者のうち、精神的賠償の賠償対象とされていない期間並びに子ども及び妊婦が自主避難等対象区域内に避難して滞在した期間は、自主避難等対象者の場合に準じて賠償の対象とする。

【損害項目】

　避難者に対して

① 自主避難によって生じた生活費の増加費用

② 自主避難により、正常な日常生活の維持・継続が相当程度阻害されたために生じた精神的苦痛

③ 避難及び帰宅に要した移動費用

④ 自主避難せずに滞在し続けた者に対して、上記①、②

具体的な損害額に当たっての目安は次の通りとする。

自主避難者については、

　　 ｉ）自主避難等対象者のうち子ども及び妊婦については、本件原発事故発生から平成 23 年 12 月までの損害として 1 人 40 万円を目安、

　　 ⅱ）その他の自主避難等対象者については、本件事故発生当初の時期の損害として 1 人 8 万円を目安

　　とする。

　自主避難せずに滞在し続けた者については、避難指示対象区域内の居住者で精神的損害の対象期間とされなかった期間がある者は上記ｉ）、ⅱ）を目安とする。

　原紛センターは、この基準をもとに自主避難地域の被災者に対する賠償について、極めて冷たい態度をとっていることは前述した。

【注】

44　『科学』VOl.87, No.7、600 頁以下「甲状腺がんデータの分析」

45　上記 44 の『科学』667 頁以下「甲状腺がん過剰診断論の限界」

46　「秘密会」について、2012 年 10 月 03 日付け『毎日新聞』は次のように報じてい

る。

　「東京電力福島第一原発事故を受けた福島県の県民健康管理調査について専門家が意見を交わす検討委員会で、事前に見解をすり合わせる「秘密会」の存在が明らかになった。昨年5月の検討委発足に伴い約1年半にわたり開かれた秘密会は、別会場で開いて配布資料は回収し、出席者に県が口止めするほど「保秘」を徹底。県の担当者は調査結果が事前にマスコミに漏れるのを防ぐことも目的の一つだと認めた。信頼を得るための情報公開とほど遠い姿勢に識者から批判の声が上がった」。

　9月11日午後1時過ぎ。福島県庁西庁舎7階の一室に、検討委のメンバーが相次いで入った。「本番（の検討委）は2時からです。今日の議題は甲状腺です」。司会役が切り出した。委員らの手元には、検討委で傍聴者らにも配布されることになる資料が配られた。

　約30分の秘密会が終わると、県職員は「資料は置いて三々五々（検討委の）会場に向かってください」と要請。事前の「調整」が発覚するのを懸念する様子をうかがわせた。次々と部屋を後にする委員たち。「バラバラの方がいいかな」。談笑しながら1階に向かうエレベーターに乗り込み、検討委の会場である福島市内の公共施設に歩いて向かった。

　県や委員らはこうした秘密会を「準備会」と呼ぶ。関係者によると、昨年7月24日の第3回検討委までは約1週間前に、その後は検討委当日の直前に開かれ、約2時間に及ぶことも。第3回検討委に伴う秘密会（昨年7月17日）は会場を直前に変更し、JR福島駅前のホテルで開催。県側は委員らに「他言なさらないように」と口止めしていた。

　福島の甲状腺ガンをめぐっては一部の専門家から「手術をしなくてもいいケースであったのではないか」との指摘があり、患者データの公開を求める声があった。[共同]

47　注44の『科学』651頁以下「研究デザインから考える福島県の『甲状腺検査』」

48　宗川吉汪著『福島甲状腺がんの被ばく発症』（文理閣発行）

49　医療問題研究会編著『甲状腺がん異常多発とこれからの広範な障害の増加を考える』（耕文社発行）1～3章。

50　注44の『科学』690頁。

347

51　注44の『科学』663頁以下「『3.・11甲状腺ガン子ども基金』からみえてきたもの」

52　アーニー・ガンダーセン氏については、前巻『福島第一原発事故の法的責任論1』でも取り上げた。本件原発事故は、海抜4m高の埋立地にむき出しのまま海水ポンプを設置したままにしておいたことと、非常用ディーゼル電気（D/G）の設置方法、及び防水措置をしていなかったことが命取りになったと指摘している。

6章　判例の趨勢と司法に課された責任

1　原発差止め訴訟における被曝被害に対する司法のスタンス

　昭和23年3月12日最高裁判所大法廷が、現在は廃止されているが尊属殺人罪の合憲性を判断した判決において、「一人の生命は、全地球よりも重い」という表現を用いて、生命の重さを説示していることは前巻で触れた。

　また、人命に極めて重大な危険性を内包する原発の設置許可の適法性について、平成4年10月29日最高裁判決（伊方原発訴訟）は次のように判示した。

　　裁判所の審理、判断は、原子力委員会若しくは原子炉安全専門審査会の専門技術的な調査審議及び判断を基にしてされた被告行政庁の判断に不合理な点があるか否かという観点から行われるべきであって、現在の科学技術水準に照らし、右調査審議において用いられた具体的審査基準に不合理な点があり、あるいは当該原子炉施設が右具体的審査基準に適合するとした原子力委員会若しくは原子炉安全専門審査会の調査審議及び判断の過程に看過し難い過誤、欠落があり、被告行政庁の判断がこれに依拠してされたと認められる場合には、被告行政庁の右判断に不合理な点があるものとして、右判断に基づく原子炉設置許可処分は違法と解すべきである。

　この判決は、行政の決めた基準を基に、具体的事項に関して行った（行わなかった不作為も含む）判断については、その判断が合理的であったか否かを判断できるとし、その場合、「安全審査に関する資料をすべて被告行政庁の側が保持していることなどを考慮すると、被告行政庁の側において、まず、その依

349

拠した前記の具体的審査基準並びに調査審議及び判断の過程等、被告行政庁の
判断に不合理な点がないことを相当の根拠、資料に基づき主張、立証する必要
があり、被告行政庁が右主張、立証を尽くさない場合には、被告行政庁がした
右判断に不合理な点があることが事実上推認される」として、主張・挙証責任
を国に転換されることは認めている。

2 本件原発事故に関連する判例の概要

　私の手元に、本件原発事故の被害者が提訴した下記 12 件の判決書がある。
そのうち (9) の前橋地裁判決、(11) の千葉地裁判決、(12) の福島地裁判決
は、それぞれの県で結成された弁護団が担当した集団訴訟であり、(9) の判決
については本書第 1 巻で責任論の範囲でふれているが、他の 2 つの判決は、本
書第 1 巻出版後に出たものであるので、本書第 2 巻で、責任論に関する 3 つの
判決の比較検討も併せて行うこととした。その他の判決については、本件原発
事故による被曝被害と、それによる損害（主として慰謝料）に関する判断部分
に焦点を当てて検討する。

(1) 平成 25 年 10 月 25 日付東京地裁判決

　自主避難した東京都区内の居住者が東電に対して、原賠法に基づいて避難費
用及び慰謝料合計 5 万 505 円の支払い、本件原発から核燃料物質等の排出をし
てはならないこと、本件原発から全ての放射性物質を除去することなどを求め
た事案である。

　一審判決は「原告の被曝の程度は、自然被曝をわずかに上回る程度である」か
ら「社会的に受忍し得ないほどのリスクが増加したとはいえない」として請求を
棄却している。なお、低線量被曝について「ICRP の 2007 年勧告等の LNT モデル
に関する見解は、近時の生物学的知見等に基づき、低線量被曝による発ガンリス
クの増加について、直線的なリスクの増加を想定するのが科学的に合理的である
としているものの、なお科学的不確実性は残るとしていることが認められ」、LNT
モデルを前提としても「100mSv 以下の低線量被曝の健康リスクの増加の程度は非

常に小さいとされており」、「自然放射線量を超える量の被曝をすれば、直ちに社会的受忍限度を超える法益侵害がされたとまではいえないと言うべきである」としている。また、都内特別区内居住者の被曝不安について、「本件事故後は、国民の間で本件事故の影響やさらなる事故の発生の可能性について、著しい不安と緊張が高まっていたこと、また、東京都特別区内の環境中にも、本件事故によって放出された放射性物質が到達したことが次第に明らかとなり、都民の間でも放射線被曝に対する不安が広がっていたことも認められ、被曝を回避、低減するため、マスクを着用したり、ミネラルウォーターや浄水器を購入したり、関西方面に避難した者も一定数存在したことが窺われる。しかし、本件原発が危機的状況にあったとはいえ、本件原発から東京都特別区までは約220kmの距離があり、政府の避難指示はもちろん、各メディアの報道も、東京都民に対してまで、当時の状況で、直ちに自主避難やマスク着用などの被曝回避行動が必要であると呼びかけていたとまではいえない」とし、多くの外国政府が関東圏に在住する自国民に対して避難を呼びかけたことがあったとしても「これらは必ずしも日本国内と同様の情報が入手できるわけではない外国政府における対応であるし、このような対応をした外国政府や外国企業等が全てであったとはいえない」として、「避難指示が出ている地域以外の東京都民が、直ちに自主避難をしたり、放射性物質から身を守る対策をとることの必要性及び合理性があったとはいえない」として、請求を棄却している。

　控訴審及び最高裁も一審判決を肯定して控訴、上告を棄却した。

東京都内でもスポット的に放射能の線量が高い地点が存在したこと、在日米軍をはじめとする外国人が本国からの指示で、東京都内から避難した事実が報道されたことなどから、東京都内からの自主避難者に対してわずかに理解を示しているが、「直ちに自主避難をしたり、放射性物質から身を守る対策をとることの必要性及び合理性があったとはいえない」（受忍限度を超えていない）として、賠償請求を認めるほどの精神的苦痛とは認められないとした。これは、この請求を認めると避難しなかった東京都民、スポット的に高線量地点が発見された千葉県、群馬県、栃木県、埼玉県、茨城県などの地域の住民らの賠償請求が多発し、それを認めざるを得なくなることからの政治的な「忖度」をした

判決ではないかと推測される。

(2) 平成 26 年 8 月 26 日付福島地裁判決

　計画的避難区域に指定された福島県伊達郡川俣町山木屋地区に生まれ58年間生活していたＡ子が、福島市内のアパートに避難を余儀なくされたこと等が原因となって平成23年7月1日に自死するに至ったとして、その相続人ら（夫及び3人の子ども）が原賠法及び選択的に民法709条の不法行為責任を主張して、東京電力に対し合計約9117万円の損害賠償請求した事案である。

　Ａ子がうつ状態に陥ったことが自死の主原因であるとし、Ａ子にとって山木屋や自宅は、単に生まれ育った場や生活の場としての意味だけでなく、家族としての共同体を作り上げ、生活の基盤をつくり、Ａ子自身が最も平穏に生活することができる場所であり、密接な地域社会とのつながりを形成する場所でもあったが、事実上、区域内に所有していた家屋等の不動産を使用、収益、処分すること、そこで生活をし、仕事をすることなども不可能又は困難になり、避難によって同居していた夫及び長男との別居を余儀なくされ、同地区への帰還の見通しも持てない状況になった。これにより、Ａ子は生活の基盤というべきもの全てを相当期間にわたって失ったことは、財産そのものを喪失したものではないが、家族や地域住民とのつながりを失うという点で大きな喪失感をもたらすものであるとし、住宅ローンの支払いが残っていることの不安などを総合すると、労災認定実務でうつ状態の原因とされるストレス強度評価における「多額の財産を喪失した又は突然大きな支出があった」（強度Ⅲ）、「家族が増えた又は減った（子どもが独立して家を離れた）」（強度Ⅰ）場合と同等かそれ以上のストレスを受けたと認められるのが相当であるとして、Ａ子がうつ状態に陥ったことと本件原発事故との因果関係を認め、合計4909万円余の支払を命じた。

　山木屋地区は一部に避難指示が出されたほどの高線量地域であり、避難による精神的苦痛の結果自死するに至ったという悲惨な事例であり、判決の判断は極めて当然であるといえる。
　私が関わっている原発事故被災者支援弁護団でも、避難中に自死した人たち

の遺族の賠償請求を原紛センターに申立てを行ってきたが、概ね和解が成立して賠償を得ている。

(3) 平成 27 年 2 月 25 日付東京地裁判決

　本件原発から 100km ほど離れた栃木県内にある、営業休止中のゴルフ場の営業譲渡（経営会社の株式買い取り含む）を受けて営業再開準備中に本件原発事故が起こり、放射能の「汚染状況重点調査地域」に指定されたため、営業再開を断念してゴルフ場の土地を売却したことの損害を原賠法に基づいて東京電力に賠償請求した案件である。

　「ゴルフ場に存在する放射性物質による利用客や従業員に対する健康被害の危険性の有無については、当時の放射線被曝に関する科学的知見に基づき、当該ゴルフ場の一般の利用客及び従業員において通常想定される行動を前提として客観的に判断するのが相当であり、その上で、ゴルフ場全域の除染をしない限りその営業を再開することができないと判断したことがゴルフ場経営者の判断として無理からぬものである場合に、その放射性物質による健康被害の危険性がゴルフ場の営業再開の障害となったものと判断するのが相当である」とし、科学的知見については、次のとおりである。

ア）自然放射線による被曝線量の世界平均は年間 2.4mSv であり、日本平均は年間 1.5mSv である。

イ）広島・長崎の原爆被爆者の疫学調査結果によれば、被曝線量 100mSv を超える辺りから、被曝線量に依存して発ガンのリスクが増加することが示されている。他方、国際的な合意に基づく科学的知見によれば、100mSv 以下の被曝線量については、放射線による発ガンのリスクが他の要因による発ガンの影響によって隠れてしまうほど小さいため、放射線による発ガンのリスクの明らかな増加を証明することは難しいとされ、また、低線量率の環境で長期間にわたり継続的に被曝し、積算量として合計 100mSv を被曝した場合は、短期間で被曝した場合より健康影響が小さいとされている。本件原発事故により環境中に放出された放射性物質による被曝の健康影響は、長期的な低線量率の被曝であるため、瞬間的な被曝と比較し、同じ線量であっても発ガンリスクは小さいと考えられる。

ウ）ICRP は、被曝状況を緊急時、現存、計画の 3 つのタイプに分類し、緊急時及び現存被曝状況における防護対策の計画・実施の目安として、①緊急被曝状況：年間 20 ～ 100mSv、②現存被曝状況：年間 1 ～ 20mSv、③計画被曝状況：年間 1mSv とそれぞれについて被曝線量の範囲を示し、その中で状況に応じて適切な「参考レベル」（これは、そのレベルを下回るような対策を講じて、被曝線量を漸進的に下げていくための基準であり、また、防護措置の成果の指標となるものである）を設定し、住民の安全確保に活用することを提言している。

エ）わが国政府は、本件原発事故について、平成 23 年 4 月、参考レベルとして上記ウ）①の緊急被曝状況における範囲のうち最も厳しい値である年間 20mSv を採用し、これを基準に計画的避難区域を設定し、避難指示を行ったこと、また、同年 8 月には、現存被曝状況の対応として、ICRP の考え方に基づき、長期的な目標として、追加被曝線量が年間 1mSv 以下になることを掲げ、除染実施の具体的な目標として、平成 25 年 8 月末までに一般公衆の年間追加被曝線量を平成 23 年 8 月末と比べて約 60% 減少した状態とすることを掲げて、除染等の措置の方針を決定したこと、文部科学省が、平成 23 年 4 月 19 日付で、「① ICRP の考え方を踏まえ、幼児、児童及び生徒が学校に通える地域においては、年間 20mSv を学校の校舎・校庭等の利用判断における暫定的な目安する。② 16 時間の屋内（木造）、8 時間の屋外活動の生活パターンを想定した場合、年間 20mSv に到達する空間線量率は、屋外毎時 3.8 μ Sv、屋内（木造）毎時 1.52 μ Sv であるから、空間線量率がこれを下回る学校においては、児童生徒等が平常どおりの活動によって受ける線量が 1 年間 20mSv を超えることはなく、また、校庭・園庭における空間線量率が毎時 3.8 μ Sv 以上を示した学校においても、校舎・園舎内での活動を中心とする生活を確保することなどにより、児童生徒等の受ける線量が年間 20mSv を超えることはないものと考えられる」という見解を示した。

そして、汚染状況について、本件ゴルフ場付近及び 7km 以内の他のゴルフ場の線量は上記以下であって、当該ゴルフ場に最も近いゴルフ場は平成 23 年 3 月 19 日に営業を再開しており、その他のゴルフ場も遅くとも平成 24 年 4 月 1 日には営業を再開しているのであるから、本件ゴルフ場の「営業を再開しなかったことについては、むしろ、空間放射線量が毎時 0.23 μ Sv を超えるような放射性物質の存在とは別の原因に基づくものと考え得ることがうかがわれ、本件原発

事故と原告が本件ゴルフ場の営業再開を断念したことの間に相当因果関係は認められない」として、請求を棄却した。

　本事案は、栃木県内のゴルフ場が、放射能汚染でゴルフプレイヤーが来場しないので長期間営業を停止せざるを得なかったとして営業損害を請求した事案であるが、近隣のゴルフ場が本件原発事故から1週間後に営業を再開していること、判決上は明記されていないが、営業停止は高線量とは別の理由によることがうかがわれることを理由として、賠償請求を否定した。

　また、毎時 0.23 μSv（年 1mSv）は、国（環境省）が、放射性物質汚染対処特措法に基づく汚染状況重点調査地域の指定や、除染実施計画を策定する基準である（測定位置は地上 50cm ～ 1m）。この数値は、追加被曝線量年間 1mSv を1時間あたりの放射線量に換算したものである。これは除染の長期目標とした数値であって、国民に対して被曝量と健康影響との関係についての正確な知識がきちんと伝えられていなかったこともあって、ゴルフ場来場者が被曝に対する不安からゴルフ場に来なくなったこともあったという現実があるとしても、年間追加被曝想定量が 1mSv 程度であったとすればやむを得ない結論であると思われる。

　しかし、結論に影響しないと思われるが、前述したとおり、低線量被曝の影響について LNT 仮説が採用されていることを正しく伝えていないことなどを始めとして、ICRP 2007 年見解を正確に伝えていないワーキンググループ報告書を無条件に採用していること、などには問題が残る。

（4）平成 27 年 3 月 31 日付東京地裁判決及び同事件の控訴審東京高裁判決

　東京都渋谷区内の居住者が、原賠法（主位的請求）又は不法行為（予備的請求）に基づき、放射能汚染のない環境において生活する権利を侵害され精神的損害を被ったとして慰謝料 10 万円、放射性物質による被曝を回避又は軽減するために物品を購入した費用 24 万円余、及び弁護士費用 10 万円の合計 44 万円余を請求した案件。請求棄却及び控訴棄却。一審判決の理由の概略は以下のとおり。

被曝の「確定的影響については、この線量以下では発症しないという境界の線量（以下「しきい値」という）が存在し、この線量は一般的には100mSvから250mSv以下であるといわれている。他方で、100mSv以下の低線量の放射線を被曝した場合（以下「低線量被曝」という）における仮定的影響については、被曝線量の増加とガン、白血病等の発症率の増加との間の因果関係に関し、統計的な有意な差は現れておらず、他の要因によるガン等の発症確率の増加との区別も困難であるほど小さいため、現時点において疫学的な証明は困難であるとされているものの、しきい値が存在するかについては確定的な見解は存在していない。この点に関して、ICRPは、放射線防護の目的から、低線量被曝の影響についてしきい値は存在せず、被曝線量に正比例して発ガン又は遺伝的影響の確率が増加するとの仮説（以下「LNT仮説」という）に基づいて放射線防護措置をとることを勧告しており、この考え方は放射線影響に関する国際的な機関において広く承認されている。もっとも、LNT仮説を明確に実証する生物学的、疫学的知見は現時点では得られていない。

本件原発事故によって放出された放射性物質に関しては、福島県のみならず、東京都内を含む首都圏においても平常時を上回る放射性物質が検出されたことや、食品等からも放射性物質が検出されたこと、放射性物質の人体に対する影響や被曝を回避するための方法等が報じられていたものの、いずれも放出された放射性物質は健康に影響を及ぼす程度のものではなく、首都圏から避難する必要はないこと、水道水や食品等から暫定規制値を超える放射性物質が検出されたことについても、暫定規制値は安全を期して厳格に定められた基準であり、これを上回る食品等を摂取しても直ちに健康に影響を及ぼすものではないこと等が報じられた。

また、本件事故後における政府の避難指示及び屋内待避指示等は、本件原発から半径30kmの範囲内の住民等に対する者にとどまっており、東京都内の住民等に対してまで避難が求められていたものではないし、政府等の発表や報道等においても、避難指示及び屋内退避指示の範囲外の地域に関しては、放射線による健康への影響を懸念する必要はない旨説明されている。また、放射線の人体に対する影響や被曝を回避する為の方法等に関する報道も、あくまでも予防的観点から一般の読者ないし視聴者に向けられたものにすぎないものと解され、東京都内の住民等の生命・身体・財産に具体的な危険が生じうることを前提にするものであっ

たとは言いがたい。

　そして、「原告及び原告の子らの被曝線量の正確な値は明確ではないものの、政府の定める除染基準や暫定規制値等を大きく下回っているものと推認されるから、低線量被曝についてしきい値が存在しないとする LNT 仮説を前提としても、原告及び原告の子らの放射線被曝による健康への影響は他の発ガン要因等に比して無視できるほど小さく、社会通念上受認すべき限度を超える程度の健康への影響があったとは認められないというべきである。また、原告及び原告の子らにおいて、東京都内から避難し、又は被曝回避行動をとることの必要性、合理性があったとは解し難いし、原告が本件事故及び放射線被曝に関して強い恐怖感、不安感を抱いたとしても、それは生命、身体等の侵害に関する一般的、抽象的な危険性に対するものにすぎないというべきであり、原告が上記感情を抱いたことをもって本件人格権が侵害されたということはできない」。また、「本件事故後、本件原発の状況が悪化し続けていたこと、放射性物質の散在を認識することができず、その危険性についても未解明の領域があることから、一般人の放射性物質に対する恐怖感、不安感は極めて大きく、増幅されやすいものであること、実際に、本件事故の状況や放射性物質の危険性に関する情報は錯綜しており、原告以外にも多くの東京都民が何らかの被曝回避行動をとっていたことから、原告を含む多くの東京都民が具体的な恐怖感、不安感を抱いた」との主張は、政府の指示、発表、報道等を前提にすると、「原告と同様の立場に置かれた一般人の本件事故への対応には相当の個人差があるものと解されるから、原告が上記事情を受けて放射線被曝に対する恐怖感、不安感を抱いたからといって、これにより原告の法律上保護された利益が侵害されたと評価することは困難であるし、原告の外に相当数の東京都民が原告と同等の被曝回避行為をとっていたとしても、その多くは生命、身体等に対する一般的、抽象的な危険を避けるための予防的な行動にすぎないと解されるから、本件人格権の侵害が根拠付けられるものではない」。

　さらに、本件事故が誰に対しても何らの便益をもたらすものではないから、被曝の不利益や不安感を受忍しなければならないとする余地はないとの主張についても「（前述のとおり）原告の法律上保護に値する利益の侵害があったと評価することはできないから、採用できない」とした。

　また、東京都が幼児、児童等に対する防護措置をとっていることは、地方自治

体の役割である住民の福祉の増進を図るために行ったものであり、「一個人の被曝
回避行為とは、その目的及び必要性が異なるといわざるを得ないから、被告（東
電）が東京都の市町村に対して放射線の検査費用等を一部負担したとしても、原
告の人格的利益の侵害を認めることにはならない」。

　本件事案は、都内住民が自主避難した費用と慰謝料を求めたものであるが、
都内でもスポット的に線量が上がった地点もあり、都民に被曝不安があったこ
とには理解を示し、LNT 仮説を採用している ICRP 勧告を根拠に、低線量被曝
の健康影響への不安があったことには理解を示している。
　しかし、請求額が 44 万円余という少額であるが、これを認めると都民のみ
ならず東北・関東の膨大な数の国民も、少なくとも慰謝料を請求できることに
なり、それに要する費用及び労力と 1mSv 前後の追加被曝量が健康に及ぼす可
能性のある影響とを比較考量すれば、やむを得ない結論であると考える。

(5) 平成 28 年 3 月 9 日付東京高裁判決

　緊急時避難準備区域に指定され、南相馬市が全市民に対して避難指示を出し
たが、8 カ月後の 9 月 30 日に同指定は解除された。原告は、11 月 25 日に一部
放射線量が高い住居について特定避難勧奨地点とされた原町地区に居住してい
たが、その住居は特定避難勧奨地点に指定されなかった。原告は、原賠審の中
間指針基準に基づいて、既に東電から 184 万円の支払いを受けているが、それ
では不足であるとして避難期間の慰謝料は 1 カ月 35 万円を下らないとして 36
カ月分合計 1260 万円から受領額を差し引いた約 1183 万円を、原賠賠法に基づ
いて請求した事件である。

　一審の東京地裁は、ワーキンググループの報告書を前記（3）の判決と同趣旨に
理解し、LNT 仮説にも言及しているが、「原告の生活圏内に毎時 0.23 μ Sv の放射
線が観測される地点が存在することに不安を抱いているとしても、その不安は合
理性を有するものとはいえず、それによって原告の平穏生活権が侵害され、慰謝
料請求権を発生させる程の精神的苦痛を受けていると認めることはできないとい
うべきである」。また、本件原発から 21km という距離で生活する原告が、本件原

発で再びシビアアクシデントの状況が発生するかもしれないという不安を抱きながら生活することについても、「危険の発生を認めるに足りる的確な証拠」がないとして「本件原発において不安定な状況が継続したということができるとしても、そのことにより原告に慰謝料請求権を発生させる程の精神的苦痛を受けたとまでは認められない」とした。

　そして、原賠審の基準では慰謝料金額が妥当かどうかとの点について論究することなく、「原告が本件事故によって被った精神的損害についての慰謝料額は、既に被告（東京電力）から支払われた184万円を超えるとは認められない」とした。

なお控訴審判決は、控訴を棄却したが、二つの注目する判断をしている。

　一つは、慰謝料請求権が発生する判断基準を次のように示したことである。「特定のリスクに起因する不安が、当該不安を抱かされた者の人格権ないし平穏生活権を侵害し、リスク発生者に対する法的な慰謝料請求権を発生させる程の精神的苦痛が生じているか否かの法的判断については、予測被害の重大性、予測被害の回復困難性、予測被害発生後の推移の制御困難性、リスク要因による予測被害の不発生を証明する科学的知見の不完全性、リスク要因の不感知性及びリスク管理者等に対する不信等を総合的に分析精査し、これを社会通念に照らして総合的かつ慎重に評価して決すべきである。そして、この社会通念の判断にあたっては、関係諸法令等の定めや当該法令が成立する際の基礎となった立法事実の内容等を中心に、社会科学的見地、人道的見地からなされる各種機関からの勧告や提言、アンケート結果等から導かれる一般人の意識等をも総合的に考慮すべきである」。

　そして、「この判断基準にあてはめれば、少なくとも本件事故以前から本件原発周辺地域に居住している者であって、本件事故によって年間1mSvを超える放射線被曝の危険にさらされることによる不安を抱く者については、当該不安により被った精神的苦痛に対する慰謝料請求権を取得するものというべきである」として慰謝料請求権自体は肯定したが、損害額が既払い額を超えているという点を否定した一審判決を肯定して控訴棄却とした。

　二つ目は、LNTモデルについて「ICRPは、低線量放射線被曝における健康影響が不確実であり、上記モデルの根拠となっている仮説を明確に実証する生物学的、

疫学的知見がすぐには得られそうにないことも踏まえつつ、放射線防護の立場から、低線量放射線被曝の管理に当たり、慎重な対応を取るための根拠を提供することを目的として、かかる勧告をしているものと解されるのであって、このような勧告がなされていることをもって、年間 1mSv の追加被曝が健康に影響を及ぼすことが科学的に裏付けられていると認めることはできない」として、低線量被曝の健康影響を否定的に判断したことである。

本事案の争点は、低線量被曝の不安に対する慰謝料額が原賠審の基準に基づいて支払われた金額で十分なのか否かという点に尽きる。

これに対して、控訴審の判断理由が示した二つの判断基準のうち、一つ目は抽象的には是認できるとしても、具体的な判断はどうなるのかという点が未解明である。しかし、二つ目の「年間 1mSv の追加被曝が健康影響を及ぼすことが科学的に裏付けられていると認めることはできない」という点は、ICRP は、命・健康を護るという観点から、LNT 仮説は科学的に合理的であると判断すべきとしていることを理解していない。また、20mSv 以下の低線量域でも健康被害はあるという多くの見解があることが無視されている。これらの点について原告側がどのような立証をしたのかが不明であるが、判決がそれらの論文や実験結果などに全く論究していないことから見て、それらの論文等が証拠として提出されていないのではないかと推測される。

いずれにしても、根底には既に受領した慰謝料額が妥当であったか否かにあり、この点の主張・立証もどの程度なされたのかが不明であるが、原賠審という専門家等で構成された行政機関の決めた基準に基づいて支払われた賠償額の適否には踏み込まないという意図が窺える。この判決にも統治行為論の考え方が影響しているように思える。

(6) 平成 27 年 6 月 30 日付福島地裁判決

福島県双葉郡の避難区域から避難したが、避難後にうつ病状態になり、平成23 年 7 月 23 日、南相馬市内の橋から飛び降りて自死した被害者の遺族（相続人）が、自死は本件原発事故が原因であるとして、原賠法及び選択的に民法 709条ないし 711 条に基づき、相続した自死者の逸失利益及び

慰謝料、遺族に直接生じた葬儀費用、慰謝料など合計8692万円余の賠償請求をした事案である。

　被告東電は、「自死は単一の原因からなる現象ではなく、自死に至るまでには長期にわたって形成される準備状況というべき過程があって、自死につながる準備状況が形成されていくものである。自死の直接の契機は一見して些細なものである場合があるとされていることに留意する必要がある。また、精神医学、心理学において、精神障害の原因について、ストレスが非常に強ければ、個体側の脆弱性が小さくても精神障害が起こり、反対に個体側の脆弱性が大きければ、ストレスが小さくても破綻が生ずるという『ストレス ― 脆弱性』理論が広く受け入れられている。そして、この場合のストレスの強度は、環境由来のストレスを、多くの人が一般的にどう受け止めるかという客観的な評価に基づくものによって理解されることに留意する必要がある。これらの知見を参考にすると、相当因果関係の有無を判断するに当たっては、個体側の要因が十分考慮されるべきである。具体的には、既往症、生活史、アルコール依存状況、性格傾向、家族歴を考慮する必要がある」として、自死者の性格傾向の脆弱性、6年以上にわたる治療を続けていた糖尿病の既往症、長男が孫を残して死亡したため孫の未成年後見人となっていたことによる心理的負担などの要因を主張して、本件原発事故による避難との相当因果関係を認められないと争った。

　判決は、被告の上記主張を考慮して、本件事故と自死との間の「相当因果関係（本件に即して厳密に言えば、本件事故によって大気中に放出された核燃料物質等の放射線の作用と自死との間の相当因果関係）の有無の判断に当たっては、本件事故が自死の引き金となったか否かという観点からだけではなく、自死につながる準備状況がいかなる原因で形成されたのか、その準備状況を形成した諸原因の中で、本件事故がどの程度の重きをなすものであったのかを、本件全証拠に照らして詳細に検討し、評価すれば足りるというべきである」としつつ、自死者が「うつ病を発症したかどうかは、本件事故と自死との間の相当因果関係の有無を判断する上で、不可欠の前提事実ではなく、自死に繋がる準備状況を形成した諸原因の一つとして検討、評価すれば足りるというべきである」とした。

　証拠の医師の意見書は自死者の死亡後に、糖尿病の診療記録や訴訟記録内にあ

る原告等の書面等に基づいて作成されたもので、自死者の様子を「直接観察した
ものではないという意味で間接的な資料であるといわざるを得ない」し、「精神障
害の確定診断は希ならず困難で、治療歴がない場合が圧倒的に多く、得られた情
報だけから確定診断及び発症時期を推測することは極めて困難とされている」の
で、そのような意見書の信用性は慎重に検討しなければならない」としながら、
証拠から「平成23年7月中以降本件うつ状態に至っていたと認められる」とし、
専門的知見から「うつ病は、自死につながる準備状態の形成との関連性が強く、
統計的にも自死に至る大きな原因とされているのであるから、少なくとも小うつ
病性障害を発症していた蓋然性が本件うつ状態にあったことは、（自死者の）自死
につながる準備状態を形成した大きな原因をなしているものと認めるのが相当で
ある」とし、本件事故とうつ病との関係について「本件事故に基づく避難の特徴
について検討するに、局地的な土砂崩れの災害等と異なり、避難を求められる範
囲が福島第一原発周辺の市町村を広く含む非常に広範囲に及び、避難を余儀なく
された地域における被害者の生活が広範に失われる結果をもたらしたといえる。
避難をするについても、もともと居住していた地域が避難指示の出された区域で
あるのか否か、自主的避難をしたものであるのか、避難後に仮設住宅に入居した
のか、他の住宅に入居したのか等避難者によって様々な事情があり、一口に避難
者といっても同じ事情の下に避難しているものではない以上」、他の避難者のアン
ケート結果などから、直ちに本件自死者が「本件事故による避難によって感じて
いたストレスの大小を論じることはできない。しかしながら、そのような個別事
情の違いがあるにもかかわらず、大多数の避難者に避難によるストレスや精神疾
患の発症がみられる事実は、本件事故に基づき避難することが、一般的に避難者
にストレスを課し、その結果、精神病疾患を発症させ得る可能性を有する程度の
強度のものであることを示しているとみることができる」として、様々な避難に
よる生活上の障害や帰還の見通しも持てなかったこと、既往症の糖尿病治療も従
来通りに受けられなくなって悪化したことも要因の一つであることなどを挙げて
相当因果関係を認め、合計2721万円余の請求を認容した。

本判決は妥当なものであると考える。

（7）平成 27 年 9 月 15 日付福島地裁判決

　福島県双葉郡大熊町に居住して本件原発に勤務していた東京電力の従業員が、避難を余儀なくされた結果生じた精神的損害及び財物損害等が、既に支払われた金額では不足であるとして合計 765 万円余を、原賠法に基づいて請求した事案である。合計 136 万余円の請求を認容。

　判決で留意すべき点は次のとおりである。

ⅰ）避難慰謝料を原賠審が定めた中間指針に基づいて支払うべきとの被告東京電力の主張に対し、「中間指針等は、紛争当事者間の自主的解決における損害賠償の指針（原賠法 18 条 2 項 2 号参照）として、損害賠償の範囲及び額を一律に定めることにより、避難者の個別事情について個々の証明を要することなく」具体的請求のみによって賠償金の支払いを実現し、もって避難者の迅速、公平かつ適正な救済という目的を実現するためのものといえる。他方、裁判手続における不法行為に基づく損害賠償の制度では、個々人の損害は、個別事情に応じて判断されるべきものであって、その範囲及び額につき争いがある場合には、当事者の主張立証に基づく、不法行為と相当因果関係が認められる限度で認められるものであり、これにより不法行為に基づき生じた個々人の損害の塡補を図ることを目的としているものであるところ、原賠法に基づく賠償請求をする場合であってもこれと別異に解すべきではない」とし、「私人が裁判手続によって本件事故に基づく損害の賠償を求める場合においては、中間指針等の内容は考慮すべきであるものの、最終的には、当事者の行う訴訟活動に基づき、認定された個々の事情に応じて賠償の対象となる損害の範囲及び額を定めるべきものである。このことは、個別立証による賠償額の増額の余地を示唆する中間指針等も予定しているものといえる」。また、「中間指針等に基づき支払われる賠償金の趣旨、目的に照らせば、被告（東電）が、支払った賠償金が（過払いであったとしても）返還を請求することは、信義則に従い制限されることも十分考え得るところである」。

ⅱ）慰謝料の請求について、請求者が転勤を前提として雇用されているので、本件事故後被告（東電）の業務命令によって転勤場所が変更になったこと自体は損害の対象にならないが、買い揃えた家具を使用できなくなったことや、避難

した仙台市にある実家から本件原発等に通勤したことの苦労を考慮して70万円の支払いを認めた。

iii）社員寮内の家財道具等の損害について、「一般に、単身で生活する者の家財の再調達価格は概ね300万円とされて」いるとし、購入時からの年数経過を考えた「中古購入価格は、新品価格と比較して、大幅な減額がなされているのが一般的であること（顕著な事実）に鑑みれば、原告の家財に係る損害額は、上記300万円から5割を減じた150万円と認定するのが相当とし、既払い額105万円を差し引いた金額の支払いを命じた。

　本判例の注目すべき点は、原賠審の賠償基準に基づいて支払われた賠償金額を、裁判所がその妥当性を判断できるとした点にある。東京電力は、本件原発における自社従業員及び下請会社従業員の賠償請求については、きわめて厳しい対応をとっており、原粉センターでの請求は原則拒否していた。東京電力に直接請求したが極めて低い金額しか支払われなかったので、やむを得ず提訴せざるを得なかった事例である。

　なお、東京電力に関係のない被害者でも、東京電力に直接請求した場合には、東京電力の独自の基準に基づく支払しかしないので、原紛センターでの和解より低額の賠償しか受けていない例が少なくなく、さらに、訴訟においては、原賠審の基準を超えた賠償支払いを命じる判決が出されている。

(8) 平成28年2月18日付京都地裁判決

　福島県内の自主避難地域である福島県a市でクラブ経営をしていたAと、離婚したが内縁関係を続けて同居しているB子、その両名の間に婚姻中に生まれたC、離婚後に生まれAが認知したD、Eの子どもの5人の家族のうち、Eを除く4名は「平成23年3月13日、福島県会津地方を目指して避難を開始し、同日は同地方の旅館に宿泊した。同月14日、従業員ら14名が合流して会津地方に所在する従業員の実家に泊った」。同月15日、その一行は「新潟県に向かい、同日及び同月16日は、同県糸魚川市のホテルに宿泊した」。その後、一行はb市に移動し同月17日から同月19日までは、同市のホテルに宿泊し、同月20日以降は同市所在の2つの賃貸物件に別れて生活を始めた。同年5月

16 日、1 名を除いた 13 名は、c 市内の建物へ移転し滞在した後、同年 9 月 30 日原告ら家族 5 名を含めた合計 8 名は同市内の別の住居に移転した。平成 26 年 4 月頃、原告らは、兵庫県 f 市内の建物へ移住した。原賠審の中間指針追補に基づいて被告（東電）から、A に 12 万円、B 子に 64 万円、C、D、E に各 61 万〜62 万円が支払われたが、それでは不足であるとして原賠法に基づいて、① A は自主避難に伴う費用、避難によって発症した精神的疾患治療の通院に伴う費用、休業損害、放射能測定費用と慰謝料の合計約 1 億 1609 万円を、② B 子は休業補償と慰謝料の合計約 4823 万円を、C は慰謝料約 1163 万円を、D は慰謝料約 546 万円を、E は慰謝料約 299 万円をそれぞれ請求した案件。A に対して約 2402 万円、B 子に対して約 645 万円を認容したが、その他の請求は棄却した。

　A らが居住していた地域の放射線量は、平成 23 年 3 月 15 日 14 時 5 分に「毎時 8.26 μSv の放射線量が測定されたが、この値はその後漸減し、同日 16 時 10 分以降毎時 3.8 μSv を下回るようになった」。その後の「放射線量の平均値は平成 24 年 8 月時点で 0.33 μSv であり、平成 26 年 8 月以降、0.19 μSv を下回るようになった」。「環境省は、被曝線量年間 1mSv を 1 時間当たりに換算すると、「毎時 0.19 μSv（1 日のうち屋外 8 時間、屋内〔遮蔽効果〈0.4 倍〉のある木造家屋〕に 16 時間滞在するという生活パターン）としている」。

　低線量被曝について、「LNT モデルの考え方に従って発ガンリスクを比較した場合、年間 20mSv 被曝すると仮定した場合の健康リスクは、例えば他の発ガン要因（喫煙、肥満、野菜不足等）によるリスクと比べても低いこと、放射線防護措置に伴うリスク（避難によるストレス、屋外活動を避けることによる運動不足等）と比べられる程度であると考えられる」とし、政府の避難指示は ICRP の 2007 年勧告の「下限の基準を採用したものである」と指摘した。そして、福島県内の小児甲状腺ガン罹患者が 133 人にのぼっていることについては、「WHO や UNSCEA 等の国際機関や、平成 26 年 2 月に環境省が開催した『放射線と甲状腺ガンに関するワークショップ』に参加した国内外の専門家からは本件事故によるものとは考えにくいとされており、その理由としては、本件原発周辺地域の子どもの甲状腺被曝線量は総じて少ないこと、ガンが見つかった者の本件事故時の年齢は、放射線

365

に対する感受性が高いとされる幼児期ではなく、10代が多かったことなどが挙げられる旨を示した」とし、スクリーニング効果の可能性もあることなどを挙げて、福島県での小児甲状腺ガンと本件原発事故による低線量被曝との関係に疑問を呈している。

　避難の必要性については、c市へ転居した理由は、b市で「新規営業（コンビニ経営や移動販売車を使った食品販売等）を計画したが、同所での見通しが立たなかったことから、起業するには他の土地へ移る必要があること、福島県からの避難者であることを理由に差別的視線を感じるなど、b市の生活になじめなかったこと、共に避難した者の中にc市での生活にあこがれている者が多かったこと」などの理由であるが、「放射線被曝の危険を回避し、これが解消されるまでの間暫定的に避難を続けるという自主避難の性質に鑑みれば、起業は避難者として合理的な行動とは言いがたく、起業が成功しなかった責任は、本来的に当該避難者に帰すべきものと解されるから、特段の事情のない限り、上記のような更なる転居に伴う損害について賠償を求めることはできないと解するのが相当である」とし、「差別的視線を感じるなどし、b市における生活になじめなかったとしても、直ちに転居が必要となると解することは困難である」として、c市への転居に伴う費用を否定した。説明はされていないが、b市までの避難については認めている。

　「自主避難の合理性が認められる期間」については、「本件事故は、わが国における未曾有の事態であり、福島県a市に居住していた」「原告等が、同市から自主避難し、本件事故による危険性が残存し、又はこれに関する情報開示が十分になされていな期間中自主避難を続けることは相当であること、被告（東電）が、平成24年8月31日まで自主避難を続けることの合理性を争っていないことなどからすると、原告らが、同日までの間自主避難を続けることには合理性を認めることができる」。「同年9月1日以降のa市内の放射線量は、年間20mSvに換算される3.8μSv毎時を大きく下回っており、この情報は広く周知されていたと認められるから、同日以降、a市については、本件事故による危険性が残存し、又は危険性に関する情報開示が十分になされていなかった状況にあったと認めることはできない」とした。

　本判決も、原賠審の基準に基づいた既払い額の妥当性についての判断であ

る。認容した金額の妥当性の問題は触れないこととする。

　低線量被曝の健康影響に関する判断の中で、福島で子どもの甲状腺ガンが多発している点について本件原発事故との関係を否定的に判断したのは、軽率な勇み足であると考える。この点については、5章の2を参照されたい。

（9）平成 29 年 3 月 22 日付前橋地裁判決

　集団提訴事件では初めての判決であり、本書第 1 巻では国及び東京電力の過失責任について検討しており、本書では低線量被曝と健康被害を主にして検討し、集団提訴で本判決後に出された 2 つの判決（後述の（11）、（12））との比較検討の項で改めて責任論についても論究することとする。本判決は、低線量被曝と健康被害との因果関係について次のように判示している。

　　ICRP 勧告では、（中略）（公衆被曝において、）①参考レベルの最大値を、確定的影響とガンの有意なリスクの可能性が高くなる値である 100mSv とすること、②放射線量のしきい域を（略・前掲判例で判示しているように）緊急時被曝状況、現存被曝状況、計画被曝状況の 3 段階に分類して計画を立てることを提案している。（中略）ICRP 1977 年勧告においては、個人線量と放射線被曝により誘発される特定の生物効果との関係性は複雑であり、なお今後の研究を要すると前置きした上で、委員会勧告の基礎として、「（放射線被曝による）確率的影響に関しては、放射線作業で通常起こる被曝条件の範囲内では、線量とある影響の確率との間にしきい値のない直線関係が存在する」ことを基本的な仮定の一つとした。

　　上記の考え方は、その後の ICRP 勧告においても維持され、ICRP 1990 年勧告においては、「生体防衛機構は、低線量においてさえ完全には効果的でないようなので、線量反応関係にしきい値を生ずることはありそうにない」、ICRP 2007 年勧告においては、「約 100mSv を下回る低線量域では、ガンまたは遺伝性疾患の発生率が関係する臓器及び組織の透過線量の増加に正比例して増加するであろうと仮定するのが科学的にもっともらしい、という見解を支持する」、「委員会が勧告する実用的な放射線防護体系は、約 100mSv を下回る線量においては、ある一定の線量の増加はそれに正比例して放射線起因の発ガンまたは遺伝性疾患の確率の増加を生じるであろうという仮説に引き続き根拠を置くこととする。この線量反応のモ

デルは一般に、"直線しきい値なし"仮説またはLNTモデルとして知られている」と記載されているほか、後述のUNSCEARの見解と一致する旨が指摘されている。

　もっとも、ICRPは、直線しきい値なしモデルについて、「委員会は、LNTモデルが実用的なその放射線防護体系において引き続き科学的にも説得力がある要素である一方、このモデルの根拠となっている仮説を明確に実証する生物学的／疫学的知見がすぐには得られそうにないということを強調しておく」。「低線量における健康影響が不確実であることから、委員会は、公衆の健康を計画する目的には、非常に長期間にわたり多数の人々が受けたごく小さい線量に関連するかもしれないガンまたは遺伝性疾患について仮想的な症例数を計算することは適切ではない」としており、このモデルが科学的に実証されたものでない旨を記載している。

　この判決は、国及び東京電力の過失責任を認めた上で、世界で認知されている低線量被曝と健康被害の関係に関する考え方は、現在は、生物学的・疫学的に明確に実証されてはいないが、人の健康を守るために安全寄りの考え方に立って、直線しきい値なし仮説（LNT仮説）に基づいて放射線防護をすべきであることを前提にして判断している点は妥当である。具体的に認めた賠償額は、帰還困難区域、居住制限区域、避難指示解除準備区域の被災者については、原賠審の基準に基づいた既払額の限度で足りるとして追加支払を認めず、特定避難勧奨地点のある区域については、30名のうち19名について損害額が既払額を超えているとして追加支払いを認めたが、残りの11名については既払額で足りるとして増額支払いを認めず、自主避難対象区域についての被災者には、個別具体的に検討して、請求額よりは低いが一定額の賠償を認めた。総論では被災者に理解を示したが、具体的な賠償額の決定では被災者の納得を得られるものではなかった。そのため、被告東京電力及び原告らとも控訴した。その結果、今後、東京高裁で審理が継続することになる。

(10) 平成29年3月29日付東京地裁判決

　自動車海運業を営む会社が、本件原発事故後、社団法人日本海運協会、及び全国港湾労働組合連合会との間で、内航貨物を含む海上運送されるすべての中

古自動車・建設機械等（以下「中古自動車等」という）について、荷主の責任においてその放射線検査の実施を義務付ける協定（以下「三者協定」という）」を締結するに至り、事故直後から 2011 年 11 月末日までの検査費用の支払いは既に東京電力から受けていたが、さらに、同年 12 月 1 日以降の検査費等合計 5 億 2,591 万 9,064 円と遅延損害金を、原賠法 3 条 1 項に基づいて請求した事件である。

　被告東京電力は、「警戒区域で使用されていた中古自動車は、全国で流通している中古自動車等の量に比べれば、その割合は極めて少ない。また、避難指示後、避難者が一時立ち入りをする際に持ち出すことができるとされているが、全車両についてスクリーニングを行い、一定の基準を超える自動車については、いずれも除染するなどしてその基準値を下回らない限り、警戒区域外に持ち出すことができないとされている。（中略）そうすると、中古自動車等から高い放射線量が検出される割合は、極めて低いものであり、（中略）荷役作業に携わる港湾労働者の健康に悪影響を及ぼすおそれがあるようなレベルで放射性物質に汚染されている中古自動車等が流通していることは、およそ想定し難い」。したがって、同年 12 月 1 日以降の検査を行う必要性・相当性がないので、上記期日以降の検査費用の損害と本件原発事故との間に因果関係はないと争った。棄却理由の主な点は以下のとおりである。

（1）諸外国における輸入品に対する措置は、平成 23 年 3 月以降、米国等 20 を超える国・地域においては、わが国からの輸入品（自動車、中古自動車、船舶、コンテナを含む）について、放射線検査を実施するなどの措置が執られるようになった。このうち、EU は、その加盟国に対し、わが国からの船舶、コンテナの放射能汚染評価基準について毎時 0.2 μSv を採用するよう奨励し、オランダは、わが国からの船舶、コンテナの埠頭出発時の検査基準値については、自然界に存在する放射線量に加えて毎時 0.2 μSv とし、ロシアは、わが国からの輸入品の検査基準について、自然放射線量を含まず毎時 0.3 μSv とし、台湾は、わが国から輸入される機械類、電気類、電子類、化学工業類、電磁情報通信器類等 658 品目及び被災地周辺の 13 カ所の湾岸からのすべてのコンテナの検査基準値について、自然界放射線を含む毎時 0.2 μSv とし、モンゴルは、わが国か

らの輸入自動車の検査基準値について、毎時 0.2 μSv としている。これらの措置は、（中略）平成 27 年 11 月 30 日時点においても継続していた。

(2) 港湾労働者の安全確保のために本件検査を実施することの必要性、相当性の有無について

① （中略）港湾労働者に健康被害が生じるおそれがあるとして、その健康や安全を確保するために、中古自動車等の放射線検査を実施することについて強い要求があり、これを受けて、（中略）本件三者協定が締結され、これに基づいて、中古自動車等の海上運送をしようとする荷主において実施することが強制され、その検査費用の負担が本件原発事故と相当因果関係があると認められるには、中古自動車等の荷役作業に携わる港湾労働者の安全確保という目的に照らし、平均的・一般的な人を基準として、内航運送向けを含むすべての中古自動車等について放射線検査を実施することに、必要性・相当性が認められることを要するものというべきである。

② 本件原発事故によって拡散された放射性物質による中古自動車等の荷役作業に携わる港湾労働者の健康被害について、以下の事情を指摘することができる。

ア）平成 23 年 4 月、専門機関より、年間 100mSv より低い線量では、ガン死亡のリスクの増加が統計学的に検出されないことが公表された。同年 12 月には、WG 報告書において、100mSv 以下の被曝線量について、放射線による発ガンのリスクの明らかな増加を証明することは難しいとされ、積算量として合計 100mSv を長期間にわたり継続的に被曝した場合には、短期間で被曝した場合に比較して、健康に対する影響が小さいことが報告され、また、低線量被曝について、被曝線量に対して直線的にリスクが増加するという考え方を採用しても、年間 20mSv の被曝による健康リスクは、他の発ガン要因によるリスクに比較して低いことも報告された。さらに、ICRP は、本件事故に関し、緊急時被曝状況における被曝線量として年間 20 〜 100mSv の範囲で参考レベルを設定すること、防護措置として、長期間には放射線レベルを年間 1mSv へ低減するため、参考レベルを年間 1 〜 20mSv の範囲とすることを提言し、わが国政府は、同年 8 月、この考え方に基づき、長期的な目標として、追加被曝線量が年間 1mSv（中略）以下になるこ

とを掲げるなどして、除染等の措置を決定した。

　　これらの科学的知見等に照らせば、年間 20mSv の被曝について、直ちに
それが健康に被害を与えることを認め得るものではない（なお、わが国政
府は、追加被曝線量を年間 1mSv 以下に低減させることを長期的な目標に掲
げて除染等の措置の方針を決定しているが、このことから年間 1mSv の追加
被曝による健康被害が裏付けられるものではない）。

イ）（スクリーニング効果に関する東京電力の主張を肯定）。（中略）実際上も、
本件原発事故後、国内の主要港（略）において、海上運送される中古自動
車等のうち高い放射線量が検出されたものは、極めてわずかである。（中略）

ウ）独立行政法人原子力安全基盤機構作成の報告書には、スクリーニングを
経て警戒区域から持ち出された車両の整備を担当した車両整備士の外部被
曝線量については、年間 356μSv であると試算され、保守的評価を行って
も、年間 1mSv 以下であり、健康上の影響がないと判断される旨の報告がさ
れているところ、港湾労働者が中古自動車等の船積みをする場合において、
個々の運送事業者よりも多くの車両に接するものであるとしても、車両の
整備を担当する整備士に比べれば、自動車の外表面のうちワイパー、タイ
ヤ、窓ガラスのゴムパッキンなど、比較的線量レベルが高い部分に接する
機会が少なく、また、1 台の車両について取り扱う時間も短いものと考えら
れる。そうすると、港湾においては、大量の中古自動車等が海上運送のた
めに集積され、その中にスクリーニングを経ずに警戒区域から持ち出され
た車両が存在する可能性があることを考慮しても、中古自動車等の船積み
を行う港湾労働者の被曝線量が、車両整備士よりも格段に多くなるとは考
え難い。

(3)（諸外国が輸入商品の放射線量に制限を設けたことについては）輸入品を国内
に流通させるについて、国益を守るという観点から、国内産の製品と異なった
取り扱いをすることも、一般に行われるところであり、また、放射線被曝に関
する科学的知見については、わが国内と国外とで異なるものではないものの、
海外に居住する外国人は、日本人との間に情報の格差があることから、諸外国
において、わが国からの輸入品について、放射性物質による汚染を懸念し、こ
れを敬遠するという事態がわが国以上に生じ易く、当該外国政府の意向により、

わが国からの輸入品について、厳しい規制がされるということも、十分あり得るところである。

　　そうすると、前記認定の諸外国における輸入品についての各種措置については、健康被害が生じるおそれがあるということに限られない、各国の実情に基づいて定められているものであると認められるのであり、諸外国においてそのような措置が執られ、それらが継続されているからといって、わが国における輸出用の中古自動車等の荷役作業に携わる港湾労働者の健康や安全を確保するために、本件検査の実施及び継続の必要性が肯定されるものではない。

　　よって、中古自動車等の荷役作業に携わる港湾労働者の健康や安全を確保するという目的のために、すべての中古自動車等について放射線検査を実施することについては、その必要性、相当性を認めることはできないものというべきである。

(4) 港湾労働者の放射線被曝による健康への影響についての不安除去のために本件検査を実施することの必要性、相当性の有無について

　　（中略）平成23年6月29日、川崎港において、輸出用中古自動車等から毎時6.260mSvの放射線量が検出され、また、同年8月10日、大阪湾において、輸出用中古自動車等から毎時30μSvを超える放射線量が検出された旨の報告があり、再検査したところ車両の数カ所において、毎時110μSvの放射線量（中略）が検出されたというのであり、同月17日の時点においては、今後、どの程度の台数の中古自動車等において、どの程度の放射線量が検出されるのかが全く不明であり、平均的・一般的な人を基準にしても、中古自動車等の荷役作業に携わる港湾労働者において、放射線被曝による健康被害を不安に思うことも致し方ないという面もあることは否定し得ず、そのような不安を除去するという観点から、本件三者協定を締結して、すべての中古自動車等について放射線検査を始めたこと自体については、その必要性、相当性を認め得る余地がある。

　　しかしながら、（中略）本件原発事故から1カ月後の同年4月には、前記独立行政法人により、年間100mSvより低い線量では、ガン死亡のリスクの増加が統計学的に検出されないことが公表され、また、同年8月には、わが国政府が、長期的な目標として、追加被曝線量を年間1mSv（毎時0.23μSv）以下にする

ことを掲げるなどして、除染等の措置の方針を決定し、同年12月には、WG報告書において、年間20mSvの被曝線量による健康リスクは、他の発ガンリスク要因によるリスクに比較して低いことなども報告されていたところである。他方、同年8月18日からは、本件三者協定に基づいて本件検査が実施されるようになり、その放射線検査の結果に係る情報がすべての関係者に公表されていたのであり、それぞれの港ごとに毎時0.3μSv以上の数値が検出された台数と共に、毎時5.0μSv以上の数値が検出された台数が適時に明らかにされていたものであると認められる。そして、その放射線検査の結果、本件原発事故が発生して間もない平成23年9月1日から同年12月末日までの期間においても、実際に全国14港湾において高線量の放射線量が検出される中古自動車等の台数は、わずかであることが公表されており、（中略）その後、その台数が減少し、極めてわずかになっているものである。（中略）。

　これらの事情に照らすと、本件検査については、それが4カ月程度実施されたことにより、港湾労働者が海上運送される中古自動車等の荷役作業に携わっても、その健康に影響を与えるような放射線被曝に至るとは認められないことが明らかになってきたのであり、その荷役作業に携わる港湾労働者が放射線被曝による健康への影響について不安を抱くことについても、平均的・一般的な人を基準にして合理性を認めることは、もはや困難となってきたものというべきであって、平成23年12月の時点においては、（中略）本件検査のあり方自体、再考されてしかるべきものであったのであり、それでもなお、全ての中古自動車等について放射線検査の実施を続けるというのは、港湾労働との関係を慮った港湾運送事業者の経営判断によるものにほかならないといわざるを得ない。

(5) 国及び自治体が本件検査について本件検査の中止ないし是正させる措置をとらなかったことは、（民間の本件三者協定に対してそのような権限も義務もないので）、本件検査の必要性・相当性の判断の（事情にはできない）。

　低線量被曝問題については前掲の各判例の趨勢と同様の説示をした上で、本訴訟の目的とされた追加支払については、高線量の中古自動車等の存在がほとんどないか、極めて少なかったことから、検査のあり方を含めた再検討を行って不必要な経費を削減するような経営判断をしなければならなかったのに、漫

然と全自動車に対する検査を続けたのであるから、必要性・相当性がないとしたのである。この結論は妥当であると考える。

(11) 平成 29 年 9 月 22 日付千葉地裁判決

　この裁判は千葉県に避難している、大半が避難指示区域からの避難者である 18 世帯 45 人の提訴に対するものであり、千葉弁護団が担当した。国の責任について、本件原発の設置許可処分、東京電力に対して津波対策措置を取らせなかった権限不行使の各違法性についても判断をしている。

　国については、設置許可処分の違法性を否定、津波対策に関する権限不行使は、国の過失について予見可能性は認めたが、結果回避可能性を否定して請求棄却。

　東京電力については、原賠法は民法の不法行為規定の特則であるとして不法行為を原因とする請求は認めず、原賠法に基づいた損害の存否及び程度についてのみ判断した。したがって、東京電力の過失については全く触れていない。

(1) 国の過失責任についての判断は、概略以下のとおりである。

　　内閣総理大臣の本件原発設置許可処分は、国賠法 1 条 1 項の適用上違法とはいえない。その理由の概要は以下のとおりである。

　　設置許可処分当時の根拠法令は炉規法 23 条 1 項、24 条 1、2 項であるが、原子炉安全専門審査会及び原子力委員会の各意見を聴き、それを尊重しなければならないと定められており、その趣旨は、「学識経験のある者及び関係行政機関の職員で組織され、原子力に関する専門家によって構成されていたこと、その調査審議においては、当該原子炉施設そのものの工学的安全性、平常運転時における周辺住民及び周辺環境への放射線の影響、事故時における周辺地域への影響等を、原子炉設置予定地の地形、地質、気象等の自然的条件、人口分布等の社会的条件及び当該原子炉設置者の技術的能力との関連において、専門的知見に基づく多角的、総合的見地からの検討が必要とされたこと等、原子炉施設の安全性に関する審査の特質を考慮すれば、炉規法 24 条 1 項 3 号（技術的能力に関する部分に限る）、4 号所定の基準の適合性については、各専門分野の学識経験者等を要する原子力委員会の科学的、専門的知見に基づく意見を尊重して

行う内閣総理大臣の合理的な判断に委ねる趣旨と解するのが相当であり」、また、同法24条1項4号が定める「原子炉施設の位置、構造及び設備が核燃料物質、核燃料物質によって汚染された物又は原子炉による災害の防止上支障がないものであることという抽象的な許可基準を定めるにとどめたのは、原子炉設置許可の際に問題とされる事柄が極めて複雑で、高度の専門技術的事項に係るものであり、しかも、それらに関する技術及び知見が不断に進展、発展、変化することから、許可要件について法律をもってあらかじめ具体的かつ詳細な定めをしておくことは、判断の硬直化を招き適切ではないことによるものである。そのため、同号は、その審査基準の具体的内容については下位の法令及び内規等で定めることを是認し」、安全性の「要件充足の判断についても」「原子力委員会の意見を尊重して行う内閣総理大臣の専門技術的裁量に委ねる趣旨と解すべきである」。

したがって、「原子炉設置許可処分、変更許可処分が国賠法1条1項の適用上違法とされるのは、少なくとも当時の科学技術水準や科学的、専門技術的知見に照らし、原子力委員会若しくは原子炉安全審査委員会における調査審議に用いられた具体的審査基準に不適当な点があり、又は看過し難い過誤、欠落があり、内閣総理大臣の判断がこれ依拠してなされたと認められることが必要である」。

「昭和39年原子炉立地指針」及び「昭和45年安全設計審査指針」は、「内容的にも当時の知見に照らして不合理とはいえず」、本件設置許可等処分当時においても変わりはない。また、昭和45年安全設計審査指針も、前提事実記載の内容からすれば、当時の知見を踏まえたもので、不合理なものとはいえず、本件設置等許可処分当時においても変わりはない。

よって、原子力委員会及び原子炉安全専門審査会における調査審議に用いられた具体的審査基準に、当時の科学技術水準や科学的、専門技術的知見に照らして、不合理な点があるとはいえない」。

そして、具体的判断について次のように述べている。

「①本件原発の敷地は海抜35mの大地を海抜10mまで削って作っており、その地盤は比較的脆弱な岩盤であり、明らかに耐震設計が不十分であった」との点については、「岩盤として比較的脆弱である点は科学的根拠をもって認めるに

375

足らず、そもそも本件事故の原因とのかかわりも認められない」。「②外部電源
系を一般産業施設と同程度でよいとされ、原子炉施設の危険性が考慮されてい
なかった、③1号炉に設置された非常用ディーゼル発電機（耐震設計重要度分
類Aクラス。筆者注：以下「D/G」と略称）は、わずか1台であって多重性の要
件を欠き、しかも耐震設計重要度分類Bクラスのタービン建屋の地下1階に設
置されたこと」との点については、「本件事故は、本件津波の到来によりD/Gが
被水し、機能喪失に至ったものであり、機能喪失が地震動によるものであった
とは認められないこと、また（中略）通産省の調査機関として設置された原子
力発電所安全基準委員会が昭和36年4月に策定した「原子力発電所安全基準第
一次報告書」は、原子力発電所（筆者注：以下「原発」と略称）に関する安全基
準としては世界で初めて系統的に検討されたものであるところ、同報告書にお
いて、耐震設計の重要度による分類として「機械等において、その部分により
要求される重要度が異なる場合は原則としてその重要度分類に応ずる許容応力
等を該当部分に適用する。ただし重要度の低い部分の損傷等が重要度の高い部
分に損傷を与えるおそれがある場合には重要度の高い部分に対応する許容応力
等を低い部分に対しても用いる」とされ、1号機についてもこれによっているも
のと認められることから、AクラスのD/GをBクラスのタービン建屋地下に設
置したことをもって、直ちに不合理とはいえない。さらに、1号機の設置許可申
請時（昭和41年）、D/Gが1台のみであったとする点も、非常用電源設備につ
いて「独立性及び重要性」を要求されたのは昭和45年安全設計審査指針からで
あり、当時、原発に関する安全基準としては世界で初めて系統的に検討された
原子力発電所安全基準第一次報告書において、一つのプラントにつきD/Gを2
台設置することは要求されていなかったこと等からすれば、当時の科学技術水
準や科学的、専門技術的知見に照らし、不合理とはいえない」。

　「④立地条件として、重大事故及び仮想事故で放出される一定の放射線量の目
安が設定されるも、本件事故後の積算線量は大幅にその目安を超えていること、
⑤被告国は、被告東電の許可申請後わずか6カ月で許可をしたこと」との点に
ついては、「本件事故との関係で、当時の科学技術水準や科学的、専門技術的知
見に照らし、調査審議及び判断の過程における看過し難い過誤、欠落に当たる
ものとはいえない」。

6章　判例の趨勢と司法に課された責任

(2) 経済産業大臣の規制権限不行使は、許容される限度を逸脱して著しく合理性を欠くとは認められず、国賠法1条1項の適用上違法とはいえない。

「実用発電原子炉について」、「経済産業大臣は、電気事業法40条に基づき、事業用電気工作物が技術基準に適合していないと認めるときは、実用発電用原子炉施設の一時使用停止命令を含む技術基準適合命令を発令することができるところ、原告らが、経済産業大臣が、平成18年の時点で、電気事業法39条に基づく省令62号の改正権限、同40条に基づく技術基準適合命令を行使して、被告東電に対し、津波による浸水から全交流電源喪失を回避するための対策として、①タービン建屋の水密化、②非常用電源設備等の重要機器の水密化、独立性の確保、③給気口の高所配置又はシュノーケル設置、④外部の可搬式電源車（交流電源車、直流電源車）の配備等の措置を講ずるよう命ずべきであったにもかかわらず、この規制権限行使を怠ったことが国賠法1条1項の適用上違法であると主張する」が、「（原発に内包する危険性からすると）原発の稼働に当たっては、具体的に想定される危険性のみならず、抽象的な危険性をも考慮した上で、広域・多数の国民の生命・健康・財産や環境が侵害されないための万全な安全対策の確保が求められているというべきである。

そして、旧炉基法及び電気事業法が、具体的措置を省令に包括的に委任した趣旨は、原発が国民の生命・健康及び財産を保護するに足りる技術基準に適合しているかの判断は、多方面にわたる極めて高度な最新の科学的、専門技術的知見に基づいてされる必要がある上、科学技術は不断に進歩、発展しているのであるから、原発の技術適合性に関する基準を具体的かつ詳細に法律で定めることは困難であるのみならず、最新の科学的技術水準への即応性の観点からみて適当ではないという点にあると考えられる」。

「以上からすると、経済産業大臣の電気事業法39条の規定に基づく省令制定権限（技術基準を定める権限）は、原子力の利用に伴い発生するおそれのある受容不能なリスクから国民の生命・健康・財産や環境に対する安全を確保することを主要な目的として、万が一にも事故が起こらないようにするため、技術の進歩や最新の地震、津波等の知見等に適合したものにすべく、適時にかつ適切に行使することが求められ、原子炉（電気工作物）をこの新たな技術基準に適合させるため、技術基準に適合させる権限（同法40条）を適時にかつ適切に

377

行使し、国民の生命・健康・財産や環境に対する安全を確保することが求められるというべきである」。

被告国は「旧炉規法における安全規制は、(中略)段階的安全規制制度が採られて、(中略)原子炉の設置許可に係る安全審査(前段規制)(中略)に続く原子炉施設の細部にわたる具体的な設計や原子炉設備の建設・工事の審査(後段審査)では(中略)(前段規制の対象になっている事項は)後段規制の対象となりえず、事後的に問題が生じた場合であっても、それについて後段規制としての技術基準適合命令によって是正する仕組みは採られていないところ、本件設置等許可処分に係る安全審査において、敷地高と想定津波との間に十分な高低差があってドライサイトが維持されることをもって、津波対策に係る基本設計ないし基本設計方針とされていたから、原告らが主張するタービン建屋の水密化等の措置は、いずれもウェットサイトであることを前提とした措置であり、基本設計ないし基本的設計方針に関わる事項であり、経済産業大臣において、原告ら主張の措置に関する規制権限を有しない旨主張する」。

「しかしながら、基本設計ないし基本設計方針という概念については、法令に定義規定はなく、どのような事項が原子炉設置の許可の段階における安全審査の対象となるべき当該原子炉施設の基本設計の安全性に関わる事項に該当するのかという点は、旧炉規法24条1項3号及び4号所定の基準の適合性に関する判断を構成するものとして、原子力安全委員会(本件設置等許可処分当時は原子力委員会)の科学的、専門技術的知見に基づく意見を十分尊重して行う主務大臣の合理的な判断に委ねられている(引用最判略)」。「そして、原子力安全委員会の決定した平成13年安全設計審査指針は指針2の2において『安全機能を有する構築物、系統及び機器は、地震以外の想定される自然現象によって原子炉施設の安全性が損なわれない設計であること、重要度の特に高い安全機能を有する構築物、系統及び機器は、予想される自然現象のうち最も過酷と考えられる条件、又は自然力に事故荷重を適切に組み合わせた場合を考慮した設計であること』を求め、平成18年耐震設計指針8(2)は、『施設の供用期間中に極めてまれではあるが発生する可能性のあると想定することが適切な津波によっても、施設の安全機能が重大な影響を受けるおそれがないこと』を求めているが、これらの指針等において、津波対策に係る基本設計ないし基本設計方針が

378

敷地高と想定津波との間の十分な高低差の確保によるドライサイト維持に尽きることを定めた規定はない。むしろ、原子炉設置許可に係る安全審査（前段規制）の段階において、津波対策については、基本的な安全性の審査が予定されているというにとどまり、本件設置許可処分に係る安全審査において、敷地高と想定津波との間の十分な高低差の確保が基本設計ないしは基本設計方針に当たるものとして審査されたとしても、それは、当時の原子力委員会の意見に基づく判断である」。

「他方、原子炉設置許可処分に係る安全審査において、敷地高と想定津波との間の十分な高低差の確保が基本設計ないしは基本設計方針に当たるものとして審査されたとしても、後日、上記高低差の確保の判断を否定する科学的、専門技術的知見が明らかになった場合に、原告らの主張する①〜④の措置をとることは、性質上いずれも津波対策に係る具体的な措置というべきものであり、津波対策に係る基本的な安全性を補完し、具体化する詳細設計等の問題である。（それらがウェットサイトを安全とする対策であったとしても、）基本設計ないし基本設計方針は、ドライサイト維持に係るものではなく、津波対策に係る基本的な安全性に係る事項ととらえるべきものであるから、前記①〜④の措置は、これと矛盾するものではなく、これを補完し、具体化する詳細設計等の問題と評価することができる」。

「また、被告国の主張を前提にすると、原子炉施設の安全性に関わる専門技術的知見や原子炉施設に対して生じ得る危険に関する知見を適時に適切に反映させることが困難となり、相当でない」。

「経済産業大臣が本件事故後である平成23年3月30日付けで原発設置者に対し行った指示文書の添付資料『福島第一原子力発電所事故を踏まえた対策』の『抜本対策　中長期』に、『設備の確保』として、『防潮堤の設置、水密扉の設置、その他必要な設備面での対応』との記載をしているが、上記対応は、経済産業大臣がこれらの対策を取らせる権限を有していたことを前提とした文書である」。

「以上より、経済産業大臣は、電気事業法39条に基づく省令62号の改正権限、同法「40条に基づく技術基準適合命令を行使して、被告東電に対し、津波による浸水から全電源交流喪失を回避するための措置を講ずるよう命ずべき規制権

限を有していた」。

ア　本件津波高の予見可能性

a　予見可能性の対象

「予見可能性の対象は、福島第一原発において全交流電源喪失をもたらし得る程度の地震及びこれに随伴する津波が発生する可能性である」。

「（ⅰ）平成3年の海水漏えい事故、平成11年のルブレイエ原発における外部溢水事故、平成16年のスマトラ沖地震によるマドラス原発の外部溢水事故、平成17年のキウォーニー原発における内部溢水事故を通じ、設計基準で想定した規模を超える自然現象が発生すること及びそうした事象が発生した場合には原子炉の重要な安全設備に重大な危険をもたらすことが実証されたこと、（ⅱ）被告東電を含む電気事業連合会が4省庁報告書への対応について検討を行い、そこで平成9年当時、被告らも建屋等重要施設のある敷地高を超える津波が襲来すれば全交流電源喪失の具体的危険性があることを明確に認識していたことが示されていたこと、（ⅲ）被告らは、溢水勉強会において、敷地高を超える津波を全交流電源喪失の分岐点と考え、敷地高を超えて津波が発生した場合には、原子炉施設建屋への浸水、さらには地下1階に設置されている非常用電源設備の被水によって全交流電源喪失がもたらされる現実的な危険性があること、具体的には、敷地高（O.P.+13m）を1m超過する津波（O.P.+14m）が継続することによって、福島第一原発5号機においてタービン建屋の『各エリアに浸水し、電源設備の機能を喪失する可能性があることを認識した』とし、津波水位O.P.+14mのケースでは『浸水による電源喪失に伴い、原子炉の安全停止に関わる電動機、弁等の動的機能を喪失する』としていたことから、被告らは、敷地高を超える高さの津波が発生すれば、全交流電源喪失に至る現実的危険性があることを認識していたといえる」。「具体的には、福島第一原発1号機から4号機の建屋の敷地高を前提に、敷地高O.P.+10mを超える津波が発生し得ること」を認識していたといえる。

IAEAの本件事故に関する報告書では「『ドライサイト』と『ウェットサイト』は明確に区別されるべきことが指摘されているところ、『ドライサイト』では、安全上重要な建物は全て設計基準浸水の水位よりも高くに建設することとされ、この条件が満たされない場合、すなわち、設計基準浸水の水位が

敷地高を超える場合は『ウェットサイト』として、恒久的なサイト防護策を取る必要があるとされていることも、予見可能性の対象を上記のように解することを裏付けるものといえる」。

b　予見可能性の程度

　原発においては、「一たび過酷事故が起きれば国民の生命身体に不可逆的で深刻な被害をもたらすおそれがあるのであって」、将来的に被害の再発・拡大を防止するという考えは採れない上、そもそも、炉規法等の一連の安全規制の法制度も、原子炉事故による深刻な災害が万が一にも起こらないようにするという目的を達する点にある。そうであるとすれば、万が一にも過酷事故を起こさないようにすべく、予見可能性の程度としても、無視することのできない知見の集積があれば一応足り得るというべきである」。

　被告国は「行政庁が規制権限を行使するか否か、行使する」として「いつ行使するか」につき裁量が認められる特定の規制権限について、これを行使すべき法的義務があるというためには、被害の発生を防止するために当該規制権限を行使することが選択の余地がないほど差し迫っているという必要性が基礎付けられなければならず、その前提として、少なくとも、当該規制権限の不行使が問題とされた当時、当該規制権限を行使する立場にある国民が、被害の発生を予見することが可能であったいえる客観的な状況が認められることが必要であり、行政庁に裁量があるとはいえ、被害者に対する権利・利益の制限や義務・負担の発生、場合によっては刑事罰等による制裁が伴うのであるから、これを行使するためにはその必要性を基礎付けるに足りる客観的かつ合理的な根拠が必要であるとし、（最高裁判所の判例はいずれもそのような場合であると）主張する」。また、「原子力工学の観点から、すなわち、投入できる資源や資金にも限りがあり、人的資源の問題や時間的な問題として、緊急性の低いリスクに対する対策に注力した結果、緊急性の高いリスクに対する対策が後手に回るといった危険性もあることから、優先順位が高いものから行っていく必要があることから上記が正当化されるとする」。

　「しかしながら、予見可能性の程度として、確立された科学的知見に基づく具体的な危険発生の可能性、すなわち、専門研究者間で正当な見解として通説的見解といえるまでの知見を要求した場合、そのような確立がみられるま

で原発における潜在的危険性を放置することになりかねない」。

「また、地震・津波の予見可能性の判断とは、どこにどの程度の規模の地震が発生し、どこにどの程度の規模の津波が発生するかについて、地震・津波の専門的研究の成果を踏まえて純粋に地震学の知見から判断されるものであり、ここに工学的な判断が入り込む余地はないというべきである」。

c　経済産業大臣の予見可能性

本件設置等許可処分の当時の既往最大津波としてチリ津波で観測されたO.P.+3.122m は、「地震に対する警戒に比し、非常に手薄であった」。

「その後、日本海中部地震（昭和58年）や北海道南地震（平成5年）を受け、数値予測の改良が進んだことから、津波の実態を少しずつ把握できるようになり、4省庁報告（平成9年3月）、7省庁手引き（平成10年3月）においては、当時の最新の知見を踏まえて津波シミュレーションの手法を整理し、津波シミュレーションの実施に際して極めて重要な意味を持つ『波源モデルの設定』について、『従来から、対象沿岸地域における津波対策として、津波情報を比較的精度よく、しかも数多く入手し得る時代以降の津波の中から、既往最大の津波を援用することが多かった』とした上で、『近年、地震地帯構造論、既往地震断層モデルの相似則等の論理的考察が進捗し、対象沿岸地域で発生しうる最大規模の海底地震を想定することも行われるようになるほど、将来起こりうる地震や津波を過去の例に縛られることなく想定することも可能になってきており、こうした手法を取り上げた検討を行っている地方公共団体もでてきている』として『信頼できる資料を数多く得られる既往最大津波とともに、現在の知見に基づいて想定される最大地震により起こされる津波をも取り上げ、両者を比較した上で常に安全側になるよう沿岸津波水位のより大きい方を対象津波として設定するものとする』とした。4省庁報告書等は、災害対策法に基づく防災計画のために、一般防災の観点から、想定すべき地震・津波についての考え方を確立したものであるが、より高度な安全性が求められる原子力防災においても、想定し得る最大規模の地震。津波に対する対応が求められるに至ったものといえる」。

さらに「平成14年7月に公表された長期評価において、4省庁報告書、7省庁手引きと同様、想定し得る最大規模の地震を検討し、福島県沖を含む日

本海溝寄り（日本海溝付近）における地震予測について、M8クラスのプレート間地震が過去400年間に3回発生していることから、この領域全体で約133年に1回の割合でこのような大地震が発生すると推定されるとし、ポアドン過程に基づき発生確率を計算すると、今後50年以内の発生確率は30%程度、今後30年以内の発生確率は20%程度と推定された」。しかし、この見解は「必ずしも専門研究者間で正当な見解として通説的見解といえるまでには至らなかった」（判決は4つの理由を挙げているが省略）。「しかしながら、長期評価は、地震防災対策特別措置法基づき、地震に関する調査研究の推進並びに地震から国民の生命、身体及び財産を保護するために設置された被告国の機関である地震本部が作成したものといえる以上、経済産業大臣は、地震発生の規模、確率を示した無視することのできない知見として十分に尊重し、検討するのが相当であったといえる」。

「被告国は、平成11年3月、4省庁報告書等の検討を踏まえて、当時の津波水位計算の知見を集約した津波災害予測マニュアルに従い、津波の浸水予測を行ったところ、設定津波高8mを前提とすれば、福島第一原発1号機から4号機の立地点のほぼ全域が地盤上2～3m以上の浸水になることが示された」。

「被告東電においても、長期評価における知見（中略）を前提として津波評価技術に基づき行った津波シミュレーションの結果（平成20年の推計）は、平成23年3月7日に至って被告国に報告されたものである。しかしながら、（中略）国内において平成3年の海水漏えい事故を経験し、平成11年から平成17年にかけて、海外における津波による電源喪失事例が集積されていたのであるから、被告らは、十分に、津波による電源喪失の危険性を認識していたといえるところ、（前記平成11年3月の）津波浸水予測図に加え、平成18年5月11日に開催された第3回溢水勉強会においては、福島第一原発5号機について想定外津波に係る検討状況の報告がなされ、O.P.+10mの津波が発生した場合、非常用海水ポンプが機能喪失し、炉心損傷に至る危険性があること、O.P.+14mの津波が発生した場合、全電源喪失に至る危険性があることが示されたのであるから、経済産業大臣は、万が一にも過酷事故によって国民の生命や身体への深刻な災害をもたらさないよう、最新の科学的知見への即応性を以て規制に当たるのが相当であり、平成18年当時に存在した無視する

ことができない知見、すなわち、長期評価の知見に基づいた津波シミュレーションを指示するのが相当であったといえる。そして、同知見を前提として、最新の津波シミュレーション技法であった津波評価に基づき算出していれば、平成20年の推計と同様の推計結果、すなわち、福島第一原発の敷地南側で最大O.P.+15.7mの津波高さという結果が算出された可能性が高いといえ、経済産業大臣において、O.P.+10mを超える津波が福島第一原発に発生し得ることを予測できたといえる」。

被告国の、「平成14年以降本件地震発生に至るまでの間において、津波評価技術（筆者注：土木学会手法）が、津波の波源の設定から敷地に到達する津波高さの計算までにわたる津波評価を体系化した唯一のものであり、津波評価技術においては、福島県沖の日本海溝沿いの領域は、大きな津波をもたらす波源の設定領域としなかったことから、最新の専門的知見によっても、経済産業大臣において、敷地高O.P.+10mを超える津波が福島第一原発に発生し得ることを予見することができなかった」との主張に対し、「一定の合理性が存する」としながら、「地球表面は十数枚のプレートに覆われているところ、長い時間的スパンで見れば、境界上のどの位置においても、必ず同じようにずれることになるため、ある期間、震源域が存在しない、空白となった地域（空白域）が存在しても、それは次の期間には埋められることになるということを、4省庁報告書等策定時から考慮していることからすれば、津波評価技術におけるように、400年に限定して既往最大の津波を考慮したところで、その対象期間に発生しなかっただけという可能性を払しょくできないのであって、被告国の省庁ないし機関が公表した4省庁報告書、7省庁手引き、そして長期評価において、既往最大の地震ではなく、想定し得る最大規模の地震をも含めて比較、検討するという見解を示された以上、原発の過酷事故を万が一にも発生させないようにするため、経済産業大臣としては、長期評価における知見を前提とした津波シミュレーションも検証させて広く情報収集するのが相当である」として否定し、「経済産業大臣において、遅くとも平成18年までに、福島第一原発の敷地高を超える津波、すなわちO.P.+10mの津波の発生を予見することが可能であった」とした。

d　結果回避可能性

「経済産業大臣において、O.P.+10m の津波の発生を予見することは可能で
あったといえるが」、「結果回避義務との関係で、予見可能性の程度は当然に
影響し得るところであり、仮に、確立された科学的知見に基づき、精度及び
確度が十分に信頼することができる試算が出されたのであれば、設計津波と
して考慮し、直ちにこれに対する対策がとられるべきであるが、規制行政庁
や原子力事業者が投資できる資金や人材等は有限であり、際限なく想定しう
るリスクの全てに資源を費やすことは現実として不可能であり、かつ、緊急
性の低いリスクに対する対策に注力した結果、緊急性の高いリスクに対する
対策が後手に回るといった危険性もある以上、予見可能性の程度が上記の程
度ほどに高いものでないのであれば、当該知見を踏まえた今後の結果回避措
置の内容、時期等については、規制行政庁の専門的判断に委ねられるという
べきである」。「本件事故以前の知見の下では、地震対策が喫緊の課題とされ、
平成 13 年から耐震設計審査指針の改定作業が開始され、平成 18 年 9 月 19 日
にこれが改正されたのを受けて、耐震バックチェックが進められ、これに資
源を傾注していたのであり、津波対策は地震対策に比し早急に対応すべきリ
スクとしての優先度を有していなかったといえる」。

「経済産業大臣の予見可能性は長期評価の存在によるところ、長期評価につ
いては、種々の異論も示され、データとして用いる過去地震に関する資料が
十分にないこと等による限界があることから、評価結果である地震の発生確
率や予想される次の地震の規模の数値には誤差を含んでおり、防災対策の検
討など評価結果の利用に当たっては、この点に十分留意する必要がある旨指
摘され、その精度・確度は必ずしも高いものではなかったといえることから、
経済産業大臣において、長期評価における知見を前提とする津波のリスクに
対する何らかの規制措置を必要と判断した場合にも、即時に着手すべきとは
いえず、また、原告らが主張する平成 18 年までに、様々取り得る規制措置・
手段のうち、本件事故後と同様の規制措置を講ずべき作為義務が一義的に導
かれるともいえず、その精度・確度を高め、対策の必要性や緊急性を確認す
るため、更に専門家に検討を委託するなどして対応を検討することもやむを
得ないというべきである。平成 18 年に改定された耐震設計審査指針では、津
波対策の必要性が明確化され、保安院は、原子力事業者に対し、耐震バック

チェックを実施する中で、津波対策についても検討することを求めたが、上記予見可能性の程度及び、地震対策の必要性に関する当時の知見に照らせば、被告国が耐震バックチェックを最優先課題とし、その中で津波対策についても検討を求めることとした規制判断は、リスクに応じた規制の観点から、著しく合理性を欠くと評価される状況にはなかったといえる」。

「本件事故前の知見を前提に、被告東電の試算を用いた津波対策を実施するには、ドライサイトを維持するために防潮堤を作るというのが工学的見地から妥当な発想であり、この場合、ウェットサイトを前提とした（原告らの主張する）結果回避措置を採るべきとはいえない。また、（中略）防潮堤の建設には、許認可、建設期間等として長い年月を要することから、本件事故までに工事が完了するとも認められない」。

「本件地震は、マグニチュード 9 の巨大地震であり、この地震に伴い発生した津波は、世界で観測された津波の中で 4 番目、日本で観測された津波の中で過去最大規模であり、（中略）規模及び発生で予見可能であったとする福島県沖での明治三陸沖地震と同程度の地震や貞観地震とは全く規模が異なるものであったし、試算に基づいて算出される津波の規模も全く異なるものであったことから、予見される津波を前提とした（原告らが主張する①タービン建屋の水密化、②非常用電源設備の水密化、独立性の確保、③給気口の高所配置又はシュノーケル設置、④外部の可搬式電源車〔交流電源車、直流電源車〕の配置等、全交流電源喪失に対する措置の 4 つの結果回避措置は）、本件事故の結果回避につながったとは必ずしもいえない」。「さらに、（上記 4 つの結果回避措置は）、地震動による影響を考慮（していないなどから）、採用できない」。

また、（上記 4 つの結果回避措置は）、「許認可にかかる規定の整備（技術基準規則の策定）や許認可手続（設計変更、工事計画、使用前検査）も必須なところ、許認可手続は短くとも 2 年 3 カ月を要し、実際には、これら以外に地元の了解を得るための期間や被告東電による対策工事の設計に要する期間等が加わることから、さらに長時間を要するとの意見もある」。

さらに、「（上記 4 つの結果回避措置は）、本件事故を回避することが可能であったとは認められない」。（①の措置は長期評価による試算結果を前提とし

たものであるが、敷地高 5m を超える本件津波において)、「最も建屋内への浸水量が多かったと考えられるタービン建屋東側の大物搬入口等付近の浸水深について、長期評価に基づく被告東電の試算では、1 ないし 3 号機で浸水深 1m 前後（4 号機でも 2m 前後）であったのであり、このような試算を前提に、福島第一原発 1 号機から 4 号機の全建屋について一律に浸水深 2m の水圧に耐えられる仕様の水密扉を設ける結果回避措置を講ずべき義務が生じるかは明らかではない。また、仮に（そのような水密化をしたとしても）、本件津波による波力などに耐え得るようなものであったかも不明であるといわざるを得ない」。

（③の措置も）、仮に、原告らが主張する「ディアブロキャニオン原発のように、海水ポンプを建屋で覆いその上にシュノーケルを設置する場合には、長い筒状のシュノーケルの屋根への付け根部分には、津波による波力に耐え得るような十分な強度が求められ、津波のみならず台風や飛来物による破損の可能性も大きくするものであり、給気ルーパの高所設置にも同様の問題が生じるのであって、シュノーケルの開口部や給気ルーパの高さだけを問題にすることは相当ではない」。また、「本件津波の津波高が取水ポンプの位置でO.P.+11m 程度であったことからすれば給気ルーパやシュノーケルの開口部の位置・高さでは、浸水を免れなかった可能性もあるといわざるを得ない」。

（②及び④の措置も）、「非常用電源設備等を高台に設置し、又は可搬式電源車を配置する場合には、同配置場所と建屋との間にケーブル等を施設し、電源車を配置する施設を設置する必要性が生じるなど、より多くの設備が必要とされ、設備が増えた場合には、それらが津波によって流されるリスク、津波に先立って起きた地震による破損のリスクも生じるものであって、現に、本件津波により重油タンクなど多くの設備が流されるなどの被害が生じている。したがって、非常用電源設備等を高台に設置したり、電源車を配置できたとしても、津波やそれに先立つ地震によってケーブル等の設備が破損して機能喪失したり、地震動で敷地が破損し電源車が移動できないなどの事態が生じ得るため、電源の供給が維持できたとは、必ずしもいえない」。

「以上より、（中略）仮に、上記各結果回避措置を講じたとしても、時間的に本件事故に間に合わないか、あるいは、本件地震、本件津波の規模から、

措置の内容として本件津波による全交流電源喪失を防ぐことができず、いずれにしろ本件事故を回避できなかった可能性もある」。

e　以上の結果「原告ら主張の規制権限の不行使は、許容される限度を逸脱して著しく合理性を欠くと認められず、国賠法 1 条 1 項の適用上違法とはいえない」。

　この判決は、論理的整合性に欠けていると考える。

　第一は、本件原発設置時に、内閣総理大臣の予見可能性について、想定津波高を O.P.+3.122m としたことは「地震に対する警戒に比し、非常に手薄であった」としているにもかかわらず、地盤の脆弱性に関する点（耐震性）のみしか触れず、35m の台地を海抜 10m まで削って原子炉建屋等を 10m 高の敷地上の設置したことや、原発の生命線である冷やす機能に極めて重要な海水ポンプを海に面した海抜 4m 高の埋立地に設置したことなど津波対策が皆無であったといわれてもやむを得ない欠陥があるのに、設置許可の違法性を否定した結論は矛盾している。

　第二は、「非常に手薄であった」津波防護の状態で設置許可してしまった以降、その不備を是正させる権限と義務は経済産業大臣に移る。この判決は、福島原発事故に O.P.+10m 高超の津波の襲来を予見できたのは、2002 年の長期評価以降であったとしている。

　しかし、福島第一原発設置許可の 4 年後（1970 年）に設置許可された同じ東北地方太平洋沿岸の女川原発は、貞観津波（869 年）や慶長津波（1611 年）の津波高を考慮して、敷地高を O.P.+14.8m として設置許可申請し、海水ポンプもその敷地上に設置した。経済産業大臣は、遅くとも女川原発が運転を開始した 1984 年 6 月時点では、女川原発比べて福島第一原発の津波防護が「手薄」などという生易しいものではないほどに危険であることを認識できたはずであり、その時点以降は福島第一原発の津波対策の不備に気付き、是正命令を出さなければならなかったのではないか。しかし、国は、40 年近くそれを放置し続けたことを無視している。

　第三は、東京電力は 2000 年に、土木学会手法（津浪評価技術）に基づいた試算で襲来可能性のある津波高を O.P.+5.7m と試算した外、通産省ら 7 省庁手引

を基に全国の原発襲来可能性のある津波高を試算し、その2倍高の津波が襲来した場合まで行う津波想定をするよう指示された電事連は、7省庁手引きに基づいた試算をし、その試算を原発事業者に配布したが、それによると福島第一原発は想定津波の1.2倍の津波で影響を受けることが示された。このことを国が知らなかったとは考えられない。

したがって、経済産業大臣は、この時点でも、福島第一原発が津波によって重大な事故が起こることを予見し得たはずであるが、この点についても全く判断していない。

以上の3点から見て、国の津波に対する予見可能性の時期を2002年の長期評価としたのは遅すぎるというべきであり、長期評価は、津波対策の必要性が確定的になったにすぎず、経済産業大臣は東京電力に対し、もはや待ったなしに津波対策を実施するよう命令しなければならなかったと判断すべきである。

第四は、国の結果回避可能性否定の理由が極めて不可解であるという点である。

本書第1巻で詳述したとおり、国の複数の機関の想定津波高検討結果から福島第一原発の津波対策不備が極めて明確になったのに、「規制行政庁や原子力事業者が投資できる資金や人材等は有限であり、際限なく想定し得るリスクの全てに資源を費やすことは現実として不可能であり、かつ、緊急性の低いリスクに対する対策に注力した結果、緊急性の高いリスクに対する対策が後手に回るといった危険性もある以上、予見可能性の程度が上記の程度ほどに高いものでないのであれば、当該知見を踏まえた今後の結果回避措置の内容、時期等については、規制行政庁の専門的判断に委ねられるというべきである」とし、国が、2006年9月に耐震設計指針改定に伴って、原発事業者に対し原発設備の耐震バックチェックを指示したことを理由に、この耐震バックチェックが当時の最優先課題であったことを根拠にしている。

しかし、福島第一原発は、この当時、設置当初から脆弱性が明らかであった津波対策を後回しにしてでも耐震補強を急がなければならないほどに耐震性にも不安を抱えていたのであろうか。この点の説明がない。

また、東京電力は、当時、中越沖地震で損傷を受けて運転停止中であった柏崎・刈羽原発の運転再開に向けての補強工事を最重要課題としていて、福島第

一原発については耐震バックチェックすら著しく遅らせており、津波対策については それを回避するための様々な工作をしていたことは本書第1巻で詳述した。

この判決は、「原発は万が一にも冷却設備が毀損して過酷事故を起こしてはならない」という原則に立ち、「設置時から津波対策が手薄であった」とし、さらに長期評価を無視できない知見であると認めて、その知見を基に福島第一原発にO.P.+10m超の津波襲来の可能性の予見可能性を認め、そのような津波が襲来すれば過酷事故になる危険性があったと判断したのに、津波対策が耐震性補強より「緊急性の低いリスク」であるとした理由について全く説明していない。これは明らかな理由不備であり、かつ理由齟齬である。

また、「際限なく投資できる資金や人材等は有限で」あるとしても、柏崎・刈羽原発の再稼働のために資金と人材を投入していたことを理由に、福島第一原発の耐震バックチェックや津波対策を遅らせることは許されない。東京電力が資金と人材で複数の場所に設置する原発の安全性確保対策を同時にできなかったのなら、運転停止中の柏崎・刈羽の運転再開を遅らせるか、それができないなら福島第一原発の運転を停止させるべきであった。利益優先のために他方の原発の再稼働を急ぎ、耐震性も津波防護も不備を放置して福島第一原発を稼働し続けるような東京電力に、原発を稼働して利益を得る資格がないと判断すべきである。経済産業大臣は直ちに福島第一原発の運転を停止させるべきであったはずである。

そして、資金や人材に限界があるから津波対策をしなくてよいと理解されてもやむを得ないとする判決の見解は、人命より東京電力の企業としての都合を優先させたものでありとうてい許容できない。まるで裁判官自身が崩壊した「安全神話」に取りつかれているように思える。

第五は、「本件地震は……規模及び発生領域から見ても、原告らが主として依拠している長期評価に基づいて予見可能であったとする福島県沖での明治三陸地震や貞観地震とは全く規模が異なるものであったし、試算に基づいて算出される津波の規模も全く異なるものであったことから、予見される津波の前提として」、原告らが主張する「①ないし④の各結果回避措置が本件事故の結果回避につながったとは必ずしも言えない」とする点である。

問題なのは、O.P.+10m 高の津波を予見できたかにあるのであって、本件津波の 15m 高の津波を予見できたかではない。土木学会手法（津波評価技術）に基づいて東京電力は 6.1m 高の津波を試算しており、国が 2000 年に想定津波の 2 倍高で原発が受ける被害予想の検討を指示したが、6.1m の 2 倍は優に 10m を超えている。長期評価による試算結果は 2 倍しなくともそれだけで 10m を超えていた。国は、何のために 2 倍高の津波を想定した検討を指示したのであろうか。

第六は、原告ら主張の 4 つの津波防護対策は、「地震動による影響を考慮しておらず、また、本件事故後に採られた具体的対策工事を参考にしているが、実際に重大な結果が発生した後に採られる措置と、一定程度の予見に基づいて採るべき措置とでは、前提とする知見も緊急性も異なるのであって、工事の内容及び工期も異なる」とし、上記結果回避措置①の電気設備が設置されていたタービン建屋の水密化は、本件津波が長期評価に基づく試算より規模が大きい上に、「構造物を考慮に入れておらず」長期評価による試算を「前提にしたとしても、本件津波において、建屋内への浸水量が最も多かったと考えられるタービン建屋東側の試算では、1 号機ないし 3 号機で浸水深 1m 前後（4 号機でも 2m 前後）であったのであり、このような試算を前提に、福島第一原発 1 号機から 4 号機の全建屋について一律に浸水深 2m の水圧に耐えられる仕様の水密扉を設ける結果回避措置を講ずべき義務が生じるのか明らかではない」としている点である。

原告らの主張する 4 つの措置によって本件原発事故を回避できたか不明だから、その措置を講ずべき義務がないというのである。しかし、同 4 つの措置が本件原発事故発生を回避できたか否かは可能性の問題であり、仮に、同 4 つの措置の一つでも講じていたとしても全く効果がなかったのではなく、事故結果の規模を低減できていたのではないかすら論じていない。しかも、このような専門的なことに関する立証責任を素人である原告らに負わせるのは極めて不当である。

第七は、上記 4 つの措置を個別に検討しているが、次のような問題点がある。

上記③の給気口の高所配置又はシュノーケル設置については、原告らは「デ

ィアブロキャニオン原発の例を挙げ」て、「仮に、（同原発）のように、海水ポンプを建屋で覆い、その屋根にシュノーケルを設置する場合には、長い筒状のシュノーケルの屋根への付け根部分には、津波による波力に耐え得るような十分な強度が求められ、津波のみならず台風の飛来物による破損の可能性も大きくするものであり、給気ルーパの高所設置にも高さだけを問題にすることは相当ではない」、また、本件津波は長期評価に基づく被告東電の試算で想定された津波と全く異なる性質のものであり、本件津波の津波高が取水ポンプの位置でO.P.+11m程度であったことからすれば給気ルーパやシュノーケルの開口部の位置・高さ次第では、浸水を免れなかった可能性が強い」から、結果回避できなかった可能性があるとする。しかし、女川原発では想定津波高を考慮して海水ポンプを14.8mの建屋敷地上に設置していたこと、東京電力の福島第二原発では海水ポンプを建屋で囲っていたために津波の被害は受けたが大事に至らなかったことなどを無視している。

　さらに上記②の非常用電源設備等の重要機器の水密化、独立性の確保、④の外部の可搬式電源車（交流電源車、直流電源車）についても、「非常用電源設備等を高台に設置し、又は可搬式電源車を配置する場合には、同設置場所と建屋との間にケーブル等を敷設し、電源車を配置する施設を設置する必要性が生じるなど、より多くの設備が必要とされ、設備が増えた場合には、それらが津波によって流されるリスク、津波に先立って起きた地震による損傷のリスクも生じるのであって、現に、本件津波により重油タンクなど多くの設備が流されるなどの被害が生じている」。したがって、上記②、④のを実行したとしても「津波やそれに先立つ地震によってケーブル等の設備が破損して機能を喪失したり、地震動で敷地が破損し電源が移動できないなどの事態が生じ得るため、電源の供給が維持できたとは、必ずしもいえない」。さらに、地震、津波によって設置したケーブル等が破損する可能性があり、その場合のケーブル等の再設置は、本件事故の後、がれきの散乱、法面の土砂崩れ、敷地面のひび割れ、ガラ等の障害物による障害などで、「本件津波が襲来した後、構内の通行可能なルートを検討した上で、各原子炉建屋への通路を確保できたのは、平成23年3月11日午後7時から翌12日の未明にかけてのことであり、1号機を皮切りに同月11日午後6時ころ以降に炉心が露出し、炉心損傷に至っているもの

と推測される本件事故において、同日午後7時以降に再度ケーブルの敷設作業等を開始したとしても、本件事故が回避できたとは限らない」とした。

これは明らかな論理矛盾である。極めて恐ろしい考え方である。「設備が増えた場合には、それらが津波によって流されるリスク、津波に先立って起きた地震による損傷のリスクも生じる」とするが、増設された設備自体も想定津波に対応できるものであることが津波対策であるはずであり、ケーブル等の再設置は過酷事故（SA）対策で求められている重要な対策であるはずである。ましてや耐震性のない設備などでよいはずはない。

また、「経済産業大臣における予見可能性の程度に照らせば、①ないし④の各結果回避措置を直ちに講ずるべき義務が導き出されるとはいえず、仮に、上記各結果回避を講じたとしても、時間的に本件事故に間に合わないか、あるいは、本件地震、本件津波の規模から、措置の内容として本件津波による全交流電源喪失を防ぐことができず、いずれにしろ本件事故を回避できなかった可能性もある」として、結果回避可能性を否定した点は、O.P.+10m 超の津波襲来の想定できた結果を基にして、そのために上記4つの結果回避措置を実行させていたとしても本件事故は回避できなかったとするものである。それなら、上記想定津波高に対応できる回避措置は何であったのか、そして、経済産業大臣がその回避できる措置を命ずべき義務はなかったのか、もし、回避措置が全くないのなら原発運転の停止命令をしなければならなかったのではないかなどについて、全く説明していない。

第八は、原告らが主張する4つの津波対策が、期間的に間に合わなかったとした点である。長期評価で津波の予見可能性を肯定できたとしても、許認可に係る規定の整備（技術基準規則の策定）や許認可手続き（設計変更、工事計画、使用前検査）も必須なところ、許認可手続きは短くとも2年3カ月を要し、実際には、これら以外に地元の了解を得るための期間や被告東電による対策工事の設計に要する時間が加わることから、さらに長期間を要するとの「意見もある」とし、本件事故前に期間的に上記回避措置を完了させることも不可能であったことを窺わせる記載もある。しかし、あるとする「見解」をきちんと検討していないし、確たる証拠が示されていない。

以上のように、この判決が結果回避可能性を否定した理由は、原告らが主張

する結果回避措置は事故を防げなかった「可能性がある」ことに尽きる。しかし、結果回避できなかった「可能性がある」ということは、仮に、上記回避措置を行っていたとしても結果回避ができなかったというのではなく、結果回避が可能だったかもしれない、少なくとも結果の規模を軽減することができたのではなかということを否定するものではない。すると、「万に一つでも過酷事故を起こしてはならない」原発においては、確実に結果を回避できる措置がない以上、そのような危険な原発は運転停止させなければならないはずであり、少なくとも結果回避可能性のある措置は取らせなければならないのではないか。

　原告らが防潮堤の設置等を主張しているのか不明であるが、仮にそうであるなら、原告らが結果回避可能な確実な措置を主張していないことに乗じて、想定できた O.P.+10m 超の津波襲来に対処できない原発を放置し続けてきた国の姿勢を容認したことを意味する。

　第九に、東京電力の不法行為による賠償請求を認めず、原賠法に基づく賠償請求のみを一部認めた点も、「ふるさと喪失」慰謝料については「ふるさと喪失慰謝料と呼ぶかどうかはともかく、本件事故と相当因果関係のある精神的損害として、賠償の対象となる」とした上で、帰還困難区域、居住制限区域、避難指示解除準備区域、旧緊急時避難準備区域等の被災者に対して既払額に一定額の増額を認め、自主避難区域の福島県県南地区の被災者の既払額にも一人30万円の増額を認めたが、原告らの請求額を大きく下回るものであった。

　以上のとおり、この判決は、国の責任を否定し、東京電力の原賠法の無過失責任のみによる賠償請求を認めて、本件原発事故に対する過失責任を不問にしたものであり、わが国の原発政策を無批判的に容認するものである。これは、行政府の意向を「忖度」して本件原発事故の責任を曖昧にする一方で、原賠法により一部の賠償のみを認めて被災者を納得させようとしたことが窺われ、司法の自主抑制を疑わせるもので、司法の自殺行為であり厳しく批判されなければならないと思う。

(12) 平成 29 年 10 月 10 日付福島地裁判決（生業訴訟）

　この判決は、生業訴訟弁護団が、被害者約 800 人を原告として福島地裁に提

訴した事件であり、原告には様々な地域の居住者が含まれている。

この訴訟は、国及び東京電力に対し、①「原告らの居住地において、空間線量率を 0.04 μSv/h 以下にせよ」という原状回復請求、②本件事故によって被った損害として、ⅰ）「0.04 μSv 以下となるまで 1 カ月 5 万円の割合による金員を支払え」という将来請求、ⅱ）不法行為に基づく「平穏生活権に基づいたふるさと喪失慰謝料請求」の各請求をしている点に特徴がある。

本判決の要旨は、

(1) 津波の予見可能性については、地震本部の長期評価は、規制権限の行使を義務付ける程度に客観的かつ合理的根拠を有する知見であり、専門的研究者の間で正当な見解と是認され、信頼性を疑うべき事情はないとして、国は長期評価に基づき津波高さのシミュレーションを実施していれば、2008 年に東電が試算した通り、最大 15.7m 高の津波を予見可能だったと判断し、

(2) 結果回避可能性については、1 〜 4 号機の非常用電源設備はこの高さの津波に対する安全性を欠き、政府の技術基準に適合しない状態だった、したがって、経済産業大臣は、上記シミュレーションに必要な合理的期間が経過後の 2002 年末までにそれを実施して規制権限を行使し、津波対策を東電に命じていれば、東京電力はタービン建屋等や重要機器室の水密化措置を取ることが可能であったから結果回避可能だったと判断し、この規制権限の不行使は、許容限度を逸脱し、著しく合理性を欠いたと認められるので国賠法 1 条 1 項に基づく賠償責任があるとし、

(3) 東京電力に対しては、原賠法は民法の不法行為規定の特則であり、「現賠法の規定が適用される範囲においては、民法の規定はその適用を排除されると解される」ので民法 709 条に基づく主位的請求は認められないとして、原賠法に基づく損害の範囲及び程度を検討して請求額の一部を認容した。

(4) しかし、原子炉施設の安全性確保の責任は、第一次的に原子力事業者にあり、国の責任は監督する第二次的なものであるから、国の賠償責任の範囲は東京電力の 2 分の 1 であると判断した。

(5) また、国民は、生活の本拠で生まれ育ち、なりわいを営み、家族、生活環境、地域コミュニティーとの関わりで人格を形成し、幸福を追求していくという平穏生活権を有するとし、放射性物質による汚染が権利の侵害となる

かどうかは、侵害の程度やその後の経過、被害防止措置などを総合考慮するとし、帰還困難区域の旧居住者及び、双葉町の避難指示解除準備区域の住民が受けた損害は「中間指針等（国の中間指針と東電の自主賠償基準）による賠償額」を 20 万円超えると認め、一時避難指定区域は、中間指針等による賠償額を超える損害 3 万円、子供、妊婦には 8 万円を追加して各認め、自主的避難等対象区域では、一定の空間線量率が計測され、被曝や今後の事故に対する不安から、避難もやむを得ない選択の一つであったと考えられ、避難の選択自体も困難を強いられることであり、避難しないことも容易ではなかったとし、中間指針等による賠償額を超える損害は 16 万円を、福島県南地域では 10 万円を、賠償対象区域外である茨城県の水戸市、日立市、東海村では 1 万円を各認めた。しかし、居住制限区域、避難指示解除準備区域、特定避難勧奨地点、緊急時避難準備区域は、中間指針等による賠償額を超える損害は認められないとして請求棄却。

(6) ふるさと喪失の損害については、帰還困難区域の被災者に対して認容。

判決理由の概略は以下のとおりである。

(1) 原状回復請求否定。

その理由は、「請求の趣旨における請求の趣旨は」、「実現すべき内容について強制執行可能な限度で特定し、明確化する必要がある」、本件の請求の趣旨は「実現すべき結果のみを記載しているが、そのような結果を実現するために、被告らに対し作為を求めるものであると解されるから、その作為の内容は」、「強制執行が可能な程度に特定されてなければならない。しかるに、原告らの原状回復請求は、被告らにおいてなすべき行為（除染工事）の内容が全く特定されていないから、請求の特定性を欠き不適法である（参照判例省略）。

「（原告らが主張する判例で認められているとする）抽象的不作為請求は、現に継続している侵害行為をしないことを求めるものであるのに対し、本件の請求の趣旨の作為請求は、現に生じた結果を除去」するという積極的な行為を求めるものであって、判決によって義務付けられる内容に差があるというべきである。したがって、作為請求と不作為請求とでは求められる特定性の程度は異なるものであり、抽象的作為請求が適法であるからといって、除染等の作為を必要とする抽

象的作為請求まで適法となるものではない」。

それはかりか、国が定めている「除染関係ガイドラインは、除染特措法に基づき被告国又は自治体が行う除染を前提としているところ、除染特措法が想定している除染結果は、長期的な目標として追加被曝線量が 1mSv/y 以下となることを目標として行われているものであり、除染関係ガイドラインに従った除染工事を行ったからといって、空間線量率が 0.23 μ Sv/h（追加被曝線量 1mS/y に相当する）以下に低下することが保障されているものではなく、ましてや空間線量率を原告らの求める 0.04 μ Sv/h 以下に低下させることを想定したものでは全くない。除染関係ガイドラインに従った除染工事を含め、確実に原告らの旧居住地の空間線量率を 0.04 μ Sv/h 以下まで低減させる実現可能な方法が存在すると思われるに足りる証拠はないから、原告らの原状回復請求は、実現可能な執行方法が存在しないという点からも不適法である」。

よって、「原告らの切実な思いに基づく請求であって、心情的には理解できるが、民事訴訟としては上記のとおり実現が困難であり不適法と言わざるを得ない」として、請求却下。

(2) 0.04 μ Sv 以下となるまでの間 1 カ月 5 万円の請求棄却。

その理由は、この請求は将来請求であり、「たとえ同一態様の行為が将来も継続されることが予測される場合であっても、それが現在と同様に不法行為を構成するか否か及び賠償すべき損害の範囲いかん等が流動性をもつ今後の複雑な事実関係の展開とそれらに対する法的評価に左右されるなど、損害賠償請求権の成否及びその額をあらかじめ一義的に明確に認定することができず、具体的に請求権が成立したとされる時点においてはじめてこれを認定することができるとともに、その場合における権利の成立要件の具備について債権者においてこれを立証すべく、事情の変動はもっぱら債務者の立証すべき新たな権利成立阻却事由の発生としてとらえてその負担を課するのは不当であると考えられるようなものは、将来の給付の訴えを提起することのできる請求権として適格を有しない（多数の参照判例を挙げているが省略）」とし、「本件における平穏生活権侵害に基づく損害賠償請求権は」、「損害賠償請求権の成否及びその額は、旧居住地の空間線量率の変化、避難指示の解除、その他旧居住地の状況等の事情によって左右される可能性があり、損害賠償請求権の成否及びその額をあらかじめ一義的に明確に認定する

ことができず、具体的に請求権が成立したとされる時点において初めてこれを認定することができるとともに、その場合における権利の成立要件の具備については原告側においてこれを立証すべく、事情の変動を専ら被告らの側で立証すべき新たな権利成立阻却事由の発生としてとらえてその負担を被告らに課するのは不当であると考えられるから、原告らの損害賠償請求のうち、本件口頭弁論終結日の翌日以降の金員の支払いを求める部分は、将来的請求として適格性を欠き不適法である」。

(3) 国の責任（津波対策についてのみ肯定）

① 被告国の「津波対策は、いずれも基本設計に関する事項であるから、詳細設計についての規制である省令62号に基づく技術基準適合命令により是正させることはできなかった」という主張に対し、

「平成14年7月31日時点における省令62号4条1項の『原子炉施設……が津波……により損傷を受けるおそれがある場合は……適切な措置を講じなければならない』」の意義は、「設置許可基準である平成13」年安全設計審査指針の指針2の第2の『安全機能を有する構築物、系統及び機器は、予想される自然現象のうち最も過酷と考えられる条件、又は自然力に事故荷重を適切に組み合わせた場合を想定した設計であること』との定めと整合的に解釈されていた。したがって、省令62号4条1項は、設計許可基準である平成13年安全設計審査指針と同様の内容、水準を規定するものと解されるのであるから、原子炉施設が基本設計において（上記指針）に違反して津波安全性を欠いていた場合には、設計許可基準のみならず、同時に技術基準にも違反することとなり、技術基準に反した場合の是正手段である技術基準適合命令の対象になると解される。すなわち、技術基準適合命令は、基本設計にかかわる部分の変更にも及び得るものと解するのが相当である。形式的に考えても、津波に対する安全性を欠いた原子炉施設は、技術基準である省令62号4条1項に違反し、『技術基準に適合していない』状態であるから、これに対して技術基準に適合命令を発し得るとみるのが、電気事業法40条の文言上も自然である。また、（同条）は、技術基準適合命令の内容として事業用電気工作物の『移転』を要求し得ることを前提としているところ、原子炉施設の移転が基本設計を変更することなく詳細設計の変更で可能な場合があるとは想定し難い。

実質的に考えても、設計許可の時点においては基本設計において安全性を有していた原子炉が、その後の設備の劣化や故障、地形や気象条件の変化、知見の進展等によって基本設計における安全性を欠くに至る（又は欠くと認識される）事態は当然想定し得るところ、平成24年（中略）改正前の炉規法がこのような事態を想定せず、強制力を有しない行政指導か、事前変更による設置許可の取消しかという両極端の規制手段しか行使できなかったとみるのは不合理であり、そのような事態は、技術基準違反を構成する限り、炉規法29条2項、36条1項（実用発電用原子炉については炉規法73条、電気事業法39条1項、40条）の技術基準適合命令によって対処することが想定されていたものと解される。そのように解さなければ、既設原子炉にも適用することを前提に技術基準として規定された事項につき、詳細設計における安全性を欠いた原子炉については技術基準適合命令によって是正することができるのに、より危険な、基本設計における安全性を欠いた原子炉について、実効性のある規制手段を有しなかったこととなり、厳重な安全規制によって安全性が確保されることを大前提に原発の稼働を認めるという原子力基本法、炉規法、電気事業法の趣旨、目的に照らして不合理である」。

　経済産業大臣は、原子炉施設が省令62号4条1項の技術基準に適合しないと認められる場合には、当該原子炉施設が技術基準に適合するように技術基準適合命令を発することが可能であり、この場合における技術基準適合命令が基本設計の変更に及び得ないという制約があったとは認められない。

② 平成17年経済産業省令第68号による改正後の省令62号8条の2第1項は「第二条第八号ハ及びホに掲げる安全設備は、当該安全設備を構成する機械器具の単一故障（単一の原因によって一つの機械器具が所定の安全機能を損なうことをいう。以下同じ）が生じた場合であって、外部電源が利用できない場合においても機能できるように、構成する機械器具の機能、構造及び動作原理を考慮して、多重性又は多様性、及び独立性を有するように施設しなければならない」とし、33条4項は、「非常用電源設備及びその付属設備は、多重性又は多様性、及び独立性を有し、その系統を構成する機械器具の単一故障が発生した場合であっても、運転時の異常な稼働変化時又は一次冷却材喪失等の事故時において工学的安全施設等の設備がその機能を確保するために

十分な容量を有するものでなければならない」として、非常用電源設備に「過重性又は多様性」と「独立性」を要求していた。

　従って、経済産業大臣は、非常用電源設備が「独立性」を欠如していれば、技術基準適合命令を発する規制権限を有していた。

③ 平成23年経済産業省令53号により省令62号が改正されて、5条の2の第2項として「津波によって交流電源を供給するすべての設備、海水を使用して原子炉施設を冷却するすべての設備及び使用済み燃料貯蔵槽を冷却するすべての設備の機能が喪失した場合においても直ちにその機能を復旧できるよう、その機能を代替する設備の確保その他の適切な措置を講じなければならない」が追加されるまでは、代替設備確保義務が定められた規定はなかった。

　「この平成23年改正が、平成23年当時の電気事業法の委任の範囲内で行われたことは争いがなく、そうすると、平成14年、18年当時の電気事業法の下においても、省令改正によりこのような代替設備の確保を義務付けることは可能であったといえる（そのような省令改正義務があったか否かは結果回避義務の問題である）」。シビアアクシデント対策についても同様。

④ 津波対策に関する予見義務

　平成14年当時の省令62号4条1項の「津波……により損傷を受けるおそれがある」の意義は、設置許可基準である平成13年安全設計審査指針の指針2の2項「安全機能を有する構築物、系統及び機器は、地震以外の想定される自然現象によって原子炉施設の安全性が損なわれない設計であること、重要度の特に高い安全機能を有する構築物、系統及び機器は、予想される自然現象のうち最も過酷と考えられる条件、又は自然力に事故荷重を適切に組み合わせた場合を想定した設計であること」と整合的に解釈されていた。そして、平成13年安全設計審査指針の指針2」にいう「自然現象のうち最も過酷と考えられる条件」とは、「対象となる自然現象に対応して、過去の記録の信頼性を考慮の上、少なくともこれを下回らない過酷なものであって、かつ、統計的に妥当とみなされるもの」をいうと解釈されていた。

　上記条件の津波は、「既往最大の津波に限られるものではなく、合理的な根拠に基づいて『予想』され、『統計的に妥当とみなされる』津波であれば、既往最大の津波を超える規模の津波であっても『想定される自然現象のうち最

6章　判例の趨勢と司法に課された責任

も過酷と考えられる条件』の津波として安全対策が要求されていたものということができる。したがって、経済産業大臣は、『津波により損傷を受けるおそれのある原子炉施設』に対して技術基準適合命令を発すべき規制権限を適時に行使するため、津波に関する科学的知見を継続的に収集し、『予想される自然現象のうち最も過酷と考えられる条件』として合理的に想定される津波については、これを予見すべき義務があるというべきである」。

⑤津波に対する予見可能性

ⅰ）予見可能性の対象

　（予見可能性の対象となる津波高は、原告ら主張の O.P.+10m 超の津波か、被告国が主張する本件津波と同程度の津波かという点について）、「現実に発生した事象の発生過程を具体的に予見できなかったとしても、結果発生の現実的危険性のある事象を予見することが可能であり、当該事象の発生により現実的に予見される結果についての結果回避義務を果たしていれば、結果として現実に発生した結果を回避することが可能であったときは、現実に発生した結果を行為者に帰責することができると解される。換言すれば、予見可能性の対象は、現実に発生した具体的な因果経過のすべてである必要はなく、その主要部分についてあれば足りるというべきである（ただし、過失責任を問うには、予見可能な事象に対する回避義務を尽くしていれば、現実の結果をも回避することもできたという回避可能性も要件となる）。

　したがって、①O.P.+10m を超える津波が福島第一原発に到来することが予見可能であり（予見可能性）、②想定された O.P.+10m 超の津波に対する対策（回避義務）を果たしていれば本件事故発生を回避することが可能であった（回避可能性）のであれば、津波による全交流電源喪失（そして、全電源喪失による炉心溶融の発生、炉心溶融による放射性物質の大量発生と大量放出、放射性物質の大量放出による原告らの被害の発生）という因果関係の主要部分の予見可能性があったといえる。

ⅱ）予見可能性を基礎づける知見の程度

　（学会や研究会で通説とされるまでには諸事情があるのであるから）、規制権限行使の必要性を導く前提としての予見可能性の対象となる事項は、規制権限が付与された趣旨、目的や規制権限の性質等に照らし、規制権限の行使

401

を義務付ける程度の客観的かつ合理的根拠を有する科学的知見であれば足り、
「学会や研究会での議論を経て、専門的研究者の間で正当な見解であると是認
され、通説的見解といえる程度に形成、確立した科学的知見であること」は、
当該知見が「規制権限の行使を義務付ける程度に客観的かつ合理的根拠を有
する科学的知見」であることを示す一資料であるにとどまり、常にそのよう
な程度の知見の確立が要求されるものではないと解するのが相当である。

iii）予見可能性の認識時期は「長期評価」

設置時の想定津波（P.P.+3.122m）、平成6年の想定津波（3.5m）、4省庁手引、
同手引きによる想定津波（6.4m）、平成9年5月の太平洋沿岸部地震津波防災
計画手法調査委員会第3回委員会での資料（7.2m）、東電による4省庁報告書
に基づく試算（4.8m）、国土庁と日本気象協会の予想図（津波高8mで福島第
一原発浸水）、土木学会津波評価技術による試算（5.5m、後に修正6.1m）等の
記載は省略。

平成14年7月に地震本部が公表した「長期評価」は、学者の中には信頼性
に異論もあるが、それは「地震資料が少ないことに起因するものであり」、「長
期評価」が専門家による客観的かつ合理的根拠を有する知見であることに変
わりがないから、「長期評価」における「発生領域の評価の信頼度」及び「発
生確率の評価の信頼度」がいずれも「やや低い」と評価されているからとい
って、「長期評価」の信頼性が否定されるものではない。

「長期評価」は「三陸沖北部から房総沖の海溝寄り」領域において、①慶
長三陸沖地震（慶長16〈1611〉年）、②延宝房総沖地震（延宝5〈1677〉年）、
明治三陸地震（明治29〈1896〉年）、と津波地震が約400年に3回発生したこ
とから、ポアソン過程により、今後30年以内のこの領域の全体での発生確率
は20％程度、今後50年以内の発生確率は30％と推定した。すなわち、「長期
評価」による発生確率の推定は、上記3つの地震がいずれも津波地震であり、
かつ、波源が「三陸沖北部から房総沖の海溝寄り」領域内であることを前提
とするものである。

土木学会の「津波評価技術」は、既往津波のない福島県沖海溝沿い領域に
は地震を想定していなかった。しかし、「長期評価」は、「津波評価技術」を
作成した阿部、佐竹らの学者も加わった地震本部地震調査委員会長期評価部

会海溝型分科会での専門家による議論を経て平成 14 年 2 月に作成されものであり、「津波評価技術」よりも後の知見である。また、「津波評価技術」は、地震地帯構造の知見や地質学的な知見を踏まえて合理的と考えられる位置であれば、既往地震のない領域に波源を設定することも必ずしも否定されていない。したがって、「津波評価技術」が福島県沖海溝沿い領域に津波地震を想定していないからといって、それは、福島県沖海溝沿い領域で津波地震が起きないことを保証したものではなく、「長期評価」の信頼性が否定されるものではない。

　また、中央防災会議が、既往津波が確認されている領域のみを検討対象とすることとし、福島県沖海溝沿い領域を検討対象から除外したとしても、原発の津波対策においても福島県沖海溝沿い領域の地震を想定しなくてよいということになるものではなく、中央防災会議の報告によって「長期評価」の信頼性が否定されるものではない。

　さらに、土木学会では、平成 15 年度から検討することにしていた確率論的な評価方法の中で「長期評価」の見解を取り扱うこととし、平成 17 年及び平成 19 年には論文として発表しており、被告東電から平成 21 年 6 月に審議要請を受けて、（福島県沖海溝沿い領域を含む）太平洋側プレート境界沿いの波源モデルの構築についても平成 21 年度から平成 23 年度までの期間に「津波評価技術」の改訂に向けた審議をし、平成 24 年 10 月を目途に結論が出される予定であったというのであるから、土木学会が「長期評価」の信頼性を否定していたとはいえない。

　「長期評価」によれば、福島県沖海溝沿い領域という特定海域に発生する次の地震の発生確率は、今後 20 年以内に 6% とされていたのであるから、この発生確率の信頼度が「C」（やや低い）であることを踏まえても、「長期評価」から想定される津波は、省令 62 号 4 条 1 項で想定すべき津波であるといえる。マイアミ論文を含め、「長期評価」から想定される津波の発生頻度が計算上無視できるほど低いと認めるに足りる証拠はない。

　よって、「長期評価」から想定される津波は、省令 62 号 4 条 1 項で想定すべき津波として津波安全性評価の対象とされるべきであった。

⑥ 結果回避可能性

403

非常用電源設備（非常用ディーゼル発電機、非常用ディーゼル発電機冷却用海水ポンプ、非常用配電盤、防潮堤の設置）が対策として検討されている。

被告国が、平成14年の「長期評価」に基づき直ちにシミュレーションを実施していれば、福島第一原発敷地南側においてO.P.+15.7m高の津波を予見することが可能であった、また、平成14年7月31日の「長期評価」に接した被告国としては、「長期評価」に基づく想定津波の高さを計算し又は被告東電に計算させていれば、福島第一原発の1～4号機敷地南側にO.P.+15.7mの津波が到来すること、かかる津波により非常用電源設備の機能が喪失すること、非常用電源設備の機能が喪失すれば全交流電源喪失により放射性核物質が外部に漏出するような重大事故に至る可能性があることを予見することが可能であり、1～4号機の非常用電源設備は「津波により損傷を受けるおそれ」があり、電気事業法39条に定める技術基準である省令62号4条1項に適合しないと認めるべきであるから、経済産業大臣は、同法40条の技術基準適合命令を発するべきであったといえる。

そして、タービン建屋の水密化及び重要機器室の水密化を実施するのは、①「長期評価」に基づく地震による想定津波のシミュレーションを行い、福島第一原発敷地南側においてO.P.+15.7mとの推計を得る、②推計結果に基づく対策を検討し、タービン建屋の水密化、重要機器室の水密化を選択する、③変更許可ないし工事計画認可が必要であれば被告東電から経済産業大臣にその申請を行う（炉規法23条2項5号の「原子炉及びその付属施設の……位置、構造及び設備」の変更を伴う基本設計の変更については炉規法26条による変更許可が、公共の安全の確保上特に重要なものとして経済産業省令〔電気事業法施行規則62条1項、別表第2中欄〕で定められた詳細設計の変更については電気事業法47条の工事計画認可が、それ以外の経済産業省令〔電気事業法施行規則65条1項）、別表第2下欄〕で定める工事においては電気事業法48条の工事計画の届け出が必要であり）、④経済産業大臣においてその妥当性を審査し、許可ないし認可する、⑤被告東電において予算措置を講じ、工事を発注する、⑥工事を完了する、といった過程が必要であるが、被告国（経済産業大臣）において、平成14年7月31日の「長期評価」を認識した後、平成14年末までに適切に規制権限を行使していれば、平成14年末から8年

以上後である平成 23 年 3 月 11 日に本件津波が到来するまでに対策工事は完了していたであろうと認められるとして、津波対策についての規制権限不行使を認めた。しかし、「独立性」欠如是正義務違反、シビアアクシデント対策義務違反については否定した（その理由省略）。

(4) 東京電力の責任

① 一般不法行為に基づく請求棄却。

その理由は、「原子力事業者が、原賠法 3 条 1 項の無過失責任に加えて、民法 709 条に基づく一般不法行為責任を併存的に負担するとした場合、原子力事業者が一般不法行為に基づく請求に対して支払った損害賠償金について、軽過失ある第三者に対する求償が可能となり、原賠法 5 条、損害賠償措置（同法 6 〜 15 条）や原子力損害賠償・廃炉等支援機構からの資金援助（原子力損害賠償・廃炉等支援機構法 41 条以下）の対象外と判断されたりする可能性があり、そうなると、被害者の保護を図り、原子力事業の健全な発達に資することを目的とした原賠法の趣旨に反する事態となるおそれがあることから、原賠法は、原子力損害については一般不法行為責任の規定の適用を排除しているものと解するのが相当である（引用判例略）。また、「『東日本大震災における原子力発電所の事故により生じた原子力損害に係る早期かつ確実な賠償を実現するための措置及び当該原子力損害に係る賠償請求権の消滅時効等の特例に関する法律』（平成 25 年 12 月 11 日法律第 97 号）が、時効期間延長（同法 3 条）の対象を『特定原子力損害（当該事故による損害であって原子力事業者（中略）』に限定し、一般不法行為責任の併存を想定していないことも、上記解釈を裏付けるものといえる」。

また、「（自動車事故による賠償では自動車損害賠償保障法では生命又は身体を害した場合に限定（同法 3 条））されているのに対し、原賠法 3 条 1 項によって求められる損害賠償と一般不法行為に基づく請求によって認められる賠償額とに差は生じないと考えられることからすれば、原賠法 3 条 1 項の無過失責任に加えて一般不法行為責任の併存を認める必要はな」く、「このように解しても（中略）被害者の保護に欠けるところはない」。「したがって、一般不法行為に基づく原告らの主位的請求は理由がない」。「（その余の原賠法に基づく請求）は適法である」。

② 過失肯定。重過失否定。その理由は概略次の通りである。

東京電力は、「電気事業法 39 条に基づき、事業用電気工作物を経済産業省令で定める技術基準に適合するように維持しなければならない義務、その委任を受けた省令 62 号 1 項に基づき、非常用電源設備が『津波により損傷を受けるおそれ』がないように適切な措置を講ずべき義務を負っていた」。「ここでいう『津波により損傷を受けるおそれ』とは、既往最大の津波に対する安全性が確保されているだけでは足りず、『予想される自然現象のうち最も過酷と考えられる条件』、すなわち、合理的な根拠に基づいて『予想』される津波に対する安全性が確保されることが必要であった」。「しかるに、被告東電は、（中略）『長期評価』は客観的かつ合理的根拠を有する知見であり、その信頼性を疑うべき事情は存在しなかったのであるから、『長期評価』から想定される地震による予見可能な津波を省令 62 号 4 条 1 項で想定すべき『津波』として、これに対する適切な対策を講じなければならない注意義務があるのにこれを怠り、『長期評価』から予想可能な O.P.+15.7m の津波に対する対策を怠った結果、本件事故に至ったのであるから、被告東電には過失があるといえる」。

「被告東電は、（平成 9 年 3 月の 4 省庁手引、平成 14 年 2 月の土木学会の津波評価技術、平成 19 年の福島県の津波想定区域図、平成 19 年の茨城県の浸水想定区域図、平成 21 年 4 月の佐竹論文については、それぞれ知見の発表後速やかにシミュレーションを行い、従前の想定津波を超えていた場合には海水ポンプのかさ上げや重要機器の水密化等の対策を取っていたのに、平成 14 年 7 月の『長期評価』については、平成 20 年 4 月 18 日の平成 20 年試算まで想定津波のシミュレーションすら行わず、土木学会に対する調査依頼も、『長期評価』発表後直ちに行ったのではなく、平成 20 年試算によって想定津波が従前の想定津波を大きく超えることが明らかになった後の平成 21 年 6 月に初めて行ったものであった」。

「このような『長期評価』に対する対策の懈怠は、平成 14 年時点においては、予見可能性を基礎付ける事実（『長期評価』及びその信頼性を基礎づける事実）の認識はあったのに具体的予見をしなかったという予見義務の違反である。平成 20 年試算は、回避義務を基礎付ける事実（『長期評価』、その信頼性を裏付ける事実、『長期評価』から想定される津波が O.P.+10m を超えるこ

とを試算、平成 20 年試算によって、1 ～ 4 号機の非常用電源設備が O.P.+10m
超の津波に対する安全性を欠いている事実）の認識があったのに回避措置を
取らなかったという回避義務の違反である。この回避義務は（原発に内包す
る危険性から事故が起これば重大な被害を与える）深刻な災害を引き起こす
おそれがあることに鑑み、万が一にも原子力事故を引き起こすことのないよ
う、原子力発電所の安全性を最優先に考えなければならない原子力事業者に
求められる高度の予見義務、結果回避義務を怠ったものとして、強い非難に
値する」。

　「被告東電が、既往地震の波源域のみを波源域として設定していた『長期評
価技術』の波源設定方法を、『津波評価技術』本来の考え方（『津波評価技術』
は、地震地帯構造の知見や地震学的な知見を踏まえて合理的と考えられる位
置であれば、既往地震のない領域に波源を設定することを必ずしも否定して
いないものであった）を超えて絶対視し、『長期評価』の信頼性の評価を怠り、
電気事業法上の対策義務があるものとは認識しなかったと認めるのが相当で
あり、O.P.+10m 超の津波の到来を電気事業法上の対策義務があるものとして
認識しながら、経済的合理性を優先してあえて対策を取らなかったといった、
故意やそれに匹敵する重大な過失があったとまでは認め難い」。

(5) 低線量被曝被害について

① ICRP を始めとする国際機関では、LNT モデルを採用し、100mSv 以下の領域
においても確率的影響のリスクは直線的に増加するものとして放射線防護を
図ることとされている（詳細省略）。

② 本件事故当時の国内法では、放射線障害防止の技術的基準に関する法律によ
り、「放射線を発生する物を扱う従業者及び一般国民の受ける放射線の線量を
これらの者に障害を及ぼすおそれのない線量以下とする」との基本方針（3 条）
の下、文部科学省に置かれた放射線審議会の審議に基づいて決定されていた」
（6 条）。

　本件事故当時、ICRP の 1990 年勧告が国内法令に取り入れられていたが、
2007 年勧告の「国内法令への取り入れは、放射線審議会において審議中であ
った。

　本件事故当時、炉規法 35 条 1 項の委任に基づく実用炉規則 8 条により、原

子炉設置者は、管理区域、保全区域及び周辺監視区域を定め、それぞれ立入制限、居住制限等の措置を講じなければならないものとしていた。「管理区域」とは、炉室、使用済み燃料の貯蔵施設、放射性廃棄物の廃棄施設等の場所であって、その場所における外部放射線に係る線量が3カ月につき実効線量1.3mSv（5.2mSv/y 相当）を超えるおそれがあるものをいう（実用炉規則1条2項4号、線量限度告示2条1項1号）。「保全区域」とは、原子炉施設の保全のために特に管理を必要とする場所であって、管理区域以外のものをいい（実用炉規則1条2項5号）、線量基準は設けられていない。「周辺監視区域」とは、管理区域の周辺の区域であって、当該区域の外側のいかなる場所においてもその場所における線量が実効線量1mSv/y（経済産業大臣が認めた場合には5mSv/y）を超えるおそれのないものをいう（実用炉規則1条2項6号、線量限度告示3条1項1号、2項）。

すなわち、実効線量 1mSv/y を超えるおそれがある区域は周辺監視区域として、さらに 5.2mSv/y を超えるおそれがある区域は管理区域として、立ち入り等が制限されることとなっていた。

本件事故当時、公衆被曝限度を直接定める法令は存在しなかったが、上記のとおり、周辺監視区域の線量が 1mSv/y 以下となるよう放射線源を管理することが求められていたことからすると、実質的には、1990 年勧告の定めるとおり、1mSv/y を超える公衆の被曝は許容されていなかったものということができる（もっとも、そのことを直接的に規制する法令の規定はなかった）。

③ 県民健康調査の結果、UNSCEAR 報告書（2013 年、2015 年、2016 年）、社会心理学的知見、各被災地別のストレス調査、社会的事実（水、食品、海等の汚染）、教育施設の汚染、除染状況避難及び帰還の状況などを詳細に検討している（詳細省略）。

④ その上で以下の結論を導いている。

原告らは、平穏生活権侵害に基づく損害賠償請求に関し、「全ての原告に共通する精神的な損害の一部（内金）として、一律に、月額5万円の慰謝料を請求するものである」として、本件が一部の請求であることを明示し、原告らの一部は「ふるさと喪失」損害を別途請求しており、平穏生活権侵害による損害と「ふるさと喪失」損害とは別個の損害である旨主張している。また、

原告らは、原告らの請求する平穏生活権侵害による損害は中間指針等とは重なり合わず、仮に重なり合う部分があったとしても中間指針等により賠償が認められている部分は本訴の訴訟物としないと主張している」。「そうすると、平穏生活権侵害による損害賠償として本訴の訴訟物を構成するのは、ⅰ）本件事故に基づき原告らが被った精神的損害であって、積極損害、消極損害、生命・身体的損害やそれらに伴う精神的損害を含まず、ⅱ）「ふるさと喪失」として別訴の訴訟物を構成する確定的、不可逆的損害を含まず、ⅲ）「中間指針等による賠償額」を含まず、ⅳ）これらを控除してもなお損害額が請求金額を超えるときは、請求金額の範囲に限定されているもの（いずれも明示的一部請求）と解するのが相当である。

　このように解する限り、「中間指針等による賠償額」は、本請求権と慰謝料の考慮要素を異にする部分があるとしても、質的には同質の損害（本件事故に基づく精神的損害の慰謝料）であるから、裁判所は、証拠上認められるすべての考慮要素を考慮して精神的損害の賠償額を認定し、ⅰ）それが「中間指針等による賠償額」を超えるか否かを判断し（原告らが被告東電から現に受領し又は将来受領する賠償金については、それが「中間指針等による賠償額」の範囲内であれば、その部分は本訴請求権から除外されているから、現に受領しているか否かを問わず、本件では考慮しない）、ⅱ）既払額が「中間指針等による賠償額」を超える場合には、ADR等において「中間指針等による賠償額」を超えて支払われた賠償金による弁済の抗弁について判断し、ⅲ）残った認定損害賠償額を請求額の範囲内において全部又は一部認容し、ⅳ）認定損害額が「中間指針等による賠償額」及び既払い額を超えない場合には、請求を全部棄却することになる（この一部棄却又は全部棄却判決の既判例は、一部請求から除外された請求権には及ばない）との基準に基づいて、原告らの居住地域及び原告個々人の被害状況を丁寧に検討して、賠償請求を認容するか否か、認容する場合の金額を決定している。

⑤「ふるさと喪失」に基づく賠償請求の認容

　「放射性物質による居住地の汚染が社会通念上受忍すべき限度を超えた平穏生活権侵害となるか否かは、侵害行為の態様、侵害の程度、被侵害利益の性質と内容、侵害行為の持つ公共性ないし公益上の必要性の内容と程度等を比

較検討するほか、侵害行為の開始とその後の継続の経過及び状況、その間に採られた被害の防止に関する措置の有無及びその内容と程度等の諸般の事情を総合的に考慮して判断すべきである（参照最判省略）」。

　「本件における『侵害行為の態様、侵害の程度』としては、旧居住地の汚染の程度すなわち旧居住地周辺における空間線量率が最も重要な要素となる。（中略）本件事故当時の炉基法、実用炉規則及び線量限度告示では、周辺監視区域外の線量が 1mSv/y 以下となるように放射線を管理することが求められており、法令上、1mSv/y を超える公衆の被曝は許容されていなかったということができるが、この規制は、公衆の被曝を予防するために定められたものであって、この基準を超える被曝をしたとしても、直ちに平穏生活権侵害が成立するとはいえない。平穏生活権侵害の成否は、低線量被曝に関する知見等や社会心理学的知見等を広く参照した上で決するべきである。また、平穏生活権侵害が成立する場合における慰謝料の考慮要素としては、被告らの故意または過失の有無、程度も斟酌される」。

　「『被侵害利益の性質と内容』としては、政府による避難指示等により居住及び移転の自由が法的に制約されたか否かは重要な要素となるが、それだけで平穏生活権侵害の成否が決まるものではなく、本件事故による原告らの生活に影響した社会的事実を広く参照して決するべきである」。

　そして、「ふるさと喪失」に基づく賠償請求権については、「原状回復及び平穏生活権侵害に基づく損害賠償」請求と、「ふるさと喪失」に基づく損害賠償請求とは、「いずれも本件事故に基づく精神的損害の賠償請求権である点で訴訟物は同一であるが、原告らは、両者の請求権の関係について、『生存と人格形成の基盤』そのものの確定的、不可逆的喪失による損害が『ふるさと喪失』損害、『生存と人格形成の基盤』に依拠してそれを活用することによって実現されていた『幸福追求の自己実現』を阻害されたことによる損害が、本判決でいう『平穏生活権』侵害（原告らのいう『包括的生活利益としての人格権』侵害）であると主張している」。

　「原告らの主張を合理的に意思解釈すると、原告らは、本件事故により、継続的に発生する性質の損害（月ごとに発生する損害として認定されるか、本件口頭弁論終結時点で損害の発生が終了しているものとして定額の損害とし

て認定されるかを問わない。また『包括的生活利益としての人格権』、『幸福追求の自己実現』として認定されるか否かを問わない）を『平穏生活権』侵害による損害として、継続的でなく、一回的に発生する性質の損害（その意味で、確定的、不可逆的に発生する性質の損害であり、提訴時点で確定的、不可逆的に発生していたか、提訴後に確定的、不可逆的に発生したかを問わない。また、『包括的生活利益としての人格権』、『生存と人格形成の基盤』該当性を認定されるか否かを問わない）を『ふるさと喪失』による損害として、それぞれ他方請求を明示的に除外して請求しているものと解される（したがって、重複訴訟にも該当しない）」。

「以上の前提を踏まえ、本判決においては、請求の趣旨第3項の損害賠償請求（弁護士費用相当額部分を除く、2000万円の賠償請求）の被侵害法益として審理の対象となる権利利益の侵害を、原告らの主張する『包括的生活利益としての人格権』該当性、『生存と人格形成の基盤』該当性、『ふるさと』該当性、『権利』該当性を問うことなく、またその被侵害法益が完全に喪失したか否かを問うことなく、『ふるさと喪失』と定義し、それによる損害を『ふるさと喪失』損害と呼称する」。

「上記のような継続的損害の賠償を終了させるための一括賠償をもって『ふるさと喪失』損害とする場合、その一括賠償とそれまでの継続的賠償とを合計した帰還困難区域旧居住者に対する損害賠償総額は、継続的損害の賠償を継続した場合に帰還困難区域旧居住者が受領する損害賠償総額（帰還不能状態が10年間継続するとして120カ月分の1200万円）と比べ遜色のないもので、帰還可能な居住制限区域旧居住者が受領する損害賠償総額（自主賠償基準の平成30年3月までとして85カ月分850万円）よりも十分に大きなものとなるべきである。他方、故郷に帰還できないことによる精神的苦痛がいかに大きいとしても、一般の不法行為による被害者死亡時の精神的苦痛よりは小さいというべきである」。

「以上を踏まえ、平成26年4月までは月額10万円（総額380万円）の継続的賠償が認められるべきこと、避難費用、一時帰宅費用、財物損害、営業損害等については別途賠償されることを前提に検討すると、帰還不能による確定的、不可逆的損害による慰謝料（『ふるさと喪失』損害）は、1000万円（当

411

該裁判所の認定した平成23年3月から平成26年4月までの38カ月分380万円の継続的損害との合計額としては1380万円）と認めるのが相当である」。

　この判決を読んで、「さすが、被災地福島県で、本件原発事故で苦しんでいる被災者の現実を見続けてきた裁判所である」との感を強くする。

3　直近の3つの判決の比較検討

(1)　国の責任

　上記（9）の前橋地裁判決、同（11）の千葉地裁判決、同（12）の福島地裁判決とも、本件津波に関する予見可能性については「長期評価」を基に国の過失責任を認めた。

　しかし、結果回避可能性については、（9）の前橋地裁判決は、①防波堤及び防潮堤の設置、②配電盤設置の多様性、非常用D/Gの高所への移転、③タービン建屋の水密化、④その他の措置（1号機のIC取扱訓練の実施、直流電源喪失に備えたバッテリーの準備、号機間で電源を融通し合える連結線の設置、海水ポンプの高所設置及びモーターの水密化等の保護措置、ブローアウトパネル、水位計の改善、移動式エアコンプレッサー〔空気の供給機〕の備蓄など）について、①を除いて結果回避可能性を肯定し、①の防潮堤及び防波堤の設置については、遅くとも平成22年11月ころまでに完成することができなかったとして、この措置による結果回避は不可能であったとしている。

　また、上記（12）の福島地裁判決は、建屋の水密化のみを問題にし、「本件津波によっても、主要建屋の外壁や柱等の構造躯体に有意な損傷は確認されていないのであるから、共用プール建屋の外壁等の構造躯体は、本件事故前の基準による強度を保った上で出入口扉の水密化を実施したとしても、本件津波の波圧に堪え得たものと認められる」。

　さらに、「主要建屋の地上開口部」も、「本件津波の衝突力は、本件事故前の基準で（中略）設計された主要建屋の外壁等を破壊するほどのものではなかったのであるから、共用プール建屋東側開口部を水密扉及び強度強化扉に交換しておけば、その強度強化扉は、平成20年度試算と本件事故前の知見に基づい

て設計されていたとしても、本件津波の波圧に堪え得たものと認められる」、したがって「2、4号機の各B系の空冷式非常用ディーゼル発電機、非常用高圧配電盤、非常用低圧配電盤の機能が維持されていれば、非常用交流電源の供給ができていたと認められる」、「現に、5号機は、本件津波によって全交流電源を喪失したが、非常用電源設備の機能を維持した6号機の電源融通によって炉心溶融を免れた」として、建屋の水密化を実施していれば全電源喪失を免れることができたとして結果回避可能性を肯定した。

　しかし、上記（11）の千葉地裁判決は、原告らが主張する4つの措置（①（9）の③及び非常用電源設備の等の重要機器の水密化、独立性、給気口の高所配置及びシュノーケル設置、外部の可搬式電源車の配備等）は、これらを実行していたとしても本件原発事故を回避できたという証明がなく、結果回避できなかった可能性がある（効果のない無意味な措置）と判断し、防潮堤の設置については触れることなく、結果回避可能性を否定した。この判決に論理整合性がないことは前述したとおりである。

(2) 東京電力の責任

　上記3つの判決とも、原賠法が原子炉等の製造や設置工事会社などの第三者に対する賠償請求を排除し、原発事業者の責任を集中させ、その賠償支払いの資金的支援を国が行うことにしていることから見て、原賠法で請求可能な損害の範囲で民法709条の不法行為規定の適用は排除される、すなわち、原賠法は民法709条の特則であるとして、不法行為責任に基づく請求は棄却し、原賠法に基づく請求のみの成否を判断した。

　しかし、（9）の前橋地裁判決は「慰謝料の算定は、裁判所の自由裁量に委ねられており、被告らの非難性の有無及び程度は、（中略。自由裁量の判断事情の一つとして）「慰謝料算定の考慮要素となりうる」として、過失の有無及び程度を判断しているので、実質的には適用法の違いによって慰謝料賠償額の判断に差異は生じない。

　これに対し、（12）の判決は、東京電力の過失責任を問題にせず、国の過失責任のみを検討して慰謝料額を決定しているが、国の負担割合を東京電力の2分の1とした理由が不明である。原発は、その導入時には国営で行くか民営で

413

行くかが大きな争点になり、国の厳しい管理・監督の下に民営でスタートするほどの重要な国策事業であった。そして国は、多くの原子力学者を加えた複数の専門機関を設けて管理・監督をするという体制をとりながら、「安全神話」を喧伝してきた。そのことを考えると、国の責任がなぜ2分の1でよいのか理解に苦しむ。

（11）の判決は、国の責任を否定したので、東京電力の過失責任のみが検討されている。

(3) 低線量被曝と健康被害との因果関係

上記3つの判決とも、ICRP勧告がLNT仮説を採ることが科学的に妥当であるとしており、追加被曝線量1mSv以上は健康影響があるとの考え方に立って判断している。

この問題は、主として、避難指示区域の避難者について帰還可能とされた20mSv以下の地域の避難者でその期間を超えてなお避難し続けている人ら、及び、自主避難地域及びその外側の周辺地域の避難した人及び避難せず居住地に留まっていた人らに対する賠償で重要となる。そして、3つの判決は、上記考え方を実際に適用するについて差がある。

まず、（9）の前橋地裁判決は、「UNSCEA報告書」などを根拠に、20mSv以下は健康被害がないとして、本件事故後の低線量被曝によって被災者に健康被害があったとは認められないとの国の主張に対し、「UNSCEA報告書によれば、被曝集団での健康影響の発生率における一般的な放射線被曝に関連した上昇は、基準となるレベルに比べて識別できるようになるとは考えられないとされているとはいえ、このことは、現在利用可能な方法では、将来の疾病統計において被曝による発生率の上昇を証明できない可能性が高いという趣旨にとどまるのであって、リスクがないとか、被曝による疾患の症例の今後の発生の可能性を排除するものではないというのであるから、直線しきい値なしモデルと矛盾するものということもできない」とし、「わが国において未曾有の放射線被曝事故である本件事故が発生し、福島県内で、連日のように本件事故に関する記事が掲載され、食物の出荷制限が続き、復旧の目処もついていないといった、不安を募らせることも無理もないような記事が報道されていた状況にあっ

ては、被告国及び福島県が低線量被曝について人体への悪影響はない旨の情報を提供しているなど、被告らの指摘する諸事情を踏まえても、通常人ないし一般人において、科学的に不適切とまではいえない見解を基礎として、その生活において被曝すると想定される放射線量が、本件事故によって相当なものへと高まったと考えられる地域に居住し続けることで生じる、本件事故によって放出された放射性物質による健康被害の危険を、単なる不安や危惧感にとどまらない重いものと受け止めることも無理もないものといわなければならない。また、低線量被曝における年齢層等の相違による発ガンリスクの差は明確ではないものの、通常人ないし一般人において、一般論としての、発ガンの相対的リスクが若年ほど高くなる傾向や、女性や胎児について放射線感受性が高いといった指摘に加え、地表での沈着密度の高い行政区画において推定実効線量が高くなること、幼児の平均実効線量が成人よりも大きいものとなるといった指摘を併せ考慮することも、あながち不合理なものとはいえないというべきである。加えて、本件事故発生の最中及び直後において、放出された放射性物質の量や実効線量等が判然としない中で、本件事故により放射性物質が放出される情報を受けて自主的に避難することについても、通常人ないし一般人において合理的な行動というべきである」。「通常人ないし一般人の見地に立った社会通念」は「人々の価値観の多様性を反映して一定の幅がある」から、「同様の放射線量の被曝が想定される状況下においても、その優先する価値によっては、避難を選択する者もいれば、避難しないことを選択する者もおり、これらが、通常人ないし一般人の見地に立った社会通念からみて、いずれも合理的ということがあり得る。そして、このような場合には、避難先及び避難先での生活の見通しを確保できたかどうかといった経済的な事情が避難決断の決め手になることもあるのであるから、区域の住民が避難している割合の高低をもって、避難の合理性の有無を判断すべきではなく、個別に原告が置かれた状況を具体的に検討することが相当である」とし、この基本的考え方に基づいて個別に判断して賠償を認めるべきか否か、及び賠償額を決めている。

　上記（11）の千葉地裁判決は、「避難指示等によらずに避難した人々は、避難前の居住地からの避難を余儀なくされたわけではなく、住居・転居の自由を侵害されたという要素はない。しかし、本件事故直後においては、自らが置

かれている状況について十分な情報がない中で、放射線被曝への恐怖や不安を抱き、居住地からの避難を選択することが一般人・平均人の感覚に照らして合理的であると評価すべき場合もある。このような場合には、避難を選択した者は、本件事故により避難前の居住地で放射線被曝による不安や恐怖を抱くことなく平穏に生活する権利を侵害されたということができる。(中略)。他方で、本件事故から時間が経過するにつれ、本件事故による放射性物質の飛散状況等が明らかになり、避難指示等の見直しが行われる中で、本件事故直後のような混乱は収まっていった。本件事故からある程度時間が経過した後に自主避難を開始した者及び上記自主避難等対象区域外から避難した者については、それらの者が接した情報も様々であると考えられることからして、一義的に避難の合理性を肯定することは困難である。また、個々の自主的避難者によって放射線に抱く不安や恐怖の程度には個人差があるところ、客観的根拠のない漫然とした不安感に基づき避難した者について、本件事故と避難の因果関係を認めるのは相当ではなく、避難した者が居住していた地域の放射線量等の客観的な状況は重要な要素である。そうすると、上記自主的避難者以外の者の避難に合理性が認められるかどうかは、本件事故当時の居住地と福島第一原発及び避難指示区域の位置関係、放射線量、避難者の性別、年齢及び家族構成、避難者が入手した放射線量に関する情報、本件事故から避難を選択するまでの期間等の諸事情を総合的に考慮して判断するのが相当である」とし、「国際的な合意に基づく科学的な知見によれば、放射線による発ガンリスクは、100mSv以下の被曝線量では、他の要素による発ガンの影響によって隠れてしまうほど小さいため、放射線よる発ガンリスクの明らかな増加傾向を証明することは難しいとされ、少なくとも100mSvを超えない限り、ガン発症のリスクが高まるとの確立した知見は得られておらず、ICRPの報告書等で述べられているLNTモデルも、あくまで科学的な不確かさを補う観点から、公衆衛生サイドに立った判断として採用されているものに過ぎないことが明言されている。さらにWG報告書では、年間20mSvの被曝による健康リスクは、他の発ガン要因によるリスクに比較して低いと報告されている。そして、ICRPの報告において、公衆被曝に対する線量限度の年1mSvについては、本件事故の発生後のような緊急時被曝状況においては適用されず、緊急時被曝状況における参考レベルは予測

416

線量 20mSv から 100mSv までの範囲であるとし、また、事故による汚染が残存する現存被曝状況においては、1mSv から 20mSv までの範囲に通常設定するべきであるとしている。これらの科学的知見等に照らすと、原告らの主張立証を前提にしても、年間 20mSv を下回る被爆が健康に被害を与えると求めることは困難であるといわざるを得ない。そして、被告国は、本件事故後、年間積算線量 20mSv をもって、避難指示区域等を指定し、解除する基準としているが、これは、平成 23 年 3 月 21 日の ICRP による勧告を踏まえ、2007 年の勧告の緊急時被曝状況の参考レベルである 20 ～ 100mSv の下限値を適用することが適切であると判断しての措置であって、上記科学的知見等に照らしても、一応合理性を有すると考えられる」とし、これは自主的避難対象区域外の住民に対しても適用されるとする。

この判決は、20mSv をしきい値とすることを認めたものであり、LNT 仮説に反している。この考え方に対する批判は本書 3 章の 8 で詳しく書いているので参照されたい。また、この判決は、低線量被曝に対する防護方法の指導や帰還者の継続的な健康管理などが極めて不十分のまま帰還促進策を採っている国の方針を是認する役割を果たすとともに、帰還後の健康被害を被災者の自己責任とするものであって、非人道的である。

（12）の福島地裁判決は、国際的基準を法律で規定はしていないが、実用炉規則、線量限度告示などで、「『周辺監視区域』とは、管理区域の周辺であって、当該区域の外側のいかなる場所においてもその場所における線量の実効線量 1mSv/y を超えるおそれのないものをいう」と定めており、「1mSv を超えるおそれがある区域は周辺監視区域として、さらに 5.2mSv/y を超えるおそれがある区域は管理区域として、立入等が制限される」としていることから、「1990 年勧告の定めるとおり、1mSv/y を超える公衆の被曝は許容されていなかったということができる」として、1mSv 以上の追加被曝線量があれば精神的損害の判断資料とするとしており、低線量被曝と健康被害の因果関係について、最も安全寄りの判断をしており評価できる。

（4）雑感と司法への期待

現在の最大の被曝国アメリカを含め世界中で、現在もなお、生物学的、疫学

的調査・研究が続けられており、本書ではその一端を紹介したにすぎないが、低線量被曝の健康への影響についての調査・研究に関する論文が多数出されている。請求側の立証活動の限界もあるかもしれないが、各判決は、それらについてほとんど触れられておらず、（12）を除く他の2つの判決が、低線量被曝の健康への被害が、人類の存亡を脅かしつつあることに思い至っていないことは極めて残念なことである。

　重複にはなるが重要と考える点を挙げると、第一に、ICRPは原子力推進を前提にし、原子力産業の利益を護るために、その危険性を危惧する市民や、核実験や原発と被害実態の調査・研究によって警鐘を鳴らしている科学者らに対して、原子力が安全であることを説得するために、生命・健康・地球環境が受ける被害と原子力の必要性とを秤にかけるリスク・ベネフィット論（あるいはコスト・ベネフィット論）という論理を作り出している世界的団体である。

　したがって、生命や健康を最優先する立場に立つなら、ICRPの見解が提案している安全策は最低限のものであって、絶対順守しなければならないものである、という認識が必要である。しかし、日本の裁判所にはその視点が欠けているか、極めて弱い。

　第二に、WG報告書は、そのようなICRP勧告を正確に理解していないか、曲解している点が多くあるのに、それを無条件で前提とすることは、安全寄りの考え方ではないという点である。この点については、本書4章1を参照されたい。

　第三に、上記のいくつかの判決が、長期間に低線量の被曝を受けて累積被曝量100mSvとなった場合は、瞬時に100mSvを被曝した場合より健康への影響が少ないというWGと同様の見解を採用している。しかし、この考え方は、低線量被曝の場合はフリーラジカル化がより有効に働いて、有害な活性酸素をより多く作り出し細胞の膜を破壊するという最新の知見に反している。このような有力な研究結果がある以上、人命優先の考え方に立つなら今後の研究で結論が出るまで、低線量被曝でも健康に影響を与えるという考え方に立つべきである。

　第四に、どの判決も、遺伝的影響について全く、あるいはほとんど論究していない。しかし、いくつかの実験あるいは疫学的調査によって、低線量被曝の

被害が遺伝して次世代の子孫に引き継がれるという見解が明らかにされていることは前述した。特に、放影研の最新の LSS 調査報告書や、アメリカにおける遺伝的影響の実態報告を見過ごしてはならない。

　第五に、これらの問題点が訴訟の場で争点となっていないということは、日本の裁判においては、ICRP 勧告などの公的なものだけが取り上げられ、世界の科学者が積み上げてきた研究・調査の結果（最新の知見）が全く無視されているという、時代遅れの判断しかしていないという点である。最新の知見が裁判所の判断の重要な判断資料であることは、最高裁自身が認めていることである。

　したがって、低線量被曝の健康への影響を争点にする訴訟を担当する弁護士に、科学者の協力を得て、最新の知見を収集し検討して、訴訟の場に提供する努力を望む。その上で、裁判所に対して、「地球より重い」命を護り、子孫のために生活環境を保全する必要性を訴え、裁判官の職業的良心と使命を呼び起こさなければならない。

　低線量被曝の問題は、単に、賠償金を払えば済むという問題ではなく、生命と健康、生活環境という生存権に関わる最も重要な基本的人権の問題である。今後、集団訴訟の判決が次々と出され、どちらが勝訴しても、最終決着は最高裁判所まで行く可能性が強い。そして最終結論が出るのに後 10 年以上の長い期間が必要と思われる。それでは遅い。

　また、基本的人権の尊重と社会的正義の実現を目指すことを使命とする弁護士は、上記努力を怠ってはならない。それは長い道のりであり、今の世代の弁護士だけではなく、それを引き継ぐ次の弁護士の世代で初めその成果を上げられるかもしれない。

　そして、日本の裁判所が、人権擁護と社会正義の最後の砦となり得るのか否かが問われている。

おわりに

　前掲『中国新聞』の連載記事の 2016 年 11 月 6 日朝刊の「第 7 部　明日に向けて〈4〉残された課題」には、次のように書かれている。

健康被害　解明の鍵は

　低線量の放射線が人体に与える影響は、原爆被爆者の健康影響調査の限界もあって長年、「よく分からない」との見方が支配的だった。そのグレーさゆえに、科学的な議論に原子力発電の賛否などさまざまな思惑や立場の違いが差し挟まれてきた。だが、今や研究が進むにつれ、被曝の健康リスクは少しずつ解明されつつある。（略）

「100 ミリ以下」リスク上昇　作業員のガン・白血病死亡率　国際共同研究

　高線量の放射線を一度に浴びると、下痢や脱毛などの急性症状が確実に表れる。後に、ガンなどの病気になる確率も高くなる。一方、被曝線量がごく少ない場合、数十年後のリスクは「100mSv 以下はよく分からない」とされてきた。

　昨年、この状況に変化をもたらしそうな論文が発表された。疫学研究の第一人者たちによる国際共同研究（INWORKS）だ。

　米国、英国、フランスの 3 カ国の核兵器関連施設や原子力施設で働く作業員のデータから、浴びた放射線の蓄積量と、ガンや白血病の死亡率との関係を統計学的に解析。2 本の論文にまとめた。以前は日本を含む 15 カ国の研究だったが、データを絞り込んだ。それでも、対象は約 30 万 8 千人に上る。追跡期間は米国で原爆開発が行われていた 1944 年から約 60 年間。死亡者のデータがそれだけ多い。

　「規模、期間の長さ、データの質。いずれも世界有数だ」。米南東部のノースカロライナ州にある米国最古の州立大、ノースカロライナ大チャペルヒル校。公衆

421

衛生学部にデービッド・リチャードソン准教授を訪ねると、穏やかな口調で語った。固形ガンに関する論文執筆の中心を担った。

研究の意義とは──「低線量域での被曝線量と固形ガンとの関係を、被爆者データ などから想定するのではなく直接解析できた」

対象集団の中で、放射線によって、ガン死亡のリスクは1Gy（1,000mGy）に付き48%上がると算出。ガンで既に亡くなった1万9,064人のうち、209人が過剰死亡だとした。問題の「100ミリ以下」でも、統計上の正確さは下がるものの、ガンと線量の比例関係は保たれていた。

作業員が浴びた積算線量の平均値は20.9mGyだった。線量順に対象者を並べたとき真ん中にくる人の値（中央値）は4.1mGy。大多数が低線量被曝だったことが分かる。

さらに「被曝線量に比例して死亡が上昇するペースは、原爆被爆者と似ている」と強調する。「つまり、じわりと浴びる方が一気に浴びるよりも害が少ない、とはいえない」。

同じ30万8千人のデータによる白血病の研究では、被曝線量の中央値が年に2.1 mGy、積算では15.9 mGy。それでもわずかにリスクはあった。

二つの論文には批判もある。日本で同様の追跡調査をしている放射線影響協会（東京）は「低線量放射線が、ガン死亡率に影響を及ぼしているとは結論付けられない」と逆の結果を出している。笠置文善・放射線疫学調査センター長は、特に「喫煙によるガンも含まれていないか」と指摘。リチャードソン氏は「喫煙と関係が深い肺ガンを除外して解析しても、ほぼ同じ結果だった」などと反論している。

INWORKSのデータは米国立労働安全衛生研究所、英公衆衛生庁などから提供され、国際ガン研究機関（フランス）で管理。日本の厚生労働省も研究費を拠出している。「労働者の健康のため、各国で放射線防護基準の改善につながってほしい。（数値基準を勧告する）国際放射線防護委員会（ICRP）が動くかは分からないが」とリチャードソン氏は話す。

自身は、かつて行われていた妊婦の骨盤のエックス線撮影と幼児の白血病との関係を60年前にいち早く報告した疫学者の故アリス・スチュアート氏とも共同研究。これまでの被爆者調査が健康影響を過小評価していると指摘し、核兵器施設の労働者調査では「年齢が高い人も放射線に弱くなる」とするなどの研究業績を

おわりに

重ねている。

INWORKS は、ガン以外の心臓血管疾患に関する論文の発表も予定している。
（中略）

内部被曝　過小評価の姿勢改めよ　北海道がんセンター西尾正道名誉院長

　原爆被爆者の健康影響調査などでは、放射性微粒子を体内に取り込むことによる内部被曝の影響は、ほぼ無視されてきた。しかし、内部被曝の原理をガン治療に応用してきた北海道がんセンター（札幌市）の西尾正道名誉院長は「細胞に与える影響は外部被曝に比べて極めて大きい」と指摘。放射線防護や評価の体系を見直すよう提起している。（中略）

　原爆や原発事故などで意図せず放射性微粒子を体内に取り込むと、正常細胞が内部被曝のターゲットになってしまう。微粒子の近くにある細胞は極めて多くの放射線を浴び、発ガンのリスクが高まる。

　一方、外部被曝では、汚染された大気や地面などから到達距離の長い放射線が飛んできて、全身の細胞に当たる。内部被曝とはメカニズムが異なる。

　にもかかわらず、国際放射線防護委員会（ICRP）などが取り決める放射線防護の体系では、内部被曝でも全身が均一に放射線を浴びたと仮定し、同じ「シーベルト」という単位に換算して人体への影響を計算してきた。これが内部被曝の過小評価をもたらしている要因の一つだ。

　全身の細胞に当たる外部被曝と、放射線の密度（強さ）に極端な偏りがある内部被曝の性質の違いを考えると、「線量が同じなら、外部被曝も内部被曝も影響は同じだ」とする解釈に誤りがあるのは明らかだ。（中略）

　原爆被爆者の追跡調査でも近年、外部被曝の線量だけでは入市被爆者のガン発生率が説明できず、内部被曝が大きく寄与している可能性を指摘する論文が注目されている。低線量被曝のリスクを考える上でも、内部被曝を切り捨てた議論は科学とは言えないだろう。

科学　「公開・民主・自主」の原点回帰を　上智大の島薗進教授（宗教学・応用倫理学）

　「つくられた放射線『安全』論」などの著作を通じて、低線量被曝について社会科学の立場から発言している上智大の島薗進教授（宗教学、応用倫理学）に、科学の在り方について（次のように語っている）。（中略）

423

専門家が「笑っていれば 100mSv でも大丈夫」といった強固な安全論を持ち出し、住民の間に「政府や専門家は本当に自分たちのことを考えているのか」との疑念が生まれた。一般の人は「少々の被曝は我慢しろ」と受け止めただろう。放射能の拡散予測は公表されず、被曝線量の測定も不十分だった。それらのショックが尾を引き、専門家への不信感は残ったままだ。科学の危機といっていい。（中略）

　そもそもで言えば、放射線の健康影響を扱う保健物理という科学領域は、成り立ちからして政治的なものが有意にある。人々の健康を守るためではなく、原爆の開発に伴い、軍事研究の一部として生まれた。それゆえ、学問の自由が成り立ちにくい性格がある。

　その上で、日本ではチェルノブイリ原発事故後の 1990 年代以降、安全論が広められた。原発を推進する国際勢力が、欧州から離れた日本で、てこ入れを図った。米国では 100mSv 以下でも相応の健康影響が出るといった研究報告が出たが、日本では健康影響がないか、むしろ有益だといった説を立証しようとする研究に資金が投じられた。（中略）

　原発推進の側の科学者もチェルノブイリでは「健康被害はない」との主張が厳しく批判されたが、経験から学んだのか、「健康上の影響で最も大きいのは、放射能を心配しすぎることによる精神的影響だ」との言説を広め始めた。「不安解消こそが科学者の責務だ」との主張が共有された。しかし、不安解消に高い優先権を与えると、パニックを避けるという口実で情報の隠蔽が正当化されてしまう。

　福島でも、政府に近い立場の専門家が「健康影響の確率を正しく理解して行動すれば、余計な心配はいらない」と住民に説明し、それをリスクコミュニケーション（リスコミ）と称した。本来のリスコミは、双方向的なやりとりを通じて相互の理解を深めていくものだ。一方の意図に沿った誘導なら、リスコミとは言わない。（中略）

　思想家の唐木順三は 40 年ほど前に「高次の目的を見失った科学技術は人間的な生活を破壊しかねない」と指摘している。今も、科学の暴走を制御する考え方より、科学の発展であらゆる問題が解決するといった素朴な科学ユートピア主義が強い。効率よく利益を上げ、国家や巨大な組織の力を強める観点だけで科学が評価され、資金配分される。科学が危うい領域に踏み込むことに歯止めをかけよう

おわりに

との議論は希薄だ。

日本学術会議は原子力の研究について「公開・民主・自主」の基本方針を求めていたが、守られなかった。科学者は予想される研究の帰結まで配慮し、将来世代に負荷やデメリットが生じるなら思いとどまる必要がある。狭い領域だけでなく、幅広い範囲の科学者による批判に対してオープンであるべきだ。

また、同上連載の最終記事2016年11月7日付朝刊「グレーゾーン　低線量被曝　取材を振り返って」には次のように書かれている。

東京電力福島第一原発事故から5年の福島に通い、低線量被曝という「グレーゾーン」と向き合う人々の思いを聞いた。核時代の幕を開けた米国では、国内に多数生み出されたヒバクシャを訪ねた。解明を目指す研究の現状と課題も追った。連載企画に携わった3人の記者が取材を振り返った。（中略）

福島県二本松市が開いた放射線の勉強会で出会った主婦（44）の言葉が耳を離れない。「大好きだった福島が、今は好きかどうか分からない」。被曝の不安は、愛する古里への思いすら揺るがせていた。一方で「過剰に考えている」などと反発する人たちも多くいた。ただ、立場や考え方は異なっても、事故から5年たってなお、目に見えない放射線と向き合わざるを得ない現実がそこにあった。

「もっとリスクを説明してほしかった」。東電などへの怒りの声をあらわにしたのは、北九州市在住の男性（42）。第1原発事故後の作業で被曝し、白血病になったとして国が昨年10月に初めて労災認定した。一時は危篤となり、その後に寛解してからも感染症を防ぐためのマスクを手放さない。

男性は今月、東電に損害賠償を求め、東京地裁に提訴する。第1原発事故を受けた被曝による労災は、今年8月に認定された50代の男性を含めて2件。一方で、白血病の認定基準である年5mSvに対して、累積で5mSvを超える被曝をした作業員は2万人以上いる。「裁判を通じて、労災認定の事実を世の中にもっと広め、申請を諦める仲間が出ないようにしたい」。男性にとって、新たな闘いが始まろうとしている。（中略）

避難指示区域ではあるが、通行止めもなく自由に行き来できる福島県南相馬市の県道脇で被曝線量を測った。足元近くまで線量計を下げると、毎時78μSvに

425

達した。事故などで受ける線量を「年1mSv」とする場合の目安「毎時0.23μSv」の300倍以上だ。深さ5センチまでの土も採取し、汚染度を測定すると1㎡当たり2320万Bq。「放射線管理区域」である4万Bqと比べてもあまりに高い。

避難指示のない地区にある取材先へ車を15分ほど走らせると小学生が土ぼこりを上げてサッカーボールを蹴っていた。何とも言えない気持ちになった。

それでも、自分の意志で、あるいはやむを得ず暮らし続ける人が大多数だ。「安全・安心」を自分なりに手探りするしかない。ならば、政府も一律に帰還・定住を求めるのではなく、異なる選択に最大限の配慮をし、前向きに支援する道はないか。（中略）

科学的な面から健康影響の有無を論じるだけでなく、倫理的な側面からも問い続けたい。「被曝によるガンは宝くじみたいなもの」と何度か言われた。個人にとって確率は非常に低い一方、集団でみれば確実に被害者はいる。さらに考えれば、確率が仮に千人に1人でも、宝くじに当選する確率よりはるかに高い。いや、当たった本人にとっては結局100%に等しい。

本来、足を踏んだ側が「この程度ならOK」と決める権利はない。その原則を常に思い起こしたい。（中略）

「子どもの進学を機に、これから県外に避難しようとする人もいます」。取材で会った福島県に住む男性の話だ。「復興」や避難区域縮小のニュースの陰で、低線量被曝は今もなお、福島の人の心を惑わせている。

科学者は「インドやブラジルには福島より自然放射線の線量が高い地域もある」などと説き、不安解消に努めてきた。だが、帰還を迷う人や今から避難する人は、科学者の言う「安心」に納得できないのだろう。違和感のもとは何か。昔読んだ本に手掛かりを見つけた。ガリレオの死後に、哲学者フッサールが「地球は動かない」と唱えた話。科学を否定はしないが、人間の感受性の世界にも一定の理があり、それは科学的な見方と同じではない、というのが彼の主張だ。確かにそうだ。「菜の花や　月は東に　日は西に」は天動説で「非科学的」だが、人間の感性には即している。

翻って低線量被曝は、理系の科学の見方だけで議論していないか。科学は、自然放射線も原発事故の放射線も同じ単位で、リスクを同列に比較する。だからこそ、科学者は「このレベルの線量なら不安がる必要はない」とリスクの受容を説

く。だが、人々の感覚では、事故で意図せず浴びた放射線は別物だ。何ミリシーベルトなら納得という単純なものでなく、人によっても受け止めは違う。10月下旬に広島市内であった学会で、福島の医師は「放射線を気にしていたら暮らせない、と表向き不安を口にしない人も、本当は感情を押し殺している」と述べた。それがリアルな感覚だろう。（中略）

被爆地の役割もそうだ。原爆被爆者の追跡調査に基づく健康リスクの数字を示すだけでは、福島の人の心には響かない。福島には、土地を追われ、家族や地域が分断された原発事故に固有の心の傷がある。取材で得た感覚で言えば、被曝で生じた差別の問題をどう克服するかについて耳を傾け、ともに考えることこそ求められていると感じた。

ただ、福島の健康被害は大きい、と決めつけない慎重さも要る。「被曝者」扱いを望む人ばかりではない。連載では紹介できなかったが、福島大の清水修二特任教授（財政学）は「福島の被害が大きい方が、原発反対に有利だとの考えが透けて見えれば、県民は快く思わない」と説く。「70年間草木も生えない方が核兵器廃絶に有利だったのに」と言われることを考えれば、福島の心情も想像がつく。

科学に期待しつつ、危うさに考えを巡らせ、人の感性にも思いを致す。科学の暴走による地獄を経験した街の記者として、あらためて胸に刻む。

再三述べてきたように、低線量被曝の健康被害に関する考え方は、原発問題に限定すると、ヒトの命、健康、生活環境に及ぼす被害と、安価な電力を受けること及び地球温暖化防止という利益とを秤にかけて、現在生存している我々のみならず、子孫にまで被曝リスクという負の遺産を背負わせるのか、という価値判断を迫られている問題であることを忘れてはならない。

現在、私は、本件原発事故の被災者の賠償請求支援を通して、福島に通い続け、被災者の不安と窮状を見続け、聞き続けてきた者として、福島の被曝地を訪ねて、帰還させられた被災者をはじめとする低線量被曝の不安の下に生活している被災者の生活の実態、被曝地の復興状態などを、この目で確かめる行脚をし、その結果を本書に続く『福島第一原発事故の法的責任論3──被災地の現状とこれから』として執筆したいという衝動にかられている。

しかし、4年前に脳梗塞で入院したことや、現在74歳であることから、その望みを叶えることができるかどうか、極めて自信がない。

　国及び東京電力が、国策で多くの人の命を奪い、健康を害し続け、生活環境を破壊したことを深く反省し、本件原発事故による被害者の被曝不安に対してきちんと償いをすること、及び、これから放射能で汚染された山野、里山で生き続けていかなければならない被害者の健康を見守り続けるとともに、被曝不安を解消するために誠実に立ち向かうことを、また、人権擁護の最後の砦である司法が、被害者の苦悩と不安を真摯に受け止め、被害者の人権を尊重した判決をすることを、それぞれ切望して筆を置く。

【著者紹介】

丸山 輝久（まるやま・てるひさ）

弁護士。紀尾井町法律事務所共同経営者、第二東京弁護士会所属。

1943年長野県生まれ。1967年中央大学法学部法律学科卒業。1973年弁護士登録（司法修習生25期）。

第二東京弁護士会法律相談運営委員会委員長、東京三弁護士会法律相談協議会議長、日弁連法律相談委員会委員長、日弁連法律扶助改革推進本部事務局次長、第二東京弁護士会仲裁センター仲裁人、第二東京弁護士会公設法律事務所（東京フロンティア基金法律事務所）所長などを歴任。

また東京都板橋区法律相談員、東京家庭裁判所調停委員、（財）中央労働基準協会労働相談専門委員、東京労働局個別労働紛争斡旋制度の斡旋委員などをつとめ、2005～2015年大宮法科大学院教授、2011～2013年桐蔭横浜大学法科大学院非常勤講師、2011年東日本大震災による原発事故被災者支援弁護団長就任（現在共同代表）。

著 書

『隣近所のトラブルに負けない本』（中経出版、2003年）、『判例を基にした刑事事実認定の基礎知識』（現代人文社、2012年）、『弁護士という生き方』（明石書店、2015年）、『福島第一原発事故の法的責任論1――国・東京電力・科学者・報道の責任を検証する』（明石書店、2017年）など。

福島第一原発事故の法的責任論 2
—— 低線量被曝と健康被害の因果関係を問う

2017 年 12 月 25 日　初版第 1 刷発行

<table>
<tr><td>著　者</td><td>丸　山　輝　久</td></tr>
<tr><td>発行者</td><td>石　井　昭　男</td></tr>
<tr><td>発行所</td><td>株式会社明石書店</td></tr>
</table>

〒 101-0021 東京都千代田区外神田 6-9-5

電話　03 (5818) 1171

FAX　03 (5818) 1174

振替　00100-7-24505

http://www.akashi.co.jp

<table>
<tr><td>装　丁</td><td>明石書店デザイン室</td></tr>
<tr><td>ＤＴＰ</td><td>レウム・ノビレ</td></tr>
<tr><td>印　刷</td><td>株式会社文化カラー印刷</td></tr>
<tr><td>製　本</td><td>本間製本株式会社</td></tr>
</table>

（定価はカバーに表示してあります）　　　　　ISBN978-4-7503-4609-0

JCOPY 〈（社）出版者著作権管理機構　委託出版物〉

本書の無断複写は著作権法上での例外を除き禁じられています。複写される場合は、そのつど事前に、（社）出版者著作権管理機構（電話 03-3513-6969、FAX 03-3513-6979、e-mail: info@jcopy.or.jp）の許諾を得てください。

福島第一原発事故の法的責任論1

国・東京電力・科学者・報道の責任を検証する

丸山輝久 著

A5判／上製／424頁　◎3200円

東日本大震災による福島原発事故被災者支援弁護団の共同代表を勤める著者が、膨大な資料をもとに、国および東京電力の法的責任、原発推進を担ってきた原子力学者の責任、原発推進の世論形成の旗振りをしてきた報道の責任をそれぞれ、徹底検証する。

● 内容構成 ●

Ⅰ部　福島第一原発の概要と過酷事故の原因
1章　原発の仕組みと内包する危険
2章　福島第一原発の概要
3章　本件原発事故の経緯とその状況
4章　福島第一原発設置時からの問題点
5章　ベント、海水注入の遅れがSAの原因
6章　津波対策の致命的欠陥
7章　耐震対策の懈怠

Ⅱ部　福島第一原発事故の責任概論
1章　東京電力の法的責任と根拠事実の整理
2章　東京電力元役員らの刑事上の責任
3章　東京電力の民事上の責任
4章　国の法的責任
5章　「原子力ムラ」の実態とその関係者の責任
6章　マスコミの責任

弁護士という生き方

日石・土田邸爆弾、東電OL事件から原発被災者支援まで

丸山輝久 著

四六判／上製／564頁　◎2700円

新左翼活動家弁護から42年間、日石・土田邸爆弾事件、東電OL事件などの冤罪、耳かき店員殺人事件、原発被災者支援などを担当し、弁護士過疎化対策、ロースクール法曹教育に尽力した著者のリアルな事件帳に基づき、弁護士を志す人々にとって重要な指針となるべき著作。

● 内容構成 ●

第一章　弁護士という職業
第二章　マルクスボーイの受験戦争
第三章　スタートとしての公安事件
第四章　無罪獲得のための弁護
第五章　情状のための弁護
第六章　市民のための司法をめざして
第七章　記憶に残る民事事件
第八章　ロースクールの教員として
第九章　原発事故被災者支援弁護団

〈価格は本体価格です〉